计算机类技能型理实一体化新形态系列

# C程序设计

## （基于Linux平台）

### （微课版）

主　编　张同光
副主编　刘春红　田乔梅
　　　　武晓龙　宋丽丽

清华大学出版社
北　京

## 内 容 简 介

本书以"学完 C 语言之后知道能做什么"为编写目标,共包括 9 章,分别是 Linux C 语言程序设计、C 语言基础Ⅰ、C 语言基础Ⅱ、链表、C 标准库、Linux 系统调用、Socket 编程、Pthreads 编程和 GTK 图形界面编程。其中,C 语言基础Ⅰ、C 语言基础Ⅱ、C 标准库和 Linux 系统调用为本书最基础、最重要的四章,全面介绍了标准 C 语言的基本语法和 Linux 系统调用编程。其他章节告诉读者 C 语言具体能做什么。本书坚守"空谈无用,给我看代码"(Linux 之父 Linus Torvalds 所言)的信条,通过正确无误的示例代码向读者展示 C 语言的具体用法。本书内容实用、结构清晰、图文并茂,力求让读者可以饶有兴趣地学习 Linux C 语言编程。

本书适合作为高等学校各专业的 C 语言程序设计课程教材,也可作为从事计算机相关工作的科技人员、计算机爱好者及各类自学人员的参考书。

**图书在版编目(CIP)数据**

C 程序设计:基于 Linux 平台:微课版/张同光主编. —北京:清华大学出版社,2023.7
(计算机类技能型理实一体化新形态系列)
ISBN 978-7-302-63731-8

Ⅰ.①C… Ⅱ.①张… Ⅲ.①C 语言－程序设计－教材 Ⅳ.①TP312.8

中国国家版本馆 CIP 数据核字(2023)第 103823 号

责任编辑:张龙卿
封面设计:曾雅菲 徐巧英
责任校对:李 梅
责任印制:曹婉颖

出版发行:清华大学出版社
    网 址:http://www.tup.com.cn, http://www.wqbook.com
    地 址:北京清华大学学研大厦 A 座    邮 编:100084
    社 总 机:010-83470000    邮 购:010-62786544
    投稿与读者服务:010-62776969, c-service@tup.tsinghua.edu.cn
    质量反馈:010-62772015, zhiliang@tup.tsinghua.edu.cn
    课件下载:http://www.tup.com.cn,010-83470410
印 装 者:三河市君旺印务有限公司
经 销:全国新华书店
开 本:185mm×260mm  印 张:19.25  字 数:467 千字
版 次:2023 年 8 月第 1 版  印 次:2023 年 8 月第 1 次印刷
定 价:59.00 元

产品编号:102069-01

# 前　言

C 语言是目前非常流行的高级程序设计语言之一,是许多计算机专业人员和计算机爱好者学习程序设计的首选语言。但是,许多学过 C 语言的读者在学习 C 语言之前以及学习过程中经常会问:"学习 C 语言能做什么?"甚至有人学完 C 语言后感慨:"学完 C 语言仍然不知道能做什么。"其实,编者认为学习 C 语言有两个目标:第一,为学习其他编程语言打下坚实的基础。因为计算机编程语言都是相通的,学好 C 语言可以为学习其他高级程序设计语言提供帮助,本书第 2、3、5、6 章可以达到该目标。第二,使用 C 语言真正开发有实际意义的程序,这正是本书所追求的目标。要使用 C 语言开发有实际意义的程序,就要清楚 C 语言的真正应用场景。目前市面上大多数操作系统是用 C 语言编写的;如编译器、数据库、虚拟机、多媒体库、图形库等很多基础软件是用 C 语言实现的;如 Lua、Python 脚本语言等很多流行的编程语言也是用 C 语言实现的。在嵌入式系统开发中,比如固件、BSP、内核驱动等,除了少量的汇编代码外,大部分是用 C 语言开发的;互联网中的许多服务器程序也是用 C 语言开发的。总之,在整个计算机软件世界中,C 语言发挥着中流砥柱的作用。

读者可能对 Linux 并不熟悉,但是 Linux 早已深刻影响着我们生活的方方面面,从超级计算机、巨型机,到手机(Android),再到各种家电和嵌入式设备,内部都运行着 Linux。另外,Linux 支撑起了整个因特网。C 语言和 Linux 操作系统有着密不可分的"血缘"关系,因此本书的主要目标是帮助读者掌握基于 Linux 的各种软件的 C 语言开发方法,为读者以后步入广阔的 Linux 世界打下坚实的基础。本书所有示例代码都是正确无误的。之前没有接触过 Linux 操作系统的读者,可以根据本书的第一个视频安装 Linux 虚拟机,搭建好 Linux C 语言编程环境。

本书提供配套课件、教学大纲和习题参考答案等多种教学资源,还提供了 70 多个教学视频,读者在学习的过程中,扫描教学视频二维码可以观看视频。

本书由新乡学院教师、北京邮电大学计算机专业博士张同光担任主编,由河南师范大学刘春红、新乡学院田乔梅、电能易购(北京)科技有限公司武晓龙、新乡学院宋丽丽担任副主编,参加编写的人员还有郑州轻工业大学陈明。其中,张同光编写第 1～4 章,刘春红、武晓龙和宋丽丽共同编写第 5 章、第 7 章、第 8 章的 8.2 节和第 9 章,田乔梅编写第 6 章,陈明编写第 8 章的

8.1 节、8.3 节、8.4 节和附录。全书最后由张同光统稿和定稿。

　　本书得到了河南省高等教育教学改革研究与实践重点项目（No.2021SJGLX106）、河南省科技攻关项目（No.202102210146）、网络与交换技术国家重点实验室开放课题（SKLNST-2020-1-01）以及高效能服务器和存储技术国家重点实验室的支持，在此表示感谢。

　　由于编者水平有限，书中欠妥之处敬请广大读者批评指正。

编　者

2023 年 3 月

# 目 录

# 第 1 章　Linux C 语言程序设计

 **本章学习目标**

- 了解 C 语言的发展历史和特点；
- 理解 Linux 应用编程、系统编程和内核编程的含义；
- 掌握 Ubuntu Linux 虚拟机的安装；
- 掌握运行 C 程序的流程；
- 掌握 gcc、make、Makefile 的使用；
- 理解 cmake 和 CMakeLists.txt 的优点；
- 了解完整的编译过程。

　　本章简要介绍了 C 语言的发展历史和特点以及使用 C 语言可以在 Linux 操作系统中进行哪些方面的编程。考虑到有些读者之前没有接触过 Linux，因此，本章介绍了 Linux C 语言编程环境的搭建方法，读者可以根据视频 1-1 安装 Linux 虚拟机。然后通过示例介绍了 Linux C 语言的编程方法和过程。

## 1.1　C 语言

### 1.1.1　C 语言简介

　　计算机程序设计语言的发展大致经历了四个过程，即机器语言、汇编语言、面向过程的程序设计语言和面向对象的程序设计语言。编程语言分为低级语言和高级语言。机器语言和汇编语言属于低级语言，直接用机器指令编写程序；而 C、C++、Java、C♯、Objective-C、Python 等属于高级语言，用语句编写程序。语句是机器指令的抽象表示，分为输入/输出、基本运算、测试分支和循环等几种。

　　C 语言是一门面向过程的通用计算机编程语言。C 语言兼具高级编程语言和低级编程语言的特点，广泛用于系统软件与应用软件的开发。C 语言可以通过软件工程、模块化编程构建几千万行的超大型软件项目，如 Linux 内核。C 语言描述问题比汇编语言迅速、工作量小、可读性好以及易于调试、修改和移植，而代码质量与汇编语言相当。C 语言生成的目标程序效率一般只比汇编语言低 10%～20%。目前市面上绝大多数操作系统是用 C 语言编写的。很多基础软件，如编译器、数据库、虚拟机、多媒体库、图形库等，都是用 C 语言实现的。很多流行的编程语言是用 C 语言实现的，如 Lua、Python 脚本语言等。在嵌入式系统开发中，比如固件、BSP、内核驱动等，除了少量的汇编代码，大部分也是用 C 语言开发的。

  C 语言具有高效、灵活、功能丰富、表达力强和较高的可移植性等特点。目前，C 语言编译器普遍存在于各种不同的操作系统中。C 语言的设计影响了众多后来的编程语言，例如 C++、Java、C# 等。

## 1.1.2  C 语言发展历史

  C 语言的发展历史大致上分为三个阶段，即老格式 C、C89 和 C99。

  早期的系统软件几乎都是由汇编语言编写的。汇编语言过分依赖硬件，可移植性很差。一般高级语言又难以实现汇编语言的某些功能，不能很方便地对底层硬件进行灵活的控制和操作，所以急需一种既有高级语言特点又有低级语言功能的中间语言。

  1960 年问世的 ALGOL(algorithmic language，算法语言) 是所有结构化语言的先驱，它有丰富的过程和数据结构，语法严谨。1963 年剑桥大学将其发展为 CPL(combined programming language)。1967 年剑桥大学的 Martin Richards 对 CPL 做了适当简化后推出了 BCPL(basic combined programming language)。

  1970 年，美国贝尔实验室的 Ken Thompson 以 BCPL 为基础，设计出很简单且很接近硬件的 B 语言(取 BCPL 的首字母)，并且用 B 语言写了最初的 UNIX 操作系统。

  1972 年，美国贝尔实验室的 Dennis Ritchie 在 B 语言的基础上设计出了一种新的语言，取 BCPL 的第二个字母作为这种语言的名字，这就是 C 语言(老格式 C)。

  1973 年年初，C 语言的主体完成。Ken Thompson 和 Dennis Ritchie 用它完全重写了 UNIX。随着 UNIX 的发展，C 语言自身也在不断地完善。此后，C 语言开始快速流传，广泛用于各种操作系统和系统软件的开发。

  1982 年，很多专家学者和美国国家标准协会(ANSI)为了避免各开发厂商用的 C 语言语法产生差异以及使 C 语言健康地发展下去，决定成立 C 语言标准委员会，建立 C 语言的标准。委员会由硬件厂商、编译器及其他软件工具生产商、软件设计师、顾问、学术界人士、C 语言作者和应用程序员组成。1988 年，美国国家标准协会(ANSI)正式将 C 语言标准化，标志着 C 语言开始稳定和规范化。1989 年，ANSI 发布了第一个完整的 C 语言标准 ANSI X3.159-1989，简称 C89，不过人们也习惯称其为 ANSI C。C89 是最早的 C 语言规范。C89 在 1990 年被国际标准化组织(international standard organization，ISO)原样采纳，ISO 给的名称为 ISO/IEC 9899，所以 ISO/IEC 9899：1990 也常被简称为 C90，ANSI C 又称 C89 或 C90。Ken Thompson 和 Dennis Ritchie 最初发明的 C 语言有很多语法和现在最常用的写法并不一样，但为了向后兼容，这些语法仍然在 C89 和 C99 中保留了下来。之后，C 语言标准委员会不断地对 C 语言进行改进。

## 1.1.3  C 语言特点

  C 语言是一种普适性极强的结构化编程语言，有着清晰的层次，可按照模块的方式对程序进行编写。C 语言依靠全面的运算符和多样的数据类型，可以构建各种数据结构。C 语言可通过指针对内存直接寻址以及对硬件进行直接操作，因此 C 语言既能用于开发系统程序，也可用于开发应用程序。C 语言的特点如下。

**1. 低级语言**

C 语言能够直接操作硬件和管理内存,因此可以实现汇编语言的主要功能,这使得它是一种非常接近底层的语言,非常适合写需要跟硬件交互以及有极高性能要求的程序。C 语言不但具备高级语言所具有的良好特性,又包含了许多低级语言的优势,故在系统软件编程领域有着广泛的应用。

**2. 可移植性**

机器语言和汇编语言都不具有移植性,为 x86 开发的程序不可能在 Alpha、SPARC 和 ARM 等机器上运行,而 C 语言非常注重可移植性,C 程序可运行在任意架构的处理器上,只要那种架构的处理器具有对应的 C 语言编译器和库即可。C 语言还是嵌入式系统的首选编程语言,这也是因为 C 语言良好的可移植性。

**3. 简单性**

C 语言的语法相对简单,很贴近操作系统。一般来说,如果两个语法可以完成几乎相同的功能,C 语言就只提供一种,这样大大减少语言的复杂性。9 类控制语句和 32 个关键字是 C 语言所具有的基础特性,使其在计算机应用程序编写中具有广泛的适用性。

**4. 灵活性**

C 语言的哲学是"信任程序员,不要妨碍他们做事"。因此,C 语言对程序员的限制很少。C 语言让程序员自己管理内存,不提供内存自动回收功能,也不提供类型检查、数组的负索引检查、指针位置的检查等保护措施。C 语言假设程序员知道自己在干什么,不会限制程序员做各种危险的操作,干什么都可以,后果也由程序员自己负责。这表面上看似乎很危险,但是对于高级程序员来说,却有了更大的编程自由。

# 1.2　Linux 简介

Linux 是一款诞生于网络、成长于网络并且成熟于网络的操作系统。Linux 最早由一位名叫 Linus Torvalds 的芬兰赫尔辛基大学计算机科学系的学生开发,然后由世界各地的成千上万的程序员设计和实现。Linux 可在 GNU(GNU's Not Unix)公共许可权限下免费获得,是一个符合 POSIX 标准的操作系统。Linux 是一个不受任何商品化软件版权制约、全世界都能自由使用且遵循 GNU 通用公共许可证(GPL)的操作系统。

Linux 版本有两种,即内核版本和发行版本。

对于 Linux 初学者来说,经常分不清内核版本与发行版本。实际上,Linux 操作系统的内核版本是指在 Linus Torvalds 领导下的开发小组开发的 Linux 内核的版本。Linux 操作系统的核心就是它的内核,Linus Torvalds 和他的小组在不断地开发和推出新内核。内核的主要作用包括进程调度,内存管理,配置管理虚拟文件系统,提供网络接口以及支持进程间通信。像所有软件一样,Linux 内核也在不断升级。

一个完整的操作系统不仅只有内核,还包括一系列为用户提供各种服务的外围程序。所以,许多个人、组织和企业,开发了基于 GNU/Linux 的 Linux 发行版本,他们将 Linux 系统的内核与外围应用软件和文档包装起来,并提供一些系统安装界面和系统设置与管理工

3

具，这样就构成了一个发行版本。实际上，Linux 的发行版本就是 Linux 内核和外围实用程序组成的一个大软件包而已。相对于操作系统内核版本，发行版本的版本号是随发布者的不同而不同，与 Linux 系统内核的版本号是相对独立的。

Linux 的发行版本大体可以分为两类，一类是商业公司维护的发行版本，另一类是社区组织维护的发行版本。前者以著名的 Red Hat Linux 为代表，后者以 Debian 为代表。目前 Red Hat 系的 Linux 发行版本主要包括 RHEL、Fedora、CentOS、CentOS Stream、Rocky Linux、OEL 和 SL。Debian 系的 Linux 发行版本主要包括 Debian、Ubuntu、Kali 和 Deepin。

Ubuntu（乌班图）由开源厂商 Canonical 公司开发和维护。Ubuntu 是基于 Debian 的 unstable 版本加强而来，拥有 Debian 的所有优点。本书所有示例都运行在 Ubuntu 22.04 上。

# 1.3 Linux C 语言程序设计简介

## 1.3.1 Linux 应用编程、系统编程和内核编程

在 Linux 系统中可以使用 C 语言进行内核编程与应用程序开发。内核程序运行在内核态，应用程序主要运行在用户态，当需要内核服务时会通过系统调用切换到内核态下运行，内核相关代码执行完后再返回用户态。

内核模块是具有独立功能的程序，可以被单独编译，但不能单独运行，必须被链接到 Linux 内核，作为内核的一部分在内核空间运行。模块编程也称为内核编程，通常是开发各种驱动程序。

Linux 应用编程和系统编程都是指在用户空间程序进行的开发，涉及多方面的编程。Linux 系统编程就是编写各种函数库。Linux 应用编程就是利用写好的各种函数库来编写具有某种功能的应用程序，包括各种用户应用程序、各种工具软件、各种系统软件、网络程序、图形界面程序等。

## 1.3.2 Linux 图形界面编程

在 Linux 中除了能够开发基于字符界面的应用程序，也可以开发出美观的图形界面应用程序。图形界面编程也叫 GUI（graphical user interface，图形用户界面）编程。目前在 Linux 中已经有多种用于开发 GUI 程序的开发库，其中最常用的是 Qt 和 GTK。

Qt 是一个跨平台的 GUI 开发库，它不仅支持 Linux，还支持所有类 UNIX 以及 Windows。Linux 的桌面环境 KDE 就是使用 Qt 作为其底层库开发出来的。Qt 使用 C++ 语言作为其开发语言。

GTK 是用 C 语言编写的用于开发 GUI 程序的开发库。GTK 几乎可以在任何操作系统上使用。与 Qt 不同，GTK 支持使用纯 C 语言进行开发。Linux 的桌面环境 GNOME 就是建立在 GTK 基础上的。

## 1.4　Linux C 语言编程环境

### 1.4.1　安装 Ubuntu Linux 虚拟机

视频 1-1
安装
Ubuntu

读者可以通过 VirtualBox 安装 Ubuntu,进而学习 Linux C 语言程序设计。假设读者计算机的配置为:内存 4GB,CPU 为 2 核 4 线程,则可以给 Ubuntu 虚拟机分配 1GB 内存,2 个逻辑 CPU。如果读者计算机的硬件配置更高,则可以多分配些内存给 Ubuntu 虚拟机。

读者可以从本书配套资源下载 VDI(virtual disk images,虚拟硬盘镜像)文件。在 VirtualBox 中导入 VDI 文件即可。步骤为:①单击新建按钮,新建一个虚拟系统。建议起一个有意义的名字,类型选择 Linux,版本选择 Ubuntu(64bit)。②给 Ubuntu 虚拟机分配 1GB 内存或更多。③在虚拟硬盘页面选择"使用已有的虚拟硬盘文件",找到 VDI 文件。④保存配置,然后启动 Ubuntu 虚拟机。

启动 Ubuntu 虚拟机后,在登录窗口以普通账号 ztg 或管理员账号 root 登录,在输入密码的界面选择 Xfce 会话,如图 1-1 所示,输入密码(111111)后按 Enter 键,即可进入 Xfce 桌面环境,如图 1-2 所示。

图 1-1　选择 Xfce 会话

Xfce 是使用率仅次于 KDE 与 GNOME 的 Linux 桌面环境。如果给虚拟机分配的内存大于 2GB,则建议使用 GNOME 桌面环境,否则使用 Xfce 桌面环境。

### 1.4.2　gedit、vim 和 nano

Linux 中一个常用的文本编辑器是 gedit。gedit 是一个简单的文本编辑器,用户可以用它完成大多数的文本编辑任务,如修改配置文件等。

vi 是 visual interface 的简称,它为用户提供了一个全屏幕的窗口编辑器,窗口中一次可以显示一屏的编辑内容,并可以上下屏地滚动。vi 是 Linux 和 UNIX 系统中标准的文本编辑器,可以说几乎每一台 Linux 或 UNIX 机器都会提供这套软件。vi 可以工作在字符模式下。由于不需要图形界面,使它成为效率很高的文本编辑器。尽管在 Linux 上也有很多图

图 1-2　Xfce 桌面环境

形界面的编辑器可用，但 vi 在系统和服务器管理中的能力是其他图形编辑器所无法比拟的。

vim 是 vi 的增强版，即 vi improved。执行 apt install vim 命令安装 vim。在后面的实例中将介绍 vim 的使用。

nano 是一个用于字符终端的文本编辑器，比 vi/vim 简单，比较适合 Linux 初学者使用。nano 命令可以对打开的文件进行编辑。

## 1.4.3　C 语言编译器及集成开发环境

CPU 只能识别二进制指令，无法直接执行源代码。因此，在程序真正运行之前必须将源代码转换成二进制指令。根据不同语言转换时机的不同，将高级编程语言分为编译型语言和解释型语言。

编译型语言在程序执行之前需要通过编译器把程序编译成可执行文件，然后由机器运行这个可执行文件。以后再次运行该文件时不需要重新编译。解释型语言是边执行边转换，不会由源代码生成可执行文件，而是先转换成中间代码，再由解释器对中间代码进行解释运行，以后每次执行时都要再次转换。Python 语言属于典型的解释型语言。

C 语言是一种编译型语言，源代码都是文本文件，本身无法执行。必须通过编译器生成二进制的可执行文件才能执行。

C 语言编译器主要有 GCC、MinGW、Clang 和 cl.exe。

C 语言的集成开发环境主要有 Code::Blocks、CodeLite、Dev-C++、C-Free 和 Visual Studio。

目前，最常见的 C 语言编译器是自由软件基金会推出的 GCC（GNU compiler collection）编译器。Linux 和 Mac 操作系统可以直接安装 GCC，Windows 操作系统可以安装 MinGW。本书的所有例子都使用 GCC 编译器在命令行进行编译。

### 1.4.4　编写 Hello World 程序

使用 C 语言编写的第一个程序的源代码如下,功能是向显示器输出字符串"Hello World"。

视频 1-2
运行 Hello
World 程序

```
1: #include <stdio.h>
2: /*
3:  * 多行注释
4:  */
5: int main(){
6:   printf("Hello World\n");          //在屏幕上输出字符串。单行注释
7:   return 0;
8: }
```

C 语言源代码文件通常以.c 为后缀。将上面源代码保存在文件 hello.c 中。hello.c 就是一个普通的文本文件。

```
#gcc hello.c
#./a.out
Hello World
```

执行上面的 gcc 命令将源文件 hello.c 编译成二进制代码。注意,#是命令行提示符,需要输入的是 # 后面的部分。运行 gcc 命令编译后,会在当前目录下生成可执行文件a.out。直接在命令行输入 a.out 的路径就可以执行它,会在屏幕上显示字符串 Hello World。

```
#gcc -o hello hello.c
#./hello
Hello World
```

也可以执行上面的 gcc 命令将源文件 hello.c 编译成二进制代码。gcc 的-o 选项指定生成的可执行文件名 hello。

下面简要介绍一下上面的源代码。

C 语言程序的基本组成单位是函数。每个 C 语言程序都是由若干个函数组成的,其中至少应该包括一个主函数 main(本小节程序实例的第 5～8 行)。函数是由若干条语句组成的,每条语句后面都要加上分号。C 程序总是从 main 函数里的第一条语句开始执行,在这里就是 printf 这条函数调用语句。printf 是一个函数名,功能是将括号中双引号引起的字符串原样输出到屏幕上。为了提高程序的可读性,最好添加注释,有单行注释(//)和多行注释(/*...*/)两种方法。第 1 行使用预处理指令 include 将头文件 stdio.h 包含在 hello.c 文件中,这样就可以调用 stdio.h 头文件中声明的 printf 库函数。

## 1.5　使用 gcc 编译程序

Linux 上常用的编程工具套件是 GCC。GCC 原名为 GNU C Compiler,后来逐渐支持更多的编程语言,如 C++、Fortran、Pascal、Objective-C、Java、Ada、Go 以及各类处理器架构

上的汇编语言等,所以改名为 GNU Compiler Collection（GNU 编译器套件）。在 Debian/Ubuntu 操作系统命令行执行 apt install build-essential 命令,安装 GCC。

GCC 套件中的 C 语言编译器是 gcc,对应的命令也是 gcc。下面通过示例简要介绍 gcc 的使用。编写一个简单的程序,包含 3 个.c 文件和 1 个.h 文件,文件名及其内容如下所示。

```
① main.c
1: #include "hello.h"
2: int main(void){
3:   hello1("world", i);
4:   hello1("world",++i+j);
5:   hello2(++j);
6: }
③ hello2.c
1: #include <stdio.h>
2: int j=10;
3: void hello2(int j){
4:   printf("j: %d\n",j);
5: }
```

```
② hello1.c
1: #include <stdio.h>
2: int i=5;
3: void hello1(char * s, int i){
4:   int j=6;
5:   printf("hello %s, i+j=%d\n", s, i+j);
6: }
④ hello.h
1: extern int i, j;
2: void hello1(char *,int);
3: void hello2(int);
```

可以采用单步编译或多步编译的方法编译该程序,如下所示。相关源代码文件在本书配套资源的"src/第 1 章/hello"目录中。

① 单步编译及运行结果如下:

视频 1-3
单步编译
和多步编译

```
#gcc main.c hello1.c hello2.c -o main
#./main
hello world, i+j=11
hello world, i+j=22
j: 11
```

② 多步编译如下:

```
#gcc -c main.c
#gcc -c hello1.c
#gcc -c hello2.c
#gcc main.o hello1.o hello2.o -o main
#./main
```

使用 gcc 编译器时需要给出必要的选项和文件名。gcc 命令的语法如下:

```
gcc [options] [filenames]
```

其中,filenames 是文件名,多个文件名之间由空格隔开。options 是编译器所需的选项,常用选项如下。

-c:只编译汇编生成目标文件,不链接生成可执行文件。gcc 编译器只是将.c 源代码文件编译汇编生成以.o 为后缀的目标文件。该选项通常用于编译不包含主程序的子程序文件。

-E:只进行预处理而不编译。结合使用-o 选项,gcc 编译器可将.c 源代码文件预处理成以.i 为后缀的源文件,如 gcc -E main.c -o main.i。cpp 命令也可以达到同样的效果。

-S:只编译生成汇编代码。gcc 编译器只是将.c 源代码文件编译生成以.s 为后缀的汇编语言源程序文件。

　　-o outfile：指定输出文件名为 outfile，这个文件名不能和源文件重名。不带-c、-E、-S 选项时，gcc 编译器能将.c 源代码文件编译成可执行文件。如果没有使用选项-o 给出可执行文件名，gcc 将生成一个名为 a.out 的文件。在 Linux 系统中，可执行文件没有特定的后缀名，Linux 系统根据文件的属性来区分可执行文件和不可执行文件。不过 gcc 命令通常根据后缀来识别文件的类别。

　　-O?：各种编译优化选项。-O0 为默认优化选项。-O/-O1 这两个都会尝试减少代码段大小和优化程序的执行时间。相比于-O1，-O2 打开了更多的编译优化开关。-O3 在-O2 的基础上进行更高级别优化。-Os 优化生成的目标文件的大小。-Ofast 为了提高程序的执行速度而进行优化。为了能够生成更好的调试信息，-Og 关闭很多优化开关。如果同时使用多个不同级别的-O 优化选项，编译器会根据最后一个-O 选项的级别决定采用哪种优化级别。

　　-g：在生成的目标文件中添加调试信息，在 gdb 调试和 objdump 反汇编时要用到这些信息。-g0 不生成调试信息，相当于没有使用选项-g。-g1 生成最小的调试信息，最小调试信息包括函数描述、外部变量、行数表，但不包括局部变量信息。-g2 是默认的调试级别，即为-g。-g3 相对-g 生成额外的信息，如所有的宏定义。如果多个级别的-g 选项同时存在，最后的-g 选项会生效。如果没有使用其他优化选项，可以将-Og 与-g 选项一起使用。

　　-D macroname[＝definition]：定义一个宏，macroname 为宏名，definition 为宏值。

　　-U macroname：取消已经定义的宏 macroname。

　　-Idir：指定头文件所在的目录路径。

　　-Ldir：指定库文件所在的目录路径。

　　-print-search-dirs：打印库文件的默认搜索路径。

　　-v：打印详细的编译链接过程。

　　-Wall：打印所有的警告信息。

# 1.6　使用 make 和 Makefile 构建程序

　　如果一个软件项目只有一个源文件，则可以直接使用 gcc 命令进行编译。但是真正实用的软件项目中都会包含多个源文件，并且将它们分类放在不同文件夹中，如果用 gcc 命令逐个文件编译，工作量大且易出错。此时可以使用 make(GNU Make)命令，它是一个自动化编译工具，使用一条 make 命令即可对多文件软件项目进行完全编译和链接。但是 make命令本身并没有编译和链接功能。make 命令需要一个规则文件 Makefile，该文件中描述了整个软件项目的编译规则和各个文件之间的依赖关系。make 命令通过调用 Makefile 文件中的命令来进行编译和链接，从而实现自动化编译，极大地提高了软件开发效率。

　　使用 make 命令可以最小化重新编译次数。如果不使用 make 命令，而是使用 gcc 命令编译程序，若对一个源文件做了修改，则所有源文件都要重新编译一遍，如 1.5 节的单步编译。这肯定不是个好办法，如果编译之后又对 hello1.c 做了修改，又要把所有源文件编译一遍，即使其他文件都没有修改也要重新编译。一个大型软件项目通常包含成千上万个源文件，全部编译一遍耗时很长，上述编译过程是不合理的。可以采用 1.5 节的多步编译，如果编译之后又对 hello1.c 做了修改，要重新编译只需要执行第 2 行和第 4 行的命令即可。但是当文件很多时这种手动编译方法也很容易出错。因此更好的办法就是写一个 Makefile 文件，和源代码放在同一个目录下，make 命令会自动读取当前目录下的 Makefile 文件，完成相应的编译步骤。即使有个别文件做了修改，执行 make 命令时也只对修改的文件进行编译。

① Makefile 文件如下：

视频 1-4
Makefile

```
main: main.o hello1.o hello2.o
    gcc main.o hello1.o hello2.o -o main
main.o: main.c hello.h
    gcc -c main.c
hello1.o: hello1.c
    gcc -c hello1.c
hello2.o: hello2.c
    gcc -c hello2.c
clean:
    -rm main *.o
    @echo "clean completed"
.PHONY: clean
```

② 使用 make 命令编译程序如下：

```
#make
gcc -c main.c
gcc -c hello1.c
gcc -c hello2.c
gcc main.o hello1.o hello2.o -o main
#make
make: "main"已是最新
#touch hello1.c
#make
gcc -c hello1.c
gcc main.o hello1.o hello2.o -o main
#make clean
rm main *.o
clean completed
```

**1. Makefile 规则**

Makefile 文件由一组规则（rule）组成，每条规则的格式如下：

```
target ... : prerequisites ...
    command1
    command2
    ...
```

Makefile 文件中，第 1、第 2 行是一条规则，main 是这条规则的目标（target），main.o、hello1.o、hello2.o 是这条规则的条件。目标和条件之间的关系是：如果要更新目标，则必须先更新它的所有条件；所有条件中只要有一个条件被更新，则目标也必须随之被更新。更新的含义就是执行一遍规则中的命令列表，命令列表中的每条命令必须以一个 Tab 开头，注意不能是空格。对于 Makefile 文件中的每个以 Tab 开头的命令，make 都会创建一个 Shell

进程去执行它。

　　make 命令的执行过程为：尝试更新 Makefile 中第一条规则的目标 main，第一条规则的目标称为默认目标，只要默认目标更新了就算完成任务了。由于是第一次编译，main 文件还没有生成，因此需要更新，但是更新 main 前必须先更新 main.o、hello1.o、hello2.o。make 会进一步查找以这三个条件为目标的规则，由于这些目标文件也没有生成，因此也需要更新，所以执行相应的命令（gcc -c main.c、gcc -c hello1.c 和 gcc -c hello2.c）更新它们。最后执行 gcc main.o hello1.o hello2.o -o main 更新 main。如果没有修改任一个源文件，再次运行 make 命令，会提示默认目标 main 已是最新，不需要执行任何命令更新它。此时如果修改了 hello1.c（通过 touch 命令修改了 hello1.c 文件的时间戳），再次运行 make 命令，会自动选择那些被修改的源文件进行重新编译，未修改的源文件则不用重新编译。具体过程是：make 仍然尝试更新默认目标 main，首先要检查三个条件 main.o、hello1.o、hello2.o 是否需要更新。make 会进一步查找以这三个条件为目标的规则，发现 hello1.o 需要更新，因为它有一个条件是 hello1.c，而这个文件的修改时间比 hello1.o 晚，所以执行相应的命令更新hello1.o。既然目标 main 的三个条件中有 1 个被更新了，那么目标 main 也需要更新，所以执行命令 gcc main.o hello1.o hello2.o -o main 更新目标 main。Makefile 文件通常都会有一个 clean 规则，执行这条规则（make clean）可以清除编译过程中产生的二进制文件，保留源文件。

　　Makefile 文件中，一条规则的目标需要更新的三种情况为：目标没有生成、某个条件需要更新、某个条件的修改时间比目标晚。

　　在一条规则被执行之前，规则的条件可能处于以下三种状态之一：①需要更新。能够找到以该条件为目标的规则，且该规则中的目标需要更新。②不需要更新。能够找到以该条件为目标的规则，但是该规则中的目标不需要更新；或不能找到以该条件为目标的规则，且该条件已经生成。③错误。不能找到以该条件为目标的规则，且该条件没有生成。

　　若在 make 命令行中指定一个目标，则更新这个目标；若不指定目标则更新 Makefile 文件中第一条规则的目标（默认目标）。clean 目标不依赖任何条件，并且执行它的命令列表时不会生成文件名为 clean 的文件，只要执行了命令列表就算更新了该目标。命令前面可以加"@"或"-"字符。如果命令列表中的命令前面加了@字符，则不显示命令本身而只显示它的结果。如果命令列表中的命令在执行时出错就立刻终止，不再执行后续命令，但是如果在命令前面加"-"字符，即使这条命令出错，make 也会继续执行其后续命令。通常 rm 命令和mkdir 命令前面要加"-"字符，因为 rm 命令要删除的文件可能不存在，mkdir 命令要创建的目录可能已经存在，这两个命令都有可能出错，但是这类错误是可以忽略的。

　　如果当前目录下存在一个文件名为 clean 的文件，clean 目标又不依赖任何条件，make命令就认为 clean 目标不需要更新了。

```
#touch clean
#make clean
make："clean"已是最新。
```

　　因此，应该把 clean 当作一个特殊的名字使用，不管 clean 存在与否都要更新，可以添加如下一条特殊的规则，把 clean 声明为一个伪目标，这条规则没有命令列表。

.PHONY：clean

在 C 语言中要求变量和函数先声明后使用，而 Makefile 文件没有这种要求，这条 .PHONY 规则写在 clean 规则前面或后面都可以，都能起到声明 clean 是伪目标的作用。

**2. 约定俗成的目标名**

clean 目标是一个约定俗成的名字，其他约定俗成的目标名字还有 all、clean、distclean、install、uninstall、installdirs 等。

all：编译整个软件包，一般将此目标作为默认的终极目标。

clean：清除当前目录下在 make 过程中产生的二进制文件。

distclean：类似 clean，但是不仅删除编译生成的二进制文件，也删除其他生成的文件，如配置文件等，只保留源文件。

install：执行编译后的安装工作，把可执行文件、配置文件、库文件、文档等分别复制到不同的安装目录中。

uninstall：删除所有由 install 安装的文件。

installdirs：创建安装目录及其子目录。

只要符合上述语法的文件统称为 Makefile，而它的具体文件名则不一定是 Makefile。执行 make 命令时是按照 GNUmakefile、makefile、Makefile 的顺序在当前目录中查找第一个存在的文件并执行它，建议使用 Makefile 作文件名。

**3. 隐含规则**

为了讲清楚 Makefile 的基本概念，前面的 Makefile 文件写得中规中矩，比较烦琐，其实 Makefile 有很多灵活的写法，可以写得更简洁，同时减少出错的可能。比如将 Makefile 文件内容修改为

```
main: main.o hello1.o hello2.o
clean:
    -rm main *.o
    @echo "clean completed"
.PHONY: clean
```

可以看到简化后的 Makefile 文件中，main.o、hello1.o 和 hello2.o 这三个目标没有对应的编译命令。再次执行 make 命令看编译过程，可知能够正确编译程序，得到可执行文件 main。

```
#make clean
rm main *.o
clean completed
#make
cc    -c -o main.o main.c
cc    -c -o hello1.o hello1.c
cc    -c -o hello2.o hello2.c
cc  main.o hello1.o hello2.o -o main
```

如果一个目标在 Makefile 文件中的所有规则都没有命令列表，make 会尝试在内建的隐含规则数据库中查找适用的规则。make 的隐含规则数据库可以用 make -p 命令打印，打印出来的格式也是 Makefile 的格式，包括很多变量和规则，其中和上面例子有关的隐含规

则如下：

```
#默认
OUTPUT_OPTION =-o $@
CC =cc
COMPILE.c =$(CC) $(CFLAGS) $(CPPFLAGS) $(TARGET_ARCH) -c
%.o: %.c
    $(COMPILE.c) $(OUTPUT_OPTION) $<
```

♯号在 Makefile 中表示单行注释。CC 是一个 Makefile 变量，用 CC ＝ cc 定义和赋值，用 $(CC)取变量 CC 的值，取出的值为 cc。Makefile 变量像 C 语言的宏定义，代表一个字符串，在取值的地方展开。cc 是一个指向 gcc 的符号链接。CFLAGS 变量没有定义，因此 $(CFLAGS)展开是空。CPPFLAGS 和 TARGET _ ARCH 变量也没有定义，展开也是空。$@和 $＜是两个特殊的变量，$@的取值为规则中的目标，$＜的取值为规则中的第一个条件。

"%.o: %.c"是一种特殊的规则，称为模式规则。在简化的 Makefile 文件中，没有以 main.o、hello1.o 和 hello2.o 为目标的规则，所以 make 会查找隐含规则，发现隐含规则中有 "%.o: %.c"则这条模式规则适用。比如，main.o 符合%.o 的模式，现在%就代表 main，再替换到%.c 中就是 main.c。所以这条模式规则相当于

```
main.o: main.c
    cc -c -o main.o main.c
```

hello1.o 和 hello2.o 也进行同样的处理。

中规中矩的 Makefile 文件和简化的 Makefile 文件的区别是：前者以目标为中心，一个目标依赖若干条件；后者则以条件为中心。写规则的目的是让 make 建立依赖关系图，不管怎么写，只要把所有的依赖关系都描述清楚即可。

对于多目标规则，make 会将其拆成几条单目标规则来处理。

```
target1 target2: prerequisite1 prerequisite2
    command $<-o $@
```

上面这条规则相当于下面两条规则，这两条规则的命令列表基本一样，仅 $@的取值不同。

```
target1: prerequisite1 prerequisite2
    command prerequisite1 -o target1
target2: prerequisite1 prerequisite2
    command prerequisite1 -o target2
```

### 4. 特殊变量

特殊变量 $@和 $＜的特点是不需要给它们赋值，在不同的上下文中它们自动取不同的值。还有两个常用的特殊变量：$? 和 $^。$? 表示规则中所有比目标新的条件组成的且以空格分隔的一个列表。$^表示规则中的所有条件组成的且以空格分隔的一个列表。

```
main: main.o hello1.o hello2.o
    gcc main.o hello1.o hello2.o -o main
```

13

上面这条规则可以改写成下面这条规则。这样即使以后又往条件里添加了新的目标文件，编译命令也不需要修改，减少了出错的可能。

```
main: main.o hello1.o hello2.o
    gcc $^ -o $@
```

有时希望只对更新过的条件进行操作，此时可以使用 $ ? 变量。例如，有一个静态库文件 libexample.a，它依赖的部分目标文件被更新过，可以使用以下规则将更新过的目标文件重新打包到 libexample.a 静态库文件中，没有更新过的目标文件已经在静态库文件中了，无须重新打包。

```
libexample.a: aa.o bb.o cc.o dd.o ee.o
    ar r libexample.a $?
    ranlib libexample.a
```

**5. 赋值运算符**

Makefile 中常用的赋值运算符有"＝""：＝""? ＝""＋＝"。

使用"＝"给变量赋值，变量的值是整个 Makefile 中最后被指定的值。make 会将整个 Makefile 展开后再决定变量的值。

"：＝"表示直接赋值，赋予当前位置的值。变量的值取决于它在 Makefile 中的位置，而不是整个 Makefile 展开后的最终值。

"? ＝"表示如果该变量没有被赋值，则赋予等号后面的值；否则不进行赋值操作。

"＋＝"表示将等号后面的值追加到变量上。

"＝""：＝""? ＝"运算符的三个示例如下：

```
① x =aaa
   y =$ (x) ccc
   x =bbb
   #y 的值是 bbb ccc
② x :=aaa
   x ?=bbb
   #x 的值是 aaa
③ x :=aaa
   y :=$ (x) ccc
   x :=bbb
   #y 的值是 aaa ccc
```

"＋＝"运算符的两个示例如下：

```
① objects =main.o
   objects +=$ (hello)
   hello =hello1.o hello2.o
② objects :=main.o
   objects +=$ (hello)
   hello =hello1.o hello2.o
```

上面左侧示例中，objects 是用"＝"定义的，"＋＝"仍然保持"＝"的特性，objects 的值是 main.o $ (hello)，注意 $ (hello)前面自动添加一个空格，此时不会立即展开，等到后面需要

展开 $(objects)时才会展开成 main.o、hello1.o、hello2.o。

上面右侧示例中,objects 是用“:=”定义的,“+=”保持“:=”的特性,objects 的值是 main.o $(hello),并且立即展开成 main.o,注意这时 hello 还没定义,main.o 后面的空格仍保留。

在 make 命令行也可以用“=”“:=”“? =”或“+=”定义变量,比如可以在命令行定义 CFLAGS 变量,如果在 Makefile 中也定义了 CFLAGS 变量,则命令行的值会覆盖 Makefile 中的值。

```
#make CFLAGS=-g
cc -g  -c -o main.o main.c
cc -g  -c -o hello1.o hello1.c
cc -g  -c -o hello2.o hello2.c
cc  main.o hello1.o hello2.o -o main
```

**6. 常用的变量**

执行 make -p 命令可以看到,make 的隐含规则数据库中用到了很多变量,有些变量没有定义,有些变量定义了默认值。在写 Makefile 时可以重新定义这些变量的值,也可以在默认值的基础上追加值。

**7. 查看头文件的依赖关系**

可以用 gcc 的-M 选项自动生成目标文件和源文件的依赖关系,如 gcc -M *.c。

-M 选项把 stdio.h 以及它所包含的系统头文件也找了出来,若不需要输出系统头文件的依赖关系,可使用-MM 选项,如 gcc -MM *.c。

**8. 常用的 make 命令行选项**

-n 选项只打印要执行的命令,而不会真的执行命令。该选项有助于检查 Makefile 文件写得是否正确。

-C 选项可以切换到另一个目录并执行那个目录下的 Makefile 文件。

一些规模较大的项目会把不同的模块或子系统的源代码放在不同的子目录中,在每个子目录下都写一个 Makefile 文件,然后在一个总的 Makefile 文件中用 make -C 命令执行每个子目录下的 Makefile。例如,Linux 内核源代码就采用这样的编译方法。

# 1.7　使用 cmake 和 CMakeLists.txt 构建程序

使用 make 命令构建软件项目时需要编写 Makefile 文件,然而对于大型软件项目,手动编写 Makefile 文件是比较烦琐的,并且容易出错。此时可以使用 cmake 命令自动生成 Makefile 文件。gcc、make 和 cmake 三个命令的关系如图 1-3 所示。

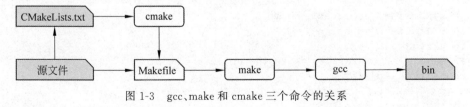

图 1-3　gcc、make 和 cmake 三个命令的关系

cmake 命令根据 CMakeLists.txt 文件自动生成 Makefile 文件。然后 make 命令使用 Makefile 文件生成目标文件（bin），目标文件可以是可执行文件或库文件。

由于 cmake 命令在执行时会产生很多中间文件，因此 cmake 采用源码外编译方式。仍然以表 1-1 中的源文件（3 个.c 文件和 1 个.h 文件）为例介绍构建软件项目的过程。首先在源文件所在的文件夹 cmake 中创建一个名为 build 的文件夹，用来存储中间文件。然后在文件夹 cmake 中创建 CMakeLists.txt 文件。进入 build 文件夹，执行 cmake 命令，cmake 命令根据../CMakeLists.txt 生成 Makefile 文件。接着执行 make 命令，根据 Makefile 编译程序生成可执行文件 hello。cmake 目录结构和 CMakeLists.txt 文件内容如下所示。相关源代码文件在本书配套资源的"src/第 1 章/cmake"目录中。

① 目录结构如下：

```
[root@ztg cmake]#tree .
.
├── build
├── CMakeLists.txt
├── hello1.c
├── hello2.c
├── hello.h
└── main.c
```

② CMakeLists.txt 文件内容如下：

```
project(HELLO)
set(SRC_LIST main.c hello1.c hello2.c)
add_executable(hello ${SRC_LIST})
```

CMakeLists.txt 文件中，第 1 行的 project 命令定义工程名称为 HELLO。第 2 行的 set 命令用来定义变量 SRC_LIST。第 3 行的 add_exectuable 命令定义该工程生成的可执行文件名为 hello，相关的源文件是 SRC_LIST 中定义的源文件列表。注意，在 CMakeList.txt 文件中，命令名不区分大小写，而参数和变量是大小写敏感的。

测试过程如下：

视频 1-5
cmake

```
[root@ztg cmake]#cd build/
[root@ztg build]#pwd
/root/cmake/build
[root@ztg build]#cmake ..
[root@ztg build]#make
[ 25%] Building C object CMakeFiles/hello.dir/main.c.o
[ 50%] Building C object CMakeFiles/hello.dir/hello1.c.o
[ 75%] Building C object CMakeFiles/hello.dir/hello2.c.o
[100%] Linking C executable hello
[100%] Built target hello
[root@ztg build]#ls
CMakeCache.txt CMakeFiles cmake_install.cmake hello Makefile
[root@ztg build]#ls ..
build CMakeLists.txt hello1.c hello2.c hello.h main.c
[root@ztg build]#./hello
```

## 1.8　完整的编译过程

　　一个源程序转化为可执行文件,所经历的完整编译过程包括:编辑、预处理、编译、汇编、链接。①用文本编辑器编写源代码,得到.c 源代码文件(源文件);②用编译预处理器对.c 文件进行编译预处理,得到.i 源代码文件;③用编译器对.i 文件进行编译,得到.s 汇编代码文件;④用汇编器对.s 文件进行汇编,得到.o 目标文件;⑤用链接器对.o 文件进行链接,得到.out 可执行文件。

　　用 C 语言编写的程序必须经过编译转成机器指令才能被计算机执行,下面通过一个简单的例子讲解编译过程的每个步骤。

**1. 编辑**

　　使用文本编辑器(如 gedit)编写源代码文件 exam.c,文件内容如下所示。相关源代码文件在本书配套资源的"src/第 1 章/exam"目录中。

```
#include<stdio.h>
#define N 5
#define P printf
int main() {
  int i=N*N; //data
  P("hello %d\n",i);
}
//gcc -E exam.c -o exam.i
//gcc -S exam.i -o exam.s
//gcc -c exam.s -o exam.o
//gcc exam.o -o exam
```

**2. 编译预处理**

　　执行 gcc -E exam.c -o exam.i 命令对源文件 exam.c 进行预处理,得到源代码文件 exam.i,文件内容如下所示。编译预处理时,要删除注释、添加行号和文件标识、删除所有 #define 并进行替换、展开 include(递归展开)以及处理所有预编译命令等。

```
//省略若干行
# 4 "exam.c"
int main() {
  int i=5*5;
  printf("hello %d\n",i);
}
```

**3. 编译**

　　执行 gcc -S exam.i -o exam.s 命令将源代码文件 exam.i 编译为汇编代码文件 exam.s,文件内容如下所示。C 语言的语句和低级语言(汇编语言)的指令之间不是简单的一对一关系,一条 C 语句要翻译成若干条汇编或机器指令,这个过程包括词法分析、语法分析、语义分析、代码优化以及生成汇编语言指令。

```
//省略若干行
.LC0:
    .string  "hello %d\n"
main:
    pushq  %rbp
    movq%rsp, %rbp
    leaq  .LC0(%rip), %rax
    call  printf@PLT
//省略若干行
```

### 4. 汇编

执行 gcc -c exam.s -o exam.o 命令将汇编代码文件 exam.s 汇编为目标文件 exam.o。汇编的过程就是将汇编语言指令翻译成 CPU 能识别的机器语言代码。

### 5. 链接

执行 gcc exam.o -o exam 命令将目标文件 exam.o 与其他目标文件或函数库进行链接，生成可执行文件 exam。

### 6. 运行

可执行文件 exam 如下所示。

```
[root@ztg exam]#./exam
hello 25
[root@ztg exam]#
```

# 1.9  习题

**1. 填空题**

(1) 计算机程序设计语言的发展大致经历了四个过程，即 _____、汇编语言、_____、面向对象的程序设计语言。

(2) 编程语言分为 _____ 和 _____。C、C++、Java、C♯、Python 等属于高级语言。

(3) 机器语言和汇编语言属于 _____，直接用 _____ 编写程序。

(4) C 语言是一门 _____ 的通用计算机编程语言。

(5) C 语言兼具高级编程语言和低级编程语言的特点，广泛用于 _____ 和 _____ 的开发。

(6) C 语言的发展历史大致上分为三个阶段，即老格式 C、_____ 和 _____。

(7) 早期的系统软件几乎都是由 _____ 编写的。

(8) 1960 年问世的 _____ 编程语言是所有 _____ 的先驱，它有丰富的过程和数据结构，语法严谨。

(9) 1972 年，美国贝尔实验室的 Dennis Ritchie 在 _____ 的基础上设计出了一种新的语言，这就是 _____。

(10) 1973 年年初，C 语言的主体完成。Ken Thompson 和 Dennis Ritchie 用它完全重

写了_____。

(11) 1989 年,ANSI 发布了第一个完整的 C 语言标准 ANSI X3.159-1989,简称_____,不过人们也习惯称其为_____。C89 是最早的_____。

(12) C 语言的哲学是"_____"。因此,C 语言对程序员的限制很少。

(13) Linux 版本有两种,即_____和_____。

(14) 本书所有示例都运行在_____。

(15) 在 Linux 系统中可以使用 C 语言进行内核编程与应用程序开发。内核程序运行在_____,应用程序主要运行在_____。

(16) 图形界面编程也叫_____编程。

(17) Linux 中有多种用于开发 GUI 程序的开发库,其中最常用的是_____和_____。

(18) _____是用 C 语言编写的用于开发 GUI 程序的开发库。

(19) _____是使用率仅次于 KDE 与 GNOME 的 Linux 桌面环境。

(20) Linux 中一个常用的文本编辑器是_____。

(21) 根据不同语言转换时机的不同,将高级编程语言分为_____和解释型语言。

(22) 最常见的 C 语言编译器是由自由软件基金会推出的_____编译器。

(23) Linux 上常用的编程工具套件是_____。

(24) GCC 套件中的 C 语言编译器是_____,对应的命令也是_____。

(25) gcc 的选项_____只编译汇编生成目标文件,不链接生成可执行文件。

(26) gcc 的选项_____只进行预处理而不编译。

(27) gcc 的选项_____只编译生成汇编代码。

(28) gcc 的选项-o outfile 指定输出文件名为 outfile,这个文件名不能和_____重名。

(29) make 命令需要一个规则文件_____,该文件中描述了整个软件项目的编译规则和各个文件之间的_____。

(30) Makefile 文件由一组_____组成。

(31) Makefile 文件中,一条规则的目标需要更新的三种情况为:_____、某个条件需要更新、_____。

(32) Makefile 文件中,如果在命令前面加了_____字符,则不显示命令而只显示它的结果。

(33) Makefile 文件中,如果在命令前面加了_____字符,即使这条命令出错,make 也会继续执行其后续命令。

(34) _____目标是个约定俗成的名字,清除在 make 过程中产生的二进制文件。

(35) ♯号在 Makefile 中表示_____。

(36) cmake 命令根据_____文件自动生成 Makefile 文件。

**2. 简答题**

(1) C 语言相比于汇编语言的优点是什么?

(2) C 语言能编写哪些软件?

(3) 机器语言、汇编语言和 C 语言的可移植性如何?

（4）什么是编译型语言和解释型语言？

（5）make 和 Makefile 的作用是什么？

（6）Makefile 文件中规则的格式是什么？

（7）完整的编译过程是什么？

**3. 上机题**

（1）在一台已装有 Windows 操作系统的机器上安装 VirtualBox，进而在 VirtualBox 中安装 Ubuntu。

（2）在 Ubuntu 中运行 Hello World 程序。

# 第 2 章　C 语言基础 |

 **本章学习目标**

- 理解数据类型的含义和作用；
- 理解运算符的优先级和结合性；
- 理解表达式的定义；
- 理解程序设计的三种基本结构；
- 掌握输入/输出函数的使用；
- 掌握数组的定义和使用。

本章和下一章是本书最重要的两章。全面介绍了标准 C 的基本语法，每节的内容都很重要。C 程序由若干个函数构成，每个函数实现一种功能。主函数调用其他函数，函数之间互相调用就实现了程序的功能。函数的功能是由函数体实现的，而函数体是语句的序列，语句是在表达式后面加一个分号。因此，理解表达式的定义最为关键。表达式由运算对象和运算符构成，运算对象就是数据，涉及数据类型的理解和选用，运算符正确使用的前提是理解运算符的优先级和结合性。因此 2.1 节和 2.2 节是本章的基础。

## 2.1　数据

### 2.1.1　数据类型

在 C 语言中，任何数据都有其类型，数据类型决定了数据占用内存的字节数、数据的取值范围以及其上可进行的操作。数据类型包括基本类型、构造类型、指针类型和空类型。基本类型包括字符型（char）、整型、实型（浮点型）、枚举（enum）。整型类型包括基本整型（int）、短整型（short）、长整型（long）、双长整型（long long）。浮点数类型包括单精度浮点型（float）、双精度浮点型（double）、长双精度浮点型（long double）。构造类型包括数组、结构体（struct）、共用体（union）。C 语言中的数据类型归属关系如图 2-1 所示。

char 型占 1 字节的存储空间，1 字节通常是 8 个 bit。如果这 8 个 bit 按无符号整数来解释，取值范围是 0～255；如果按有符号整数来解释，取值范围是 −128～127。C 语言规定了 signed 和 unsigned 两个关键字，unsigned char 型表示无符号数，signed char 型表示有符号数。ASCII（American Standard Code for Information Interchange，美国信息交换标准码）的取值范围是 0～127，所以不管 char 型是有符号的还是无符号的，存放一个 ASCII 码都没有问题，此时就不必明确写是 signed 还是 unsigned。如果用 char 型表示 8 位的整数，为了

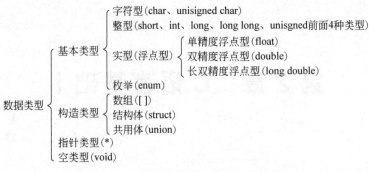

图 2-1　C 语言中的数据类型归属关系

可移植性,就必须写明是 signed 还是 unsigned。unsigned 也即 unsigned int,此时可以省略 int,只写 unsigned。除了 char 型之外,short、int、long、long long 等类型也都可以加上 signed 或 unsigned 关键字表示有符号或无符号数。有一点要注意,char 以外的这些类型如果不明确写 signed 或 unsigned 关键字,则都表示 signed,这一点是 C 标准明确规定的。

除了 char 型在 C 标准中明确规定占 1 字节之外,其他整型占几字节都是由编译器决定的。通常编译器遵守 ILP32 或 LP64 规范,如表 2-1 所示。ILP32 这个缩写的意思是 int (I)、long(L)和指针(P)类型都占 32 位,通常 32 位计算机的 C 编译器采用这种规范。LP64 是指 long(L)和指针(P)占 64 位,通常 64 位计算机的 C 编译器采用这种规范。指针类型的长度总是和计算机的位数一致。

**表 2-1　ILP32 和 LP64 规范**

| 类　型 | ILP32(位数) | LP64(位数) | 类　型 | ILP32(位数) | LP64(位数) |
|---|---|---|---|---|---|
| char | 8 | 8 | long | 32 | 64 |
| short | 16 | 16 | long long | 64 | 64 |
| int | 32 | 32 | 指针 | 32 | 64 |

本书使用的平台是 x64/Linux/gcc,遵循 LP64。C 语言数据类型、字节数以及取值范围如表 2-2 所示。C 标准未具体规定各数据类型占用的存储单元长度,是由各编译系统自行决定的。可利用 sizeof(数据类型)来查询该类型在其编译系统的具体情况。

**表 2-2　C 语言数据类型、字节数以及取值范围**

| 类　　型 | 类型关键字 | 字节 | 位 | 取　值　范　围 |
|---|---|---|---|---|
| 字符型 | char | 1 | 8 | $-128 \sim +127$ |
| 短整型 | short [int] | 2 | 16 | $-32768 \sim +32767$ |
| 整型 | int | 4 | 32 | $-2147483648 \sim +2147483647$ |
| 长整型 | long [int] | 8 | 64 | $-9223372036854775808 \sim +9223372036854775807$ |
| 双长整型 | long long [int] | 8 | 64 | $-9223372036854775808 \sim +9223372036854775807$ |
| 单精度实型 | float | 4 | 32 | $-3.4 \times 10^{38} \sim 3.4 \times 10^{38}$ |

| 类　　型 | 类型关键字 | 字节 | 位 | 取　值　范　围 |
|---|---|---|---|---|
| 双精度实型 | double | 8 | 64 | $-1.7\times10^{308}\sim1.7\times10^{308}$ |
| 长双精度实型 | long double | 12 | 96 | $-1.19\times10^{4932}\sim1.19\times10^{4932}$ |
| 无符号字符型 | unsigned char | 1 | 8 | $0\sim255$ |
| 无符号短整型 | unsigned short ［int］ | 2 | 16 | $0\sim65535$ |
| 无符号整型 | unsigned ［int］ | 4 | 32 | $0\sim4294967295$ |
| 无符号长整型 | unsigned long ［int］ | 8 | 64 | $0\sim18446744073709551615$ |
| 无符号双长整型 | unsigned long long ［int］ | 8 | 64 | $0\sim18446744073709551615$ |

## 2.1.2　常量

程序运行过程中值不能被改变的量称为常量,常量可分为字面常量和符号常量。字面常量就是直接写出来的一个数据,符号常量是指用一个标识符来代表一个常量。

每个常量都归属一种数据类型,有字符型常量和字符串常量、整型常量、浮点型常量以及枚举常量。不同类型的常量都占据不同大小的存储空间以及表示不同的范围。

**1. 字符型常量和字符串常量**

一对单引号中的一个字符称为字符型常量。字符型常量的表示方法有两种,即普通字符和转义字符(转义序列)。普通字符是用单引号将一个单字符括起来的一种表示方式,示例如下:

```
'A'、'6'、'$'、';'、'>'、'?'
```

字符型数据在内存中是以整型数据形式存储的,字符型数据本质上就是整数,只不过取值范围比 int 型小。例如,字符'A'在内存中占 1 字节,该字节中所存储的是整型数据 65(字符'A'的 ASCII 码)。字符型数据和整型数据是可以通用、混合运算的。在 ASCII 码中字符 A 是 65。计算'A'+1 这个表达式,应该按 ASCII 码把'A'当作整数值 65,然后加 1,得到 66。

字符串常量是以双引号括起来的一串字符序列。示例如下:

```
"hello world.\n"
```

其中双引号为字符串的定界符,不属于字符串的内容。字符串常量在内存中存储在一块连续的地址空间中,并在最后一个字符的下一个位置自动额外存储一个空字符'\0',表示字符串结束,字符串数据所占内存空间(长度)为其实际字符个数加 1。字符串"abc"在内存中占用的存储空间是 4 字节,而不是 3 字节。

**2. 整型常量**

在 C 语言中可以用十进制、八进制和十六进制的整数常量。十进制整数是由 $0\sim9$ 十个数字表示的整数。示例如下:

```
521、-9、7695、123
```

为了和八进制数区分，十进制整数前不能加前导 0。八进制整数是以数字 0 开头，且由 0～7 八个数字表示的整数。示例如下：

```
0521、-04、+0123
```

十六进制整数是以 0x 或 0X 开头，且由 0～9 和 A～F（或小写 a～f）十六个字符表示的整数。示例如下：

```
0x521、-0X9a、0x1A2B3C
```

C 语言对于所有没有后缀且在 int 表示范围内的整型常量都规定为 int 型，对于超过此范围的整数根据其大小范围依次认定为 unsigned int、long、unsigned long、long long 或 unsigned long long 型。整数常量还可以在末尾加 u 或 U 以表示 unsigned 型整型常量，加 l 或 L 表示 long 型整型常量，加 ll 或 LL 表示 long long 型整型常量。L、LL 和 U 的位置可以互换。示例如下：

```
11、034L、0xaL、0LL、075LL、0xFFLL、12U、12LU、12ULL
```

同一个整型常量值可以有不同的表示方法。例如，同样是十进制的 1234，可以有以下多种不同的表示方法：

```
1234、02322、0x4d2、1234L、1234LL、02322L、0x4d2L、1234U、1234UL、1234LLU
```

有些编译器（如 gcc）支持二进制整数常量，以 0b 或 0B 开头，如 0b0101101，但二进制的整数常量不是 C 标准，只是某些编译器的扩展。由于二进制和八进制、十六进制的对应关系非常明显，用八进制或十六进制常量完全可以代替二进制常量。

字符常量和枚举常量的类型都是整型。

**3. 浮点型（实型）常量**

浮点型常量也可以称为实型常量。浮点型常量就是直接书写出来的浮点数，只用十进制表示。在 C 语言中，浮点型常量分为三种，即单精度浮点数（float）、双精度浮点数（double）和长双精度浮点数（long double）。浮点型常量的表示方法有两种，即小数形式和指数形式。

例如，3.14159265、−0.618 为小数形式的常量。小数点前或后的唯一 0 可以省略，但不能全省略。示例如下：

```
100.、.618、-.618、.0、0.
```

指数形式：±尾数部分 E±指数部分，其中 E 可小写，e 或 E 前后必须都有数字，且其后必须为整数。示例如下：

- −5.9e+5 表示 $-5.9 \times 10^5$；
- 1.2E−6 表示 $1.2 \times 10^{-6}$。

C 语言规定不加后缀说明的所有实型常量都被解释成 double 类型。可在常量后加上字符 f 或 F 后缀，从而将其强制说明为 float 类型。可在常量后加上字符 l 或 L 后缀，从而将其强制说明为 long double 类型。

**4. 枚举常量**

枚举是 C 语言中的一种基本数据类型,它可以让数据更简洁、更易读。枚举成员就是 int 型常量。枚举将在第 3.4.4 小节介绍。

## 2.1.3　变量和标识符

程序运行过程中值可以改变的量称为变量。每个变量都有一个变量名,都归属一种数据类型,不同类型的变量都占据不同大小的存储空间且具有不同的表示范围。变量定义语句的一般格式如下:

数据类型标识符 变量名表;

变量名表中如果有多个变量,变量之间用逗号隔开。变量定义语句以分号结尾。变量一经定义,其名称和类型就被固定下来,不允许改变。但变量的值可以在程序运行过程中随时被改变。在 C 语言中变量一定要先声明(定义)后使用,并且在同一个作用域内变量不可重复定义。

给变量赋初值可以通过一个单独的赋值语句来完成,示例如下:

```
int a;
a=8;
```

可以在定义变量的时候一次完成,示例如下:

```
int a=8;
```

也可以在定义变量时只给部分变量赋初值,示例如下:

```
int a=3, b, c;
```

定义变量时必须一个一个进行。正确定义变量的示例如下:

```
int a=6, b=6, c=6, d=6;
```

不正确定义变量的示例如下:

```
int a=b=c=d=6;
```

如果所赋的值和变量的类型不符会导致编译器报警或报错,比如字符串不能赋给整型变量(int a="22";)。

变量声明和变量定义:如果一个变量声明要求编译器为它分配存储空间(int a),那么也可以称为变量定义,因此定义是声明的一种。有些变量声明不分配存储空间(extern a),因而不是变量定义。为了叙述方便,把分配存储空间的声明称为定义,而把不分配存储空间的声明称为声明。

变量名和后面要讲的函数名、宏定义、结构体成员名等,在 C 语言中统称为标识符。标识符是用户编程时使用的名字，用于给变量、常量、函数、语句块等命名。标识符必须由字母（区分大小写）、数字、下画线组成，不能有其他字符。标识符的第一个字符不能是数字，必须为字母或下画线。合法变量名的示例如下：

```
Abc、_abc_、_123
```

不合法变量名的示例如下：

```
3abc、ab$
```

标识符有三类，即关键字、预定义标识符和用户自定义标识符。虽然表示类型的 char、int、float、double 符合上述规则，但也不能用作标识符。在 C 语言中有些单词有特殊意义，不允许用作标识符，这些单词称为关键字或保留字。通常用于编程的文本编辑器都会高亮显示这些关键字，所以只要小心一点通常不会误用作标识符。C99 规定的关键字如下：

```
auto、break、case、char、const、continue、default、do、double、else、enum、extern、float、
for、goto、if、inline、int、long、register、restrict、return、short、signed、sizeof、
static、struct、switch、typedef、union、unsigned、void、volatile、while、_Bool、
_Complex、_Imaginary
```

一般来说应避免使用以下画线开头的标识符，以下画线开头的标识符只要不和 C 语言关键字冲突就都是合法的，但是往往被编译器用作一些功能扩展。C 标准库也定义了很多以下画线开头的标识符，所以除非你对编译器和 C 标准库特别清楚，一般应避免使用这种标识符，以免造成命名冲突。

## 2.1.4　数据类型转换

数据类型转换就是将数据（变量、数值、表达式的结果等）从一种类型转换为另一种类型。C 语言中，整型、单精度型、双精度型和字符型数据可以进行混合运算。在进行运算时，不同类型的数据要先转换成同一类型，然后进行运算。C 语言数据类型转换方式有两种，即自动类型转换和强制类型转换。

### 1. 自动类型转换

自动类型转换就是编译器隐式进行的数据类型转换，编译器根据它自己的一套规则将一种类型自动转换成另一种类型。这种转换不需要程序员干预，会自动发生。

如果赋值或初始化时赋值号两边的类型不同，则编译器会把赋值号右边的类型转换成赋值号左边的类型再做赋值。例如，"int c = 3.14;"中，编译器会把右边的 double 型转成 int 型再赋给变量 c。将一种类型的数据赋值给另外一种类型的变量时就会发生自动类型转换，例如，"float f = 100;"中，100 是 int 型的数据，需要先转换为 float 类型才能赋值给变量 f。再如，"int n = f;"中，f 是 float 类型的数据，需要先转换为 int 类型才能赋值给变量 n。在赋值运算中，赋值号两边的数据类型不同时，需要把右边表达式的类型转换为左边变量的类型，这可能会导致数据失真，或者精度降低，所以自动类型转换并不一定是安全的。

对于不安全的类型转换,编译器一般会给出警告。

在不同类型数据的混合运算中,如果运算符两侧的操作数类型不同但相容,编译器会按一定的规则自动地转换数据类型,将参与运算的所有数据先转换为同一种类型,然后进行计算。自动类型转换规则如图 2-2 所示。

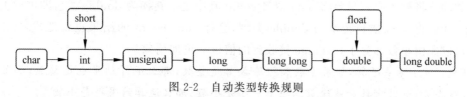

图 2-2  自动类型转换规则

(1) 转换按数据长度增加的方向进行,以保证数值不失真,或者精度不降低。例如,int 和 long 参与运算时,先把 int 类型的数据转成 long 类型后再进行运算。

(2) char 和 short 参与运算时,必须先转换成 int 类型。

(3) int 型与 double 型数据参与运算时,直接将 int 型转换成 double 型;int 型与 unsigned 型数据参与运算时,直接将 int 型转换成 unsigned 型;int 型与 long 型数据参与运算时,直接将 int 型转换成 long 型。不要错误理解为先将 char 型或 short 型转换成 int 型,再转换成 unsigned 型,然后转换成 long 型,最后转换成 double 型。

(4) 所有的浮点运算都是以双精度进行的,即使运算中只有 float 类型,也要先转换为 double 类型,才能进行运算。

**2. 强制类型转换**

自动类型转换是编译器根据代码的上下文环境自行判断的结果,有时候并不能满足所有的需求。如果需要,程序员可以通过类型转换运算符"()"将某个表达式转换成指定类型,这称为显式类型转换或强制类型转换。强制类型转换必须有程序员干预,是程序员明确提出的一种类型转换。强制类型转换的格式如下:

```
(类型标识符)表达式 或 (类型标识符)(表达式)
```

示例如下:

```
(float) a          //将变量 a 转换为 float 类型
(float) 100        //将数值 100(默认为 int 类型)转换为 float 类型
(int)(5.2+3.3)     //将表达式 5.2+3.3 的值转换成 int 类型,转换后的值为 8
(double)(5+3)      //将表达式 5+3 的值转换成 double 类型,转换后的值为 8.0
(float)(x+y)       //将表达式 x+y 的值的类型转换成 float 类型
(float)x+y         //将表达式 x 的值转换成 float 类型后再与 y 相加
```

示例如下:

```
int sum =103;
int count =7;
double average;
average =(double) sum/count;
```

运行结果如下：

```
average =14.714286
```

sum 和 count 都是 int 类型，如果不进行干预，那么 sum/count 的运算结果也是 int 类型，小数部分将被丢弃。只要将 sum 或者 count 其中之一转换为 double 类型即可。上面的代码中，我们将 sum 强制转换为 double 类型，这样 sum/count 的结果也将变成 double 类型，就可以保留小数部分了，average 接收到的值也会更加精确。

**注意**：对于除法运算，如果除数和被除数都是整数，那么运算结果也是整数，小数部分将被直接丢弃；如果除数和被除数其中有一个是小数，那么运算结果也是小数。

"()"的优先级高于"/"，对于表达式（double）sum/count，会先执行（double）sum 将 sum 转换为 double 类型，然后进行除法运算，这样运算结果也是 double 类型，能够保留小数部分。不要写作（double）（sum/count），否则运算结果将是 3.000000，仍然不能保留小数部分。

类型转换只是临时性的，无论是自动类型转换还是强制类型转换，都只是为了本次运算而进行的临时性转换，转换的结果也会保存到临时的内存空间中，不会改变数据本来的类型或者值。

在 C 语言中，有些类型既可以自动转换，也可以强制转换，如 int 转换到 double，float 转换到 int 等。可以自动转换的类型一定能够强制转换，但是，需要强制转换的类型不一定能够自动转换。现在我们学到的数据类型，既可以自动转换，又可以强制转换，以后我们还会学到一些只能强制转换而不能自动转换的类型，如 void * 转换到 int *，int 转换到 char * 等。可以自动进行的类型转换一般风险较低，不会给程序带来严重的后果。例如，int 转换到 double 没有什么缺点，float 转换到 int 顶多是数值失真。只能强制进行的类型转换一般风险较高，或者行为匪夷所思。例如，char * 转换到 int * 非常奇怪，这会导致取得的值也很奇怪。再如，int 到 char * 就是风险极高的一种转换，一般会导致程序崩溃。使用强制类型转换时，程序员自己要意识到潜在的风险。

## 2.1.5 转义字符（转义序列）

字符集为每个字符分配了唯一的编号（字符编码，用八进制数或十六进制数表示）。目前最常用的是 ASCII 码，详见附录。当从键盘上输入一个字符时，显示器上就可以显示这个字符，这类字符称为可显示（打印）字符，如 a、b、@、* 和空格符等都是可显示字符。但是有一类字符却没有这种特性，它们或者在键盘上找不到对应的一个键，或者当按键以后不能显示键面上的字符，这类字符是为控制作用而设计的，故称为控制字符。

在 C 语言中，控制字符必须用转义字符表示。转义字符以反斜线\开头，后面跟一个字符或一个八进制数或十六进制数。转义字符具有特定的含义，不同于字符原有的意义，故称转义字符。通常使用转义字符表示 ASCII 码字符集中不可打印的控制字符和特定功能的字符，常用的转义字符及其含义如表 2-3 所示。

表 2-3　常用的转义字符及其含义

| 转义字符 | 含　　义 | 转义字符 | 含　　义 |
|---|---|---|---|
| '\"' | 单引号(') | '\n' | 换行 |
| '\"' | 双引号(") | '\r' | 回车 |
| '\?' | 问号(?) | '\t' | 水平制表符或 Tab |
| '\\' | 反斜线(\) | '\v' | 垂直制表符 |
| '\a' | 响铃 | '\0' | 空字符(ASCII 码为 0),通常作为字符串结束标志 |
| '\b' | 退格 | '\ddd' | 1~3 位八进制数所代表的字符 |
| '\f' | 分页符 | '\xhh' | 1、2 位十六进制数所代表的字符 |

　　字符也可以用 ASCII 码转义序列表示,这种转义序列由\加上 1~3 个八进制数字组成,或者由\x 或大写\X 加上 1 或 2 个十六进制数字组成,可以用在字符常量或字符串字面值中。由于字符'A'的 ASCII 码为十进制数 65,用八进制表示是 0101,用十六进制表示是 0x41,所以字符'\101'和'\X41'都表示字符'A'。用这种方法可以表示任何字符。例如,'\0'、'\000'和'\x00'都代表 ASCII 码为 0 的控制字符,即空字符(NULL 字符)。'\11'或'\x9'表示 Tab 字符,"\11"或"\x9"表示由 Tab 字符组成的字符串。Windows 上的文本文件用\r\n 作行分隔符,许多应用层网络协议(如 HTTP)也用\r\n 作行分隔符,而 Linux 和各种 UNIX 上的文本文件只用\n 作行分隔符。注意'0'的 ASCII 码是 48,而'\0'的 ASCII 码是 0,两者是不同的。

## 2.2　运算符

### 2.2.1　运算符和表达式

　　C 语言运算符是指表达某几个操作数之间的一种运算规则(特定操作)的符号,它是构造 C 语言表达式的工具。运算符主要包括算术运算符、关系运算符、逻辑运算符、位运算符、赋值运算符、条件运算符、逗号运算符、指针运算符、求字节数运算符、强制类型转换运算符、分量运算符和下标运算符等。根据操作数(操作对象)个数的不同将运算符分为单目运算符、双目运算符和三目运算符。只需要一个操作对象的运算符称为单目运算符,需要两个操作对象的运算符称为双目运算符,需要三个操作对象的运算符称为三目运算符。

　　C 语言表达式是指用运算符将操作对象连接起来的式子,运算对象包括常量、变量和函数等。表达式示例如下:

```
a +b
a * b +c
3.1415926 * r * r
(a +b) * c -10 / d
a >=b
m +3 <n -2
x >y && y >z
```

```
a * b +6 / c -1.2 +'a'
15
3.1415926
x
(n)
```

表达式既可以是单个的常量或变量，也可以是多个运算符和操作对象组合而成的更复杂的表达式。在求解表达式值时，需要根据运算符的优先级和结合性（见表 2-4）进行分析。任何表达式都有类型和值两个基本属性。

表 2-4　运算符的优先级和结合性

| 优先级 | 运 算 符 | 名　　称 | 运算对象个数 | 结合方向 |
|---|---|---|---|---|
| 1 | （ ）<br>[ ]<br>-><br>. | 圆括号<br>下标运算符<br>指向结构体成员运算符<br>结构体成员运算符 | | 自左至右 |
| 2 | !<br>~<br>++<br>--<br>-<br>（类型说明符）<br>*<br>&<br>sizeof() | 逻辑非运算符<br>按位取反运算符<br>自增 1 运算符<br>自减 1 运算符<br>负号<br>类型转换运算符<br>指针运算符<br>取地址运算符<br>取长度（内存字节数）运算符 | 1（单目运算符） | 自右至左 |
| 3 | *<br>/<br>% | 乘法运算符<br>除法运算符<br>取余运算符 | 2（双目运算符） | 自左至右 |
| 4 | +<br>- | 加法运算符<br>减法运算符 | 2（双目运算符） | 自左至右 |
| 5 | <<<br>>> | 左移运算符<br>右移运算符 | 2（双目运算符） | 自左至右 |
| 6 | < <= > >= | 关系运算符 | 2（双目运算符） | 自左至右 |
| 7 | ==<br>!= | 等于运算符<br>不等于运算符 | 2（双目运算符） | 自左至右 |
| 8 | & | 按位与运算符 | 2（双目运算符） | 自左至右 |
| 9 | ^ | 按位异或运算 | 2（双目运算符） | 自左至右 |
| 10 | \| | 按位或运算符 | 2（双目运算符） | 自左至右 |
| 11 | && | 逻辑与运算符（并且） | 2（双目运算符） | 自左至右 |
| 12 | \|\| | 逻辑或运算符（或者） | 2（双目运算符） | 自左至右 |
| 13 | ? : | 条件运算符 | 3（三目运算符） | 自右至左 |
| 14 | = += -= *= /= %=<br>>>= <<= &= ^= \|= | 赋值运算符及各种复合赋值运算符 | 2（双目运算符） | 自右至左 |
| 15 | , | 逗号运算符 | | 自左至右 |

　　优先级：运算符的运算优先级共分为 15 级。1 级最高,15 级最低。在表达式中,优先级较高的先于优先级较低的进行运算。而在一个操作对象两侧的运算符优先级相同时,则按运算符的结合性所规定的结合方向处理。

　　结合性：各运算符的结合性分为两种,即左结合性(自左至右)和右结合性(自右至左)。

　　在求解表达式值的时候,如果某个操作对象的左右都出现运算符,则首先要按运算符优先级别高低的次序执行运算;如果某个操作对象的左右都出现运算符且优先级别相同,则要按运算符的结合性来决定运算次序。

　　例如,在表达式 a+b*c 中,操作对象 b 的左侧为加号运算符,右侧为乘号运算符,而乘号运算符的优先级高于加号,所以 b 优先和其右侧的乘号结合,即先运算 b*c,表达式相当于 a+(b*c)。

　　例如,在表达式 a+b-c 中,操作对象 b 的左侧为加号运算符,右侧为减号运算符,而减号运算符与加号运算符优先级别相同。这时我们要看运算符加号和减号的结合性,由于它们的结合性是自左至右,所以运算对象 b 优先和其左侧的加号结合,即先运算 a+b,表达式相当于 (a+b)-c。

　　在表达式 x=y+=z 中,操作对象 y 的左侧为赋值运算符=,右侧为复合赋值运算符 "+=",它们的优先级别相同。因为各种赋值运算符的结合性都是自右至左,所以运算对象 y 先和其右侧的运算符"+="结合,即先运算 y+=z,表达式相当于 x=(y+=z)。

## 2.2.2　算术运算

　　算术运算符有+(加法运算符或取正值)、-(减法运算符或取负值)、*(乘法运算符)、/(除法运算符)、%(求余运算符或取模运算符)、++(自增运算符)、--(自减运算符)。由算术运算符将操作数(参与运算的常量和变量)连接起来的式子称为算术表达式。算术表达式的值是一个数值。

　　两个整型数相除的结果仍然是整型数。运算符%求解两个操作数相除后的余数。

　　"++"和"--"都是单目运算符,其操作数只能是一个变量,而不可以是其他任何形式的表达式。它们的运算规则是使其目的操作数(变量)的值自动加 1 或自动减 1。它们既可以作为前缀运算符放在变量的左侧,也可以作为后缀运算符放在变量的右侧。

正确示例如下：　　　　　　　　　　　错误示例如下：

```
a++
++a
b--
--b
a+++6
a+b++
a+b--
(int)(x++)
```

```
4++
++5
(x+y)++
++(6+a)
++(int)(x)
(x)++
```

　　它们在作为前缀运算符和作为后缀运算符时的运算规则是不同的。设 n 为一个整型变量,作为后缀运算符时,n++ 表示先使用 n 的值,当使用完成后再让 n 的值自加 1,n-- 表示先使用 n 的值,当使用完成后再让 n 的值自减 1;作为前缀运算符时,++n 表示先让 n 的

值自加 1,然后使用 n 的值,－－n 表示先让 n 的值自减 1,然后使用 n 的值。示例如下:

```
j=i++;          //相当于"j=i; i=i+1;"
j=++i;          //相当于"i=i+1;j=i;"
```

### 2.2.3　赋值运算

赋值运算符的功能是将赋值运算符右侧表达式的值赋给其左侧的变量。赋值运算符的左侧只能是一个变量,也称左值。格式如下:

```
变量名称=表达式
```

例如,a＝3、b＝a＋9/3.0 是合法的,2＝5＋6、a＋b＝y－5 是非法的。

当赋值运算符两侧的数据类型不一致但相容时（如均为数值）,系统会通过类型自动转换规则将表达式值的类型转换成左侧变量的类型后完成赋值。

如果是低精度向高精度赋值,其精度将自动扩展;如果是高精度向低精度赋值,那么可能会发生溢出或损失精度（通常是小数）。

由赋值运算符连接组成的式子称为赋值表达式,赋值表达式是有值的,它的值就是最终赋给变量的值。赋值表达式的值还可以参加运算。赋值表达式示例如下:

```
a=3                //a 的值是 3,整个赋值表达式的值是 3
b=5+(a=3)          //a 的值是 3,b 的值是 8,整个赋值表达式的值是 8
a=b=c=5            //相当于 a=(b=(c=5)),a、b、c 的值是 5,整个表达式的值是 5
a=(b=9)/(c=3)      //b 的值是 9,c 的值是 3,a 的值是 3,整个表达式的值是 3
b=(a=5)+(c=++a)    //求解后,a 与 c 的值是 6,b 的值是 11,整个表达式的值是 11
```

复合赋值运算符有＋＝、－＝、＊＝、/＝、％＝、<<＝、>>＝、&＝、^＝、|＝等。

复合赋值表达式示例如下:

```
x*=3              //等价于 x=x*3
x*=y+5            //等价于 x=x*(y+5),不是等价于 x=x*y+5
x%=7             //等价于 x=x%7
```

### 2.2.4　关系运算

C 语言提供的关系运算符有 6 种,即>（大于）、>＝（大于等于）、<（小于）、<＝（小于等于）、＝＝（等于）和! ＝（不等于）。

关系运算符优先级高于赋值运算符,低于算术运算符。其中,>、>＝、<、<＝的优先级高于＝＝、! ＝。示例如下:

x<y+z 相当于 x<(y+z),x+5＝＝y<z 相当于 (x+5)＝＝(y<z),x=y>z 相当于 x＝(y>z),X＝＝Y>＝Z 相当于 X＝＝(Y>＝Z)。

用关系运算符将两个表达式连接起来,就称为关系表达式。关系运算符两侧的表达式可以是算术表达式、关系表达式、逻辑表达式或赋值表达式等。合法的关系表达式示例如下:

6＞5　　a＋b＜＝c＋d　　a＞b！＝c　　4＜100－a　　a＞＝b＞＝c　　'A'＞'B'

关系表达式的值是一个逻辑值,成立则值为真(用 1 表示),不成立则值为假(用 0 表示)。

如果 a＝b＝c＝3,d＝20,则表达式求值的示例如下:

```
a=c>3                //值为 0
b=3+5<d              //值为 1
```

**注意:** 由于浮点数精度有限,因此不适合用＝＝运算符做精确比较。

## 2.2.5　逻辑运算符

逻辑运算符有 3 个,即 ＆＆(逻辑与)、||(逻辑或)和!(逻辑非)。

用逻辑运算符将两个关系表达式或逻辑量连接起来的式子就是逻辑表达式。

逻辑表达式的值是一个逻辑量。成立为真(用 1 表示);不成立为假(用 0 表示)。

逻辑运算符运算规则如表 2-5 所示。

表 2-5　逻辑运算符运算规则

| a | b | ！a | ！b | a＆＆b | a||b |
|---|---|---|---|---|---|
| 真(非 0) | 真(非 0) | 假(0) | 假(0) | 真(1) | 真(1) |
| 真(非 0) | 假(0) | 假(0) | 真(1) | 假(0) | 真(1) |
| 假(0) | 真(非 0) | 真(1) | 假(0) | 假(0) | 真(1) |
| 假(0) | 假(0) | 真(1) | 真(1) | 假(0) | 假(0) |

如果 a＝1,b＝2,c＝3,d＝4,则表达式求值的示例如下:

a＞b＆＆c＜d 的值为 0,! a＆＆b＞4 的值为 0,a＞5||b＜6＆＆c＞1 的值为 1,b＆＆c＋6 的值为 1,(5＞3)＆＆(3＜2)的值为 0,(5＜＝6)＋3 的值为 4。

**注意:** 在表示真假值时,用 1 表示真,用 0 表示假;在判断真假时,C 语言规定非 0 为真,0 为假。例如,表达式! 5 中,5 是非 0 值,为真(1),所以! 5 的值为假(0);! (5＞6)中,5＞6 不成立,值为 0,0 为假,! 0 为真,所以表达式的值为 1;5＞6＞7 中,5＞6 不成立,值为 0,0＞7 不成立,所以表达式的值为 0。

形式如下的表达式是全与运算表达式,若某个子表达式的值为 0,则不再求解其右侧的子表达式,整个表达式的值为 0。

```
() && () && () && ()
```

形式如下的表达式是全或运算表达式,若某个子表达式的值为 1,则不再求解其右侧的子表达式,整个表达式的值为 1。

```
() || () || () || ()
```

## 2.2.6　条件运算符

条件运算符是"?:",需要三个操作数,是唯一一个三目运算符。

条件表达式语法如下：

```
表达式 1？表达式 2：表达式 3
```

条件表达式的求解规则：首先求解表达式 1，若表达式 1 的值为真，则求解表达式 2，并将表达式 2 的值作为整个表达式的值；若表达式 1 的值为假，则求解表达式 3，并将表达式 3 的值作为整个表达式的值。条件表达式示例如下：

```
b=6>7?1:0              //6>7 不成立，所以 b 被赋值为 0
max=x>y?x:y            //max 的值被赋为 x 与 y 中的较大者
x>=0?x:-x              //整个表达式的值为 x 的绝对值
(x>y?x:y)>z?(x>y?x:y):z //x、y、z 三个变量的最大值
```

## 2.2.7  逗号运算符

逗号运算符是一种双目运算符，它的使用形式如下：

```
表达式 1, 表达式 2
```

两个表达式不要求类型一致，左边的表达式 1 先求值，求完了直接把值丢掉，再求右边表达式 2 的值作为整个表达式的值。

用逗号运算符将两个或多个表达式连接起来，就构成一个逗号表达式。逗号运算符在所有运算符中优先级别最低。逗号表达式的运算规则为从左至右依次求解每一个表达式的值，最后一个表达式的值成为整个表达式的值。逗号表达式示例如下：

```
1+1,2+2               //值是 4
a=6,b=7,c=8           //值是 8
a=5+6,a++             //值是 11
(a=5),a+=6,a+9        //值是 20
```

函数调用时各实际参数（实参）之间也是用逗号隔开，这种逗号是分隔符而不是逗号运算符。使用逗号运算符的示例如下：

```
f(a, (t=3, t+2), c)
```

传给函数 f 的参数有三个，其中第二个参数的值是表达式 t+2 的值。

## 2.2.8  sizeof 运算符与 typedef 类型声明

sizeof 是一个很特殊的运算符，它有以下两种使用形式：

```
sizeof 表达式
```

或

```
sizeof(表达式)
```

sizeof 运算符并不对表达式求值,而是根据类型转换规则求得表达式的类型,然后把这种类型所占的字节数作为整个表达式的值。示例如下:

```
int a[10];
int b=sizeof a/sizeof a[0];
```

由于 sizeof 不对表达式求值,不必到运行时才计算,而是在编译时就知道 sizeof a 的值是 40,sizeof a[0] 的值是 4,所以在编译时就把 sizeof a/sizeof a[0] 替换成常量 10 了,因此,这是一个常量表达式。

sizeof 运算符的结果是 size_t 类型的,这个类型定义在 stddef.h 头文件中,如果代码中不出现 size_t 这个类型名就不用包含这个头文件。C 标准规定 size_t 是一种无符号整型,编译器可以用 typedef 做一个类型声明,typedef 这个关键字用于给某种类型起一个别名,类型名也遵循标识符的命名规则,并且通常加_t 后缀表示 Type。

```
typedef unsigned long size_t;
```

那么 size_t 就代表 unsigned long 型。不同平台的编译器可能会根据自己平台的具体情况定义 size_t 所代表的类型。比如,有的平台定义为 unsigned long 型,有的平台定义为 unsigned long long 型。C 标准规定 size_t 这个名字就是为了隐藏这些细节,使代码具有可移植性。所以注意不要把 size_t 类型和它所代表的真实类型混用。示例如下:

```
unsigned long x;
size_t y;
x = y;
```

如果在一种平台上定义 size_t 代表 unsigned long long 型,这段代码把 y 赋给 x 时就把高位截掉了,结果可能是错的。

## 2.2.9　位运算

整数在计算机中用二进制位表示,C 语言提供一些运算符,可以直接操作整数中的位,称为位运算,这些运算符的操作数都必须是整型的。有些信息利用整数中的某几个位来存储,要访问这些位,仅有对整数的操作是不够的,必须借助位运算。

C 语言提供了 6 个位运算符,即按位与运算符 &、按位或运算符 |、按位取反运算符 ~、按位异或运算符 ^、左移位运算符 << 和右移位运算符 >>。

示例:定义两个 unsigned char 类型的变量 a 和 b,十进制值分别为 95 和 25,二进制值分别为 01011111 和 00011001,对这两个变量进行位运算后结果为 01100100、00000110。

移位运算符包括左移 << 和右移 >>。左移是将一个整数的各二进制位全部左移若干位。例如,b<<2 是将最高两位的 11 移出去,最低两位又补了两个 0,其他位依次左移两位。但要注意,移动的位数必须小于左操作数的总位数,比如上面的例子,左边是 unsigned char 型,如果左移的位数大于或等于 8 位,则结果是 Undefined。在一定的取值范围内,将一个整数左移 1 位相当于乘以 2。这条规律对有符号数和无符号数都成立,对负数也成立。当然,如果左移改变了最高位(符号位),那么结果肯定不是乘以 2 了。由于计算机

做移位比做乘法快得多，编译器可以利用这一点做优化。比如，b＊16 可以编译成移位操作 b≪4。

当操作数是无符号数时，右移运算的规则和左移类似。例如，b≫2 是最低两位的 11 被移出去了，最高两位又补了两个 0，其他位依次右移两位。和左移类似，移动的位数也必须小于左操作数的总位数，否则结果是 Undefined。在一定的取值范围内，将一个整数右移 1 位相当于除以 2，小数部分被截掉。当操作数是有符号数时，右移运算的规则比较复杂。如果是正数，那么高位移入 0；如果是负数，那么无法确定高位移入 1 还是 0，这和编译器的具体实现相关。对于 x86 平台的 GCC 编译器，最高位移入 1，也就是仍保持负数的符号位，这种处理方式对负数仍然保持了"右移 1 位相当于除以 2"的性质。由于类型转换和移位等问题，用有符号数做位运算是很不方便的，所以，建议只对无符号数做位运算，以减少出错的可能。

如果要对一个整数中的某些位进行操作，可以用掩码（mask）来表示这些位在整数中的位置。比如，掩码 0x0000ff00 表示对一个 32 位整数的 8～15 位进行操作。

示例：取出变量 a 中的 8～15 位后赋值给变量 b。

```
unsigned int a, b;
unsigned int mask=0x0000ff00;
a =0x12345678;
b=(a & mask)>>8;      //0x00000056
//下面这行也可以达到同样的效果
b =(a >>8) & ～(～0U <<8);
```

示例：将变量 a 中 8～15 位置 1 后赋值给变量 b。

```
unsigned int a, b;
unsigned int mask=0x0000ff00;
a =0x12345678;
b=a| mask;            //0x1234ff78
```

示例：将变量 a 中 8～15 位清零后赋值给变量 b。

```
unsigned int a, b;
unsigned int mask=0x0000ff00;
a =0x12345678;
b =a & ～mask;         //0x12340078
```

## 2.2.10　复合赋值运算符

复合赋值运算符共有 10 个，即＋=、－=、＊=、/=、%=、&=、| =、^=、≪=、≫=，具体描述和示例如表 2-6 所示。例如，b＋=a 相当于 b=b+a。但是两者还是有差别的，前者对表达式 b 只求值一次，而后者对表达式 b 求值两次。如果 b 是一个复杂的表达式，求值一次和求值两次的效率是不同的，如 b[i+j]＋=a 和 b[i+j]=b[i+j]+a。再如，＋＋i 相当于 i=i+1，等价于 i+=1；－－i 等价于 i－=1。

表 2-6　复合赋值运算符

| 运算符 | 描　　述 | 示　例 |
| --- | --- | --- |
| += | 加且赋值运算符,把右边操作数加上左边操作数的结果赋值给左边操作数 | b+=a 相当于 b=b+a |
| -= | 减且赋值运算符,把左边操作数减去右边操作数的结果赋值给左边操作数 | b-=a 相当于 b=b-a |
| *= | 乘且赋值运算符,把右边操作数乘以左边操作数的结果赋值给左边操作数 | b*=a 相当于 b=b*a |
| /= | 除且赋值运算符,把左边操作数除以右边操作数的结果赋值给左边操作数 | b/=a 相当于 b=b/a |
| %= | 求模且赋值运算符,求两个操作数的模并赋值给左边操作数 | b%=a 相当于 b=b%a |
| &= | 按位与且赋值运算符 | b&=2 相当于 b=b&2 |
| ^= | 按位异或且赋值运算符 | b^=2 相当于 b=b^2 |
| \|= | 按位或且赋值运算符 | b\|=2 相当于 b=b\|2 |
| <<= | 左移且赋值运算符 | b<<=2 相当于 b=b<<2 |
| >>= | 右移且赋值运算符 | b>>=2 相当于 b=b>>2 |

# 2.3　结构化程序设计

从程序流程的角度看,程序设计的三种基本结构是顺序结构、分支(选择)结构和循环结构。由这三种基本结构组成的程序,就是结构化程序。这三种基本结构可以组成各种复杂程序。C 语言提供了多种语句来实现这些程序结构。

## 2.3.1　顺序结构

顺序结构的程序段其实就是一段语句的序列。C 语言语句被分为五类,即表达式语句、函数调用语句、空语句、复合语句和控制语句。

表达式语句是指在表达式后面加一个分号所构成的语句。

函数调用语句一般由函数名和实参组成,以分号结尾,如"printf("%d",i);"。

空语句仅用一个分号表示,在语法上是一条语句。空语句什么也不做,但是也要像其他普通语句一样被执行,实际使用中,空语句常放在循环体里实现延时。空语句也可用于在调试器中设置断点。空语句和函数调用语句也属于表达式语句。

复合语句又称为语句块,是指用一对花括号{}将一条或若干条语句包含起来形成的单条语句。复合语句形式如下:

```
{
    声明 1;          //如"int x=5, y;"
    声明 2;          //如"char c1, c2;"
    表达式 1;
```

```
        表达式 2;
        表达式 3;
    }
```

复合语句跟普通语句的区别是不用分号结尾,但是复合语句内的各条语句都必须以分号结尾。复合语句在语法上是一条语句,不能看作多条语句,一般应用在分支语句和循环语句中。在语句块内声明的变量具有语句块作用域,即变量只能在该语句块内使用,生命周期从语句块开始,直到语句块结尾结束。同时,在语句块内生成变量的存储周期也将被限制,若没有 static、extern 修饰,那么该变量在语句块执行完毕后将被释放。

控制语句用于控制程序的流程走向,控制语句分为分支语句(if、switch)、循环语句(for、while、do while)和转向语句(continue、break、goto、return)。

## 2.3.2　分支结构

当出现选择时就会产生分支,满足一种条件则运行一个分支,满足另一种条件则运行另一种分支,不同分支运行的结果往往不同。单分支、双分支和多分支 if 选择结构如图 2-3 所示,三种分支结构及其功能如表 2-7 所示。

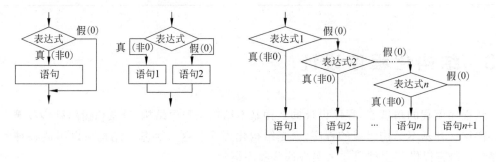

图 2-3　三种分支结构示意图

表 2-7　三种分支结构及其功能

| 分支结构 | 单分支 if 选择结构 | 双分支 if 选择结构 | 多分支 if 选择结构 |
| --- | --- | --- | --- |
| 格式 | if(表达式) 分支语句; | if(表达式) 语句1;<br>else 语句2; | if(表达式 1) 分支语句1;<br>else if(表达式 2) 分支语句2;<br>…<br>else if(表达式 N) 分支语句 N;<br>else 分支语句 N+1; |
| 功能说明 | 表达式也称为控制表达式,为真(非 0)则执行分支语句,否则不执行;分支语句必须是一条语句(复合语句) | 括号中的表达式可以是任意类型;表达式值非 0,则为真,值为 0 则为假;若表达式为真(非 0),则执行分支语句 1,若表达式为假(0),则执行分支语句2;整体上 if 语句是一条语句;各分支语句只能为一条语句(复合语句) | 表达式为真,则执行相应的分支语句;各分支语句只能为一条语句(复合语句);可以不加最后的 else 分支 |

if 语句的嵌套是指 if 语句的某一个分支语句是另一个 if 语句。if 语句的嵌套形式如表 2-8 所示。嵌套 A 中的嵌套关系明确,程序逻辑明晰。嵌套 B 中的嵌套关系不太明确,

程序逻辑不太明晰。C 程序的缩进只是为了便于人们阅读,对编译器不起任何作用,不管是哪一种缩进格式,在编译器看来都是一样的。C 语言规定,从最内层开始,else 总是与它上面最近的未曾和其他 else 配对过的 if 配对。将嵌套 B 修改为嵌套 C 的形式则更便于人们阅读。虽然嵌套 C 的形式与程序逻辑结构一致,但仍难以阅读和理解,容易产生歧义。如加入复合语句元素,将嵌套 C 修改为嵌套 D 的形式,此时程序逻辑清晰,易于阅读和理解,无歧义。表 2-8 的最后一列中,条件表达式等价于双分支 if 语句。

表 2-8　if 语句的嵌套形式

| 嵌套 A | 嵌套 B | 嵌套 C | 嵌套 D | 条件表达式 |
|---|---|---|---|---|
| if()<br>　if()语句 1;<br>　else 语句 2;<br>else<br>　if()语句 3;<br>　else 语句 4; | if()<br>　if()语句 1;<br>else<br>　if()语句 2;<br>　else 语句 3; | if()<br>　if()语句 1;<br>　else<br>　if()语句 2;<br>　else 语句 3; | if(){<br>　if()语句 1;<br>}else{<br>　if()语句 2;<br>　else 语句 3;<br>} | 表达式 1?表达式 2:表达式 3<br>　　　↓↓↓<br>if (表达式 1)<br>　return 表达式 2;<br>else<br>　return 表达式 3; |

switch 语句可以产生具有多个分支的控制流程。格式如表 2-9 所示。switch 语句中的表达式是一个常量表达式,必须是一个字符型、整型或枚举型。一个 switch 中可以有任意数量的 case 语句,每个 case 后跟一个要比较的值和一个冒号。case 的常量表达式必须与switch 中的表达式具有相同的数据类型,且必须是一个常量或字面量。

表 2-9　switch 语句格式及示例

| switch 语句格式 | switch 语句示例 |
|---|---|
| switch(表达式){<br>　case 常量表达式 1:<br>　　语句序列 1;<br>　case 常量表达式 2:<br>　　语句序列 2;<br>　...<br>　case 常量表达式 n:<br>　　语句序列 n;<br>　default:<br>　　语句序列 n+1;<br>} | char grade = 'B';<br>switch(grade) {<br>　case 'A' :<br>　　printf("GOOD\n" ); break;<br>　case 'B' :<br>　case 'C' :<br>　case 'D' :<br>　　printf("OK\n" ); break;<br>　case 'F' :<br>　　printf("BAD\n" ); break;<br>　default :<br>　　printf("NULL\n" );<br>} |

执行 switch 语句时,首先求解表达式,然后按从上到下的顺序依次与每个 case 后的常量比较,如果相等,那么就执行该 case 后跟的分支语句序列及其以后的分支语句序列,直到遇到 break 语句为止。当遇到 break 语句时,跳出当前 switch 语句,将执行 switch 语句的下一条语句。如果都不相等,则执行 default 分支。

不是每一个 case 都需要包含 break。如果 case 语句不包含 break,控制流将会继续执行后续的 case,直到遇到 break 为止。在 switch 语句的结尾可以有一个可选的 default,

default 可用于在上面所有 case 都不为真时执行一个任务。default 中的 break 语句不是必需的。switch 语句可以用 if ... else if ... else if ...else...代替，但是用 switch 语句会使代码更清晰，并且有时编译器会对 switch 语句进行整体优化，生成效率更高的指令。

### 2.3.3 循环结构

使用循环可以多次重复执行多条语句，使用语句块将这些语句组合在一起构成一条复合语句，称为循环体。在 C 语言中，可以使用三种循环语句，分别是 while、do...while 和 for。三种循环结构如图 2-4 所示。在这三种循环语句中，循环体被重复执行的次数由循环条件控制，称为控制表达式。如果控制表达式的值不等于 0，循环条件为 true；反之，循环条件为 false。

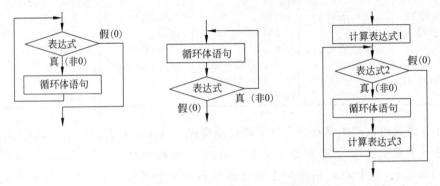

图 2-4　while、do...while 和 for 循环结构

**注意**：本章所有源代码都在本书配套资源的"src/第 2－3 章/code.c"文件中。

while、do...while 和 for 三种循环语法及示例如表 2-10 所示。编程求 1～10 的和。执行程序，输出：S＝55。

表 2-10　while、do...while 和 for 三种循环语法及示例

| 类型 | while 循环（当型循环） | do...while 循环（直到型循环） | for 循环 |
|---|---|---|---|
| 语法 | while(表达式)<br>　循环体语句； | do<br>　循环体语句；<br>while(表达式)； | for(表达式 1;表达式 2;表达式 3)<br>　循环体语句； |
| 示例 | 1: #include<stdio.h><br>2: int main(){<br>3:　　int i=1,s=0;<br>4:　　while(i<=10){<br>5:　　　s=s+i;<br>6:　　　i=i+1;<br>7:　　}<br>8:　　printf("S=%d",s);<br>9: } | 1: #include<stdio.h><br>2: int main(){<br>3:　　int i=1,s=0;<br>4:　　do{<br>5:　　　s=s+i;<br>6:　　　i=i+1;<br>7:　　}while(i<=10);<br>8:　　printf("\nS=%d",s);<br>9: } | 1: #include<stdio.h><br>2: int main(){<br>3:　　int i,s=0;<br>4:　　for(i=1; i<=10; i++)<br>5:　　　s=s+i;<br>6:　　printf("\nS=%d",s);<br>7: } |

while 循环（当型循环）：首先求解表达式的值，若为真，则执行循环体；否则结束循环。循环体执行完后，自动转到循环开始处再次求解表达式的值，开始下一次循环。循环体只能是一条语句（复合语句）。也就是说，若循环体多于一条语句，则应使用复合语句。

do...while 循环（直到型循环）：do 标志循环的开始。首先无条件执行一次循环体，然

后求解表达式的值。若表达式的值为真,则再次执行循环体,开始下一次循环;否则结束循环。do...while 结构整体上是一条语句,所以要在 while 的括号后加上分号。

　　for 循环:①求解表达式 1(表达式 1 只求解一次,作用是给循环变量赋初值)。②求解表达式 2(进入循环的条件),若为真,则执行循环体;否则结束 for 语句。③循环体执行完后,求解表达式 3(修改循环变量的值),并转向步骤②。如果不写表达式 2,则循环条件为真,for(;;)语句相当于 while(1)语句。

　　while 语句先测试条件表达式的值再执行循环体,而 do...while 语句先执行循环体再测试条件表达式的值。如果条件表达式的值一开始就是假,while 语句的循环体一次都不执行,而 do...while 语句的循环体执行一次后再跳出循环。

　　循环控制语句有 break 和 continue 语句。

　　break 语句的作用是结束循环语句及跳出 switch 语句块。不管是哪一种循环,一旦在循环体中遇到 break,就会立即跳出循环体,结束循环语句,执行循环语句之后的语句。当 break 出现在循环体中的 switch 语句体内时,其作用只是跳出该 switch 语句体,并非终止循环语句。

视频 2-2
break 和
continue
语句

　　continue 语句的作用是跳过本次循环体中尚未执行的语句,判断下一次循环条件。continue 语句只是中止本次循环,准备下一次循环。continue 只能在循环语句中使用。

　　break 和 continue 示例如表 2-11 所示。编程求 1~10 的和。执行程序,输出:S=55。

表 2-11　break 和 continue 示例

| 使用 while 和 break 语句<br>求 1~10 的和 | 使用 for 和 break 语句<br>求 1~10 的和 | 使用 while、break 和 continue 语句<br>求 1~10 的偶数和 |
| --- | --- | --- |
| 1: #include <stdio.h><br>2: int main(){<br>3:　 int i=1, s=0;<br>4:　 while(1){<br>5:　　 s=s+i;<br>6:　　 i++;<br>7:　　 if(i>10) break;<br>8:　 }<br>9:　 printf("sum=%d\n",s);<br>10:　 return 0;<br>11: } | 1: #include <stdio.h><br>2: int main(){<br>3:　 int i=1, s=0;<br>4:　 for(;;){<br>5:　　 s=s+i;<br>6:　　 i++;<br>7:　　 if(i>10) break;<br>8:　 }<br>9:　 printf("sum=%d\n",s);<br>10:　 return 0;<br>11: } | 1: #include <stdio.h><br>2: int main(){<br>3:　 int n=1, sum=0;<br>4:　 while(1){<br>5:　　 if(n%2) {n++; continue;}<br>6:　　 if(n>10) break;<br>7:　　 sum=sum+n++;<br>8:　 }<br>9:　 printf("sum=%d\n", sum);<br>10:　 return 0;<br>11: } |

　　C 语言允许在一个循环内使用另一个循环,这称为循环嵌套,共有 9 种嵌套形式,表 2-12 给出了其中 6 种。

表 2-12　循环嵌套

| while(){ | while(){ | while(){ | do{ | for(;;){ | for(;;){ |
| --- | --- | --- | --- | --- | --- |
| ... | ... | ... | ... | ... | ... |
| while(){ | do{ | for(;;){ | for(;;){ | while(){ | for(;;){ |
| ... | ... | ... | ... | ... | ... |
| } | }while(); | } | } | } | } |
| ... | } | ... | ... | ... | ... |
| } | | } | }while(); | } | } |

视频 2-3
九九乘法表

使用双重 for 循环（嵌套 for 循环）输出 5 种形式的九九乘法表，如表 2-13 所示。

**表 2-13　使用双重 for 循环输出 5 种形式的九九乘法表**

| 源 代 码 | 输 出 结 果 |
|---|---|
| ```
1: #include <stdio.h>
2: int main(void) {
3:    int i, j;
4:    for (i=1; i<=9; i++) {
5:       for (j=1; j<=9; j++)
6:          printf("%d×%d=%2d",i,j,
                 i * j);
7:       printf("\n");
8:    }
9:    return 0;
10: }
``` | ```
1×1= 1 1×2= 2 1×3= 3 1×4= 4 1×5= 5 1×6= 6 1×7= 7 1×8= 8 1×9= 9
2×1= 2 2×2= 4 2×3= 6 2×4= 8 2×5=10 2×6=12 2×7=14 2×8=16 2×9=18
3×1= 3 3×2= 6 3×3= 9 3×4=12 3×5=15 3×6=18 3×7=21 3×8=24 3×9=27
4×1= 4 4×2= 8 4×3=12 4×4=16 4×5=20 4×6=24 4×7=28 4×8=32 4×9=36
5×1= 5 5×2=10 5×3=15 5×4=20 5×5=25 5×6=30 5×7=35 5×8=40 5×9=45
6×1= 6 6×2=12 6×3=18 6×4=24 6×5=30 6×6=36 6×7=42 6×8=48 6×9=54
7×1= 7 7×2=14 7×3=21 7×4=28 7×5=35 7×6=42 7×7=49 7×8=56 7×9=63
8×1= 8 8×2=16 8×3=24 8×4=32 8×5=40 8×6=48 8×7=56 8×8=64 8×9=72
9×1= 9 9×2=18 9×3=27 9×4=36 9×5=45 9×6=54 9×7=63 9×8=72 9×9=81
``` |
| ```
1: #include <stdio.h>
2: int main() {
3:    int i, j;
4:    for (i=1; i<=9; i++) {
5:       for (j=1; j<=i; j++)
6:          printf("%d×%d=%2d",i,j,
                 i * j);
7:       printf("\n");
8:    }
9:    return 0;
10: }
``` | ```
1×1= 1
2×1= 2 2×2= 4
3×1= 3 3×2= 6 3×3= 9
4×1= 4 4×2= 8 4×3=12 4×4=16
5×1= 5 5×2=10 5×3=15 5×4=20 5×5=25
6×1= 6 6×2=12 6×3=18 6×4=24 6×5=30 6×6=36
7×1= 7 7×2=14 7×3=21 7×4=28 7×5=35 7×6=42 7×7=49
8×1= 8 8×2=16 8×3=24 8×4=32 8×5=40 8×6=48 8×7=56 8×8=64
9×1= 9 9×2=18 9×3=27 9×4=36 9×5=45 9×6=54 9×7=63 9×8=72 9×9=81
``` |
| ```
1: #include <stdio.h>
2: int main() {
3:    int i, j;
4:    for (i=1; i<=9; i++) {
5:       for (j=1; j<=9; j++)
6:          if(i<=j)
7:             printf("%d * %d=%2d",i,
                    j,i * j);
8:       putchar('\n');
9:    }
10:    return 0;
11: }
``` | ```
1×1= 1 1×2= 2 1×3= 3 1×4= 4 1×5= 5 1×6= 6 1×7= 7 1×8= 8 1×9= 9
2×2= 4 2×3= 6 2×4= 8 2×5=10 2×6=12 2×7=14 2×8=16 2×9=18
3×3= 9 3×4=12 3×5=15 3×6=18 3×7=21 3×8=24 3×9=27
4×4=16 4×5=20 4×6=24 4×7=28 4×8=32 4×9=36
5×5=25 5×6=30 5×7=35 5×8=40 5×9=45
6×6=36 6×7=42 6×8=48 6×9=54
7×7=49 7×8=56 7×9=63
8×8=64 8×9=72
9×9=81
``` |
| ```
1: #include <stdio.h>
2: int main() {
3:    int i, j;
4:    for(i=1; i<=9; i++) {
5:       for(j=1; j<=9-i; j++)
             printf("\t");
6:       for(j=1; j<=i; j++)
7:          printf("%d * %d=%2d",i,j,
                 i * j);
8:       printf("\n");
9:    }
10:    return 0;
11: }
``` | ```
                                                          1×1= 1
                                                 2×1= 2  2×2= 4
                                        3×1= 3  3×2= 6  3×3= 9
                               4×1= 4  4×2= 8  4×3=12  4×4=16
                      5×1= 5  5×2=10  5×3=15  5×4=20  5×5=25
             6×1= 6  6×2=12  6×3=18  6×4=24  6×5=30  6×6=36
    7×1= 7  7×2=14  7×3=21  7×4=28  7×5=35  7×6=42  7×7=49
8×1= 8  8×2=16  8×3=24  8×4=32  8×5=40  8×6=48  8×7=56  8×8=64
9×1= 9  9×2=18  9×3=27  9×4=36  9×5=45  9×6=54  9×7=63  9×8=72  9×9=81
``` |

续表

| 源 代 码 | 输 出 结 果 |
|---|---|
| 1: #include <stdio.h><br>2: int main() {<br>3:   int i, j;<br>4:   for(i=1; i<=9; i++) {<br>5:     for(j=1; j<=9; j++)<br>6:       if(j<i) printf("\t");<br>7:       else<br>8:         printf("%d * %d=% 2d", i, j,i * j);<br>9:     putchar('\n');<br>10:   }<br>11:   return 0;<br>12: } | 1×1= 1　1×2= 2　1×3= 3　1×4= 4　1×5= 5　1×6= 6　1×7= 7　1×8= 8　1×9= 9<br>　　　　2×2= 4　2×3= 6　2×4= 8　2×5=10　2×6=12　2×7=14　2×8=16　2×9=18<br>　　　　　　　　3×3= 9　3×4=12　3×5=15　3×6=18　3×7=21　3×8=24　3×9=27<br>　　　　　　　　　　　　4×4=16　4×5=20　4×6=24　4×7=28　4×8=32　4×9=36<br>　　　　　　　　　　　　　　　　5×5=25　5×6=30　5×7=35　5×8=40　5×9=45<br>　　　　　　　　　　　　　　　　　　　　6×6=36　6×7=42　6×8=48　6×9=54<br>　　　　　　　　　　　　　　　　　　　　　　　　7×7=49　7×8=56　7×9=63<br>　　　　　　　　　　　　　　　　　　　　　　　　　　　　8×8=64　8×9=72<br>　　　　　　　　　　　　　　　　　　　　　　　　　　　　　　　　9×9=81 |

　　goto 语句和标号：break 只能跳出最内层循环，如果在嵌套循环中遇到某个错误需要立即跳出最外层循环时，可以使用 goto 语句来实现无条件跳转。goto 语句的形式为"goto 标号;"，功能是将程序流程跳转到标号(label)处继续运行。标号的命名要遵循标识符的命名规则。语句标号是一个标识符，一般形式是"语句标号标识符:"，语句标号只是一个标志，只能和 goto 语句配合使用，表示程序转向到该标号处开始向下执行。虽然 goto 语句经常被声称已经过时，但是 goto 语句的等价物(汇编指令)还是经常被编译器所使用，具体形式是无条件跳转指令。Linux 内核中有不少地方还在使用 goto 语句。goto 语句和标号示例如表 2-14 所示。

表 2-14　goto 语句和标号示例

| 使用 goto 语句和标号<br>求 1~10 的和 | 函数中的错误处理 | 说　　明 |
|---|---|---|
| 1: #include <stdio.h><br>2: int main() {<br>3:   int i=1,s=0;<br>4:   loop:<br>5:     s=s+i;<br>6:     i++;<br>7:   if (i<=10) goto loop;<br>8:   printf("sum=%d\n",s);<br>9:   return 0;<br>10: } | int func(void) {<br>  ...<br>  if(错误条件)<br>    goto error;<br>  for(...)<br>    for(...) {<br>      ...<br>      if(错误条件)<br>        goto error;<br>      ...<br>    }<br>error:<br>  错误处理;<br>  return 0;<br>} | loop 和 error 是标号。<br>goto 语句过于强大了，从程序中的任何地方都可以无条件跳转到任何其他地方，只要在那个地方定义一个标号就行，唯一的限制是 goto 只能跳转到同一个函数中的某个标号处，而不能跳转到别的函数中。<br>滥用 goto 语句会使程序的控制流程非常复杂，可读性很差。goto 语句更多地用于这种场合：一个函数中任何地方出现了错误，可以立即跳转到函数末尾进行错误处理，然后函数返回 |

视频 2-4
goto 语句

## 2.4　输入/输出

　　输入/输出是用户和程序交互的过程。在控制台（命令行窗口）程序中，输入一般是指获取用户在键盘上输入的数据，输出一般是指将数据显示在显示器上。C 语言中用来在显示器上输出数据的函数有：putchar，只能输出单个字符；puts，只能输出字符串，并且输出结束后会自动换行；printf，可以输出各种类型的数据。C 语言中从键盘获取用户输入数据的函数是：getchar，用于输入单个字符；gets，获取一行数据，并作为字符串处理；scanf，可以输入多种类型的数据。这些输入/输出函数的原型（可以使用 man 3 printf 命令查看联机文档）如下，示例如表 2-15 所示。

视频 2-5
输入/输出
函数

表 2-15　输入/输出函数示例

| # include <stdio.h><br>int main() {<br>　int a,b;<br>　scanf("%d%d",<br>&a, &b);<br>　printf("a=%d,b=<br>%d\n",a,b);<br>　return 0;<br>} | # include <stdio.h><br>int main() {<br>　int ch;<br>　while ((ch = getchar<br>())!='\n')<br>　　printf ( "% c, ",<br>ch);<br>　printf ("\n");<br>} | # include <stdio.h><br>int main() {<br>　char ch='a';<br>　putchar(ch);<br>　putchar('b');<br>　return 0;<br>} | # include <stdio.h><br>int main() {<br>　char str [9] =<br>{0};<br>　gets(str);<br>　printf("%s,",<br>str);<br>　puts(str);<br>　return 0;<br>} |
|---|---|---|---|
| 运行程序，键盘输入：1 2<br>输出：a=1,b=2 | 运行程序，键盘输入：ab12<br>输出：a, b, 1, 2 | 输出：ab | 键盘输入：abcd<br>输出：abcd,abcd |

```
int printf(const char * format, ...);
int scanf(const char * format, ...);
int getchar(void);
int putchar(int c);
char * gets(char * s);
int puts(const char * s);
```

　　printf 和 scanf 函数是最灵活、最复杂以及最常用的输出函数和输入函数。

　　**注意**：Man Page 是 Linux C 语言程序开发过程中最常用的参考手册，具体用法可以执行 man man 命令进行查看。

### 2.4.1　标准输出函数 printf

　　标准输出函数 printf 的语法为"printf(格式化字符串，输出值参数列表)；"，printf 是 print format 的缩写，表示格式化输出。其中格式化字符串包括普通字符和格式转换说明符。格式转换说明符是％号后面加上 c、d 或 f 等字母，只在格式化字符串中占一个位置，并不出现在最终的输出结果中，因此格式转换说明符通常叫作占位符。格式化字符串中规定了输出值参数列表中的值以何种格式插入这个字符串中,其中的普通字符按原样输出,一个占位符代表一个输出的数据,输出值参数列表是一系列用逗号分开的表达式,占位符与这些表达式一一对应。例如,"printf("a=%d,b=%d",a,b);"中,a=%d,b=%d 是格式化字符串,%d 是占位符,a,b 是输出值参数列表。如果格式化字符串中没有占位符,则没有输出值参数列表。输出格式占位符及其功能说明如表 2-16 所示。注意,转换说明和转义序列不同,转义序列是在编译时处理,而转换说明是在运行时调用 printf 函数处理。

表 2-16　输出格式占位符及其功能说明

| 输出格式占位符 | 功 能 说 明 |
| --- | --- |
| %c | int 型(char 型),输出一个字符 |
| %hd、%d、%ld | 以十进制、有符号的形式输出 short、int、long 类型的整数,正数符号省略 |
| %md | m 为指定的输出字段宽度。如果数据位数小于 m,则左端补以空格(右对齐输出),如果大于 m,则按实际位数输出 |
| %-md | m 为指定的输出字段宽度。如果数据位数小于 m,则右端补以空格(左对齐输出),如果大于 m,则按实际位数输出 |
| %hu、%u、%lu | 以十进制、无符号的形式输出 short、int、long 类型的整数 |
| %mu、%-mu | 功能同%md、%-md |
| %ho、%o、%lo | 以八进制、不带前缀 0、无符号的形式输出 short、int、long 类型的整数 |
| %#ho、%#o、%#lo | 以八进制、带前缀 0、无符号的形式输出 short、int、long 类型的整数 |
| %mo、%-mo | 功能同%md、%-md |
| %hx、%x、%lx<br>%hX、%X、%lX | 以十六进制、不带前缀 0x(0X)、无符号的形式输出 short、int、long 类型的整数。如果是小写 x,那么输出的十六进制数字也小写;如果是大写 X,那么输出的十六进制数字也大写 |
| %#hx、%#x、%#lx<br>%#hX、%#X、%#lX | 以十六进制、带前缀 0x(0X)、无符号的形式输出 short、int、long 类型的整数。如果是小写 x,那么输出的十六进制数字和前缀都小写;如果是大写 X,那么输出的十六进制数字和前缀都大写。输出十六进制数时最好加一个#,否则如果输出的十六进制数中没有字母,容易被误认为是一个十进制数 |
| %mx、%-mx | 功能同%md、%-md |
| %f、%lf | 以十进制、小数的形式输出 float、double 类型的实数,如果不指定字段宽度,则由系统自动指定,整数部分全部输出,小数部分默认输出 6 位,超过 6 位的四舍五入 |
| %.mf | 输出实数时小数点后保留 m 位,注意 m 前面有个点 |
| %m.nf | 输出共占 m 列,其中有 n 位小数,如果数值宽度小于 m,则在左端补空格 |
| %-m.nf | 输出共占 m 列,其中有 n 位小数,如果数值宽度小于 m,则在右端补空格 |
| %e、%le<br>%E、%lE | 以指数的形式输出 float、double 类型的小数。如果是小写 e,那么输出结果中的 e 也小写;如果是大写 E,那么输出结果中的 E 也大写 |
| %m.ne、%-m.ne | 功能同%m.nf、%-m.nf |
| %g、%lg<br>%G、%lG | 以十进制和指数中较短的形式输出 float、double 类型的小数,并且小数部分的最后不会添加多余的 0。即自动在%f 和%e 之间选择输出宽度小的表示形式。如果是小写 g,那么当以指数形式输出时 e 也小写;如果是大写 G,那么当以指数形式输出时 E 也大写 |

| 输出格式占位符 | 功 能 说 明 |
| --- | --- |
| %s | 顺序输出字符串的每个字符,不输出'\0' |
| %.ms | m 表示最大输出宽度,当串长大于 m 时,会截掉多余的字符;当串长小于 m 时,.m 就不再起作用 |
| %ms | 输出的字符串占 m 列,如果串长大于 m,则将字符串全部输出;如果串长小于 m,则在左端补空格 |
| %-ms | 输出的字符串占 m 列,如果串长大于 m,则将字符串全部输出;如果串长小于 m,则在右端补空格 |
| %m.ns | 输出占 m 列,但只取字符串左端 n 个字符,这 n 个字符输出在 m 列范围的右侧,在左端补空格。如果 n>m,则 n 个字符正常输出 |
| %-m.ns | 输出占 m 列,但只取字符串左端 n 个字符,这 n 个字符输出在 m 列范围的左侧,在右端补空格。如果 n>m,则 n 个字符正常输出 |
| %p | 输出指针的值 |

表 2-16 中输出格式占位符的完整形式如下:

`%[flag][width][.precision]type`

选项说明如下。
- [ ]表示此处的内容可以省略。
- type 表示输出类型,如%c、%d、%f 中的 c、d、f,type 这一项必须有。
- width 表示最小输出宽度,也就是至少占几个字符的位置。当输出结果的宽度小于 width 时,以空格补齐(如果没有指定对齐方式,默认会在左边补齐空格);当输出结果的宽度大于 width 时,width 不再起作用,按照数据本身的宽度输出。
- precision 表示输出精度,也就是小数的位数。当小数部分的位数大于 precision 时,会按照四舍五入的原则丢掉多余的数字;当小数部分的位数小于 precision 时,会在后面补 0。precision 也可以用于整数和字符串,但是功能却是相反的。precision 用于整数时,表示最小输出宽度,与 width 不同的是,当整数的宽度不足时会在左边补 0,而不是补空格。precision 用于字符串时,表示最大输出宽度,或者说截取字符串,当字符串的长度大于 precision 时,会截掉多余的字符;当串长小于 precision 时,.precision 就不再起作用。
- flag 是标志字符,有四个,即 -、+、空格和 #。例如,%#x 中的 flag 是 #,%-5d 中的 flag 是"-"。①"-"表示左对齐,如果没有,就按默认对齐方式(一般为右对齐);②"+"用于整数或者小数,表示输出符号(正负号),如果没有,则只有负数才会输出符号;③空格用于整数或小数,输出值为正时冠以空格,为负时冠以负号;④对于八进制(%o)和十六进制(%x、%X)整数,#表示在输出时添加前缀,八进制的前缀是 0,十六进制的前缀是%x 或%X;对于小数(%f、%e、%g),#表示强迫输出小数点,如果没有小数部分,默认不输出小数点,加上#以后,即使没有小数部分也会带上小数点。

输出格式占位符示例如表 2-17 所示。请读者结合该表分析运行结果。

表 2-17　输出格式占位符示例

视频 2-6
输出格式
占位符

| 源　代　码 | 运　行　结　果 |
|---|---|
| 1: #include<stdio.h><br>2: #include<unistd.h><br>3: int main() {<br>4:　int a1=123, a2=4567, b1=-1, b2=22;<br>5:　char * str ="abcdefghi";<br>6:　double f =111.234567;<br>7:　printf("%-9d %-9d\n", a1, a2);<br>8:　printf("%-9d %-9d\n", b1, b2);<br>9:　printf("str:%5s-%.5s-%.12s\n",str,str,str);<br>10:　printf("f:%.3lf-%.5lf-%.12lf\n", f, f, f);<br>11:　printf("a1=%10d, a1=%-10d\n", a1, a1);<br>12:　printf("a1=%+d, b1=%+d\n", a1, b1);<br>13:　printf("a1=%d, b1=%d\n", a1, b1);<br>14:　printf("f=%.1f, f=%.0f, f=%#.0f\n",f,f,f);<br>15:　printf("hello world. ");<br>16:　sleep(3);<br>17:　printf("hello world again!\n");<br>18:　return 0;<br>19: } | ```<br>123      4567<br>-1       22<br>str:abcdefghi-abcde-abcdefghi<br>f:111.235-111.23457-111.234567000000<br>a1=       123, a1=123<br>a1=+123, b1=-1<br>a1=123, b1=-1<br>f=111.2, f=111, f=111.<br>hello world. hello world again!<br>```<br>sleep(3)函数的作用是让程序暂停 3s,然后继续执行。程序运行后立刻输出了方框中的内容,3s 后,输出画横线的两个字符串。为什么倒数第二个 printf 没有立即输出,而是等 3s 以后和最后一个 printf 一起输出呢? 原因在于 printf 执行后字符串没有直接输出到显示器上,而是放在输出缓冲区中,直到遇见换行符'\n'才会将缓冲区中的内容输出到显示器上。将倒数第二个 printf 修改为"printf("hello world.\n");"即可 |

## 2.4.2　标准输入函数 scanf

标准输入函数 scanf 的语法为"scanf(格式控制字符串,变量地址列表);",scanf 是 scan format 的缩写,表示格式化扫描。①格式控制字符串包含格式控制符、空白字符、普通字符。格式控制符代表一个输入的数据。空白字符表示读取数据时略去一个或多个空白字符(包括空格、回车和制表符)。普通字符要原样输入。②变量地址列表的多个输入项由逗号分隔,并且与格式控制符一一对应。变量地址列表中的输入项如果是普通变量,则必须以取地址运算符 & 开头,输入项如果是字符数组名,则不要加 &,因为数组名代表该数组的起始地址。③在输入多个数值数据时,若格式控制串中没有非格式字符作输入数据之间的间隔,则可用空格、Tab 或回车作间隔。④在输入多个字符数据时,若格式控制串中无非格式字符,则认为所有输入的字符均为有效字符。⑤在输入单个数据(非字符型数据)时,遇到第一个非空白字符便开始读取,遇到三种情况(空白字符、达到指定宽度、非法输入)之一时认为该数据读取结束。输入格式控制符及其功能说明如表 2-18 所示。

表 2-18　输入格式控制符及其功能说明

| 格式控制符 | 功　能　说　明 |
|---|---|
| %c | 读取一个单一的字符 |
| %hd、%d、%ld | 读取一个十进制整数,并分别赋值给 short、int、long 类型 |
| %ho、%o、%lo | 读取一个八进制整数(可带前缀也可不带),并分别赋值给 short、int、long 类型 |
| %hx、%x、%lx | 读取一个十六进制整数(可带前缀也可不带),并分别赋值给 short、int、long 类型 |
| %hu、%u、%lu | 读取一个无符号整数,并分别赋值给 unsigned short、unsigned int、unsigned long 类型 |
| %f、%lf | 读取一个十进制形式的小数,并分别赋值给 float、double 类型 |

续表

| 格式控制符 | 功 能 说 明 |
|---|---|
| %e、%le | 读取一个指数形式的小数，并分别赋值给 float、double 类型 |
| %g、%lg | 既可以读取一个十进制形式的小数，也可以读取一个指数形式的小数，并分别赋值给 float、double 类型 |
| %s | 读取一个字符串（以空白符为结束标志） |
| % * m | %后的附加说明符 * 用来表示跳过它相应的 m 个字符。例如，对于"scanf( "%2d% * 2d%3d", &a, &b);"，如果输入 123456789，则将 12 赋给 a，567 赋给 b。第二个数据 34 被忽略 |
| %md | 指定输入数据所占宽度（列数）为 m，系统自动按 m 截取所需的数据。例如，对于 "scanf("%2d%3d", &a, &b);"，输入 12345，则将 12 赋给 a，345 赋给 b |
| %[字符集合]<br>%[^字符集合] | 例如，对于"scanf( "%[123]", buf);"，把是 1 或 2 或 3 的字符读到 buf 中，直到遇到一个非 1、非 2 且非 3 的字符，假如输入 1232156ab12，则 buf 是 12321。<br>例如，对于"scanf( "%[a−zA−Z]%[0−9]",b1,b2);"，若输入 abDf129，则 b1 是 abDf，b2 是 129。<br>若只取字母，则可写成%[A−Za−z]；若要取字母之外的所有字符，则可写成%[^A−Za−z]。<br>若要读取一行字符，%s 是不行的，因为%s 遇到空白字符就结束了，所以可以写成 "%[^\n]% * c"，%[^\n]的作用是读\n 之外的所有字符，也就是说读到\n 就停止。后续% * c 的作用就是把\n 去掉，否则再读时会一直读取\n。例如，% * [^\n]% * c 就表示跳过一行，%−10[^\n]表示读取\n 前 10 个字符 |

输入格式控制符示例如表 2-19 所示。请读者结合该表分析运行结果。

表 2-19  输入格式控制符示例

视频 2-7
输入格式
占位符

| 源 代 码 | 运 行 结 果 |
|---|---|
| 1: #include<stdio.h><br>2: int main() {<br>3:    int a,b,c; char d,e,f;<br>4:    char str[]="hello world";<br>5:    char str1[3], str2[4], str3[5];<br>6:    float ff; double dd;<br>7:    scanf("%d%d%d",&a, &b, &c);     //格式串中没有非格式字符<br>8:    printf("a=%d,b=%d,c=%d\n",a,b,c);<br>9:    scanf("%d,%d,%d", &a, &b, &c);    //格式串中有非格式字符<br>10:    printf("a=%d,b=%d,c=%d\n",a,b,c);<br>11:    scanf("%2d%3d%4d",&a, &b, &c);  //用十进制整数指定输入字符数<br>12:    printf("a=%d,b=%d,c=%d\n",a,b,c);<br>13:    scanf("%c%c%c",&d,&e,&f);       //输入的字符数据中无非格式字符<br>14:    printf("d=%c,e=%c,f=%c\n",d,e,f);<br>15:    scanf ("%c,%c,%c",&d,&e,&f);   //输入的字符数据中有非格式字符<br>16:    printf("d=%c,e=%c,f=%c\n",d,e,f);<br>17:    printf("%c,%c,%c\n",d-32,e-32,f-32);<br>18:    scanf("%g%lg",&ff, &dd);<br>19:    printf("ff=%f,dd=%lf\n",ff, dd);<br>20:    printf("%s\n",str);<br>21:    scanf("%s%s%s",str1,str2,str3);<br>22:    printf("%s,%s,%s\n",str1,str2,str3);<br>23:    return 0;<br>24: }  //输入：1 22 33 44,55,66 888888888999x,y,z 11.2 33.6 aa bbb cccc | a=1,b=22,c=33<br>a=44,b=55,c=66<br>a=88,b=888,c=8888<br>d=9,e=9,f=9<br>d=x,e=y,f=z<br>X,Y,Z<br>ff=11.200000,dd=33.600000<br>hello world<br>aa,bbb,cccc<br><br>说明：当所有需要读取的数据都已经正确输入并按 Enter 键时，所有变量都接收到用户输入的数据。对数据从前向后依次读取，如果有剩余数据则被忽略；如果读到了非法的数据则函数会结束 |

## 2.5　数组

构造数据类型是由基本数据类型按照一定规则组合而成的新的数据类型。C 语言数组是由一些具有相同类型数据构成的集合,这些数据在内存中连续存放。C 语言数组属于构造数据类型,一个数组可以分解为多个数组元素,这些数组元素可以是基本数据类型或构造数据类型,因此按数组元素类型不同,数组又可分为数值数组、字符数组、指针数组或结构体数组等。

### 2.5.1　一维数组

在 C99 标准之前,一维数组的定义形式如下:

> 类型说明符 数组名[整型常量表达式];

类型说明符定义了所有数组元素的共同类型;数组名和变量名的命名规则相同,都是标识符;方括号内的整型常量表达式表明数组长度(元素个数)。关于数组定义的示例如下:

```
char c[10];        //数组名为 c,类型为字符型,有 10 个元素
int a[5];          //数组名为 a,类型为整型,有 5 个元素
float f[10];       //数组名为 f,类型为单精度实型,有 10 个元素
```

C99 标准增加了可变长数组(variable length array,VLA)的概念,可变长是指编译时可变,在函数内(VLA 只是局部变量而不能是全局变量)定义数组时其长度可为整型常量表达式或整型变量表达式,如"int n=5,a[n];"。定义数组时长度可以省略,系统会自动指定长度为初始化序列中的元素个数。在定义数组的同时可以对数组全部元素进行初始化赋值,如"int a[5]={1,2,3,4,5};"。也可以对数组部分元素进行初始化,如"int a[5]={1,2,3};",这 3 个值依次赋给 a[0]～a[2],其余数组元素的值自动赋值为 0。如果数组在函数内定义时没有进行初始化操作,则所有数组元素的初始值是随机值。C99 标准中可以只对指定下标的部分元素赋初值,其他未赋值元素的值为 0。数组不能相互赋值或初始化。例如,"int b[5]=a;"是错的,"b=a;"也是错的,因为数组名表示数组的起始地址,并且是常量,不能做左值(可以放在赋值号左侧的量)。

数组必须先定义后引用。引用数组元素的一般形式如下:

> 数组名[下标]

下标从 0 开始,数组名就是数组的首地址,即下标为 0 的元素的地址。比如,上述数组共有 5 个元素,即 a[0]、a[1]、a[2]、a[3]、a[4]。使用数组下标不能超出数组长度范围,否则程序运行时会出现数组访问越界的错误,发生访问越界时程序可能继续执行,也很可能突然崩溃。C 编译器不检查访问越界错误,编译时能顺利通过,这种错误属于运行时错误。例如,a[5]=6 就是数组访问越界。编码时要尽量避免数组访问越界。一维数组示例如表 2-20 所示。对数组的赋值和遍历可以通过循环结构实现。通过循环结构把数组中的每

个元素依次访问一遍称为遍历。

表 2-20　一维数组示例

视频 2-8
一维数组

| 源　代　码 | 输 出 结 果 |
| --- | --- |
| 1:  #include<stdio.h><br>2:  int main() {<br>3:     int n=5, a[n],i,x;<br>4:     int b[]={1,2,3,4,5,6,7,8,9,10};<br>5:     int c[10]={[0]=1,[4]=5,[8]=9};<br>6:     for(i=0;i<5;i++) a[i]=i+1;<br>7:     printf("Array address:%p\n",a);<br>8:     for(i=0;i<5;i++)<br>9:       printf("a[%d]=%d,Memory address:%p\n",i,a[i],&a[i]);<br>10:    x=a[1]+a[3]*a[4]; printf("x=%d\n",x);<br>11:    printf("length of array b:%ld\n",sizeof(b)/sizeof(int));<br>12:    for(i=0;i<10;i++) printf("%d ",c[i]); printf("\n");<br>13: } | Array address:0x7fff5ee0ce70<br>a[0]=1,Memory address:0x7fff5ee0ce70<br>a[1]=2,Memory address:0x7fff5ee0ce74<br>a[2]=3,Memory address:0x7fff5ee0ce78<br>a[3]=4,Memory address:0x7fff5ee0ce7c<br>a[4]=5,Memory address:0x7fff5ee0ce80<br>x=22<br>length of array b: 10<br>1 0 0 0 5 0 0 0 9 0 |

C 编译器为什么不检查访问越界错误呢？后面会介绍指针，可以通过指针访问数组元素，只有运行时才知道指针指向数组中的哪个元素，编译时无法检查是否访问越界，然而每次访问数组元素时都检查是否访问越界将会严重影响运行效率。另外，C 语言的设计精神是不要阻止 C 程序员去干他们想干的事。因此 C 编译器不检查访问越界错误。

## 2.5.2　二维数组

视频 2-9
二维数组

可以将一维数组看作一行连续的数据，只有一个下标，其数组元素也称为单下标变量。在实际问题中有很多数据呈现二维或多维特征，如教室的某个座位。C 语言允许构造多维数组，其元素通过多个下标确定它在数组中的位置，所以多维数组元素也称为多下标变量。由于多维数组可由二维数组类推得到，因此本小节只介绍二维数组。

二维数组的定义形式如下：

类型说明符　数组名[常量表达式 1][常量表达式 2];

常量表达式 1 指明数组行数，常量表达式 2 指明数组列数。
二维数组元素的引用形式如下：

数组名[行下标][列下标];

如下示例定义一个 3 行 4 列的整型二维数组 a。

int a[3][4];

数组名和变量名的命名规则相同，都是标识符。常量表达式的规定和一维数组相同，每一维的下标都从 0 开始计数。

数组 a 的各个元素如下：

```
a[0][0] a[0][1] a[0][2] a[0][3]
a[1][0] a[1][1] a[1][2] a[1][3]
a[2][0] a[2][1] a[2][2] a[2][3]
```

二维数组的所有元素在内存中连续存放，它们的地址是连续的。在 C 语言中，二维数组按行序排列，即先存放 a[0] 行，再存放 a[1] 行，以此类推。数组名为数组首地址。

二维数组示例如表 2-21 所示。

视频 2-10
一维字符
数组

表 2-21　二维数组示例

| 源　代　码 | 输出结果 |
| --- | --- |
| `1: #include<stdio.h>`<br>`2: int main() {`<br>`3:    int a[3][3]={{1,2,3},{4,5,6},{7,8,9}};`<br>`4:    //int a[3][3]={1,2,3,4,5,6,7,8,9};`<br>`5:    //int a[][3]={1,2,3,4,5,6,7,8,9};`<br>`6:    int b[3][3]={{1,2},{4,},{7}};`<br>`7:    //int b[3][3]={1,2,0,4,0,0,7};`<br>`8:    //int b[3][3]={[0][0]=1,[0][1]=2,[1][0]=4,`<br>`       [2][0]=7};`<br>`9:    int i,j;`<br>`10:   for(i=0;i<3;i++) {`<br>`11:      for(j=0;j<3;j++) printf("%p ",&a[i][j]);`<br>`12:      printf("\n");`<br>`13:   }`<br>`14:   for(i=0;i<3;i++) {`<br>`15:      for(j=0;j<3;j++) printf("%d ",b[i][j]);`<br>`16:      printf("\n");`<br>`17:   }`<br>`18: }` | `0x7ffe46450d60 0x7ffe46450d64 0x7ffe46450d68`<br>`0x7ffe46450d6c 0x7ffe46450d70 0x7ffe46450d74`<br>`0x7ffe46450d78 0x7ffe46450d7c 0x7ffe46450d80`<br>`1 2 0`<br>`4 0 0`<br>`7 0 0`<br><br>二维数组元素初始化时，可分行赋初值，每个内层花括号负责一行；也可不按行从左到右依次赋值，如"int a[3][3]={1,2,3,4,5,6,7,8,9};"；也可只对部分元素赋值，如"int b[3][3]={{1,2},{4,},{7}};"每行只是部分赋初值，"int b[3][3]={1,2,0,4,0,0,7};"不按行依次从左至右赋初值，未初始化的数组元素的初值为 0；若对数组中的全部元素赋初值，第一维大小可省略，如"int a[][3]={1,2,3,4,5,6,7,8,9};"，系统会根据第二维大小及初值个数自动计算第一维大小；也可对指定下标的部分元素赋初值，如"b[3][3]={[0][0]=1,[0][1]=2,[1][0]=4,[2][0]=7};" |

## 2.5.3　一维字符数组

字符串常量是用双引号括起来的一串字符，字符串（字符串常量的简称）可以看作一个数组，其中每个元素都是字符型，如"helloworld"。字符串以'\0'作为串结束标志，该标志占用 1 字节的存储空间，"helloworld"在内存中占 11 字节。C 语言没有专门的字符串变量，字符串数据是用字符数组来存放的。一维字符数组示例如表 2-22 所示。

源代码中 s1[16] 实际初始化了 11 个元素，剩余 5 个元素自动初始化为 0。如果该数组定义为 char s1[10]="HELLOWORLD"，则串结束标志被丢弃，C 编译器不会给出警告；如果该数组定义为 char s1[9]="HELLOWORLD"，则 C 编译器会给出警告。C 编译器之所以这样设计，目的是方便 C 程序员。

表 2-22　一维字符数组示例

| 源　代　码 | 代码说明及运行结果 |
|---|---|
| ```
 1: #include<stdio.h>
 2: int main() {
 3:    char s[26], st[5], str[10]={'H','E','L','L','O'};
 4:    char s1[16]="HELLOWORLD", s2[]="helloworld";
 5:    int i,j; char c="helloworld"[1];
 6:    for(i=0;i<26;i++) s[i]='A'+i;
 7:    for(i=0;i<26;i++) {
 8:      printf("%c%c",s[i],s[i]+32);
 9:      if(i==12||i==25) printf("\n");
10:    }
11:    st[0]='h';st[1]='e';st[2]='l';st[3]='l';st[4]='o';
12:    for(i=0;i<5;i++) printf("%c",st[i]);
13:    printf("\n%s c=%c\n", str, c);
14:    for(i=0;i<10;i++) printf("%d ",str[i]);
15:    printf("\n%ld %ld %ld", sizeof(s),sizeof(st),sizeof
       (str));
16:    printf("\n%s:%ld %s:%ld\n", s1,sizeof(s1),s2,sizeof
       (s2));
17: }
``` | str[10]实际初始化了 5 个元素，剩余 5 个元素自动初始化为 0，即 NULL 字符。字符数组也可以用一个字符串字面值来初始化，如 s1[16]。如果要用一个字符串字面值初始化一个字符数组，更好的办法是不指定数组长度，由编译器计算长度，如 s2[]。可通过数组名加下标的方式访问数组元素，字符串字面值（是只读的）可被看作数组名，如 "helloworld"[1] |
| | ```
1 //输出结果如下
2 AaBbCcDdEeFfGgHhIiJjKkLlMm
3 NnOoPpQqRrSsTtUuVvWwXxYyZz
4 hello
5 HELLO  c=e
6 72 69 76 76 79 0 0 0 0 0
7 26 5 10
8 HELLOWORLD:16 helloworld:11
``` |

### 2.5.4　一维字符数组的输入/输出

一维字符数组的输入/输出方法如表 2-23 所示。

表 2-23　一维字符数组的输入/输出方法

| 输入/输出方法 | 示　例 |
|---|---|
| 使用 getchar 或 scanf 逐个字符输入 | for(k=0;k<5;k++) s[k]=getchar();<br>for(k=0;k<5;k++) scanf("%c",&s[k]); |
| scanf 中利用%s 占位符将整个字符串一次输入，将空白字符作为输入结束标志 | scanf("%s",s); |
| 使用字符串输入函数 gets(字符数组名)，该函数从标准输入设备（键盘）上接收一串字符（空格可以作为字符串内容），回车符作为输入结束标志，并在串尾自动加一个'\0' | gets(s); |
| 使用 putchar 或 printf 逐个字符输出 | for(k=0;k<5;k++) putchar(s[k]);<br>for(k=0;k<5;k++) printf("%c",s[k]); |
| printf 中利用%s 占位符将整个字符串一次输出 | printf("%s",s); |
| 使用字符串输出函数 puts(字符串常量或字符数组名)把字符串或字符数组中字符输出到标准输出设备（显示器）中，并用'\n'取代字符串结束标志'\0'，所以用 puts 函数输出字符串时会自动换行 | puts(s);<br>puts("helloworld"); |

## 2.5.5　字符串处理函数

字符串处理函数有 puts、gets、strlen、strcpy、strncpy、strcat、strncat、strcmp、strncmp、strchr、strstr 和 strtok。这些函数的函数原型如下：

```
int puts(const char * s);
char * gets(char * s);
size_t strlen(const char * s);
char * strcpy(char * d, const char * s);
char * strncpy(char * d, const char * s, size_t n);
char * strcat(char * d, const char * s);
char * strncat(char * d, const char * s, size_t n);
int strcmp(const char * s1, const char * s2);
int strncmp(const char * s1, const char * s2, size_t n);
char * strchr(const char * s, int c);
char * strstr(const char * haystack, const char * needle);
char * strtok(char * str, const char * delim);
char * strtok_r(char * str, const char * delim, char * * saveptr);
```

puts 函数功能：把字符串 s 输出到标准输出设备（显示器）中，一次只能输出一个字符串，遇到串结束标志'\0'时结束输出，并用'\n'取代'\0'，所以用 puts 函数输出字符串时会自动换行，printf 函数输出字符串时不会自动换行。puts 执行成功时返回非负值，失败时返回 EOF(end of file,为−1)。

gets 函数功能：从标准输入设备（键盘）读取字符并把它们写到字符串 s 里，gets 函数能识别空格，遇到空格会将空格写入 s 中，直到遇到'\n'(回车或换行)，而 scanf 函数遇到空格则停止输入。使用 gets 函数时需要注意输入的内容不要超过 s 的大小。如果 gets 函数成功输入则返回 s 的首地址，如果出错则返回 NULL。

strlen 函数功能：求字符串 s 的长度，不包括串结束标志'\0'。返回值是字符串 s 的个数。

strcpy 函数功能：strcpy 是字符串复制函数，将字符串 s(包括'\0')复制到 d 指向的内存空间，执行成功则返回 d 的首地址，出错则返回 NULL，注意要保证 d 的空间足够大。

strncpy 函数功能：将字符串 s 中前 n 个字符复制到 d 指向的内存空间中。注意，如果 s 的前 n 个字符中没有'\0'，则 d 没有串结束标志'\0'。

strcat 函数功能：strcat 是字符串连接函数，将字符串 s(包括'\0')从字符串 d 的串结束标志'\0'位置开始(覆盖 d 的'\0')连接到 d 的后面。函数返回值为 d 的首地址，注意要保证 d 的空间足够大。

strncat 函数功能：将字符串 s 的前 n 个字符连接到字符串 d 的后面。

strcmp 函数功能：strcmp 是字符串比较函数，将字符串 s1 和 s2 对应位置的字符(ASCII 码)进行比较，遇到不同字符或串结束标志'\0'时则结束比较。如果 s1 和 s2 完全一样，则返回值为 0；如果 s1 大于 s2，则返回值为大于零的整数；如果 s1 小于 s2，则返回值为小于零的整数。

strncmp 函数功能：比较字符串 s1 和 s2 的前 n 个字符，返回值与 strcmp 一致。

strchr 函数功能：从左向右定位字符 c 在字符串 s 中第一次出现的位置。同系列函数有 strrchr、strchrnul。strrchr 从右向左定位字符 c 在字符串 s 中第一次出现的位置，即字符串 s 最后出现字符 c 的位置。strchrnul 类似于 strchr，除了当没有找到字符 c 时，strchrnul 返回串结束标志'\0'所在的位置，而 strchr 返回 NULL。

strstr 函数功能：定位子字符串 needle 在字符串 haystack 中首次出现的位置。成功时返回子字符串 needle 在被匹配字符串 haystack 中首次出现的位置（指针），失败则返回 NULL。同系列函数是 strcasestr。区别在于 strstr 区别子字符串、字符串的大小写，而 strcasestr 忽略大小写。

strtok 函数的另一个版本是 strtok_r。strtok 函数使用分隔符 delim 对待切分字符串 str（必须是可修改的字符串，不能是字符串常量）进行一次切分后，能得到分隔符 delim 左边的字符串。strtok_r 除了具有 strtok 功能，还能在一次切分后，通过 saveptr 保存 strtok_r 切分后剩余部分（分隔符右边）字符串首地址。例如，用分隔符":"对字符串"aaa:bbb"切分后，返回字符串"aaa"，剩余"bbb"待下一次调用 strtok 时处理；strtok_r 能同时得到"aaa"（返回值）和 saveptr 指向的"bbb"。调用 strtok 会改变传入的 str 指向的内容，因此 str 不能是字符串常量，str 指向字符串内容中的字符如果是分隔符 delim，则被替换为'\0'。如果成功找到分隔符，则返回切分后的第一个子字符串；如果待切分字符串中没有找到分隔符，则返回空指针 NULL。字符串处理函数（strrchr、strcmp、strtok、strtok_r）示例如表 2-24 所示。

视频 2-11
字符串处理函数

表 2-24　字符串处理函数（strrchr、strcmp、strtok、strtok_r）示例

| 源　代　码 | 输　出　结　果 |
|---|---|
| 1: #include<stdio.h> | file name is c.txt<br>/a/B/c.txt is text file<br>ABCD%12 |
| 2: #include<string.h> | |
| 3: #include<ctype.h> | |
| 4: int is_type(const char * path, const char * type) { | |
| 5:　char * pos=strrchr(path,'.'); | |
| 6:　if(pos==NULL) {printf("Not %s file: %s\n", type, path); return 0;} | |
| 7:　char * p=pos+1; | |
| 8:　if(!strcmp(p,type)) return 1; | |
| 9:　else {printf("Not %s file: %s\n", type, path); return 0;} | 本程序主要实现三个功能：<br>①在指定文件路径/a/b/c.txt 中提取出文件名 c.txt。<br>②通过比较文件名后缀判断一个文件是否是文本文件。<br>③将字符串中的小写英文字母转换为大写字母 |
| 10: } | |
| 11: int main() { | |
| 12:　char * path="/a/B/c.txt", * fpos=strrchr(path,'/'); | |
| 13:　printf("file name is %s\n",fpos+1); | |
| 14:　if(is_type(path,"txt")) printf("%s is text file\n", path); | |
| 15:　else printf("%s is not text file\n",path); | |
| 16:　for(int i=0;i<sizeof("abCd%12");i++) | |
| 17:　　printf("%c",toupper("abCd%12"[i])); printf("\n"); return 0; | |
| 18: } | |

续表

| 源　代　码 | 输　出　结　果 |
|---|---|
| 1: #include<stdio.h><br>2: #include<string.h><br>3: int main() {<br>4:　　char buf[]="abc def ghi jk"; 　printf("buf=%s\n", buf);<br>5:　　char * s1=strtok(buf," "), * s2; 　printf("s1=%s, buf=%s ",s1,buf);<br>6:　　while((s2=strtok(NULL," "))!=NULL) printf("%s ", s2);<br>7:　　printf("\x8)\n");<br>8:　　char buf2[]="123 456 789 10"; printf("buf2=%s\n",buf2);<br>9:　　char * sr1, * sr2; sr1=strtok_r(buf2," ",&sr2);<br>10:　　printf("sr1=%s, sr2=%s, ",sr1,sr2); printf("buf2=%s\n",buf2);<br>11: } | buf=abc def ghi jk<br>s1=abc, buf=abc (def ghi jk)<br>buf2=123 456 789 10<br>sr1=123, sr2=456 789 10, buf2=123<br><br><br>第一次调用 strtok(strtok_r)时要指明待切分字符串,后续调用 strtok(strtok_r)时无须指定,用 NULL 即可。本程序使用 strtok 切分字符串 buf,使用 strtok_r 切分字符串 buf2 |

## 2.5.6　二维字符数组

二维字符数组是字符型的二维数组,示例如表 2-25 所示。

视频 2-12
二维字符
数组

表 2-25　二维字符数组示例

| 源　代　码 | 输　出　结　果 |
|---|---|
| 1: #include<stdio.h><br>2: #include<string.h><br>3: int main() {<br>4:　char s1[][9]={"Wednesday","Thursday","Friday"};<br>5:　for(int i=0;i<3;i++) printf("%s\n",s1[i]);<br>6:　char s2[][10] = { "Monday"," Tuesday"," Wednesday"," Thursday"};<br>7:　for(int i=0;i<3;i++)<br>8:　　for(int j=i+1;j<4;j++)<br>9:　　　if(strcmp(s2[i],s2[j])>0){<br>10:　　　　char t[10];<br>11:　　　　strcpy(t,s2[i]);<br>12:　　　　strcpy(s2[i],s2[j]);<br>13:　　　　strcpy(s2[j],t);<br>14:　　　}<br>15:　for(int i=0;i<4;i++) {printf("\t"); puts(s2[i]);}<br>16:　return 0;<br>17: } | WednesdayThursday<br>Thursday<br>Friday<br>　　Monday<br>　　Thursday<br>　　Tuesday<br>　　Wednesday<br><br><br>本程序主要实现两个功能:<br>①对 s1 初始化后,将其中的三个字符串输出,注意"Wednesday"后没有串结束标志。②对 s2 初始化后,对其中的四个字符串进行排序,然后输出 |

55

## 2.6 习题

**1. 填空题**

(1) 在 C 语言中,任何数据都有其类型,数据类型决定了数据占用内存的_____、数据的取值范围以及其上可进行的_____。

(2) 数据类型包括基本类型、_____、_____和空类型。

(3) 基本类型包括_____、_____、实型(浮点型)、枚举。

(4) 整型类型包括基本整型、_____、_____、双长整型。

(5) 浮点数类型包括_____、_____、_____。

(6) 构造类型包括_____、_____、共用体。

(7) char 型占_____字节的存储空间,1 字节通常是_____个 bit。

(8) signed 和 unsigned 两个关键字表示_____和_____。

(9) char 以外的类型如果不明确写 signed 或 unsigned 关键字都表示_____。

(10) 除了 char 型在 C 标准中明确规定占 1 字节之外,其他整型占几字节都是_____定的。

(11) 程序运行过程中值不能被改变的量称为_____,可分为_____和_____。

(12) _____就是直接写出来的一个数据,符号常量是指用一个_____来代表一个常量。

(13) 每个常量都归属一种数据类型,有_____、_____、浮点型常量和枚举常量。

(14) 一对单引号中的一个字符,称为_____。

(15) 字符型常量的表示方法有两种,即_____和_____。

(16) _____是以双引号括起来的一串字符序列。

(17) 字符串"abc"在内存中占用的存储空间是_____字节。

(18) 在 C 语言中可以用十进制、_____和_____的整数常量。

(19) 为了和八进制数区分,十进制整数前不能加_____。八进制整数以数字_____开头。

(20) 十六进制整数以_____开头。

(21) 整数常量还可以在末尾加_____表示 unsigned 型整型常量,加_____表示 long 型整型常量,加_____表示 long long 型整型常量。

(22) 有些编译器(比如 GCC)支持二进制整数常量,以_____开头。

(23) 由于二进制和八进制、十六进制的对应关系非常明显,用_____或_____制常量完全可以代替二进制常量。

(24) 字符常量和枚举常量的类型都是_____。

(25) 浮点型常量也可以称为_____。

(26) 浮点型常量的表示方法有两种,即_____和_____。

(27) C 语言规定不加后缀说明的所有实型常量都被解释成_____类型。

(28) 程序运行过程中值可以改变的量称为_____。

（29）每个变量都有一个＿＿＿＿＿＿＿，都归属一种＿＿＿＿＿＿＿，不同类型的变量都占据不同大小的＿＿＿＿＿＿＿，具有不同的表示范围。

（30）变量是内存中命名的＿＿＿＿＿＿＿，其值就存储在这些单元中。

（31）内存中的每个单元都有＿＿＿＿＿＿＿，也称为内存地址。

（32）变量定义语句以＿＿＿＿＿＿＿结尾。变量定义语句的一般格式为＿＿＿＿＿＿＿。

（33）＿＿＿＿＿＿＿是用户编程时使用的名字，必须由字母（区分大小写）、数字、下画线组成，不能有其他字符，第一个字符不能是数字，必须以＿＿＿＿＿＿＿或＿＿＿＿＿＿＿开头。

（34）标识符有三类，即＿＿＿＿＿＿＿、＿＿＿＿＿＿＿、用户自定义标识符。

（35）＿＿＿＿＿＿＿就是将数据从一种类型转换为另一种类型。

（36）C 语言数据类型转换方式有两种，即＿＿＿＿＿＿＿、＿＿＿＿＿＿＿。

（37）＿＿＿＿＿＿＿为每个字符分配了唯一的编号。

（38）当从键盘上输入一个字符时，显示器上就可以显示这个字符，这类字符称为＿＿＿＿＿＿＿。

（39）为控制作用而设计的字符称为＿＿＿＿＿＿＿。

（40）在 C 语言中，控制字符必须用转义字符表示。转义字符以＿＿＿＿＿＿＿开头。

（41）Windows 上的文本文件用＿＿＿＿＿＿＿作行分隔符，许多应用层网络协议（如HTTP）也用＿＿＿＿＿＿＿作行分隔符，而 Linux 和各种 UNIX 上的文本文件只用＿＿＿＿＿＿＿作行分隔符。

（42）'0'的 ASCII 码是＿＿＿＿＿＿＿，而'\0'的 ASCII 码是＿＿＿＿＿＿＿，两者是不同的。

（43）C 语言＿＿＿＿＿＿＿是指表达某几个操作数之间的一种运算规则的符号。

（44）根据操作数个数的不同将运算符分为＿＿＿＿＿＿＿、＿＿＿＿＿＿＿和三目运算符。

（45）＿＿＿＿＿＿＿是指用运算符将操作对象连接起来的式子。

（46）表达式可以是单个的常量或变量，也可以是多个＿＿＿＿＿＿＿、＿＿＿＿＿＿＿组合而成的更复杂的表达式。

（47）在求解表达式值的时候，需要根据运算符的＿＿＿＿＿＿＿和＿＿＿＿＿＿＿进行分析。

（48）由算术运算符将操作数连接起来的式子称为＿＿＿＿＿＿＿。

（49）＋＋和－－都是单目运算符，其操作数只能是一个＿＿＿＿＿＿＿。

（50）＿＿＿＿＿＿＿的功能是将赋值运算符右侧表达式的值赋给其左侧的变量。

（51）赋值运算符的左侧只能是一个变量，也称＿＿＿＿＿＿＿。

（52）用关系运算符将两个表达式连接起来，就称为＿＿＿＿＿＿＿。

（53）用逻辑运算符将两个关系表达式或逻辑量连接起来的式子就是＿＿＿＿＿＿＿。

（54）逻辑表达式的值是一个逻辑量。成立则为＿＿＿＿＿＿＿；不成立则为＿＿＿＿＿＿＿。

（55）条件运算符是"?:"，需要三个＿＿＿＿＿＿＿，是唯一一个三目运算符。

（56）用逗号运算符将两个或多个＿＿＿＿＿＿＿连接起来，就构成一个逗号表达式。

（57）C 语言提供一些可以直接操作整数中的位的运算符，称为＿＿＿＿＿＿＿。

（58）在一定的取值范围内，将一个整数左移 1 位相当于＿＿＿＿＿＿＿。

（59）如果要对一个整数中的某些位进行操作，可用＿＿＿＿＿＿＿来表示这些位在整数中的位置。

（60）_____是指在表达式后面加一个分号所构成的语句。

（61）_____仅用一个分号表示，在语法上是一条语句。

（62）_____又称为语句块，是指用一对花括号{}将一条或若干条语句包含起来形成的_____。

（63）在 C 语言中，可以使用三种循环语句，分别是 while、do...while 和 for。在这三种循环语句中，循环体被重复执行的次数由_____控制，称为_____。

（64）输入/输出是_____和_____交互的过程。在控制台程序中，输入一般是指获取用户在_____上输入的数据，输出一般是指将数据显示在_____上。

（65）_____是由基本数据类型按照一定规则组合而成的新的数据类型。

（66）C 语言数组是由一些具有_____数据构成的集合，这些数据在内存中_____。

（67）在 C99 标准之前，一维数组的定义形式为_____。

（68）C99 标准增加了可变长数组的概念，可变长是指_____可变。在函数内（VLA 只能是局部变量而不能是全局变量）定义数组时其长度可为_____或_____。

（69）数组必须先定义后引用。引用数组元素的一般形式为_____。下标从_____开始，数组名就是数组的_____。

（70）通过_____把数组中的每个元素依次访问一遍称为遍历。

（71）二维数组的定义形式为_____。

（72）二维数组元素的引用形式为_____。

（73）字符串以'\0'作为_____，该标志占用 1 字节的存储空间，"helloworld"在内存中占_____字节。

**2. 简答题**

（1）ILP32 和 LP64 规范的含义是什么？

（2）变量声明和变量定义的含义是什么？

（3）自动类型转换的含义是什么？

（4）强制类型转换的含义是什么？

（5）优先级和结合性的含义是什么？

（6）全与运算表达式和全或运算表达式的含义是什么？

（7）sizeof 运算符的含义是什么？

（8）b+=a 与 b=b+a 的差别是什么？

（9）程序设计的三种基本结构分别是什么？

（10）switch 语句的功能是什么？

（11）while 循环和 do...while 循环的功能及其差别是什么？

（12）for 循环的执行流程是什么？

（13）break 和 continue 语句的作用是什么？

（14）标准输出函数 printf 的语法是什么？

（15）输出格式占位符的完整形式是什么？

（16）标准输入函数 scanf 的语法是什么？

（17）使用数组下标时应注意什么问题？

**3. 上机题**

（1）本章所有源代码文件都在本书配套资源的"src/第 2—3 章"目录中，请读者运行每个示例，理解所有源代码。

（2）限于篇幅，本章程序题都放在本书配套资源的"xiti-src/xiti0203"文件夹中。

# 第 3 章  C 语言基础 Ⅱ

## 本章学习目标

- 掌握函数、指针的定义和使用；
- 理解编译预处理的作用和用法；
- 掌握结构体、共用体和枚举的定义和使用；
- 掌握零长数组、变长数组和动态数组的定义和使用；
- 掌握 indent 命令的使用。

## 3.1  函数

C 语言通过函数实现模块化程序设计,用函数实现功能模块的定义。一个 C 程序可以由一个主函数和若干个自定义函数构成。主函数调用其他函数,其他函数也可以互相调用,通过函数之间的调用来实现程序功能。

C 语言提供了功能丰富的库函数,一般库函数的定义都被放在头(库)文件中。头文件是扩展名为.h 的文件。使用库函数时在程序的开头用♯include ＜ * .h＞或♯include" * .h"将头文件包含进来。

### 3.1.1  函数定义和声明

C 程序的基本单位是函数,函数是一段封装好的、可以重复使用的代码,有助于程序的模块化设计。函数有库函数和用户自定义函数,一个实用的 C 程序都应该包含自定义函数,通常一个函数执行一个特定的任务。一个 C 程序至少包含一个主函数(main 函数),并且主函数只能有一个,主函数的特殊之处在于函数名(main)是固定的,操作系统就认这个名字,程序执行时 main 函数自动被操作系统调用。除此之外,main 函数和其他自定义函数没有区别,因此可以将主函数看作一个特殊的自定义函数。各个函数在定义时彼此独立,在执行时可以互相调用,其他函数不能调用主函数。下面主要介绍自定义函数。编程时不仅可以调用 C 标准库提供的库函数,也可以调用自定义函数。

用户自定义函数的一般形式如下:

```
函数类型 函数名(形参列表)
{
```

```
    函数体
}
```

一个函数包括函数头和函数体,"函数类型　函数名(形参列表)"为函数头。

(1) 函数类型是指函数返回值的数据类型,可以通过函数体中的 return 语句返回函数值。如果函数没有返回值,则函数类型应写为空类型 void,如果省略函数类型,则默认为 int 型。

(2) 函数名是用户自定义的一个标识符,要符合标识符的命名规则。

(3) 定义有参函数时,函数名后一对圆括号内的形参列表中至少有一个形参,多个参数之间用逗号隔开,每个形参都应指定其类型。

(4) 定义无参函数时,函数名后圆括号内应该为空或 void。

(5) 函数体是函数的主体部分,是由一对花括号括起来的一个语句块,即是一个复合语句,可以由若干条语句和声明组成。C89 要求所有声明写在所有语句之前,而 C99 允许语句和声明可以按任意顺序排列,只要每个标识符都遵循先声明后使用的原则即可。

函数(整型或 void 型函数除外)应该先定义后调用,或者先声明(也称说明)后调用。如果函数定义放在了调用它的函数之后,则一定要在调用它的函数之前对该函数进行声明。函数声明的一般形式是"函数类型　函数名(形参列表);",也就是在函数头后面加一个分号构成。函数声明和语句类似,都是以分号结尾,但是语句只能出现在函数体中,而函数声明既可以出现在函数体中,也可以出现在所有函数体之外。

## 3.1.2　函数调用及参数传递

函数调用就是使用已定义好的函数。函数调用的一般形式如下:

```
函数名(实参列表)
```

通过调用函数来完成已定义的任务。调用无参函数时实参列表为空,但是括号不能省略。当一个函数(主调函数)调用另一个函数(被调函数)时,程序控制权会从主调函数转移到被调函数,被调函数执行完已定义的任务后(当执行返回语句或到达函数体右花括号时)会把程序控制权再次转移到主调函数。

C 语言中有多种函数调用方式,示例如下:

```
a =b +max(x, y);        //函数表达式,max 函数调用作为表达式中的一项
printf("%d", a);        //函数调用语句,printf 函数调用作为一条单独的语句
printf("%d", max(x, y)); //函数参数,max 函数调用作为 printf 函数调用的实参
```

Linux 操作系统通过虚拟内存的方式为所有应用程序(进程)提供了统一的虚拟内存地址,进程地址空间如图 3-1 所示。

(1) 代码段存放着程序的机器码和只读数据,可执行指令就是从这里取得的。这个段在内存中一般被标记为只读,任何对该区的写操作都会导致段错误。

(2) 数据段包括已初始化数据段和未初始化数据段,已初始化数据段用来存放全局和

图 3-1　进程地址空间

静态的已初始化变量,未初始化数据段用来存放全局和静态的未初始化变量。

（3）堆用来存放程序运行时分配的变量。堆的大小并不固定,可动态扩张或缩减。其分配由 malloc 等函数实现,其释放由 free 等函数实现,通常一个 malloc 函数就要对应一个 free 函数。堆内存由程序员负责分配和释放,如果程序员没有释放,那么在程序结束后由操作系统自动回收。

（4）栈用来存放函数调用时的临时信息,如函数调用所传递的参数、函数的返回地址和函数的局部变量等。栈通常称为先进后出队列。栈的基本操作是 PUSH 和 POP,PUSH 操作称为入栈,将数据放置在栈顶;POP 操作相反,将栈顶元素移出,称为出栈。

（5）命令行参数是指从命令行执行程序时传递给程序的参数。C 语言总是从 main 函数执行的,它的原型声明如下:

```
int main(int argc,char * argv[]);
```

参数 argc 保存程序执行时命令行输入的参数个数。参数 argv 保存命令行参数。ISO C 和 POSIX 都要求 argv[argc]是一个空指针。在历史上,大多数 UNIX 系统支持 3 个参数的 main 函数,原型声明如下:

```
int main(int argc,char * argv[],char * envp[]);
```

其中第 3 个参数 envp 是环境变量列表。现在 POSIX 建议不使用第三个参数,而是使用 getenv 和 putenv 函数来访问环境变量,getenv 函数用来获取一个环境变量的内容,putenv 函数用来改变或增加环境变量的内容。另外,也可以使用全局变量 environ 查看整个环境变量。命令行参数和环境变量示例如表 3-1 所示。

表 3-1　命令行参数和环境变量示例

| 示 例 代 码 | 运 行 结 果 |
|---|---|
| <pre>1: #include<stdio.h><br>2: int main(int argc, char * argv[]) {<br>3:   int i; printf("程序名：%s\n", argv[0]);<br>4:   printf("argc=%d\n 参数: ", argc);<br>5:   for(i=1; i<argc; i++)<br>6:     printf("%s ", argv[i]); printf("\n");<br>7:   for(i=0; NULL!=argv[i]; i++)<br>8:     printf("%s ", argv[i]);<br>9:   printf("\nargc=%d\n",i);<br>10: }</pre> | <pre>[root@ztg ~]# ./a.out a b c<br>程序名：./a.out<br>argc=4<br>参数: a b c<br>./a.out a b c<br>argc=4</pre> |
| <pre>1: #include<stdio.h><br>2: #include<stdlib.h><br>3: extern char * * environ;<br>4: int main(int argc,char * argv[],char * envp[]){<br>5:   char * var=NULL;<br>6:   if((var=getenv("aaa"))) printf("aaa=%s\n",var);<br>7:   putenv("aaa=vv89");<br>8:   if((var=getenv("aaa"))) printf("aaa=%s\n",var);<br>9:   for(int i=0; NULL!=environ[i]; i++)<br>10:     printf("%s\n", environ[i]); printf("\n");<br>11:   for(int i=0; NULL!=envp[i]; i++)<br>12:     printf("%s\n", envp[i]); printf("\n");<br>13: }</pre> | <pre>[root@ztg ~]# export aaa=123<br>[root@ztg ~]# ./a.out<br>aaa=123<br>aaa=vv89<br>SHELL=/bin/bash<br>SESSION_MANAGER=local/ztg:@/tmp<br>QT_ACCESSIBILITY=1<br>COLORTERM=truecolor</pre>（省略大部分输出信息） |

视频 3-1
命令行参
数和环境
变量

**注意**：本章几乎所有源代码都在本书配套资源的"src/第 2—3 章/code.c"文件中。

参数是主调函数和被调函数进行信息通信的接口，函数在被调用之前，其形参在内存中是不存在的；函数只有在被调用时，其形参才被定义且分配栈中的内存单元。调用函数时，实参与形参之间要进行数据传递，会将实参的值计算出来并分别赋值给对应的形参，这一过程称为参数传递。C 语言中函数参数有两种传递方式，分别为值传递和地址传递。①值传递是将实参的值复制到形参相应的存储单元中，即形参和实参分别占用不同的存储单元。值传递的特点是参数值的单向传递，即主调函数调用被调函数时把实参的值传递给形参，之后实参与形参之间不再有任何关系，形参值的任何变化都不会影响到实参的值，调用结束后，形参的存储单元被释放。②地址传递是将实参的地址复制到形参相应的存储单元中，即形参是指针类型的变量，指向实参的存储单元，可以通过形参（指针）读写实参占用的存储单元。地址传递的特点是双向传递，即对形参指向变量的改变也是对实参的改变。值传递和地址传递示例如表 3-2 所示。

函数调用是通过栈来实现的，栈由高地址向低地址方向生长。栈有栈顶和栈底，入栈和出栈的位置叫栈顶。函数在被调用执行时都会在栈空间中开辟一段连续的空间供该函数使用，这一空间称为该函数的栈帧，栈帧就是一个函数执行的环境。每个函数的每次调用都有它自己独立的一个栈帧。当进行函数调用时，我们经常说先将函数压栈（局部变量从后向前、形参从右向左依次压入栈中），其实是为被调函数分配栈帧，当函数调用结束后，再将函数出栈，其实是释放该函数的栈帧。这一过程是系统帮我们自动完成的，在 x86 系统的

表 3-2　值传递和地址传递示例

视频 3-2
值传递和
地址传递

| 值传递示例代码 | 运行结果 | 地址传递示例代码 | 运行结果 |
|---|---|---|---|
| 1: #include<stdio.h><br>2: void swap(int a, int b) {<br>3: 　int c=a; a=b; b=c;<br>4: 　printf("swap:\na=%d,<br>　b=%d\n",a,b);<br>5: }<br>6: int main() {<br>7: 　int a=1, b=2;<br>8: 　printf("main:\na=%d,<br>　b=%d\n",a,b);<br>9: 　swap(a,b);　　//值传递<br>10: 　printf("main:\na=%d,<br>　b=%d\n",a,b);<br>11: } | main:<br>a=1, b=2<br>swap:<br>a=2, b=1<br>main:<br>a=1, b=2 | 1: #include<stdio.h><br>2: void swap(int * a, int * b) {<br>3: 　int c= * a; * a= * b; * b=c;<br>4: 　printf("swap:\na=%d, b=%d\<br>　n", * pa, * pb);<br>5: }<br>6: int main() {<br>7: 　int a=1, b=2;<br>8: 　printf("main:\na=%d, b=%d\<br>　n",a,b);<br>9: 　swap(&a, &b);　　　//地址传递<br>10: 　printf("main:\na=%d, b=%d\<br>　n",a,b);<br>11: } | main:<br>a=1, b=2<br>swap:<br>a=2, b=1<br>main:<br>a=2, b=1 |

CPU 中，涉及三个寄存器，即 EIP、ESP、EBP。指令指针寄存器 EIP 中存储的是 CPU 下次要执行的指令的地址。基址指针寄存器 EBP 永远指向当前栈帧（栈中最上面的栈帧）的底部（高地址），栈指针寄存器 ESP 存储着栈顶地址，永远指向当前栈帧的顶部（低地址），因此函数栈帧主要由 EBP 和 ESP 这两个寄存器来确定。当程序运行时，ESP 可以移动，元素的入栈和出栈操作通过 ESP 实现，EBP 是不移动的，访问栈帧里的元素可以通过 EBP 加减偏移量实现。表 3-2 中的示例代码的函数栈帧结构如图 3-2 所示。main 函数调用 swap 时，首先在自己的栈帧中压入返回地址（断点），然后分配 swap 的栈帧。在 swap 返回时，swap 的栈帧被弹出，main 函数栈帧作为当前栈帧，此时处于栈顶的返回地址被写入 EIP 中，处理器跳到 main 函数代码区的断点处继续执行。在程序实际运行过程中，main 函数并不是第一个被调用的函数，图 3-2 只是函数调用过程中栈变化的示意图。图 3-2(a) 中，即使形参名称

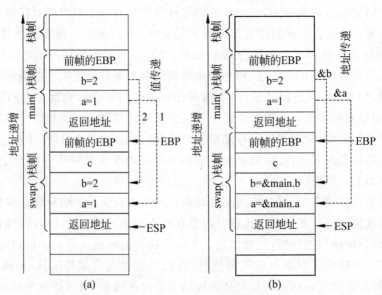

图 3-2　函数栈帧

与实参名称一样,它们在内存的地址也不一样。图 3-2(b)中,即使形参名称与实参名称一样,但是它们的类型不一样,是将整型变量的地址赋值给了指针变量。

当实参列表有多个实参时,对实参的求值顺序是不确定的,有的系统按自左至右的顺序求值,有的系统按自右至左的顺序求值。不同编译系统以及同一编译系统的不同版本规定的求值顺序是不同的。有的编译器会进行优化,优化策略不同,求值顺序就可能不同。实参求值顺序如表 3-3 所示。

视频 3-3
实参求值
顺序

表 3-3　实参求值顺序示例

| 示 例 代 码 | 运 行 结 果 |
|---|---|
| 1: #include<stdio.h><br>2: void fun(int a,int b,int c) {<br>3:   printf("%d,%d,%d\n",a,b,c);<br>4: }<br>5: int main() {<br>6:   int i=1,a=6,b=9;<br>7:   fun(i++,i++,i++); fun(a+3,a=b+2,a+b++);<br>8: } | [root@ztg ~]# ./a.out<br>3,2,1<br>15,12,15 |
| | 从输出结果可知,该系统按自右向左的顺序进行求值。编程时不要使函数实参之间存在关联,尽量避免在函数参数表达式中对变量进行赋值操作 |

### 3.1.3　函数的嵌套与递归

C 语言中的函数定义都是互相平行、独立的,在定义一个函数时,不允许在其函数体内再定义另一个函数。C 语言不能嵌套定义函数,但是 C 语言可以嵌套调用函数,即在调用一个函数的过程中,在该函数的函数体内又调用另一个函数。例如,主函数调用函数 A,函数 A 又调用函数 B。

一个函数在它的函数体内直接或间接地调用该函数本身,这种函数称为递归函数,这种调用关系称为函数的递归调用。在函数内部又调用它本身称为直接递归,在函数 A 内部调用函数 B,在函数 B 中又调用函数 A 称为间接递归。函数的递归调用属于函数嵌套调用的一种。递归调用的实质就是将原来的问题分解为新的问题,而解决新问题时又用到了原有问题的算法。

递归函数执行时将反复调用其自身,每调用一次就进入新的一层(即在栈顶分配一个栈帧),当最内层的函数(满足递归结束条件)执行完毕后,再一层一层地由里到外退出,每return 一次就释放栈顶的栈帧。注意,如果无递归结束条件,则会无穷递归,直到程序栈空间耗尽导致程序崩溃(段错误)。下面通过求阶乘的例子来理解递归函数的运行情况。$n$ 的阶乘(factorial)的定义为:$n$ 的阶乘等于 $n$ 乘以 $n-1$ 的阶乘,0 的阶乘等于 1。具体如下:

$$0! = 1$$
$$1! = 1 * (1-1)! = 1 * 0! = 1 * 1 = 1$$
$$n! = n * (n-1)!$$

示例如表 3-4 所示。

表 3-4　阶乘示例

| 示 例 代 码 | 运 行 结 果 |
|---|---|
| 1: #include<stdio.h><br>2: int L;<br>3: long fac(int n) {　　　　//递归函数<br>4:　 L++;<br>5:　 if (n<=1) {　　　　//递归结束条件<br>6:　　 printf("层数=%d n=%d return 1\n",L,n);<br>7:　　 return 1;<br>8:　 } else {<br>9:　　 printf("层数=%d n=%d return fac(%d) * %d\n", L, n,n-1,n);<br>10:　　 return fac(n-1) * n;　　　　//递归调用<br>11:　 }<br>12: } | 1 [root@ztg ~]# ./a.out<br>2 输入一个整数: 5<br>3 层数=1 n=5 return fac(4)*5<br>4 层数=2 n=4 return fac(3)*4<br>5 层数=3 n=3 return fac(2)*3<br>6 层数=4 n=2 return fac(1)*2<br>7 层数=5 n=1 return 1<br>8 fac(5) = 120 |
| 13: int main() {<br>14:　 int a; printf("输入一个整数: ");<br>15:　 scanf("%d", &a);<br>16:　 printf("fac(%d) =%ld\n", a, fac(a));<br>17:　 return 0;<br>18: } | 输入 5,求 5!。调用 fac(5),函数体中执行 fac(4) * 5;调用 fac(4),函数体中执行 fac(3) * 4;调用 fac(3),函数体中执行 fac(2) * 3;调用 fac(2),函数体中执行 fac(1) * 2;调用 fac(1),函数体中直接返回常量 1。n=1 时递归进入最内层,递归结束,开始逐层退出,也就是逐层执行 return 语句 |

## 3.1.4　回调函数

C 语言中,回调函数(callback function)就是一个通过函数指针调用的函数。回调函数就是允许用户把需要调用的函数的指针作为参数传递给一个函数,以便该函数在处理相似事件的时候可以灵活地使用不同的方法。因为可以把调用者与被调用者分开,所以调用者不关心谁是被调用者,只需知道存在一个具有特定原型和限制条件的被调用函数。回调函数示例如表 3-5 所示。

表 3-5　回调函数示例

| 示 例 代 码 | 运 行 结 果 |
|---|---|
| 1: #include<stdio.h><br>2: int add(int a, int b){　　　　//回调函数<br>3:　 printf("this is add\n"); return a+b;<br>4: }<br>5: int sub(int a, int b){　　　　//回调函数<br>6:　 printf("this is sub\n"); return a-b;<br>7: } | 1 [root@ztg ~]# ./a.out<br>2 this is add<br>3 callback(5,6)=11<br>4 this is sub<br>5 callback(2,10)=-8<br>6 [root@ztg ~]# echo $?<br>7 2 |
| 8: int handle(int x,int y,int (* callback)(int,int)){<br>9:　 printf("callback(%d,%d)=%d\n",x,y,callback(x,y));<br>10: }<br>11: int main(){<br>12:　 int a=5,b=6; handle(a, b, add); handle(2, 10, sub);<br>13:　 return 2;<br>14: } | main 函数中调用 handle 函数时传递了不同的函数指针,进而通过 handle 函数调用了不同的函数,如 add、sub。运行结果第 6 行中"$?"的值就是上一条命令的返回值,也就是主函数的返回值 |

### 3.1.5　return 语句

函数分为主调函数和被调函数,被调函数完成一定功能后可以通过 return 语句向主调函数返回一个确定的值,该值就是函数的返回值。return 语句表示把程序流程从被调函数转向主调函数。return 语句有两种,即带表达式的 return 语句"return 表达式;"和省略表达式的 return 语句"return;"。

(1) 带表达式的 return 语句结束函数的执行并把表达式的值返回给主调函数,定义函数时必须指定函数类型,函数类型和返回值类型要一致,如果不一致,系统规定返回值以函数类型为准进行自动转换,转换后的值为最终的函数值。

(2) 省略表达式的 return 语句结束函数的执行并返回主调函数中该函数的调用处,定义函数时必须指定函数类型为空类型 void。

(3) 函数体中可以有多个 return 语句,执行到任何一条 return 语句时都会结束函数的执行,返回主调函数中该函数的调用处。

(4) 函数体中如果没有 return 语句,则执行完函数体的最后一条语句后返回主调函数。main 函数是整型函数,如果 main 函数体中没有 return 语句,则默认的返回值是 0。通过执行"echo $?"命令查看 main 函数的返回值,如表 3-5 所示。

### 3.1.6　全局变量、局部变量和作用域

作用域描述程序中可以访问标识符的区域,一旦离开其作用域,程序便不能再访问该标识符。C 语言中变量的作用域可以是块作用域、函数作用域、函数原型作用域或文件作用域。块是用一对花括号括起来的代码区域,整个函数体是一个块,函数中的复合语句也是一个块,定义在块中的变量具有块作用域。变量在块作用域的可见范围是从变量定义处到包含该定义的块的末尾。函数形参声明虽然在函数左花括号前,但是它们属于函数体这个块,具有函数作用域。函数原型作用域的范围是从形参定义处到函数原型声明结束,这意味着编译器在处理函数原型中的形参时只关心它的类型,而形参名通常无关紧要,即使有形参名,也不必与函数定义中的形参名相同。定义在所有函数外的变量具有文件作用域,文件作用域变量(全局变量)从它定义处到该定义所在文件的末尾均可见。

全局变量也称为外部变量,是在函数外定义的变量,它不属于任何一个函数,其作用域从变量的定义处开始,到本程序文件的结尾结束。全局变量只能用常量表达式初始化。在作用域内全局变量可以被各个函数使用。全局变量也遵循先定义后使用的原则。如果在函数中使用该函数后面定义的全局变量,应在此函数内使用 extern 关键字声明该全局变量,语法为"extern 类型说明符 变量名;"。全局变量的声明表明在函数内要使用某全局变量,因此声明时不能进行赋初值等操作。在程序开始运行时为全局变量分配存储空间,在程序结束时释放全局变量占用的存储空间。当需要函数返回多个值时,除了函数体中的 return 语句返回其中一个之外,其他的返回值可以通过定义全局变量来处理。因为根据全局变量的特点,在被调用函数中改变了多个全局变量的值,相当于其主调函数全局变量的值也发生了变化,也就相当于返回了多个值。

局部变量也称为内部变量,是在函数内定义的变量,其作用域仅限于函数内(从该变量被定义开始到函数末尾结束),一个函数中定义的局部变量不能被其他函数使用。函数内定

义的变量、函数的形参变量都属于局部变量。注意,在复合语句(由花括号括起来)内定义的局部变量,其作用域仅限于该复合语句块内。局部变量仅在其作用域内可见,在作用域外不能被访问。局部变量的存储空间在每次函数调用时分配(存在于该函数的栈帧),在函数返回时释放。

如果函数内定义的局部变量与全局变量重名,则函数在使用该变量时,会用到同名的局部变量,而不会用到全局变量,也就是会用局部变量覆盖全局变量,只有局部变量起效果。

### 3.1.7 变量的存储类别及生存期

变量的数据类型说明它占用多大的内存空间以及可以对其进行什么样的操作。除了数据类型,变量还有一个属性,称为存储类别。存储类别决定变量的作用域和生存期。存储类别是指变量占用内存空间的方式,也称为存储方式。存储类别分为两种,即静态存储和动态存储。

(1) 静态存储变量通常是在变量定义时就分配好存储单元并一直保持不变,直至整个程序结束。全局变量即属于此类存储方式。

(2) 动态存储变量是在程序执行过程中,定义它时才分配存储单元,使用完毕立即释放。比如函数的形参,在函数定义时并不给形参分配存储单元,只是在函数被调用时才予以分配,调用函数完毕立即释放。如果一个函数被多次调用,则反复地分配、释放形参的存储单元。

生存期表示变量存在的时间,是程序运行过程中变量从创建到销毁的一段时间,生存期的长短取决于变量的存储类别,也就是它所在的内存区域。因此,知道了变量的存储类别,就可以知道变量的生存期。静态存储变量是一直存在的,而动态存储变量则因程序执行需要而时而存在、时而消失。生存期和作用域是从时间和空间这两个不同的角度来描述变量的特性的,两者既有联系,又有区别。

如图 3-1 所示,在进程地址空间中,常量区(代码段)、数据区和栈区可用来存放变量的值。

(1) 常量区和数据区的内存在程序启动时就已经由操作系统分配好,占用的空间固定,程序运行期间内不再改变,程序运行结束后才由操作系统释放。它可以存放全局变量、静态变量、一般常量和字符串常量。

(2) 栈区的存储单元在程序运行期间内由系统根据需要来分配,占用的空间实时改变,使用完毕后立即释放,不必等到程序运行结束。它可以存放局部变量、函数参数等。

C 语言有 4 个关键字用来控制变量在内存中的存放区域,即 auto(自动变量)、static(静态变量)、register(寄存器变量)、extern(外部变量)。自动变量和寄存器变量属于动态存储方式,外部变量和静态变量属于静态存储方式。

auto:自动变量的作用域仅限于定义该变量的函数或复合语句内。自动变量属于动态存储方式,只有在定义该变量的函数被调用时才给它分配存储单元,开始它的生存期。函数调用结束时则释放存储单元,结束生存期。因此函数调用结束后,自动变量的值不能保留。在复合语句中定义的自动变量,在退出复合语句后也不能再使用,否则将引起错误。由于自动变量的作用域和生存期都局限于定义它的函数或复合语句内,因此不同的作用域中允许使用同名的变量而不会混淆,在函数内定义的自动变量可与该函数内复合语句中定义的自动变量重名。定义自动变量时如果没有赋初值,则其值是一个随机数。因为所有的局部变量都默认是 auto,所以 auto 很少用到。也就是说,定义变量时加不加 auto 都一样,所以一般把它省略,不必多此一举。例如,"int n＝1;"与"auto int n＝1;"的效果完全一样。

static:static 声明的变量称为静态变量,静态变量属于静态存储方式,不管它是全局的还是局部的,都存储在静态数据区(全局变量本来就存储在静态数据区,即使不加 static)。自动变量属于动态存储方式,但是可以用 static 定义它为静态自动变量(静态局部变量),从而属于静态存储方式。

(1) 静态局部变量在函数或复合语句内定义,在作用域结束时并不消失,它的生存期为整个源程序,其作用域仍与自动变量相同,即只能在定义该变量的函数或复合语句内使用该变量。退出该函数或复合语句后,尽管该变量还继续存在,但不能使用它。

(2) 在全局变量(外部变量)的说明之前冠以 static 就构成了静态全局变量(静态外部变量)。全局变量和非静态全局变量在存储方式上相同,都属于静态存储方式,区别在于作用域不同,一个源程序由多个源文件构成时,全局变量的作用域是整个源程序,而静态全局变量只在定义该变量的源文件内有效,在其他源文件中不能使用它。由于静态全局变量的作用域局限于一个源文件内,因此可以避免和其他源文件中的同名变量冲突。静态数据区的数据在程序启动时就会初始化,直到程序运行结束;对于函数或复合语句内的静态局部变量,即使代码块执行结束,也不会销毁。注意:静态数据区的变量只能初始化(定义)一次,以后不能再被初始化而只能改变它的值,示例如表 3-6 所示。add 函数中定义了一个静态局部变量 sum,它存储在静态数据区(静态数据区的变量若不赋初值,则默认初值为 0),add 函数执行结束时也不会销毁,下次调用时继续有效。静态数据区的变量只能初始化一次,第一次调用 add 函数时已经对 sum 进行了初始化,所以再次调用时就不会初始化了,也就是说再次调用 add 函数时"static int sum＝0;"语句无效。静态局部变量虽然存储在静态数据区内,但是它的作用域仅限于定义它的代码块,add 函数中的 sum 在函数外无效,与 main 函数中的 sum 不冲突,除了变量名一样,没有任何关系。

视频 3-6
静态变量
和 extern

表 3-6　静态变量和 extern 示例

| 静态变量示例代码 | 运行结果 | extern 示例:1.c | extern 示例:2.c |
|---|---|---|---|
| 1: #include<stdio.h><br>2: void add(int n){<br>3:　 static int sum=10;<br>　　　//静态自动变量<br>4:　 sum+=n;<br>5:　 printf("add.sum=%<br>d\n",sum);<br>6: }<br>7:　 int main(){<br>8:　 int sum=0, i;<br>　　　//自动变量<br>9:　 for(i=1;i<=3;i++)<br>　　　add(i);<br>10:　 printf("main.sum=<br>%d\n",sum);<br>11:　 return 0;<br>12: } | [root@ztg ~]# ./a.out<br>add.sum=11<br>add.sum=13<br>add.sum=16<br>main.sum=0 | 1: #include<stdio.<br>h><br>2: extern void fun();<br>3: extern int x;<br>4: extern int s;<br>5: int y;<br>6: int main(){<br>7:　 printf("s=%d\<br>n",s);<br>8:　 printf(" x=%d<br>in 2.c\n",x);<br>9:　 fun();<br>10: }<br>11: int s=3; | 1: #include<stdio.h><br>2: int x=5; extern<br>　　int s, y;<br>3: void fun(){<br>4:　 printf("s=%d in<br>1.c\n",s);<br>5:　 printf("y=%d in<br>1.c\n",y);<br>6: }<br><br>运行结果如下:<br>1 [root@ztg ~]# gcc 1.c 2.c<br>2 [root@ztg ~]# ./a.out<br>3 s=3<br>4 x=5 in 2.c<br>5 s=3 in 1.c<br>6 y=0 in 1.c |

register：register 是寄存器变量的说明符，寄存器变量存放在 CPU 的寄存器中，使用时，不需要访问内存，而直接从寄存器中读写，这样可提高效率。一般情况下，变量的值是存储在内存中的，CPU 每次使用数据时都要从内存中读取。如果有一些变量使用得非常频繁，从内存中读取就会消耗很多时间，如 for 循环语句"for(int i=0；i<1000；i++){}"，CPU 为了获得 i，会读取 1000 次内存。为了解决这个问题，可以将使用频繁的变量放在 CPU 的通用寄存器中，这样使用该变量时就不必访问内存，直接从寄存器中读取，大大提高程序的运行效率。不过寄存器的数量是有限的，通常是把使用得最频繁的变量定义为 register 的。寄存器的长度一般和机器的字长一致，只有较短的类型（如 int、char、short 等）才适合定义为寄存器变量，如 double 等较大的类型，不推荐将其定义为寄存器类型。注意，为寄存器变量分配寄存器是动态完成的，属于动态存储方式，只有局部自动变量和形参才能定义为寄存器变量，局部静态变量不能定义为寄存器变量。另外，CPU 的寄存器数目有限，即使定义了寄存器变量，编译器可能并不真正为其分配寄存器，而是将其当作普通的 auto 变量，为其分配栈内存。当然，有些优秀的编译器能自动识别使用频繁的变量，如循环控制变量等，在有可用的寄存器时，即使没有使用 register 关键字，也自动为其分配寄存器，无须由程序员来指定。

extern：外部变量的类型说明符是 extern。当一个源程序由若干个源文件构成时，在一个源文件中定义的全局变量（外部变量）可以在所有源文件中访问，不过需要使用 extern 关键字对该变量进行声明。示例如表 3-6 所示。

变量说明的完整形式为"存储类别说明符 数据类型说明符 变量名，变量名，…；"，如"static int a，b，c[5]；""auto double d1，d2；""extern float x，y；""char c1，c2；"。C 语言规定，函数内未加存储类别说明的变量均视为自动变量，也就是说自动变量可省去存储类别说明符 auto。

## 3.1.8　内部函数和外部函数

函数一旦定义后就可被其他函数调用，C 语言把函数分为内部函数和外部函数。

（1）内部函数。当一个源程序由多个源文件构成时，如果在一个源文件 A 中定义的函数只能被源文件 A 中的函数调用，而不能被同一源程序其他文件中的函数调用，这种函数称为内部函数。定义内部函数的一般形式是"static 类型说明符 函数名（形参列表）{}"。内部函数也称为静态函数，此处 static 的含义不是指存储方式，而是指对函数的调用范围只局限于本文件内。因此在不同的源文件中定义同名的静态函数不会引起冲突。

（2）外部函数。外部函数在整个源程序中都有效，其定义的一般形式是"extern 类型说明符 函数名（形参列表）{}"。在函数定义中如果没有说明 extern 或 static，则隐含为 extern。在一个源文件的函数中调用其他源文件中定义的外部函数时，应该使用 extern 对被调函数进行声明，声明的一般形式是"extern 类型说明符 函数名（形参列表）；"。示例如表 3-6 所示。

## 3.2 预处理

### 3.2.1 预处理的步骤

编译预处理是指在对 C 源程序正式编译之前所做的文本替换之类的工作,它由 C 预处理器负责完成。C 语言对一个源文件进行编译时,系统将自动调用预处理器对源程序中的预处理指令进行处理,预处理结束后自动调用编译器对源程序进行编译(词法扫描和语法解析)。

预处理的具体步骤如下。

**1. 把三联符替换成相应的单字符**

三联符(trigraph)是以??开头的三个字符,预处理器会将这些三联符替换成相应的单字符,替换规则为:??＝替换为♯,??/替换为\,??'替换为^,??(替换为[,??)替换为],??!替换为|,??＜替换为{,??＞替换为},??－替换为～。

**2. 将多个物理行替换成一个逻辑行**

把用\字符续行的多行代码接成一行。这种续行的写法要求\后面紧跟换行符(回车),中间不能有其他空白字符。

**3. 将注释替换为空格**

不管是单行注释还是多行注释都替换成一个空格。前 3 步的示例如表 3-7 所示。

表 3-7　三联符、换行符和注释的示例

| 示例代码,源代码文件 1.c | 运 行 结 果 |
|---|---|
| 1: ??=include<stdio.h><br>2: int main()??<<br>3:   printf("??=??/??/ ??' ??( ??) ??! ??<??>??-\n");<br>4:   printf("hello w\<br>5:    orld!\n");<br>6:   printf("hello w\<br>7:   orld!\n");<br>8:   int/＊单行注释＊/x=5; printf("x=%d\n",x);<br>9:   printf("%s %d %s\n", __FILE__, __LINE__, __func__);<br>10: ??> | 1 [root@ztg ~]# gcc 1.c -trigraphs<br>2 [root@ztg ~]# ./a.out<br>3# \ ^ [ ] \| { } ~<br>4hello w    orld!<br>5hello world!<br>6 x=5<br>7 1.c 9 main |

**4. 将逻辑行划分成预处理标记(token)和空白字符**

经过上面两步处理之后,去掉了一些换行,剩下的代码行称为逻辑代码行。预处理器把逻辑代码行划分成预处理标记和空白字符,这时的标记包括标识符、整数常量、浮点数常量、字符常量、字符串、运算符和其他符号。

**5. include 预处理和宏展开**

在标记中识别预处理标记,如果遇到♯include 标记,则把相应的源文件包含进来,并对源文件做以上 1～4 步的预处理。如果遇到宏定义则做宏展开。

**6. 将转义序列替换**

找出字符常量或字符串中的转义序列,用相应字节替换它,如把\n 替换为字节 0x0a。

71

**7. 连接字符串**

把相邻的字符串连接起来。

**8. 丢弃空白字符**

经过以上处理之后，把空白字符（包括空格、换行、水平 Tab、垂直 Tab、分页符）丢弃，把标记交给 C 编译器做语法解析，这时就不再是预处理标记，而是 C 标记。

## 3.2.2　宏定义和内联函数

用一个标识符来表示一个字符串称为宏定义，标识符称为宏名。宏名遵循标识符的命名规则，习惯上全为大写（也允许用小写字母），便于与变量区别。在编译预处理时，用宏定义中的字符串替换程序中所有出现的宏名，这个过程称为宏替换或宏展开。宏定义时要用宏定义指令 define，无参宏定义的语法如下：

```
#define 宏名 宏体字符串
```

示例如下：

```
#define PI 3.1415926
```

PI 为宏名，3.1415926 为宏体字符串。宏名也叫符号常量，可以像变量一样在代码中使用。♯开头表示这是一条预处理指令，预处理器指令从♯开始运行，到后面的第一个换行符为止，也就是说指令的长度仅限于一行（逻辑行）。宏体字符串是宏名所要替换的一串字符，字符串不需要用双引号括起来，如果用双引号括起来，那么双引号也是宏体的一部分，从而将被一起替换。宏体字符串可以是任意形式的单行连续字符序列，中间可以有空格和制表符 Tab。宏定义必须写在函数之外，其作用域为从宏定义指令开始到源文件结束。如果要终止其作用域，可使用 undef 指令，语法为♯undef 宏名，如♯undef PI。

C 标准规定了几个特殊的宏，在不同地方使用可以自动展开成不同的值，常用的有 __FILE__ 和 __LINE__。__FILE__ 展开为当前源文件的文件名，是一个字符串，__LINE__ 展开为当前代码行的行号，是一个整数。这两个宏不是用 define 指令定义的，它们是编译器内建的特殊宏。在打印调试信息时除了文件名和行号之外还可以打印当前函数名，C99 引入一个特殊的标识符 __func__ 支持这一功能。标识符 __func__ 不属于预处理的范畴，但是它的作用和 __FILE__、__LINE__ 类似，示例如表 3-7 所示。

宏定义包含无参宏定义和带参宏定义，无参宏定义也称为宏变量定义或变量式宏定义，带参宏定义也称为宏函数定义或函数式宏定义。带参宏定义的语法如下：

```
#define 宏名(形参列表) 宏体字符串
```

宏名和形参列表之间不能有空格，示例如下：

```
#define MAX(x,y) x>y?x:y
```

带参宏调用的语法如下：

```
宏名(实参列表)
```

示例如下:

```
max=MAX(a,b);
```

在宏调用时,用实参 a 和 b 分别替换形参 x 和 y,经预处理宏展开为

```
max=a>b?a:b;
```

函数式宏定义和真正的函数调用的不同之处如下。

（1）宏函数定义中的形参是标识符,没有类型,宏函数调用中的实参可以是表达式,在宏函数调用时只是进行符号替换,不存在值传递的问题,不为形参分配内存单元,不做参数类型检查,所以宏函数调用传参时要格外小心。真正函数的形参和实参是两个不同的量,各有各的作用域,调用时要把实参值赋给形参,并且进行参数类型检查。

（2）调用真正函数的代码和调用函数式宏定义的代码编译生成的指令不同。真正函数的函数体要编译生成机器指令,而函数式宏定义本身不必编译生成机器指令,宏函数调用替换为宏函数体。

（3）定义宏函数时最好将宏函数体中的每个形参都用括号括起来,比如:

```
#define MAX(a, b)  ((a)>(b)?(a):(b))
```

如果省去内层括号,则为

```
#define MAX(a, b)  (a>b?a:b)
```

对 MAX(x||y, i&&j)进行宏展开为(x||y>i&&j? x||y:i&&j),可见运算的优先级发生了错乱。

尽管函数式宏定义和真正的函数相比有很多缺点,但只要小心使用还是会显著提高代码的执行效率,毕竟省去了分配和释放栈帧、传参等一系列工作,因此那些简短并且被频繁调用的函数经常用函数式宏定义来代替实现。为了避免函数调用带来的开销,C99 还提供另外一种方法,即内联函数(inline function)。

C99 引入了一个新关键字 inline,用于定义内联函数。内联函数会在它被调用的位置上展开,也就是说内联函数的函数体代码会替换内联函数调用表达式,因此系统在调用内联函数时,无须再为被调函数分配和释放栈帧,少了普通函数的调用开销,程序执行效率会得到一定的提升,所以内联函数的调用不同于普通函数的调用。C 语言标准规定内联函数的定义与调用该函数的代码必须在同一个文件中。因此,通常同时使用函数说明符 inline 和存储类别说明符 static 定义内联函数,例如:

```
static inline int max(int a, int b){
  return a>b?a:b;
}
```

这种用法在 Linux 内核源代码中很常见。虽然内联函数可以避免函数调用带来的开销，但是要付出一定的代价。普通函数只需要编译出一份二进制代码就可以被其他函数调用，而内联函数是将自身代码展开到被调用处，会使整个程序代码变长，占用更多的内存空间。采用内联函数实质是以空间换时间。因此，建议把那些对时间要求比较高、代码长度比较短的函数定义为内联函数。

### 3.2.3　条件编译

按不同的条件去编译程序的不同部分，从而产生不同的目标代码文件，这称为条件编译。条件编译有三种形式，如表 3-8 所示。♯if 后面跟的是整型常量表达式，而 ♯ifdef 和 ♯ifndef 后面跟的只能是一个宏名。

表 3-8　条件编译的三种形式

| 第一种形式 | 第二种形式 | 第三种形式 |
| --- | --- | --- |
| #ifdef 标识符 1<br>　程序段 1<br>#elif 标识符 2<br>　程序段 2<br>#else<br>　程序段 3<br>#endif | #ifndef 标识符<br>　程序段 1<br>#else<br>　程序段 2<br>#endif | #if 条件表达式 1<br>　程序段 1<br>#elif 条件表达式 2<br>　程序段 2<br>#else<br>　程序段 3<br>#endif |
| 功能：若标识符 1 被 define 指令定义过，则对程序段 1 进行编译；若标识符 2 被 define 指令定义过，则对程序段 2 进行编译；否则对程序段 3 进行编译 | 功能：若标识符未被 define 指令定义过，则对程序段 1 进行编译；否则对程序段 2 进行编译 | 功能：若条件表达式 1 的值为真（非 0），则对程序段 1 进行编译；若条件表达式 2 的值为真，则对程序段 2 进行编译；否则对程序段 3 进行编译 |

条件编译主要应用于程序的移植和调试。条件预处理指令用于源代码配置管理的示例代码如表 3-9 所示。假设这段程序是为多平台编写的，在 x86 平台上需要定义 x 为 short 型，在 x64 平台上需要定义 x 为 long 型，在 51 单片机（x51）上需要定义 x 为 char 型，可以用条件预处理指示来写。在预处理这段代码时，满足不同的编译条件时，包含不同的代码段。

### 3.2.4　文件包含

头文件是扩展名为.h 的文件，建议把所有的常量、宏定义、全局变量和函数原型声明写在头文件中，可被多个源文件（.c 文件）引用。在源文件中使用头文件，需要用 C 预处理指令 include 来引用它。一条 include 指令只能包含一个头文件，若要包含多个头文件，则需用多条 include 指令。引用头文件相当于复制头文件的内容，也就是将头文件的内容替换 include 指令行，从而把头文件和当前源文件连接成一个源文件。由于头文件有两种（程序员编写的头文件、编译器自带的头文件），所以文件包含指令有两种形式：

表 3-9　条件编译的两种形式

| 第 1 种形式 | 运 行 结 果 | 第 2 种形式 | 运 行 结 果 |
|---|---|---|---|
| ```#include <stdio.h> #ifdef x86 short x; #elif x64 long x; #elif x51 char x; #else #error ERROR #endif int main(){ int s= sizeof(x); printf("%d\n",s); }``` | ```1 [root@ztg ~]# gcc -Dx86 1.c 2 [root@ztg ~]# ./a.out 3 2 4 [root@ztg ~]# gcc -Dx64 1.c 5 [root@ztg ~]# ./a.out 6 8 7 [root@ztg ~]# gcc -Dx51 1.c 8 [root@ztg ~]# ./a.out 9 1 10 [root@ztg ~]#``` | ```#include<stdio.h> #if ARCH==8086 short x; #elif ARCH==8664 long x; #elif ARCH==8051 char x; #else #error ERROR #endif int main(){ int s=sizeof (x); printf("%d\n", s); }``` | ```1 [root@ztg ~]# gcc -DARCH=8086 1.c 2 [root@ztg ~]# ./a.out 3 2 4 [root@ztg ~]# gcc -DARCH=8664 1.c 5 [root@ztg ~]# ./a.out 6 8 7 [root@ztg ~]# gcc -DARCH=8051 1.c 8 [root@ztg ~]# ./a.out 9 1``` |

```
#include <头文件名>
#include "头文件名"
```

使用尖括号和双引号的区别在于头文件的搜索路径不同,一般情况下,使用尖括号主要包含的是编译器自带的头文件,在文件包含目录中查找,而不在源文件目录中查找;使用双引号主要包含的是程序员编写的头文件,首先在当前的源文件目录中查找,如果没有找到,再到文件包含目录中查找。文件包含目录是由程序员在设置编译器环境时设置的。也就是说,使用双引号比使用尖括号多了一个查找路径,它的功能更为强大。前面示例中一直使用尖括号来引用标准头文件,其实也可以使用双引号,例如:

```
#include "stdio.h"
```

stdio.h 是标准头文件,存放于系统路径(文件包含目录)下,所以使用尖括号和双引号都能成功引用。自己编写的头文件一般存放于当前项目路径中,因此不能使用尖括号,只能使用双引号。不过如果把当前项目所在路径添加到系统路径中(可以使用 gcc 的-I 选项添加),这样也可以使用尖括号了,但是不建议这么做。建议读者使用尖括号引用标准头文件,使用双引号引用自定义头文件,这样可以提高代码的可读性,很容易判断是哪类头文件。

如果一个头文件被引用多次,编译器会对该头文件处理多次,这将产生错误。为了防止这种情况,标准的做法是把文件的整个内容放在条件编译语句中,语法及示例如表 3-10 所示。ifndef 指令后面的宏名的命名方法是将头文件名中的字母都改成大写,将".."修改为"_",这种命名方法可以尽可能避免一个项目中的宏名冲突问题。

**表 3-10 防止头文件被引用多次的语法及示例**

| 条件编译语句 | 示例（头文件为 headerfile.h） |
|---|---|
| #ifndef HEADER_FILE<br>#define HEADER_FILE<br>the entire header file<br>#endif | #ifndef HEADERFILE_H<br>#define HEADERFILE_H<br>int fun(void);<br>#endif |

# 3.3　指针

指针是 C 语言中非常重要的组成部分，使用指针编程便于表示各种数据结构，提高程序的编写质量、编译效率和执行速度。通过指针可使主调函数和被调函数之间共享变量或数据结构，并且可以实现动态内存分配。

## 3.3.1　指针的基本运算

### 1. 指针和指针变量

在计算机中，所有要被 CPU 处理的数据都需要存放在内部存储器（内存）中。一般把内存中的 1 字节称为一个内存单元，为了正确访问这些内存单元，必须为每个内存单元进行编号。内存单元的编号也叫地址。根据内存单元的编号或地址就可以准确找到所需的内存单元。通常把这个地址称为指针。通俗地讲，指针就是地址，地址就是指针。对于一个内存单元来说，单元的地址即为指针，其中存放的数据才是该单元的内容。

存放指针的变量称为指针变量。一个指针变量的值就是某个内存单元的地址或称为某个内存单元的指针。严格地说，一个地址值是一个常量。一个指针变量却可以被赋予不同的地址值，是变量。指针的值是一个地址。

### 2. 指针变量的定义

在 C 语言中，指针是有类型的，在定义指针变量时指定指针类型。同一种数据类型往往占有一组连续的内存单元，例如一个 double 型的指针，它的值是一个内存单元的地址，这个地址值其实是一个 double 型数据的首地址，这个数据实际占据 8 字节的内存单元。也就是说，根据指针的值可以找到它所指向数据的首地址，根据指针类型，可以知道它所指向的数据占用多少个内存单元。指针变量的定义形式如下：

```
类型说明符 *变量名;
```

示例如下：

```
int *p;
```

它表示 p 是一个指针变量，它的值是某个整型变量的地址。或者说 p 指向一个整型变量。至于 p 究竟指向哪一个整型变量，应由向 p 赋予的地址来决定。"float *f;"表示 f 是指向单精度浮点变量的指针变量；"char *c;"表示 c 是指向字符变量的指针变量。一个指针应尽量始终指向同一类型的变量。

在同一个语句中定义多个指针变量,每个变量都要有 * 号。示例如下:

```
int * pa, * pb;
```

定义指针的 * 号前后空格都可以省略,写成"int * p, * q;"也算对,但 * 号通常和类型 int 之间留有空格而和变量名写在一起。

在栈上分配的变量的初始值是不确定的,也就是说指针 p 所指向的内存地址是不确定的,后面用 * p 访问不确定的地址就会导致不确定的后果,如果导致段错误还比较容易改正,如果意外改写了数据而导致在随后的运行中出错,就很难找到错误原因了。像这种指向不确定地址的指针称为野指针,为避免出现野指针,在定义指针变量时就应该给它赋予明确的初值,或者把它初始化为 NULL,如"int * p = NULL;",此时如果" * p = 0;",程序运行时会出现错误。NULL 在 C 标准库的头文件 stddef.h 中定义:

```
#define NULL ((void *)0)
```

此时把地址 0 转换成指针类型,称为空指针,它的特殊之处在于,操作系统不会把任何数据保存在地址 0 及其附近,也不会把地址 0~0xfff 的页面映射到物理内存中,所以任何对地址 0 的访问都会立刻导致段错误。" * p = 0;"会导致段错误,相比之下,野指针的错误很难被发现和排除。

**3. 指针变量的赋值**

C 语言提供了两个指针运算符,即取地址运算符 & 和取内容运算符 *。取地址运算符 & 取变量的地址,取内容运算符 * 用来取出指针变量所指向的变量(存储单元)的值。

指针变量的赋值包括以下几种情况。

(1) 把变量地址赋予指针变量,示例如下:

```
int a, * pi, * p=&a; pi=&a;
```

在定义指针变量 p 时赋初值,使用赋值语句为指针变量 pi 单独赋值。

(2) 同类型指针变量相互赋值,示例如下:

```
int a, * pi, * p=&a; pi=p;
```

(3) 把数组、字符串的首地址赋予指针变量,示例如下:

```
int a[5], * pa=a; char * pc="abc";
```

(4) 把函数入口地址赋予指针变量。

把一个数值赋予指针变量是危险的,示例如下:

```
int * p;
p=1000;          //危险
```

取内容运算符 * 之后跟的变量必须是指针类型,示例如下:

```
int a, b=5, * p=&b;
a= * p;
```

指针变量赋值示例如下：

```
char c, * pc =&c;
int i, * pi =&i;
```

变量的内存布局以及它们之间的关系如图 3-3 所示。如图 3-3(a)所示，&i 表示取变量 i 的地址，"int * pi = &i;"表示定义一个指向 int 型的指针变量 pi，并用 i 的地址来初始化 pi。还定义了一个字符型变量 c 和一个指向 c 的字符型指针 pc，注意 pi 和 pc 虽然是不同类型指针变量，但它们都占 8 个内存单元，因为是在 64 位平台上，要保存 64 位的虚拟地址。

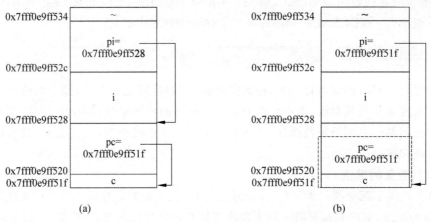

图 3-3　变量的内存布局以及它们之间的关系

指针之间可以相互赋值，也可以用一个指针初始化另一个指针，如"int * pti = pi;"或 "int * pti ; pti = pi;"表示 pi 和 ptri 指向同一个变量。用一个指针给另一个指针赋值时要注意，两个指针必须是同一类型的。pi 是 int * 型的指针，pc 是 char * 型的指针，像"pi = pc;"这样赋值就是错误的。但是可以先强制类型转换然后赋值，即"pi = (int *)pc;"，把 char * 指针的值赋给 int * 指针。指针变量赋值示例如下：

```
char c, * pc =&c;         //正确
int i, * pi =(int *)&c; //错误
```

如图 3-3(b)所示，此时 pi 指向的地址和 pc 一样，都是 0x7fff0e9ff51f。通过 * pc 只能访问到 1 字节，而通过 * pi 可以访问到 4 字节，后 3 字节已经不属于变量 c 了。pi 指向的从 0x7fff0e9ff51f 开始的 4 字节的数如果不是一个有意义的数，则肯定是个错误的数。pi 指向的是从 0x7fff0e9ff51f 开始的 4 字节的整数，肯定是个错误的数。

因此使用指针时要特别小心，很容易将指针指向错误的地址，访问这样的地址可能导致段错误，可能读到无意义的值，也可能意外改写了某些数据，使得程序在随后的运行中出错。

注意：为了描述方便，图 3-3 没有考虑字节对齐的情况。

如果要改变 pi 所指向的整型变量的值，如把变量 i 的值增加 5，可以写成" * pi = * pi +

5;",这里的 ＊ 号是指针间接寻址运算符, ＊ pi 表示取指针 pi 所指向的变量的值,指针有时称为变量的引用。

& 运算符的操作数必须是左值,因为只有左值才表示一个内存单元,才会有地址,运算结果是指针类型。 ＊ 运算符的操作数必须是指针类型,运算结果可以作左值。所以,如果表达式 E 可以作左值,则 ＊&E 和 E 等价;如果表达式 E 是指针类型,则 & ＊E 和 E 等价。

**4. 指针变量的加减运算**

对指向数组、字符串的指针变量可以进行加减运算。指向同一数组的两个指针变量可以相减。对指向其他类型的指针变量作加减运算是无意义的。

若 pa 是指针变量,n 是整数,则指针变量与整数的加减运算 pa＋n、pa－n、pa++、++pa、pa－－、－－pa 等运算都是合法的。指针变量加或减一个整数 n 的意义是把指针指向的当前位置(通常指向某数组元素)向前或向后移动 n 个位置(以指针指向的数据类型大小为一个单位)。注意,数组指针变量向前或向后移动一个位置和地址值加 1 或减 1 在概念上是不同的,因为数组可以有不同的类型,各种类型的数组元素所占的字节长度是不同的。示例如下:

```
int a[5], * pa;
pa=a;            // pa 为数组 a 的首地址,也就是指向 a[0]
pa=pa+2;         // pa 指向 a[2],即 pa 的值为 &a[2]
pa--;            // pa 指向 a[1],即 pa=&a[1]
```

两个指针相减所得之差是两个指针所指向的数组元素下标的差,也就是两个元素相差的元素个数,只有指向同一个数组中元素的指针之间相减才有意义。两个指针变量的减法运算没有意义。

**5. 指针变量的关系运算**

指针之间的比较运算比的是地址值,两个指针变量只有指向同一数组的元素时才能进行比较或相减运算,否则运算无意义。指向同一数组的两个指针变量可以进行关系运算(＞、＞＝、＜、＜＝、＝＝、! ＝)。假设 pa1 和 pa2 两个指针变量指向同一数组中的元素,pa1＝＝pa2 表示 pa1 和 pa2 指向同一数组元素;pa1＞pa2 表示 pa1 变量的值(地址值)大于 pa2 的值,也就是 pa1 指向数组元素的下标值大于 pa2 指向数组元素的下标值;pa1＜pa2 的含义和 pa1＞pa2 相反。

指针可与 0 比较,p＝＝0 表示 p 为空指针,不指向任何变量。

**6. 通用指针**

void ＊ 类型指针称为通用指针或万能指针。可以将通用指针转换为任意其他类型的指针,任意其他类型的指针也可以转换为通用指针,void ＊ 指针与其他类型的指针之间可以隐式转换,而不必用强制类型转换运算符。注意,只能定义 void ＊ 指针,而不能定义 void 型的变量,因为 void ＊ 指针和别的指针一样都占 8 字节(在 64 位平台上占 8 字节,在 32 位平台上占 4 字节)。如果定义 void 型变量(也就是类型暂时不确定的变量),编译器不知道该分配几字节给变量。void ＊ 指针常用于函数接口。

**7. 指针类型的参数**

再看表 3-2 中采用地址传递的 swap 函数。调用函数的传参过程相当于定义并用实参初始化形参，swap(&a,&b)这个调用相当于：

```
int * pa =&a;
int * pb =&b;
```

所以 pa 和 pb 分别指向 main 函数的局部变量 a 和 b，在 swap 函数中读写 * pa 和 * pb 就是读写 main 函数的 a 和 b。在 swap 函数的作用域中访问不到 a 和 b 这两个变量名，都是通过地址访问它们，最终 swap 函数交换了 a 和 b 的值。

### 3.3.2　指针与数组

数组是内存中的一组连续地址空间，其首地址是数组名。数组名作为数组的首地址，是一个常量指针。指向数组的指针变量称为数组指针变量。指向一维数组的指针变量称为一维数组指针变量。指向二维数组的指针变量称为二维数组指针变量。

**1. 一维数组**

一维数组指针变量加 1 表示让指针指向后一个数组元素，对该指针变量不断加 1 就能访问到该数组的所有元素。示例如下：

```
int a[6]={0,1,2,3,4,5}, * p=a;
```

此时指针 p 指向 a[0]。一维数组名和一维数组指针的用法如图 3-4 所示。图 3-4 中说明了地址之间的关系（a[1]位于 a[0]之后 4 字节处）以及指针与变量之间的关系（指针保存的是变量的地址）。可以让指针 p 直接指向某个数组元素，如"p=&a[3];"或可以写成"p=a+3;"。由于数组名 a 是常量指针，因此改变其值（如 a++、++a）是错误的。在取数组元素时用数组名和用指针的语法一样，但如果把数组名作左值使用，和指针就有区别了。例如，pa++是合法的，但 a++是不合法的，pa=a+1 是合法的，但 a=pa+1 是不合法的。一维数组元素及其地址的表示方法可以有多种方式，如表 3-11 所示。

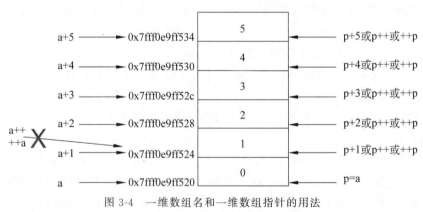

图 3-4　一维数组名和一维数组指针的用法

示例如下：

```
int a[6], * p=&a[0];
p++;
```

表 3-11　一维数组元素及其地址的表示方法

| 值 | 各种等价的表示方法 | | | | | |
|---|---|---|---|---|---|---|
| a[0]的地址 | a | a+0 | p | p+0 | &a[0] | &p[0] |
| a[0]的值 | *a | *(a+0) | *p | *(p+0) | a[0] | p[0] |
| a[i]的地址 | | a+i | | p+i | &a[i] | &p[i] |
| a[i]的值 | | *(a+i) | | *(p+i) | a[i] | p[i] |

　　首先指针 p 指向 a[0]的地址,由于后缀运算符[ ]的优先级高于取地址运算符 &,所以是取 a[0]的地址,而不是取 a 的地址。然后 p++让 p 指向下一个元素(也就是 a[1]),由于 p 是 int * 指针,一个 int 型元素占 4 字节,所以 p++使 p 所指向的地址加 4,不是加 1。既然指针可以用++运算符,当然也可以用+、−运算符,p+2 这个表达式也是有意义的。如图 3-4 所示,p 指向 a[0],则 p+2 指向 a[2]。*(p+2)也可写成 p[2],p 就像数组名一样,a[2]之所以能取数组的第 2 个元素,是因为它等价于 *(a+2),a[2]和 p[2]本质上是一样的,都是通过指针间接寻址访问数组元素。由于 a 作右值使用时和 &a[0]是一个意思,所以"int * p=&a[0];"通常写成更简洁的形式"int * p=a;"。

　　在函数原型中,如果参数是数组,则等价于参数是指针的形式,如 void func(int a[10]){ }等价于 void func(int * a){ }。第一种形式的方括号中的数字可以不写,如 void func(int a[ ]){ }。参数写成指针形式还是数组形式对编译器来说没有区别,都表示这个参数是指针。之所以规定两种形式是为了给读代码的人提供有用的信息,如果这个参数指向一个元素,通常写成指针的形式;如果这个参数指向一串元素中的首元素,则写成数组的形式。

### 2. 二维数组

　　二维数组可以看作由若干个一维数组组成的数组,示例如下:

```
int a[3][3]={{0,1,2}, {3,4,5}, {6,7,8}};
int (*pp)[3]=a;
```

　　该数组是由三个一维数组构成的,它们是 a[0]、a[1]和 a[2]。把 a[0]看作一个整体,它是一个一维数组的名字,也就是这个一维数组的首地址,这个一维数组有 3 个元素,它们是 a[0][0]、a[0][1]、a[0][2]。可以把二维数组看作一个一维数组,其中每个元素又是一个一维数组。既然可以将数组 a 看作一个一维数组,那么 a[0]就是其第 0 个元素(也就是第 0 行的首地址),a[1]就是其第 1 个元素(也就是第 1 行的首地址),a[2]就是其第 2 个元素(也就是第 2 行的首地址)。

　　可以定义指向"一个变量"的指针,如"int * p= *a;",也可以定义一个指向"一行变量(一维数组)"的指针变量,其语法为"类型说明符 ( * 指针变量名)[一行元素的长度];",类型说明符为所指数组的基本数据类型。* 表示其后的变量是指针类型。例如,"int ( * pp)[3]=a;"定义了一个指针变量 pp,其指向固定有 3 个元素的一维数组。"int ( * pp)[3]=&a[0];"等价于"int ( * pp)[3]=a;"。此时执行 pp++操作后,pp 指向二维数组 a 的下一行的首地址,即 pp 的实际地址值增加 12 字节。

　　二维数组名和二维数组指针的用法如图 3-5 所示。图 3-5 中说明了地址之间的关系以及指针与变量之间的关系。

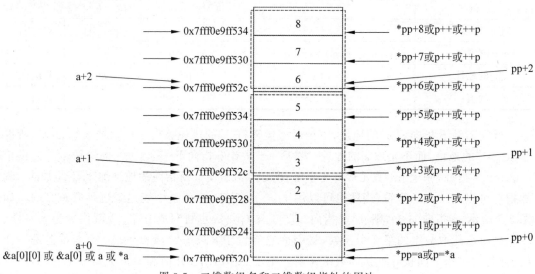

图 3-5  二维数组名和二维数组指针的用法

把二维数组 a 看作一维数组后，其元素 a[0]的大小就是原二维数组一行所包含元素的个数。所以，第 0 行的首地址是＆a[0]，也可以写成 a+0（也就是 a[0][0]的地址）。同理，第一行的首地址是＆a[1]，也可以写成 a+1（也就是 a[1][0]的地址）。既然数组 a[0]是一个一维数组，那么 a[0][0]就是其第 0 个元素（也就是二维数组的第 0 行第 0 列），a[0][1]就是其第 1 个元素（也就是二维数组的第 0 行第 1 列），a[0][2]就是其第 2 个元素（也就是二维数组的第 0 行第 2 列）。

a[0]是一个一维数组，那么 a[0]本身就是这个数组的首地址。根据一维数组元素地址的表示方法，a[0]+0 就是 a[0][0]的地址，a[0]+1 就是 a[0][1]的地址，a[0]+2 就是 a[0][2]的地址。＊(a[0]+0)等价于 a[0][0]，＊(a[0]+1)等价于 a[0][1]，以此类推，＊(a[i]+j)就是 a[i][j]，而 a[i]和＊(a+i)是等价的，＊(a+i)+j 就是 a[i][j]的地址，＊(＊(a+i)+j)就是 a[i][j]。二维数组元素及其地址的表示方法可以有多种方式，如表 3-12 所示。

表 3-12  二维数组元素及其地址的表示方法

| 值 | 各种等价的表示方法 | | |
|---|---|---|---|
| 数组的首地址<br>第 0 行 a[0]的首地址<br>a[0][0]的地址 | a | a+0 | ＊(a+0)+0 |
| 第 i 行 a[i]的首地址 | | a+i | ＊(a+i)+0 |
| ＆a[i][j] | | | ＊(a+i)+j |
| a[i][j] | | | ＊(＊(a+i)+j) |

### 3.3.3  指针与 const 限定符

指针和 const 限定符结合的常见情况有以下几种，如表 3-13 所示。

表 3-13　指针和 const 限定符结合的常见情况

| 代　　码 | 说　　明 |
|---|---|
| "const int ＊ p;" 或 "int const ＊ p;" | 这两种写法是一样的, p 是一个指向 const int 型的指针, p 所指向的内存单元不可改写, 所以 ( ＊ p) ＋＋ 是不被允许的, 但 p 可以改写, 所以 p＋＋ 是被允许的 |
| int ＊ const p; | p 是一个指向 int 型的 const 指针, ＊ p 是可以改写的, 但 p 不允许改写 |
| int const ＊ const p; | p 是一个指向 const int 型的 const 指针, 因此 ＊ p 和 p 都不允许改写 |

　　指向非 const 变量的指针或非 const 变量的地址可以传给指向 const 变量的指针, 编译器可以做隐式类型转换, 示例如下:

```
char c='a';
const char ＊ pc=&c;
```

　　但是指向 const 变量的指针或 const 变量的地址不可以传给指向非 const 变量的指针, 以免通过后者意外改写前者所指向的内存单元。如下示例编译时编译器会发出警告。

```
const char c='a';
char ＊ pc=&c;
```

　　即使不用 const 限定符也能写出功能正确的程序, 但是应该尽可能多地使用 const。比如一个函数的参数是 const char ＊, 在调用该函数时就可以放心地传给它 char ＊ 或 const char ＊ 指针, 不必担心指针所指的内存单元是否被改写。使用 const 限定符把不变的量声明成只读, 这样可以依靠编译器检查程序中的 Bug, 防止意外改写数据。"const int ＊ p;" 等价于 "int const ＊ p;", const 的使用示例如表 3-14 所示。字符串字面值通常存放在代码段中的只读数据区(见图 3-1)。源文件 1.c 中的第 5 行, 在程序运行时会出现段错误。字符串字面值类似于数组名, 作右值使用时自动转换成指向首元素的指针, 这种指针应该是 const char ＊ 型。printf 函数原型的第一个参数是 const char ＊ 型, 可以把 char ＊ 或 const char ＊ 指针传给它。

视频 3-7
const 的
使用

表 3-14　const 的使用示例

| const 的使用示例 | 源文件 1.c | 运 行 结 果 |
|---|---|---|
| 1: const char ＊ p = "abcd"; | 1: #include <stdio.h> | [root@ztg ～]#gcc 1.c<br>　　　　　//使用第 3 行, 注释第 4 行 |
| 2: const char str1[5]= "abcd"; | 2: int main(void) {<br>3:　　char ＊ pc = "abc"; | [root@ztg ～]#./a.out<br>段错误 |
| 3: char str2[5] = "abcd"; | 4:　　//const char *pc = "abc"; | [root@ztg ～]#gcc 1.c<br>　　　　　//注释第 3 行, 使用第 4 行 |
| 4: printf(p); | 5:　　＊ pc='A'; | 1.c: In function 'main': |
| 5: printf(str1); | 6:　　return 0; | 1.c: 5:6: error: assignment of read-only location '＊ pc' |
| 6: printf(str2); | 7: } | 　　5 ｜　＊ pc='A'; |
| 7: printf("abcd"); | | 　　　 ｜　　 ^ |

### 3.3.4　指针与字符串

声明字符串的方式有三种，即字符串常量（字符串字面量）、字符数组和字符指针。字符串常量是用双引号引起来的字符序列，常用来进行初始化。字符串常量可以看作一个无名字符数组，字符串常量本身就是一个地址。字符串常量实质就是一段内存，用首地址来标识数组的起始地址。给字符指针变量赋予字符串常量的首地址，使用字符指针可以简化字符串的处理。既然字符串常量是一个无名数组，那么也可以把指向字符串常量的指针当作字符数组来操作。指向字符串的指针实际上也是指向一维字符数组的指针。指向字符串的指针与指向字符的指针都是字符型指针。示例如下：

```
char c, * pc=&c;              // pc 是一个指向字符变量 c 的字符指针
char * ps="hello world";      // ps 为指向字符串的字符指针,将字符串常量的首地址赋给 ps
char arr[15], * pa=arr;       // pa 为指向字符数组的指针,将数组的首地址赋给 pa
```

### 3.3.5　指针函数与函数指针

返回值是指针的函数称为指针型函数，简称指针函数，定义形式如下：

```
类型说明符 * 函数名(形参列表){}
```

例如，"int * fun(int x,int y){}"中的 fun 是一个返回值为整型指针的指针函数。

一个函数的代码在代码段中占用一段连续的内存空间，函数名是该函数所占内存区域的首地址。将函数的首地址（入口地址）赋予一个指针变量，使该指针变量指向该函数。然后通过指针变量就可以找到并调用这个函数。指向函数的指针变量称为函数指针变量，简称函数指针，定义形式如下：

```
类型说明符 (* 指针变量名) (形参列表);
```

类型说明符表示被指函数的返回值的类型。例如，"int ( * pf)(int x);"中的 pf 是一个指向函数的指针变量，被指向函数的函数原型为"int fun(int x);"。通过函数指针调用函数的一般形式为"( * 指针变量名)(实参列表)"或"指针变量名(实参列表)"，如"( * pf)(5)"或"pf(5)"。函数指针示例如表 3-15 所示。

一定要注意指针函数与函数指针是两个不同的概念。例如，"int ( * p)(int);"和"int * p(int);"完全不同："int ( * p)(int);"是变量声明，p 是一个函数指针；"int * p(int);"是函数声明，p 是一个指针函数。

下面分析语句"int * ( * ( * a)())[5];"。读者初次看到此类语句时可能会很费解，如何分析呢？先找出标识符，为 a，由于 a 和 * 被圆括号括在一起，因此 a 是一个指针变量。那么 a 指向谁呢？把"int * ( * ( * a)())[5];"简化为"int * ( * b())[5];"，b 的左边是 * ，b 的右边是()，标识符 b 右边圆括号的优先级高于标识符 b 左边的 * 号，因此 b 先和圆括号结合为 b()，说明 b 是一个函数，b 左边的 * 说明 b 是一个指针函数，函数 b 的返回值是指针类型，那么该指针指向什么类型的变量呢？把"int * ( * b())[5];"简化为"int * c[5];"，c 的左

表 3-15　函数指针示例

视频 3-8
函数指针

| 示 例 代 码 | 运 行 结 果 | 说　　明 |
|---|---|---|
| 1: #include <stdio.h><br>2: void fun(const char * s){<br>3:　printf("Hello %s\n", s);<br>4: }<br>5: int main(void){<br>6:　void ( * pf) (const char<br>　　*);<br>7:　pf=fun; //pf=&fun;<br>8:　fun("world !");<br>9:　pf("world");<br>10:　( * pf) ("world again");<br>11: } | 1 [root@ztg ~]# gcc 1.c<br>2 [root@ztg ~]# ./a.out<br>3 Hello world !<br>4 Hello world<br>5 Hello world again | 变量 pf 首先跟 * 号结合,因此是一个指针。( * pf)外面是一个函数原型的格式,参数是 const char *,返回值是 void,所以 pf 是指向这种函数的指针,fun 正好是这种函数,因此 pf 可以指向 fun。fun 是一种函数类型,作右值时自动转换成函数指针类型,所以可以赋值给 pf。也可写成"pf = &fun;",先取函数 fun 的地址再赋值给 pf,此时就不需要进行自动类型转换了。可以直接通过函数名调用函数,如 fun("..."),也可以通过函数指针调用函数,如 pf("..."),还可以用( * pf)("...")进行函数调用,( * pf)相当于函数名 |

边是 * ,c 的右边是[],c 右边的方括号优先级高于 c 左边的 * 号,因此 c 先和方括号结合为 c[5],说明 c 是一个包含 5 个元素的数组,每个数组元素的类型都是整型指针(int * )。综上所述,a 是一个指向指针函数的函数指针,指针函数返回的指针值指向一个包含 5 个元素的整型指针数组,数组元素指向整型变量。

## 3.3.6　再讲回调函数

视频 3-9
再讲回调
函数

　　之前例子中的参数类型都是由实现者(函数设计者)规定的。本例中回调函数的参数类型都是由调用者规定的,对于实现者来说就是一个 void * 指针,实现者只负责将这个指针转交给回调函数,而不关心它到底指向哪种类型的数据。由于调用者知道自己传的参数是哪种类型,因此在自己提供的回调函数中就将参数进行相应的类型转换。回调函数的一个典型应用就是实现泛型算法,示例代码如下,运行结果如图 3-6 所示。

```
[root@ztg ~]# ./a.out
dmax 22, cmax x
li 90
zh 70
```

图 3-6　运行结果

```
1: #include <stdio.h>
2: #include <string.h>
3: typedef int ( * cmp_t)(void *, void *);
4: typedef struct{
5:   const char * name; int sc;
6: } stu_t;
7: void * max(void * data[], int num, cmp_t cmp){
8:   int i; void * temp=data[0];
9:   for(i=1; i<num; i++)
10:     if(cmp(temp, data[i])<0) temp=data[i];
11:   return temp;
```

```
12: }
13: int cmp_score(void * a, void *b){
14:   if(((stu_t *)a)->sc > ((stu_t *)b)->sc)
15:     return 1;
16:   else if(((stu_t *)a)->sc==((stu_t *)b)->sc)
17:     return 0;
18:   else return -1;
19: }
20: int cmp_name(void * a, void * b){
21:   return strcmp(((stu_t *)a)->name,
22:                                         ((stu_t *)b)->name);
23: }
24: int cmp_int(void * a, void * b){
25:   if(*(int *)a > *(int *)b) return 1;
26:   else if(*(int *)a == *(int *)b) return 0;
27:   else return -1;
28: }
29: int cmp_char(void * a, void * b){
30:   return *(char *)a - *(char *)b;
31: }
32: int main(void){
33:   int d[5]={2,8,12,22,5};
34:   char c[3]={'e','x','X'};
35:   int * pd[5]={&d[0],&d[1],&d[2],&d[3],&d[4]};
36:   char * pc[3]={&c[0],&c[1],&c[2]};
37:   int * pdmax=max((void * *)pd, 5, cmp_int);
38:   char * pcmax=max((void * *)pc, 3, cmp_char);
39:   printf("dmax %d, cmax %c\n", * pdmax, * pcmax);
40:   stu_t s[3]={{"zh",70},{"li",90},{"wa",80}};
41:   stu_t * ps[3]={&s[0], &s[1], &s[2]};
42:   stu_t * pmaxS=max((void * *)ps, 3, cmp_score);
43:   printf("%s %d\n", pmaxS->name, pmaxS->sc);
44:   stu_t * pmaxN=max((void * *)ps, 3, cmp_name);
45:   printf("%s %d\n", pmaxN->name, pmaxN->sc);
46: }
```

　　max 函数可以在任意一组数据中找出最大值，这组数据可以是 int 型、char 型或结构体，但实现者并不知道怎样去比较两个对象的大小，调用者需要提供一个做比较操作的回调函数（cmp_score、cmp_name、cmp_int、cmp_char），max 函数实现该功能的关键在于传给 max 的是由指向数据的指针所构成的数组，而不是由数据本身所构成的数组，这样 max 不必关心数据到底是什么类型，只需转给比较函数 cmp。cmp 是函数指针，指向调用者提供的回调函数，调用者知道数据是什么类型以及如何进行比较，因此在回调函数中进行相应的类型转换和比较操作。

　　以上举例的回调函数是被同步调用的，调用者调用 max 函数，max 函数则调用 cmp 函数，相当于调用者间接调了自己提供的回调函数。在实际系统中，异步调用也是回调函数的一种典型用法，调用者首先将回调函数传给实现者，实现者记住这个函数，这称为注册一个回调函数，然后当某个事件发生时实现者再调用先前注册的函数。

## 3.3.7　可变参数

前面的示例中多次调用 printf 函数,读者会发现传的实参个数可以不同,这是因为 C 语言规定了一种特殊的参数列表格式,用命令 man 3 printf 查看 printf 函数原型如下:

```
int printf(const char * format, ...);
```

第一个参数是 const char * 类型,后面的"..."代表 0 个或任意多个参数,这些参数的类型也是不确定的,这称为可变参数。具有可变参数的函数称为可变参数函数,这种函数需要固定数量的强制参数,后面是数量可变的可变参数。可变参数函数必须至少有一个强制参数,可变参数的数量和类型由强制参数的值决定,或由用来定义可变参数列表的特殊值决定,可变参数的类型可以变化。printf 和 scanf 函数都有一个强制参数,即格式化字符串,其中的转换修饰符(占位符)决定了可变参数的数量和类型。形参列表的格式是强制性参数在前,后面跟着一个逗号和一个省略号,这个省略号代表可变参数。

可变参数函数要获取可变参数时,必须通过一个类型为 va_list 的形参,它包含了参数信息。这种类型的形参也称为参数指针,它包含了栈中至少一个参数的位置。可以使用这个参数指针从一个可变参数移动到下一个可变参数,由此,函数就可以获取所有的可变参数。当编写可变参数函数时,必须用 va_list 类型定义参数,以获取可变参数。可以用 4 个宏(va_start、va_arg、va_end、va_copy)来处理 va_list 类型的参数,va_list 类型和这些宏都定义在头文件 stdarg.h 中。用命令 man stdarg 查看宏函数原型如下:

```
void va_start(va_list ap, last);
type va_arg(va_list ap, type);
void va_end(va_list ap);
void va_copy(va_list dest, va_list src);
```

va_start 宏使用第一个可变参数的位置来初始化 ap 参数指针,之后 ap 会被 va_arg 和 va_end 使用。第二个参数必须是主调函数最后一个有名称参数的名称,必须先调用该宏,才可以开始使用可变参数。

va_arg 宏用于获取可变参数的每一个参数,第一次调用 va_arg 后获得可变参数的第一个参数,第二次调用 va_arg 后获得可变参数的第二个参数,以此类推。第二个参数 type 是所获得参数的类型。

当不再需要使用参数指针 ap 时,必须调用宏 va_end 清理 ap 的值,该宏与 va_start 成对使用。

va_copy 宏使用参数指针 src 值来初始化参数指针 dest,然后就可以使用 dest 获取可变参数列表。示例代码 1 和示例代码 2 如下所示。

示例代码 1:

视频 3-10
可变参数

```
1: #include <stdio.h>
2: #include <stdarg.h>
3: void fun(char * fmt, ...){
4:   va_list ap;
```

```
 5:   int d; char c, * s;
 6:   va_start(ap, fmt);
 7:   while( * fmt)
 8:     switch( * fmt++){
 9:     case 's':
10:       s =va_arg(ap, char * );
11:       printf("string %s\n", s);
12:       break;
13:     case 'd':
14:       d =va_arg(ap, int);
15:       printf("int %d\n", d);
16:       break;
17:     case 'c':
18:       c =(char) va_arg(ap, int);
19:       printf("char %c\n", c);
20:       break;
21:     }
22:   va_end(ap);
23: }
24: int main(void){
25:   fun("%s %s %c %d %c",
26:       "hello","world",'a',5,'b');
27: }
```

示例代码 2：

```
 1: #include <stdio.h>
 2: #include <stdarg.h>
 3: int sum(int num,...){
 4:   va_list ap; va_start(ap,num); int sum=0;
 5:   for(int i=0; i<num; i++){
 6:     int arg=va_arg(ap,int);
 7:     printf("%d arg: %d\n",i,arg);
 8:     sum +=arg;
 9:   }
10:   printf("sum: %d\n",sum);
11:   va_end(ap); return sum;
12: }
13: void printstr(int begin, ...){
14:   va_list ap; va_start(ap, begin);
15:   char * p=va_arg(ap, char * );
16:   while(p !=NULL)
17:     {printf("%s\n",p);p=va_arg(ap, char * );}
18:   va_end(ap);
19: }
20: int main(){
21:   printf("calling sum(3,1,2,3) \n");
22:   sum(3,1,2,3);
```

```
23:    printf("calling sum(4,1,2,3,4,5)\n");
24:    sum(4,1,2,3,4,5);
25:    printf("calling printstr()\n");
26:    printstr(0,"hello","c","world",NULL);
27: }
```

示例代码 1 用可变参数实现了一个类似 printf 函数功能的简单自定义函数 fun。

示例代码 2 中,函数 sum 计算可变参数之和,第一个强制参数指定了可变参数的数量,可变参数为 int 类型,函数 sum 中的 for 循环次数由第一个参数控制,for 循环体中通过 va_arg 读取每个可变参数值,并且累加到 sum 中。

示例代码 2 中,函数 printstr 输出若干个字符串,第一个强制参数只是用于定位,具体的值是 0 是 2 都可以,因为 va_start 宏要从参数列表中最后一个有名字参数的地址开始找可变参数的位置,可变参数为 char ∗ 类型,函数 printstr 中的 while 循环次数由 printstr 函数被调用时给的最后一个实参(NULL)控制,因此参数列表必须以 NULL 结尾,while 循环体中通过 va_arg 读取每个字符串并且输出。

示例代码 1 的运行结果如图 3-7 所示。示例代码 2 的运行结果如图 3-8 所示。

```
1 [root@ztg ~]# ./a.out
2 string hello
3 string world
4 char a
5 int 5
6 char b
```

图 3-7　示例代码 1 的运行结果

```
1 [root@ztg ~]# ./a.out      9 1 arg: 2
2 calling sum(3,1,2,3)      10 2 arg: 3
3 0 arg: 1                  11 3 arg: 4
4 1 arg: 2                  12 sum: 10
5 2 arg: 3                  13 calling printstr()
6 sum: 6                    14 hello
7 calling sum(4,1,2,3,4,5)  15 c
8 0 arg: 1                  16 world
```

图 3-8　示例代码 2 的运行结果

## 3.3.8　二级指针与多级指针

一级指针变量存放的是普通变量的地址,二级指针变量或多级指针变量存放的是指针变量的地址。二级指针变量简称二级指针,其定义的一般形式如下:

```
类型说明符 ∗ ∗ 指针变量名;
```

多级指针的定义形式和二级指针类似,只是星号的个数不同,三级指针变量的定义需要 3 个星号,以此类推。二级指针变量存放的是一级指针变量的地址值,三级指针变量存放的是二级指针变量的地址值,以此类推。多级指针示例代码及运行结果如表 3-16 所示。表达式 ∗ pi、∗ ∗ ppi 和 ∗ ∗ ∗ pppi 都取 i 的值。i、pi、ppi、pppi 这 4 个变量之间的关系以及它们在内存中的示意图如图 3-9 所示。

图 3-9　i、pi、ppi、pppi 变量之间的关系以及它们在内存中的示意图

表 3-16　多级指针示例代码及运行结果

| 示 例 代 码 | 运 行 结 果 |
|---|---|
| ```<br>1: #include <stdio.h><br>2: int main(void){<br>3:    int i=5, * pi=&i, * * ppi=&pi, * * * pppi=<br>       &ppi;<br>4:    printf("i=%d * pi=%d * * ppi=%d * * * pppi=<br>       %d\n",<br>5:    i, * pi, * * ppi, * * * pppi);<br>6:    printf("&i=%p\tpi=%p\n", &i, pi);<br>7:    printf("&pi=%p\tppi=%p\n", &pi, ppi);<br>8:    printf("&ppi=%p\tpppi=%p\n", &ppi, pppi);<br>9:    printf(" * ppi=%p\t * pppi=%p\n", * ppi, *<br>       pppi);<br>10: }<br>``` | ```<br>[root@ztg ~]# ./a.out<br>i=5 *pi=5 **ppi=5 ***pppi=5<br>&i=0x7ffe52a454fc    pi=0x7ffe52a454fc<br>&pi=0x7ffe52a45500   ppi=0x7ffe52a45500<br>&ppi=0x7ffe52a45508  pppi=0x7ffe52a45508<br>*ppi=0x7ffe52a454fc  *pppi=0x7ffe52a45500<br>``` |

### 3.3.9　指针数组和数组指针

如果一个数组的所有元素都为指针变量，那么这个数组就是指针数组。指针数组定义的一般形式如下：

> 类型说明符 * 数组名[数组长度];

类型说明符指明数组元素（指针）所指向变量的类型，指针数组的所有元素都必须是指向相同数据类型的指针。例如，"int * pa[5];"中的 pa 是一个指针数组，有 5 个数组元素，每个元素都是一个指向整型变量的指针。[]的优先级高于 * ，pa 先和[]结合，表示 pa 是一个数组，数组元素都是 int * 型。

指向二维数组中某一行的指针变量称为数组指针，数组指针变量是单个的变量，其定义的一般形式如下：

> 类型说明符 ( * 数组名)[数组长度];

其中圆括号不可少。示例如下：

> int ( * p)[5];

p 是一个指向二维数组中某一行的指针变量，该二维数组的列数为 5。p 先和 * 结合则表示 p 是一个指针，p 指向形为 int a[5]的一维数组。示例如下：

> int a[5];
> int ( * pa)[5]=&a;

a 是一维数组，将数组 a 的首地址（&a）赋给指针 pa。注意，&a[0]和 &a 得到的地址值虽然相同，但它们的类型不同，前者类型是 int * ，后者类型是 int ( * )[5]，&a[0]表示数组

a 的首元素的地址,&a 表示数组 a 的首地址。 * pa 表示 pa 所指向的数组 a,所以( * pa)
[0]表示取数组的 a[0]元素。 * pa 可写成 pa[0],( * pa)[0]也可写成 pa[0][0],所以 pa 可
以看作一个二维数组名。示例如下:

```
int a[3][5];
int ( * pa)[5]=&a[0];
```

也可写为

```
int a[3][5];
int ( * pa)[5]=a;
```

pa[0]和 a[0]都表示二维数组的第 0 行。可以把 pa 当作二维数组名来使用,pa[2][3]
和 a[2][3]表示同一个数组元素,由于数组名不支持赋值、自增、自减等运算,而指针变量支
持,因此 pa 比 a 用起来更灵活,pa++使 pa 指向二维数组的第 1 行,以此类推。注意,pa++
后 pa 的值增加 20(二维数组每行有 5 个元素,每个元素都是 int 型)。

指针数组可用来指向一个二维数组,指针数组中的每个元素被赋予二维数组每一行的
首地址,示例如下:

```
int a[3][4], ( * p)[4]=a;
```

p 指向二维数组 a 的第 0 行,p++后 p 指向二维数组 a 的第 1 行,以此类推。指针数组
也常用来表示一组字符串,这时指针数组的每个元素被赋予一个字符串的首地址,示例
如下:

```
char * str[]={"one","two","three"};
```

str[0]即指向字符串"one",str[2]指向字符串"three"。
指针数组作函数参数时,本质上是个二级指针。main 函数原型如下:

```
int main(int argc, char * argv[]);
```

argv 表面上是一个字符指针数组,本质上是一个字符型二级指针,等价于 char * *
argv。之所以写成 char * argv[]而不是 char * * argv,主要是起到提示作用,argv 指向一
个指针数组,数组中每个元素都指向字符串 char * 指针。

## 3.3.10　动态内存管理

全局变量和静态局部变量被分配在内存中的静态存储区(数据段),非静态局部变量被
分配在动态存储区(栈区)。C 语言允许程序运行过程中临时申请一块内存区域,使用后可
随时释放。这些可随时申请、释放的存储区域称为堆区。C 语言为动态内存管理提供了
malloc、free、calloc、realloc、reallocarray 5 个函数。这些函数的原型如下:

91

```
void * malloc(size_t size);
void free(void * ptr);
void * calloc(size_t nmemb, size_t size);
void * realloc(void * ptr, size_t size);
void * reallocarray(void * ptr, size_t nmemb, size_t size);
```

**1. malloc 函数**

malloc 函数在堆区分配一块长度为 size 字节的连续内存空间，这块内存空间在函数执行完成后不会被初始化，它们的值是未知的。如果分配成功，则返回被分配内存块的起始地址；如果分配失败（可能因为系统内存耗尽），则返回空指针 NULL。由于 malloc 函数不知道用户用这块内存存放什么类型的数据，所以返回通用指针 void *（空类型的指针），在赋值时对其进行自动或强制类型转换。不再使用内存时，应使用 free 函数将内存块释放。

**2. free 函数**

free 函数释放 ptr 所指向的动态分配的内存空间，不返回任何值。

**3. calloc 函数**

calloc 函数在堆区分配一块长度为 nmemb * size 字节的连续内存空间，并将每字节都初始化为 0。如果分配成功则返回被分配内存块的首地址指针，否则返回空指针 NULL。该函数返回的是一个空类型的指针，在赋值时应该先进行类型转换。不再使用内存时，应使用 free 函数将内存块释放。

**4. realloc 函数**

realloc 函数用于给指针变量 ptr 所指向的动态空间重新分配长度为 size 字节的连续内存空间，从起始地址到分配前后空间大小的最小值之间的内容将保持不变。如果就地扩展分配，则返回的指针可能与 ptr 相同，如果分配已移动到新地址，则返回的指针与 ptr 不同。如果分配成功，则返回被分配内存块的首地址指针；否则返回空指针，并且原始块保持不变。

**5. reallocarray 函数**

reallocarray 函数会对 ptr 指向的内存块进行扩容（扩容期间可能会涉及内存块的移动），以确保有足够大的空间容纳下 nmemb 个元素（每个元素大小为 size）的数组，相当于 realloc(ptr, nmemb * size)。reallocarray 与 realloc 的区别在于，当出现乘法溢出时，前者返回 NULL 而不会触发异常，将 errno 设置为 ENOMEM，并保留原始内存块不变，而后者则可能导致程序的非正常退出。注意：void * 类型表示未确定类型的指针，可以通过类型转换强制转换为任何其他类型的指针。

二级指针和动态内存分配的示例代码及运行结果如表 3-17 所示。

**注意**：malloc 和 free 一定要配对使用。对于长年累月运行的服务程序，在循环或递归中调用 malloc，必须与 free 成对使用，否则循环或递归中分配内存而不释放，将会慢慢耗尽系统内存，这称为内存泄漏。

视频 3-12
二级指针
和动态内
存分配

表 3-17　二级指针和动态内存分配的示例代码及运行结果

| 示 例 代 码 | 运行结果及代码说明 |
|---|---|
| ```
 1: #include <stdio.h>
 2: #include <stdlib.h>
 3: #include <string.h>
 4: void alloc_str(char * * pp,int n,char * s){
 5:    char * p=malloc(n); if (p==NULL) exit(1);
 6:    strcpy(p,s); * pp=p;
 7: }
 8: void free_str(char * p){free(p);}
 9: int main(void){
10:    char * p=NULL;
11:    alloc_str(&p, sizeof("hello world"), "hello world");
12:    printf("string: %s\n", p); free_str(p); p=NULL;
13: }
``` | [root@ztg ~]# ./a.out<br>string: hello world<br><br>通过二级指针参数实现一个动态内存分配的函数 alloc_str,另外再实现一个释放内存的函数 free_str。free(p)之后,虽然 p 将所指内存空间归还给了系统,但 p 值没变并且成为野指针,为避免出现野指针,在 free(p)之后执行 p=NULL。alloc_str 函数的形参 pp 如果是一级字符指针(char * pp),那么可以实现分配内存的操作吗? |

# 3.4　结构体、共用体和枚举

## 3.4.1　结构体

　　前面介绍的数组是一组具有相同类型的数据的集合。但在实际的编程中,还需要一组类型不同的数据。例如,在学生信息登记表中,学号为整数,姓名为字符串,年龄为整数,成绩为小数,因为数据类型不同,显然不能用数组来存放。在 C 语言中,可以使用结构体来存放一组不同类型的数据。结构体也是一种数据类型,它由程序员自己定义,可以包含多个其他类型的数据。结构体称为复杂数据类型或构造数据类型。结构体的定义形式如下:

```
struct 结构体名{
    成员列表
};
```

　　成员列表由若干个成员组成,每个成员都是该结构的一个组成部分,结构体成员的定义方式与变量和数组的定义方式相同,只是不能初始化。右边大括号后面的分号不能少,这是一条完整的语句。结构体也是一种自定义类型,可以通过它来定义变量。可以先定义结构体再定义变量,也可以在定义结构体的同时定义变量,如果不再定义新的变量,也可以将结构体名字省略,这样做书写简单,但是因为没有结构体名,后面就没法用该结构体定义新的变量。定义结构体类型及其变量的示例如表 3-18 所示。

表 3-18　定义结构体类型及其变量的示例

| 先定义结构体再创建变量 | 在定义结构体的同时定义变量 | 省略结构体名字 | 说　　明 |
|---|---|---|---|
| ```
struct stu{
  int num;
  char * name;
  int age;
  float score;
};
struct stu stu1, stu2;
``` | ```
struct stu{
  int num;
  char * name;
  int age;
  float score;
} stu1, stu2;
``` | ```
struct {
  int num;
  char * name;
  int age;
  float score;
} stu1, stu2;
``` | stu 为结构体名,定义了两个变量 stu1 和 stu2,它们都是 stu 类型,都由 4 个成员组成。注意,关键字 struct 不能少 |

结构体和数组类似，也是一组数据的集合。数组使用下标[ ]访问单个元素，结构体使用点号.访问单个成员的一般形式为"结构体变量名.成员名"。指向结构体变量的指针变量称为结构体指针变量。结构体指针变量中的值是所指向的结构体变量的首地址。通过结构体指针即可访问该结构体变量的各个成员。结构体指针变量定义的一般形式如下：

```
struct 结构名 * 结构体指针变量名;
```

通过结构体指针访问结构体变量中成员的一般形式如下：

```
(*结构体指针变量).成员名
```

或

```
结构体指针变量->成员名
```

结构体示例和运行结果及说明如表 3-19 所示。

视频 3-13
结构体

表 3-19 结构体示例和运行结果及说明

| 示 例 代 码 | 运行结果及说明 |
| --- | --- |
| 1: #include <stdio.h><br>2: int main(){<br>3:   struct birthday{int year,month,day; };<br>4:   struct stu{<br>5:     int num; char * name; float score;<br>6:     struct birthday b;<br>7:   } s1={1,"ztg",99,{2000,2,20}};<br>8:   printf("学号:%d 姓名:%s 生日:%d-%d-%d 成绩:%.1f\n",<br>9:     s1.num, s1.name, s1.b.year, s1.b.month,<br>10:    s1.b.day, s1.score);<br>11:   struct stu *ps=&s1, s[3]={<br>12:     {8,"tong",100,{2001,2,16}},<br>13:     {9,"guang",98,{2002,12,11}}};<br>14:   ps->num=2, ps->name="zhang", ps->score=100;<br>15:   printf("学号:%d 姓名:%s 生日:%d-%d-%d 成绩:%.1f\n",<br>16:     ps->num, ps->name, ps->b.year, ps->b.month,<br>17:     (*ps).b.day, (*ps).score);<br>18:   printf("学号:%d 姓名:%s 生日:%d-%d-%d 成绩:%.1f\n",<br>19:     s[1].num, s[1].name, s[1].b.year, s[1].b.month,<br>20:     s[1].b.day, s[1].score);<br>21:   s[2]=s1;<br>22:   printf("学号:%d 姓名:%s 生日:%d-%d-%d 成绩:%.1f\n",<br>23:     s[2].num, s[2].name, s[2].b.year, s[2].b.month,<br>24:     s[2].b.day, s[2].score);<br>25: } | 1 [root@ztg ~]# ./a.out<br>2 学号:1 姓名:ztg 生日:2000-2-20 成绩:99.0<br>3 学号:2 姓名:zhang 生日:2000-2-20 成绩:100.0<br>4 学号:9 姓名:guang 生日:2002-12-11 成绩:98.0<br>5 学号:2 姓名:zhang 生日:2000-2-20 成绩:100.0<br><br>结构体变量可以在定义时初始化，如 s1。结构体也是一种递归定义，结构体的成员具有某种数据类型，而结构体本身也是一种数据类型。结构体可以嵌套定义，一个结构体（struct stu）的成员又可以是一个结构体（struct birthday），即嵌套结构体，可以逐级访问内层结构体变量中的成员（s1.b.year）。通过结构体指针 ps 访问结构体成员的方法为(*ps).num，使用 —> 运算符更方便，即 ps—>num。定义结构体数组 s[3]，每个数组元素都是 struct stu 类型，也可以对结构体数组作初始化赋值。既可以在定义时整体赋值，也可以对成员逐一赋值。用一个结构体变量初始化另一个结构体变量是允许的，结构体变量之间可以相互赋值和初始化，结构体可以当作函数的参数和返回值类型 |

## 3.4.2  位域

有些数据在存储时并不需要占用完整的 1 字节，只需要占用一位或几位二进制位即可。

94

例如,存放一个开关量时,用 1 位二进位即可表示 0 和 1 两种状态。为了节省存储空间,并使处理简便,C 语言提供了一种叫作位域或位段的数据结构。在结构体定义时,可以指定某个位域变量所占用的二进制位数,这就是位域。位域定义包含在结构体定义中,其形式如下:

```
struct 位域结构体名{
    成员列表
    位域列表
};
```

其中位域列表的形式如下:

```
类型 [位域名称]:位宽;
```

C 语言最初标准规定,只有 3 种类型(int、signed int、unsigned int)可以用于位域,C99 支持 _Bool。另外,编译器在具体实现时都进行了扩展,额外支持 char、signed char、unsigned char 以及 enum 类型,类型决定了如何解释位域的值;位域名称就是位域变量的名称;位宽是指位域中位的数量,位宽必须小于或等于指定类型的位宽度。定义位域结构体类型及其变量的示例如表 3-20 所示。

表 3-20　定义位域结构体类型及变量示例

| 定义位域结构体类型及变量 | 说　明 |
| --- | --- |
| 1: typedef unsigned int uint;<br>2: typedef unsigned char uchar;<br>3: struct bs{<br>4:　uint m, n;<br>5:　uchar bit0:1, bit1:1, bit2:1,<br>6:　　bit3:1, bit4:1, bit5:1,<br>7:　　bit6:1, bit7:1;<br>8:　uchar : 2;<br>9:　uchar ch: 6;<br>10:} b1, b2;<br>11: struct bs b3, b4; | bs 为位域结构体名,m、n 为普通成员变量;其他变量为位域成员,冒号":"后面的数字用来限定位域成员变量占用的位数。当相邻成员的类型相同时,若它们的位宽之和小于类型的位宽,则后面的成员紧邻前一个成员存储,直到不能容纳为止;若它们的位宽之和大于类型的位宽,则后面的成员将从新的存储单元开始存储,其偏移量为类型大小的整数倍。sizeof(struct bs) 的值为 12。当相邻成员的类型不同时,不同的编译器有不同的实现方案。位域成员可以没有名称,如"uchar : 2;"只给出数据类型和位宽,无名位域一般用来作填充或调整成员位置,因没有名称,所以无名位域不能使用 |

## 3.4.3　共用体

结构体是一种构造类型或复杂类型,它可以包含多个类型不同的成员。在 C 语言中,还有另外一种和结构体非常类似的语法,叫作共用体。共用体是一种特殊的数据类型,允许在相同的内存位置存储不同类型的数据。定义共用体类型(及变量)的一般形式如下:

```
union [共用体名]{
    成员列表;
}[变量列表];
```

定义共用体的关键字是 union,共用体有时也称为联合或联合体,这也是 union 这个单词的本意。共用体也是一种自定义类型,可以通过它来创建变量。可以先定义共用体再创建变量，也可以在定义共用体的同时创建变量，如果不再定义新的变量，也可以将共用体名字省略，示例如表 3-21 所示。

表 3-21　定义共用体类型及变量示例

| 先定义共用体<br>再创建变量 | 在定义共用体<br>的同时创建变量 | 省略共用体名字 | 说　　明 |
|---|---|---|---|
| union data{<br>　int i;<br>　char c;<br>};<br>union data u1, u2={.c=<br>'a'}; | union data{<br>　int i;<br>　char c;<br>} u1 = {.c = 'a', .i =<br>1}, u2; | union{<br>　int i;<br>　char c;<br>} u1, u2={.i=1}; | 共用体中，成员 i 占用 4 字节，成员 c 占用 1 字节，所以 data 类型的变量（u1、u2）占用 4 字节的内存 |

结构体和共用体的区别在于：结构体的各个成员会占用不同的内存，互相之间没有影响，结构体占用的内存大于或等于所有成员占用的内存的总和（成员之间可能会存在缝隙）；共用体的所有成员占用同一段内存，共用体占用的内存等于最长的成员占用的内存，修改一个成员会影响其余所有成员，共用体使用了内存覆盖技术，同一时刻只能保存一个成员的值，如果对新的成员赋值，就会把原来成员的值覆盖掉。共用体示例如表 3-22 所示。

视频 3-14
共用体

表 3-22　共用体示例

| 示 例 代 码 | 运行结果及说明 |
|---|---|
| 1: #include <stdio.h><br>2: union data{<br>3:　　int i;<br>4:　　char c;<br>5: } u;<br>6: struct test{<br>7:　　int i;<br>8:　　char c[2];<br>9: };<br>10: int main(void){<br>11:　　printf("union:%ld  struct:%ld\n",<br>12:　　　sizeof(union data),sizeof(struct test));<br>13:　　u.i=1;<br>14:　　if(u.c) printf("u.c=%d, 小端模式\n",u.c);<br>15: } | 1 [root@ztg ~]# ./a.out<br>2 union:4　struct:8<br>3 u.c=1, 小端模式<br><br>共用体占 4 字节的内存好理解，结构体占 8 字节而非 6 字节的内存，这是因为各种类型的数据按照 4 字节对齐规则在存储空间上排列，而非按顺序地一个接一个排放。<br>使用共用体可以判断 CPU 的大小端模式。本例的输出结果表示本机是小端模式。<br>大端模式：字数据的高字节存储在低地址中，而字数据的低字节则存放在高地址中。<br>小端模式：字数据的高字节存储在高地址中，而字数据的低字节则存放在低地址中。<br>51 单片机是大端模式，一般处理器都是小端模式 |

### 3.4.4　枚举

在实际编程中，有些数据的取值往往是有限的，只能是非常少量的整数，并且最好为每个值都取一个名字，以方便在后续代码中使用，比如每周有七天、一年有十二个月等。以每周七天为例，可以使用 define 指令给每天指定一个名字，如"♯ define mon 1"等。使用 define 指令导致宏名过多，代码松散。C 语言提供了枚举类型，能够列出所有可能的取值，并给它们取一个名字。枚举类型的定义形式为"enum 枚举名｛枚举成员 1,枚举成员

2，...}；"，定义枚举类型的关键字是 enum。枚举型是一个集合，集合中的成员是一些标识符，其值为整型常量，定义时成员之间用逗号隔开，类型定义以分号结束。每周七天的枚举类型的定义语句如下：

```
enum week{mon, tues, wed, thurs, fri, sat, sun};
```

上面定义中，week 是一个用户定义标识符，枚举列表中仅给出了枚举成员名字，没有给出名字对应的值，第一个枚举成员的默认值为整型的 0，后续枚举成员的值在前一个成员的值上加 1，week 中的 mon、tues、…、sun 对应的值分别为 0、1、…、6。可以人为设定枚举成员的值，从而自定义某个范围内的整数。

可以给每个名字都指定一个值：

```
enum week{mon=1, tues=2, wed=3, thurs=4, fri=5, sat=6, sun=7};
```

更为简单的方法是只给第一个名字指定值，这样枚举值就从 1 开始递增：

```
enum week{mon=1, tues, wed, thurs, fri, sat, sun};
```

枚举是一种类型，可以用来定义枚举变量，也可以在定义枚举类型的同时定义变量：

```
enum week a, b, c;
enum week{mon=1, tues, wed, thurs, fri, sat, sun} a, b, c;
```

有了枚举变量，就可以把列表中的值赋给它：

```
enum week a=mon, b=wed, c=sat;
enum week{mon=1, tues, wed, thurs, fri, sat, sun} a=mon, b=wed, c=sat;
```

示例代码 1 和示例代码 2 如下所示。
示例代码 1：

```
 1: #include <stdio.h>
 2: #include <stdlib.h>
 3: int main(){
 4:   enum color{red=1, green, blue};
 5:   enum color c;
 6:   printf("1:red, 2:green, 3:blue\n");
 7:   printf("please input: ");
 8:   scanf("%u", &c);
 9:   switch (c){
10:   case red: printf("red\n"); break;
11:   case green: printf("green\n"); break;
12:   case blue: printf("blue\n"); break;
13:   default: printf("input wrong\n");
14:   }
15: }
```

示例代码2：

```
 1: #include <stdio.h>
 2: #include <stdlib.h>
 3: int main(){
 4:   enum color{red=1, green, blue};
 5:   enum color c;
 6:   printf("1:red, 2:green, 3:blue\n");
 7:   printf("please input: ");
 8:   scanf("%u", &c);
 9:   switch (c){
10:   case 1: printf("red\n"); break;
11:   case 2: printf("green\n"); break;
12:   case 3: printf("blue\n"); break;
13:   default: printf("input wrong\n");
14:   }
15: }
```

示例代码 1 的运行结果如图 3-10 所示。示例代码 2 的运行结果如图 3-11 所示。

```
1 [root@ztg ~]# ./a.out
2 1:red, 2:green, 3:blue
3 please input: 2
4 green
```

```
1 [root@ztg ~]# ./a.out
2 1:red, 2:green, 3:blue
3 please input: 5
4 input wrong
```

图 3-10　示例代码 1 的运行结果　　　图 3-11　示例代码 2 的运行结果

示例代码中，由于是在 main 函数中定义枚举类型，因此枚举列表中的 red、green、blue 这些标识符的作用范围是 main 函数内部，不能再定义与它们名字相同的变量。red、green、blue 等都是常量，不能对它们赋值，只能将它们的值赋给其他的变量。枚举和宏类似，在编译阶段将名字替换成对应的值。示例代码 1 在编译的某个时刻会变成示例代码 2 的样子，red、green、blue 这些名字都被替换成了对应的数字。这意味着 red、green、blue 等都不是变量，它们不占用数据区（常量区、全局数据区、栈区和堆区）的内存，而是直接被编译到指令中，放到代码区，所以不能用 & 取得它们的地址。

## 3.5　零长数组、变长数组和动态数组

使用标准 C（ANSI C）定义数组时，数组长度必须是一个常数（正整数），即数组的长度在编译时是确定的，这种数组称为静态数组。Linux 上的 C 编译器是 GNU C 编译器，GNU C 对标准 C 进行了一系列扩展，以增强标准 C 的功能。其中之一就是对零长数组和变长数组的支持。

零长数组就是长度为 0 的数组。数组长度在编译的时候是不确定的，在程序运行时才能够确定数组的大小。零长数组很少单独使用，通常作为结构体的最后一个成员，构成一个变长结构体。零长数组（数组名）不占用内存空间，数组名只是一个偏移量，代表一个地址常量。当使用变长结构体时，零长数组指向的内存区域与其所在结构体占用的内存区域是连续的。

　　变长数组(variable length array, VLA)是指用整型变量或表达式定义的数组。变长数组的长度在编译时未知,在程序运行时确定。数组长度确定后就不会再变化,在其生存期内是固定的。变长数组本质上也是静态数组。

　　动态数组的长度不是预先定义好的,在程序运行过程中也不是固定的,可以在程序运行时根据需要而重新指定。动态数组的内存空间是从堆区动态分配的,使用完动态数组后要释放其占用的内存。创建动态数组时从外往里逐层创建,释放时从里往外逐层释放。

　　使用零长数组、变长数组和动态数组(源代码文件"src/第 2－3 章/z_v_d_arr.c")的示例代码如下。

视频 3-15
零长、变
长和动态
数组

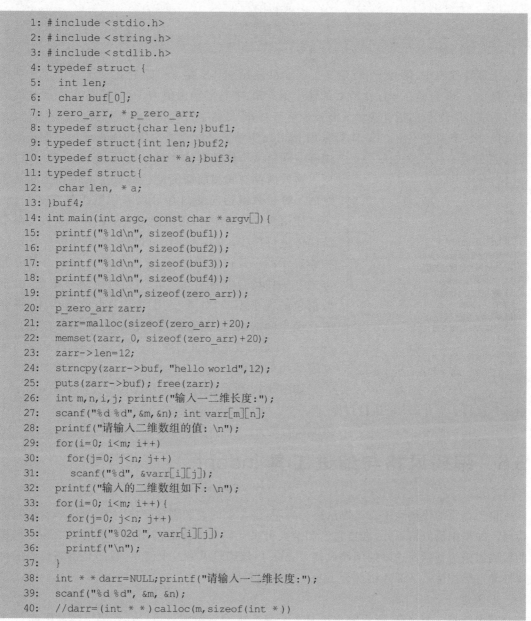

```
 1: #include <stdio.h>
 2: #include <string.h>
 3: #include <stdlib.h>
 4: typedef struct {
 5:   int len;
 6:   char buf[0];
 7: } zero_arr, * p_zero_arr;
 8: typedef struct{char len;}buf1;
 9: typedef struct{int len;}buf2;
10: typedef struct{char * a;}buf3;
11: typedef struct{
12:   char len, * a;
13: }buf4;
14: int main(int argc, const char * argv[]){
15:   printf("%ld\n", sizeof(buf1));
16:   printf("%ld\n", sizeof(buf2));
17:   printf("%ld\n", sizeof(buf3));
18:   printf("%ld\n", sizeof(buf4));
19:   printf("%ld\n", sizeof(zero_arr));
20:   p_zero_arr zarr;
21:   zarr=malloc(sizeof(zero_arr)+20);
22:   memset(zarr, 0, sizeof(zero_arr)+20);
23:   zarr->len=12;
24:   strncpy(zarr->buf, "hello world", 12);
25:   puts(zarr->buf); free(zarr);
26:   int m,n,i,j; printf("输入一二维长度:");
27:   scanf("%d %d", &m, &n); int varr[m][n];
28:   printf("请输入二维数组的值: \n");
29:   for(i=0; i<m; i++)
30:     for(j=0; j<n; j++)
31:       scanf("%d", &varr[i][j]);
32:   printf("输入的二维数组如下: \n");
33:   for(i=0; i<m; i++){
34:     for(j=0; j<n; j++)
35:     printf("%02d ", varr[i][j]);
36:     printf("\n");
37:   }
38:   int * * darr=NULL;printf("请输入一二维长度:");
39:   scanf("%d %d", &m, &n);
40:   //darr=(int * *)calloc(m,sizeof(int * ))
```

```
41:    if((darr=malloc(m*sizeof(int *)))==NULL)
42:      {printf("分配内存失败"); return 0;}
43:    for(i=0; i<m; i++)
44:      if((darr[i]=malloc(n*sizeof(int)))==NULL)
45:        {printf("分配内存失败"); return 0;}
46:    for(i=0; i<m; i++){
47:      for(j=0; j<n; j++){
48:        darr[i][j]=i*n+j+1;
49:        printf("%d\t", darr[i][j]);
50:      } printf("\n");
51:    }
52:    for(i=0;i<m;i++)free(darr[i]);free(darr);
53: }
```

上面源代码中,第 4~7 行定义了 1 个变长结构体。第 8~13 行定义了 4 个定长结构体。第 15~17 行是在程序执行时的输出值。第 18 行的输出值为 16 而不是 9,主要是因为字节对齐,第 12 行的指针变量 a 需要 8 字节对齐,虽然字符变量 len 本身只占 1 字节,但是其后的 7 字节留空不用。第 21 行采用 malloc 申请了一段长度为结构体长度加可变长度的

```
1# gcc -o z_v_d_arr z_v_d_arr.c
2# ./z_v_d_array
31
44
58
616
74
8hello world
9输入一二维长度:2 3
10请输入二维数组的值:
111 2 3 4 5 6
12输入的二维数组如下:
1301 02 03
1404 05 06
15请输入一二维长度:2 3
161        2        3
174        5        6
```

图 3-12　编译和执行 z_v_d_arr

内存空间给结构体类型的指针 zarr,由于是一次申请的,所以这段内存空间和前面的结构体长度的内存空间是连续的。零长数组指向的内存可以采用数组的方式访问。不再使用变长结构体时,可以使用 free 函数一次性对整个结构体进行释放,如第 25 行。可以根据需要分配变长结构体表示的一片内存缓冲区,这种灵活的动态内存分配方式在一些场合非常有用。比如接收网络数据包,由于数据包的大小不一,如果使用固定大小的结构体,将会有存储空间的浪费,此时使用变长结构体非常合适。第 26~37 行是对变长数组的操作。第 38~52 行是对二维动态数组的操作。

如图 3-12 所示,第 1 行编译源代码文件 z_v_d_arr.c,第 2 行运行 z_v_d_arr 可执行程序。

# 3.6　编码风格与缩进工具 indent

自己编写的代码除了自己以后还会再看,最主要的是和别人交流,会给别人看自己写的代码。如果编码风格不好,会给自己和别人带来代码阅读方面的困难。下面以 Linux 内核的编码风格为基础简述好的编码风格,Linux 内核编码风格追求简单,目的是提高代码的可读性和可维护性。下面介绍部分 Linux 内核编码风格。

**1. 缩进**

制表符是 8 个字符,所以缩进也是 8 个字符,8 个字符缩进可以让代码更容易阅读。

### 2. 把长的行和字符串打散

每一行的长度的限制是 80 列,建议遵守这个惯例。长于 80 列的语句要打散成有意义的片段。子片段要明显短于母片段,并明显靠右。这同样适用于有着很长参数列表的函数头。不要打散对用户可见的字符串,因为这样就很难使用 grep 命令查询源代码。

### 3. 大括号的放置

把起始大括号放在行尾,而把结束大括号放在行首,这适用于所有非函数语句块(if、switch、for、while、do)。函数的起始大括号放置于下一行的开头。结束大括号独自占据一行,除非它后面跟着同一个语句的剩余部分,也就是 do 语句中的 while 或者 if 语句中的 else。这种大括号的放置方式也能使空行的数量最小化,同时不失可读性。

### 4. 空格的放置

Linux 内核的空格使用方式主要取决于它是用于函数还是关键字。大多数关键字(如 if、switch、for、while、do)后要加一个空格。而有些关键字(如 sizeof、typeof)看起来更像函数,它们常伴随小括号使用,如"sizeof(struct student)",不要在小括号里的表达式两侧加空格。当声明指针类型或者返回指针类型的函数时,$*$ 的首选使用方式是使之靠近变量名或函数名,而不是靠近类型名,如"char $*$ pc;int $*$ fun(char $*$ $*$ s);"。在大多数二元和三元操作符(如 $=$、$+$、$-$、$<$、$>$、$*$、$/$、$\%$、$|$、$\&$、$\hat{}$、$<=$、$>=$、$==$、$!=$、$?$、$:$)两侧使用一个空格,但是一元操作符(如 $\&$、$*$、$+$、$-$、$\sim$、$!$)后不要加空格。后缀自加一和自减一元操作符($++$、$--$)前不加空格,前缀自加一和自减一元操作符($++$、$--$)后不加空格,结构体成员操作符(.、$->$)前后不加空格。不要在行尾留空白。有些可以自动缩进的编辑器会在新行的行首加入适量的空白,然后就可以直接在那一行输入代码,如果没有在那一行输入代码,有些编辑器就不会移除已经加入的空白。当 git 发现补丁包含了行尾空白的时候会警告你。

### 5. 函数

每个函数都应该设计得尽可能简单,简单的函数才容易维护。函数应该简短而漂亮,并且只完成一件事情,不要把函数设计成用途广泛、面面俱到的,这样的函数肯定会很长,而且往往不可重用、维护困难。函数内部的缩进层次不宜过多,一般以少于 4 层为宜。如果缩进层次太多就说明设计得太复杂了,应考虑分割成更小的函数来调用。函数不要写得太长,建议在 24 行的标准终端(ISO/ANSI 屏幕大小是 $80\times24$)上不超过两屏,太长会造成阅读困难,如果一个函数超过两屏就应该考虑分割函数了。比较重要的函数定义上侧必须加注释,说明此函数的功能、参数、返回值、错误码等。另一种度量函数复杂度的办法是看有多少个局部变量,5~10 个局部变量比较合适,再多就很难维护了,应该考虑分割成多个函数。一个函数的最大长度是和该函数的复杂度和缩进级数成反比的。

读者写出的代码可能不符合 Linux 内核编码风格,可以使用如下的 indent 命令(下面两条命令等价)对代码进行处理。

```
indent -npro -kr -i8 -ts8 -sob -l80 -ss -ncs 1.c
indent -linux -ce 1.c
```

例如,使用 indent 命令对第 3.4.4 小节中的示例代码 1 处理后的代码如图 3-13 所示。
indent 默认的编码风格是 GNU 风格,在 indent -linux -ce 1.c 命令中,-linux 选项表示

```
1 #include <stdio.h>
2 #include <stdlib.h>
3 int main()
4 {
5   enum color { red = 1, green, blue };
6   enum color c;
7   printf("1:red, 2:green, 3:blue\n");
8   printf("please input: ");
9   scanf("%u", &c);
10  switch (c) {
11  case red:
12    printf("red\n");
13    break;
14  case green:
15    printf("green\n");
16    break;
17  case blue:
18    printf("blue\n");
19    break;
20  default:
21    printf("input wrong\n");
22  }
23 }
```

图 3-13　使用 indent 命令对 1.c 文件处理结果

按照 Linux 风格来格式化代码，-ce 选项表示 else 分支不单独占一行，如果使用-nce 选项，else 分支则会单独占一行。可以通过 man indent 命令来查看更多选项的详细使用说明。

**注意**：为了排版需要，本书中所有代码没有严格符合 Linux 内核编码风格。读者可以使用 indent 命令对其进行处理。

## 3.7　习题

**1. 填空题**

（1）C 语言通过函数实现_____设计，用函数实现功能模块的定义。

（2）一个 C 程序可以由一个主函数和若干个_____构成。

（3）C 语言提供了功能丰富的库函数，一般库函数的定义都被放在_____中。

（4）头文件是扩展名为_____的文件。

（5）函数有_____和用户自定义函数。

（6）用户自定义函数的一般形式是：_____。

（7）函数（整型或 void 型函数除外）应该_____，或者_____。

（8）函数调用就是使用_____。函数调用的一般形式为：_____。

（9）Linux 操作系统通过虚拟内存的方式为所有应用程序提供了_____。

（10）C 语言总是从 main 函数开始执行的，它的原型声明为_____，参数 argc 保存程序执行时命令行输入的_____。参数 argv 保存_____。

（11）参数是主调函数和_____进行信息通信的接口。

（12）C 语言中函数参数有两种传递方式，即_____、_____。

（13）函数调用是通过_____来实现的，栈由_____向低地址方向生长，栈有_____和栈底，入栈和出栈的位置称为_____。

（14）函数在被调用时都会在栈空间中开辟一段连续的空间供该函数使用，这一空间称为该函数的_____，它是一个函数执行的环境。每个函数的每次调用都有它自己独立的一个_____。

(15) 一个函数在它的函数体内直接或间接地调用该函数本身,这种函数称为_____,这种调用关系称为函数的_____。

(16) _____就是一个通过函数指针调用的函数。

(17) 函数有主调函数和被调函数,_____完成一定功能后可以通过 return 语句向_____返回一个确定的值,该值就是函数的_____。

(18) _____描述程序中可以访问标识符的区域,一旦离开其作用域,程序便不能再访问该_____。

(19) 全局变量也称为_____,是在函数外定义的变量,它不属于任何一个函数,其作用域从变量的定义处开始,到_____。

(20) 全局变量只能用_____初始化。

(21) 局部变量也称为_____,是在函数内定义的变量,其作用域仅限于函数内(从该变量被定义开始到函数末尾结束),一个函数中定义的_____不能被其他函数使用。

(22) 如果函数内定义的局部变量与全局变量_____,则函数在使用该变量时,会用到同名的_____,而不会用到_____,也就是会用局部变量_____全局变量,只有局部变量起效果。

(23) 变量的存储类别决定变量的_____和_____。

(24) 有 4 个关键字用来控制变量在内存中的存放区域,即_____、_____、_____、_____。

(25) _____是指对 C 源程序正式编译之前所做的文本替换之类的工作,由_____负责完成。

(26) 用一个标识符来表示一个字符串称为_____,标识符称为_____。

(27) 宏定义包含无参宏定义和带参宏定义,_____也称为宏变量定义或变量式宏定义,_____也称为宏函数定义或函数式宏定义。

(28) C99 引入了一个新关键字 inline,用于定义_____。

(29) 按不同条件编译程序的不同部分,产生不同的目标代码文件,这称为_____。

(30) 一条 include 指令只能包含_____,若要包含多个头文件,则需用多条该指令。

(31) 根据内存单元编号或地址就可找到所需的内存单元。通常把这个地址称为_____。

(32) 存放指针的变量称为_____。

(33) 在 C 语言中,指针是有类型的,在定义指针变量时指定_____。

(34) 指向不确定地址的指针称为_____,为避免出现野指针,在定义指针变量时就应该给它赋予明确的_____,或者把它初始化为_____。

(35) C 语言提供了两个指针运算符,即取地址运算符_____和取内容运算符_____。

(36) 取地址运算符 & 取_____的地址。

(37) 取内容运算符 * 用来取出_____所指向的变量(存储单元)的值。

(38) 指针变量加或减一个整数 n,是把指针指向的当前位置_____移动 n 个位置。

(39) 指针之间的比较运算比的是_____。

(40) void ＊类型指针称为_____或_____。

(41) 数组名作为数组的首地址,它是一个_____。

(42) 指向数组的指针变量称为_____。

(43) 指向_____的指针变量称为一维数组指针变量。

(44) 指向二维数组的_____称为二维数组指针变量。

(45) 二维数组可以看作由若干个_____组成的数组。

(46) 声明字符串的方式有三种,即_____、_____和字符指针。

(47) 返回值是指针的函数称为指针型函数,简称_____。

(48) 指向函数的指针变量称为函数指针变量,简称_____。

(49) 具有可变参数的函数称为_____。

(50) 可变参数函数至少有一个_____。

(51) printf 和 scanf 函数都有一个强制参数,即_____。

(52) 一级指针变量存放的是_____的地址。

(53) 二级指针变量或多级指针变量存放的是_____的地址。

(54) 如果一个数组的所有元素都为指针变量,那么这个数组就是_____。

(55) 指向二维数组中某一行的指针变量称为_____。

(56) 全局变量和_____被分配在内存中的静态存储区(数据段)。

(57) malloc 和 free 一定要_____使用。

(58) 在 C 语言中,可以使用_____来存放一组不同类型的数据。

(59) 在结构体定义时,可以指定某个位域变量所占用的二进制_____,这就是位域。

(60) 共用体是一种特殊的数据类型,允许在_____的内存位置存储_____类型的数据。

(61) 定义枚举类型的关键字是_____。

(62) 枚举型是一个集合,集合中的成员是一些标识符,其值为_____。

(63) 对不符合 Linux 内核编码风格的代码,可以使用_____命令对代码进行处理。

**2. 简答题**

(1) 主函数的特殊之处是什么?

(2) 用户地址空间是如何划分的?

(3) 值传递和地址传递的区别是什么?

(4) 栈和栈帧的含义分别是什么?

(5) 直接递归和间接递归的区别是什么?

(6) 递归函数在什么情况下会导致栈空间耗尽?

(7) 回调函数的作用是什么?

(8) C 语言中变量的作用域有哪几种?各自作用范围是什么?

(9) 变量的数据类型和存储类别的作用是什么?

(10) 变量的生存期是什么?

(11) 静态局部变量和静态全局变量的区别是什么?

(12) 外部变量的用法是什么?

(13) 内部函数和外部函数的区别是什么?

（14）函数式宏定义和真正的函数调用的区别是什么？

（15）分析语句"int * ( * ( * a)())[5]；"。

（16）可变参数函数如何获取可变参数？

（17）访问结构体成员的方法是什么？

（18）结构体和共用体的区别是什么？

（19）零长数组的含义是什么？

**3. 上机题**

（1）本章所有源代码文件在本书配套资源的"src/第 2－3 章"目录中，请读者运行每个示例，理解所有源代码。

（2）限于篇幅，本章程序题都放在本书配套资源的"xiti-src/xiti0203"文件夹中。

# 第 4 章  链  表

**本章学习目标**

- 掌握单向链表的创建和增删改查等功能的实现；
- 掌握双向链表的创建和增删改查等功能的实现；
- 理解内核链表的技术原理；
- 掌握内核链表在用户程序中的应用。

链表是一种常见的数据结构，由一系列结点组成，结点可以在程序运行时通过动态存储分配进行创建。每个结点至少包括两个域，即数据域和指针域。数据域用于存储数据，指针域用于存储指向下一个结点的地址，建立与下一个结点的联系。各个结点通过指针链接构成一个链式结构，即为链表。链表有多种不同类型，即单向链表、双向链表和内核链表等。

视频 4-1
单向链表

## 4.1  单向链表

### 4.1.1  单链表结构与链表结点类型

单向链表简称单链表，其特点是链表的链接方向是单向的。本节介绍的单链表包含头结点，因此链表中的结点分为两种，即头结点和一般结点（也称数据结点）。这两种结点的类型一样，都是某种结构体类型，但是头结点的数据域一般不使用，一般结点的数据域存放具体的用户数据。对单链表的访问要从头结点开始顺序进行。一般结点的第一个结点称为首结点，最后一个结点称为尾结点。头结点由头指针指向。尾结点的指针域为 NULL。

带头结点的单链表结构示意图如图 4-1 所示。

图 4-1  带头结点的单链表结构示意图

单链表结点的类型定义如下：

```
#define ElemType int
typedef struct slnode{
```

```
    ElemType data;              //数据域
    struct slnode * next;       //指针域
}SLNode, * PSLNode;
```

数据域的数据类型为宏定义 ElemType，可根据实际需求定义 ElemType 的具体数据类型，如定义为 int 型。指针域使用了结构体的自引用，也就是在结构体内部包含了指向自身类型的指针成员。使用 typedef 关键字将 struct slnode 类型定义为 SLNode，将 struct slnode * 类型定义为 PSLNode。使用 typedef 可以给已有类型起一个简短、易记、意义明确的新名字。后续可以使用 SLNode 定义结构体变量，使用 PSLNode 定义指向 SLNode 结构体变量的指针。

## 4.1.2　创建单链表

可以采用头插法或尾插法创建单链表。头插法创建单链表的示意图如图 4-2 所示。尾插法将一个新结点链接到已有链表的尾部。尾插法创建单链表的示意图如图 4-3 所示。

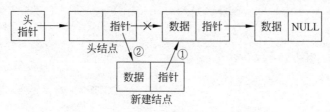

图 4-2　头插法创建单链表的示意图

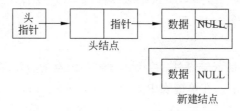

图 4-3　尾插法创建单链表的示意图

**注意**：本章所有源代码文件在本书配套资源的"src/第 3 章"目录中。

下面的 ListBuildH 和 ListBuildR 函数，都是根据含有 n 个元素的数组 a 创建带头结点的单链表。

### 1. 头插法创建单链表的函数 ListBuildH

```
1: #include <stdio.h>
2: #include <stdbool.h>
3: #include <malloc.h>
4: typedef struct{                    //数据域类型,可以根据实际需求添加更多结构体成员
5:    int data;
6: }DATA;
7: typedef struct slnode{
```

107

```
 8:    DATA data;                            //数据域
 9:    struct slnode * next;                 //指针域
10: }SLNode, * PSLNode;
11: PSLNode ListBuildH(DATA a[], int n){    //头插法创建单链表
12:    PSLNode L=(PSLNode)malloc(sizeof(SLNode)); L->next=NULL;      //创建头结点
13:    for(int i=0; i<n; i++){             //循环创建新结点
14:      PSLNode s=(PSLNode)malloc(sizeof(SLNode));   //为新结点分配存储空间
15:      s->data=a[i];                       //将数组 a 中的元素值赋给新结点 s 数据域
16:      s->next=L->next;                    //新结点 s 的指针域指向首结点
17:      L->next=s;                          //头结点的指针域指向新结点 s
18:    }
19:    return L;
20: }
```

**2. 尾插法创建单链表的函数 ListBuildR**

```
21: void ListBuildR(SLNode * * L, DATA a[], int n){        //尾插法创建单链表
22:    PSLNode r= * L=(PSLNode)malloc(sizeof(SLNode)); //创建头结点
23:    for(int i=0; i<n; i++){                             //循环建立数据结点
24:      PSLNode s=(PSLNode)malloc(sizeof(SLNode));       //为新结点分配存储空间
25:      s->data=a[i];                       //将数组 a 中的元素值赋给新结点 s 数据域
26:      r->next=s;                          //尾结点的指针域指向新结点 s
27:      r=s;                                //结点 s 成为新的尾结点,尾指针 r 始终指向尾结点
28:    }
29:    r->next=NULL;                         //将尾结点的指针域置为 NULL
30: }            //由于要在本函数内修改传入的头指针 L 的值,因此第一个参数 L 为二级指针
```

## 4.1.3 插入结点

除了头插法和尾插法插入结点外,更灵活的插入结点的方法是在指定位置插入。插入结点的示意图如图 4-4 所示。在单链表中插入结点的函数如下。

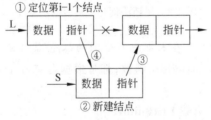

图 4-4　插入结点的示意图

```
31: bool ListInsert(PSLNode L, int i, DATA e){  //在单链表 L 第 i 个位置插入值为 e 的结点
32:    int j=0;
33:    while(j<i-1 && L!=NULL){               //在单链表中查找第 i-1 个结点,由 L 指向
34:      L=L->next;
35:      j++;
36:    }
```

```
37:    if(L==NULL) return false;          //未找到第 i-1 个结点,返回 false
38:    else{                              //找到第 i-1 个结点,插入新建结点并返回 true
39:      PSLNode s=(PSLNode)malloc(sizeof(SLNode));   //为新结点分配存储空间
40:      s->data=e;                       //新结点数据域被赋值为 e
41:      s->next=L->next;                 //新结点指针域指向 L 所指结点的下一个结点
42:      L->next=s;                       //L 所指向结点的指针域指向新结点
43:      return true;
44:    }
45: }
```

## 4.1.4　删除结点

删除数据结点的示意图如图 4-5 所示。在单链表中删除数据结点的函数如下。

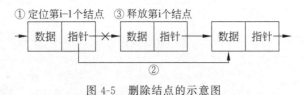

图 4-5　删除结点的示意图

```
46: bool ListDelete(PSLNode L, int i, DATA * pe){
            //单链表 L 中若存在第 i 个结点,则将其删除,并且将其数据域值赋给 pe 所指的变量
47:    int j=0;
48:    while(j<i-1 && L!=NULL){    //在单链表中查找第 i-1 个结点,由 L 指向
49:      L=L->next;
50:      j++;
51:    }
52:    if(L==NULL) return false;    //未找到第 i-1 个结点,返回 false
53:    else{                        //找到第 i-1 个结点 L
54:      PSLNode s=L->next;         //s 指向第 i 个结点
55:      if(s==NULL) return false;  //若不存在第 i 个结点,则返回 false
56:      * pe=s->data;              //将要删除的结点的数据域值复制给 pe 所指的变量
57:      L->next=s->next;           //L 所指向结点的指针域指向被删除结点 s 的下一个结点
58:      free(s);                   //释放 s 结点,即成功删除第 i 个结点
59:      return true;               //返回 true
60:    }
61: }
```

## 4.1.5　读取结点

在单链表中读取指定位置数据结点内容的函数如下。

```
62: bool ListGetElem(PSLNode L, int i, DATA * pe){
                //单链表 L 中若存在第 i 个结点,则将其数据域值赋给 pe 所指的变量
63:    int j=0;
64:    while(j<i && L!=NULL){
```

```
65:      j++;
66:      L=L->next;
67:    }
68:    if(L==NULL) return false;          //未找到第 i 个结点,返回 false
69:    else{                              //存在第 i 个结点,返回 true
70:      * pe=L->data;                    //将第 i 个结点的数据域值复制给 pe 所指的变量
71:      return true;
72:    }
73: }
```

## 4.1.6　查找结点

查找函数根据传入的 x 值,在单链表中进行遍历,查找 x 值所在的结点,然后返回该结点的地址。

```
74: bool ListEmpty(PSLNode L){       //判断链表是否为空表,无数据结点为空表
75:    if(!L){printf("链表无头结点\n"); return true;}
76:    return(L->next==NULL);   //若单链表 L 没有数据结点,则返回 true,否则返回 false
77: }
78: PSLNode ListFind(PSLNode L, DATA x){          //查找结点
79:    if(ListEmpty(L)){printf("链表为空\n"); return NULL;}
80:    L=L->next;                            //L 指向第一个数据结点
81:    while(L){                             //存在数据结点
82:      if(L->data.data==x.data) return L;  //找到,返回 x 结点指针
83:      else L=L->next;
84:    }
85:    return NULL;                          //没有找到,返回 NULL
86: }
```

## 4.1.7　打印单链表

打印单链表函数从第一个数据结点开始,依次将所有数据结点中的数据域值输出。

```
87: int ListLength(PSLNode L){      //返回单链表 L 中数据结点的个数
88:    int i=0;                     //L 指向头结点
89:    while(L->next!=NULL){        //统计数据结点个数
90:      i++;
91:      L=L->next;
92:    }
93:    return i;                    //返回结点个数
94: }
95: void ListOutput(PSLNode L){     //逐一扫描单链表 L 中的每个数据结点,并显示各结
                                        点的 data 域值
96:    if(ListEmpty(L)){printf("链表为空\n"); return;}
97:    printf("链表数据结点个数为：%d\n", ListLength(L));
98:    int i=1;
```

```
99:    L=L->next;           //L指向第 1 个数据结点
100:   while(L){            //统计结点个数
101:    printf("第%d个结点的值: %d\n", i++, L->data.data);
102:    L=L->next;          //L指向下一个数据结点
103:    }
104: }
```

## 4.1.8　逆转单链表

假设单链表数据结点的数据域值依次为 A、B、C、D,那么将单链表逆转后,数据结点的数据域值依次为 D、C、B、A。逆转单链表的函数如下。

```
105: void ListReverse(PSLNode L){    //将单链表 L 中的所有数据结点位置逆转
106:   if(ListEmpty(L)){printf("链表为空\n"); return;}
107:   PSLNode p=L->next, q;
108:   L->next=NULL;
109:   while(p!=NULL){                //在 while 循环中采用头插法逆转所有数据结点位置
110:    q=p->next;
111:    p->next=L->next;
112:    L->next=p;
113:    p=q;
114:   }
115: }
```

## 4.1.9　构建单循环链表

带头结点的单循环链表示意图如图 4-6 所示。将单链表构建为单循环链表的方法是:让尾结点的指针域指向头结点。从单循环链表中的任一结点出发均可找到链表中的其他结点。构建单循环链表的函数如下。

图 4-6　带头结点的单循环链表示意图

```
116: void ListBuildC(PSLNode L){        //构建循环链表 L
117:   if(!L){printf("链表无头结点\n"); return;}
118:   PSLNode s=L;
119:   while(s->next) s=s->next;         //s指向最后一个结点
120:   s->next=L;                        //最后一个结点的指针域指向头结点
121: }
```

## 4.1.10　销毁单链表

销毁链表就是将链表中的所有结点占据的内存空间释放掉。销毁链表的函数

ListDestroy 如下。在调用 ListDestroy 函数销毁由指针 L 指向的链表后，需要将指针 L 置为 NULL，否则指针 L 会成为野指针。

```
122: void ListDestroy(PSLNode L){          //销毁单链表 L
123:    while(L){                          //逐一释放每个结点占用的内存空间
124:      PSLNode s=L;                     //s 指向第 1 个结点
125:      PSLNode L=L->next;               //L 指向下一个结点
126:      free(s);                         //释放结点 s 占用的内存空间
127:    }
128: }
```

## 4.1.11 主函数及测试结果

在 main 函数中通过对上面函数的调用来创建和操作单链表。main 函数的定义如下。

```
129: int ListLengthC(PSLNode L){    //返回单循环链表 L 中数据结点的个数
130:    int i=0; PSLNode p=L->next; //L 指向头结点
131:    while(p!=L){                //统计数据结点个数
132:      i++; p=p->next;
133:    } return i;                 //返回结点个数
134: }
135: int main(void){
136:    DATA dat1[5]={ {11}, {12}, {13}, {14}, {15} };
137:    DATA dat2[5]={ {21}, {22}, {23}, {24}, {25} };
138:    PSLNode L1=ListBuildH(dat1, 5);    ListOutput(L1);      //头插法建表并输出
139:    PSLNode L2; ListBuildR(&L2, dat2, 5); ListOutput(L2);   //尾插法建表并输出
140:    DATA d1={100}; ListInsert(L1, 3, d1); ListOutput(L1);   //插入数据结点并输出
141:    DATA d2; ListDelete(L2, 2, &d2); printf("d2=%d\n", d2.data); ListOutput
       (L2);
142:    DATA d3; ListGetElem(L2, 2, &d3); printf("d3=%d\n", d3.data);
143:    PSLNode p=ListFind(L1, d1); printf("d1=%d\n", p->data.data);
144:    ListReverse(L1); ListOutput(L1);                        //逆转链表并输出
145:    ListBuildC(L2); printf("单向循环链表数据结点个数为: %d\n", ListLengthC
       (L2));
146:    p=L2;           //将链表 L2 构建为单向循环链表,下面 for 循环将链表 L2 中的数据结点
                        中数据域值输出两轮
147:    for(int i=1; i<11; i++){
148:      if(p!=L2) printf("%d ", p->data.data);
149:      if( !(i%(ListLengthC(L2)+1)) ) printf("\n");
150:      p=p->next;
151:    }
152: }
```

本小节的所有代码保存在 slink.c 文件中。编译和运行 slink 如图 4-7 所示。

| 1# gcc slink.c -o slink | 14 第5个结点的值: 25 | 27 第4个结点的值: 25 |
| --- | --- | --- |
| 2# ./slink | 15 链表数据结点个数为: 6 | 28 d3=23 |
| 3 链表数据结点个数为: 5 | 16 第1个结点的值: 15 | 29 d1=100 |
| 4 第1个结点的值: 15 | 17 第2个结点的值: 14 | 30 链表数据结点个数为: 6 |
| 5 第2个结点的值: 14 | 18 第3个结点的值: 100 | 31 第1个结点的值: 11 |
| 6 第3个结点的值: 13 | 19 第4个结点的值: 13 | 32 第2个结点的值: 12 |
| 7 第4个结点的值: 12 | 20 第5个结点的值: 12 | 33 第3个结点的值: 13 |
| 8 第5个结点的值: 11 | 21 第6个结点的值: 11 | 34 第4个结点的值: 100 |
| 9 链表数据结点个数为: 5 | 22 d2=22 | 35 第5个结点的值: 14 |
| 10 第1个结点的值: 21 | 23 链表数据结点个数为: 4 | 36 第6个结点的值: 15 |
| 11 第2个结点的值: 22 | 24 第1个结点的值: 21 | 37 单向循环链表数据结点个数为: 4 |
| 12 第3个结点的值: 23 | 25 第2个结点的值: 23 | 38 21 23 24 25 |
| 13 第4个结点的值: 24 | 26 第3个结点的值: 24 | 39 21 23 24 25 |

图 4-7　编译和运行 slink

# 4.2　双向链表

## 4.2.1　双链表结构与链表结点类型

双向链表简称双链表,其特点是链表的链接方向是双向的。本小节介绍的双链表包含头结点,因此链表中的结点分为两种,即头结点和一般结点(也称数据结点)。这两种结点的类型一样,都是某种结构体类型,但是头结点的数据域一般不使用,一般结点的数据域存放具体的用户数据。对双链表的访问要从头结点开始顺序进行。一般结点的第一个结点称为首结点,最后一个结点称为尾结点。头结点由头指针指向。双链表结点有两个指针域,分别称为前驱指针和后继指针。前驱指针指向当前结点前面的结点,后继指针指向当前结点后面的结点。头结点的前驱指针为 NULL,尾结点的后继指针为 NULL。从双链表中的任意一个结点开始,都可以很方便地访问它的前驱结点和后继结点。既可以从头到尾遍历,又可以从尾到头遍历。带头结点的双链表结构示意图如图 4-8 所示。

视频 4-2
双向链表

图 4-8　带头结点的双链表结构示意图

双链表结点的类型定义如下:

```
#define ElemType int
typedef struct dlnode{
  ElemType data;          //数据域
  struct dlnode * prior;  //指针域,指向前驱结点
  struct dlnode * next;   //指针域,指向后继结点
}DLNode, * PDLNode;
```

数据域的数据类型为宏定义 ElemType,可根据实际需求定义 ElemType 的具体数据类型,如定义为 int 型。两个指针域都使用了结构体的自引用,也就是在结构体内部包含了

指向自身类型的指针成员。使用 typedef 关键字将 struct dlnode 类型定义为 DLNode，将 struct dlnode * 类型定义为 PDLNode。后续可以使用 DLNode 定义结构体变量，使用 PDLNode 定义指向 DLNode 结构体变量的指针。

## 4.2.2　创建双链表

可以采用头插法或尾插法创建双链表。头插法创建双链表的示意图如图 4-9 所示。尾插法是将一个新结点链接到已有链表的尾部。尾插法创建双链表的示意图如图 4-10 所示。

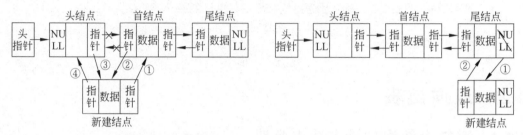

图 4-9　头插法创建双链表的示意图　　　　图 4-10　尾插法创建双链表的示意图

下面的 DListBuildH 和 DListBuildR 函数，都是根据含有 n 个元素的数组 a 创建带头结点的双链表。

### 1. 头插法创建双链表的函数 DListBuildH

```
 1: #include <stdio.h>
 2: #include <stdbool.h>
 3: #include <malloc.h>
 4: typedef struct{                        //数据域类型,可以根据实际需求添加更多的结构体成员
 5:   int data;
 6: }DATA;
 7: typedef struct dlnode{
 8:   DATA data;                           //数据域
 9:   struct dlnode * prior;               //指针域,指向前驱结点
10:   struct dlnode * next;                //指针域,指向后继结点
11: }DLNode, * PDLNode;
12: PDLNode DListBuildH(DATA a[], int n){//头插法创建双链表
13:   PDLNode L=(PDLNode)malloc(sizeof(DLNode)); L->next=NULL;   //创建头结点
14:   for(int i=0; i<n; i++){              //循环创建新结点
15:     PDLNode s=(PDLNode)malloc(sizeof(DLNode));   //为新结点分配存储空间
16:     s->data=a[i];                      //将数组 a 中的元素值赋给新结点 s 数据域
17:     s->next=L->next;                   //新结点 s 的后继指针域指向首结点(或 NULL)
18:     if(L->next!=NULL) L->next->prior=s;   //若存在首结点,则让其前驱指针指向新结点
19:     L->next=s;                         //头结点的后继指针指向新结点 s
20:     s->prior=L;                        //新结点的前驱指针指向头结点
21:   }
22:   return L;
23: }
```

**2. 尾插法创建双链表的函数 DListBuildR**

```
24: void DListBuildR(DLNode * * L, DATA a[], int n){        //尾插法创建双链表
25:    PDLNode s, r= * L=(PDLNode)malloc(sizeof(DLNode));    //创建头结点
26:    for(int i=0; i<n; i++){                               //循环建立数据结点
27:      s=(PDLNode)malloc(sizeof(DLNode));         //为新结点分配存储空间
28:      s->data=a[i];                         //将数组 a 中的元素值赋给新结点 s 数据域
29:      r->next=s;                            //尾结点的后继指针指向新结点 s
30:      s->prior=r;                           //新结点 s 的前驱指针指向尾结点
31:      r=s;                        //结点 s 成为新的尾结点,尾指针 r 始终指向尾结点
32:    }
33:    r->next=NULL;                           //将尾结点的后继指针域置为 NULL
34: }               //由于要在本函数内修改传入的头指针 L 的值,因此第一个参数 L 为二级指针
```

## 4.2.3　插入结点

除了头插法和尾插法插入结点外,更灵活的插入结点的方法是在指定位置插入。插入结点的示意图如图 4-11 所示。在双链表中插入结点的函数如下。

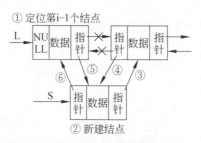

图 4-11　插入结点的示意图

```
35: bool DListInsert(PDLNode L, int i, DATA e){
                                       //在双链表 L 第 i 个位置插入值为 e 的结点
36:    int j=0;
37:    while(j<i-1 && L!=NULL){        //在双链表中查找第 i-1 个结点,由 L 指向
38:      L=L->next;
39:      j++;
40:    }
41:    if(L==NULL) return false;       //未找到第 i-1 个结点,返回 false
42:    else{                          //找到第 i-1 个结点,插入新建结点并返回 true
43:      PDLNode s=(PDLNode)malloc(sizeof(DLNode));    //为新结点分配存储空间
44:      s->data=e;                    //新结点数据域被赋值为 e
45:      s->next=L->next;              //新结点指针域指向 L 所指结点的下一个结点
46:      if(L->next!=NULL) L->next->prior=s;
                                       //若存在后继结点,则让其前驱指针指向新结点
47:      s->prior=L;                   //新结点 s 的前驱指针指向 L 所指向结点
48:      L->next=s;                    //L 所指向结点的后继指针指向新结点
49:      return true;
50:    }
51: }
```

### 4.2.4 删除结点

删除双链表中的结点时，只需遍历链表找到要删除结点的前一个结点，然后将其后面结点从双链表中删除即可。删除结点的示意图如图 4-12 所示。在双链表中删除数据结点的函数如下。

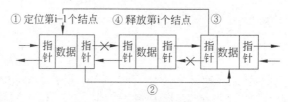

图 4-12　删除结点的示意图

```
52: bool DListDelete(PDLNode L, int i, DATA * pe){
            //双链表 L 中若存在第 i 个结点，则将其删除，并且将其数据域值赋给 pe 所指的变量
53:     int j=0;
54:     while(j<i-1 && L!=NULL){    //在双链表中查找第 i-1 个结点，由 L 指向
55:       L=L->next;
56:       j++;
57:     }
58:     if(L==NULL) return false;    //未找到第 i-1 个结点，返回 false
59:     else{                        //找到第 i-1 个结点 L
60:       PDLNode s=L->next;         //s 指向第 i 个结点
61:       if(s==NULL) return false;  //若不存在第 i 个结点，则返回 false
62:       * pe=s->data;              //将要删除的结点的数据域值复制给 pe 所指的变量
63:       L->next=s->next;           //L 所指向结点的指针域指向被删除结点 s 的下一个结点
64:       if(s->next!=NULL)          //若 s 结点存在后继结点，则让后继结点的前驱指针指向
                                     //    L 所指向结点
65:         s->next->prior=L;
66:       free(s);                   //释放 s 结点，即成功删除第 i 个结点
67:       return true;               //返回 true
68:     }
69: }
```

### 4.2.5 读取结点

在双链表中读取指定位置数据结点内容的函数如下。

```
70: bool DListGetElem(PDLNode L, int i, DATA * pe){
            //双链表 L 中若存在第 i 个结点，则将其数据域值赋给 pe 所指的变量
71:     int j=0;
72:     while(j<i && L!=NULL){
73:       j++;
74:       L=L->next;
75:     }
76:     if(L==NULL) return false;        //未找到第 i 个结点，返回 false
```

```
77:    else{                         //存在第 i 个结点,返回 true
78:      * pe=L->data;               //将第 i 个结点的数据域值复制给 pe 所指的变量
79:      return true;
80:    }
81: }
```

## 4.2.6　查找结点

查找函数根据传入的 x 值,在双链表中进行遍历,查找 x 值所在的结点,然后返回该结点的地址。

```
82: bool DListEmpty(PDLNode L){          //判断双链表是否为空表,如无数据结点,则为空表
83:    if(!L){printf("双链表无头结点\n"); return true;}
84:    return(L->next==L);              //若双链表 L 没有数据结点,则返回 true,否则返回 false
85: }
86: PDLNode DListFind(PDLNode L, DATA x){      //查找结点
87:    if(DListEmpty(L)){printf("双链表为空\n"); return NULL;}
88:    L=L->next;                       //L 指向第一个数据结点
89:    while(L){                        //存在数据结点
90:      if(L->data.data==x.data) return L;    //找到,返回 x 结点指针
91:      else L=L->next;
92:    }
93:    return NULL;                     //没有找到,返回 NULL
94: }
```

## 4.2.7　打印双链表

打印双链表函数从第一个数据结点开始依次将所有数据结点中的数据域值输出。

```
95: int DListLength(PDLNode L){     //返回双链表 L 中数据结点的个数
96:    if(!L){printf("双链表无头结点\n"); return 0;}
97:    int i=0;                     //L 指向头结点
98:    while(L->next!=NULL){        //统计数据结点个数
99:      i++;
100:     L=L->next;
101:   }
102:   return i;                    //返回结点个数
103: }
104: void DListOutput(PDLNode L){
                                    //逐一扫描双链表 L 的每个数据结点,并显示各结点的 data 域值
105:    if(DListEmpty(L)){printf("双链表为空\n"); return;}
106:    printf("双链表数据结点个数为: %d\n", DListLength(L));
107:    int i=1;
108:    L=L->next;                  //L 指向第 1 个数据结点
109:    while(L){                   //统计结点个数
110:      printf("第%d 个结点的值: %d\n", i++, L->data.data);
111:      L=L->next;                //L 指向下一个数据结点
```

```
112:    }
113: }
```

### 4.2.8　逆转双链表

假设双链表数据结点的数据域值依次为 A、B、C、D,那么将双链表逆转后,数据结点的数据域值依次为 D、C、B、A。逆转双链表的函数如下。

```
114: void DListReverse(PDLNode L){ //将双链表 L 中的所有数据结点位置逆转
115:    if(DListEmpty(L)){printf("链表为空\n"); return;}
116:    PDLNode p=L->next, q;
117:    L->next=NULL;
118:    while(p!=NULL){           //while 循环中采用头插法逆转所有数据结点位置
119:      q=p->next;
120:      p->next=L->next;
121:      if (L->next!=NULL)      //若 p 结点存在后继结点,则让后继结点的前驱指针指向 p
                                    所指向结点
122:        L->next->prior=p;
123:      L->next=p;
124:      p->prior=L;
125:      p=q;
126:    }
127: }
```

### 4.2.9　构建双循环链表

带头结点的双循环链表示意图如图 4-13 所示。将单循环链表构建为双循环链表的方法是:让尾结点的后继指针指向头结点,让头结点的前驱指针指向尾结点。双循环链表如果去掉所有前驱指针,就变成单循环链表。从双循环链表中的任一结点出发均可找到链表中的其他结点。构建双循环链表的函数如下。

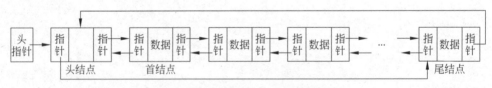

图 4-13　带头结点的双循环链表示意图

```
128: void DListBuildC(PDLNode L){              //构建双循环链表 L
129:    if(!L){printf("双链表无头结点\n"); return;}
130:    PDLNode s=L;
131:    while(s->next) s=s->next;              //s 指向最后一个结点
132:    s->next=L;                             //最后一个结点的后继指针指向头结点
133:    L->prior=s;                            //头结点的前驱指针指向最后一个结点
134: }
```

## 4.2.10　销毁双循环链表

　　销毁链表就是将链表中所有结点占据的内存空间释放掉。销毁双循环链表的函数 DListDestroyC 如下。在调用 DListDestroyC 函数销毁由指针 L 指向的链表后，需要将指针 L 置为 NULL，否则指针 L 会成为野指针。

```
135: int DListLengthC(PDLNode L){        //返回双循环链表 L 中数据结点的个数
136:    if(!L){printf("双链表无头结点\n"); return 0;}
137:    int i=0; PDLNode p=L->next;       //L 指向头结点
138:    while(p!=L){                       //统计数据结点个数
139:      i++; p=p->next;
140:    } return i;                        //返回结点个数
141: }
142: void DListDestroyC(PDLNode L){       //销毁双循环链表 L
143:    int n=DListLengthC(L)+1;
144:    for(int i=0; i<n; i++){
145:      PDLNode s=L;                      //s 指向第 1 个结点
146:      L=L->next;                        //L 指向下一个结点
147:      free(s);                          //释放结点 s 占用的内存空间
148:    }
149: }
```

## 4.2.11　主函数及测试结果

　　在 main 函数中通过对上面函数的调用来创建和操作双链表。main 函数的定义如下。

```
150: int main(void){
151:    DATA dat1[5]={ {11}, {12}, {13}, {14}, {15} };
152:    DATA dat2[5]={ {21}, {22}, {23}, {24}, {25} };
153:    PDLNode L1=DListBuildH(dat1, 5);  DListOutput(L1);      //头插法建表并输出
154:    PDLNode L2; DListBuildR(&L2, dat2, 5); DListOutput(L2); //尾插法建表并输出
155:    DATA d1={100}; DListInsert(L1, 3, d1); DListOutput(L1);  //插入数据结点并输出
156:    DATA d2; DListDelete(L2, 2, &d2); printf("d2=%d\n", d2.data); DListOutput
        (L2);
157:    DATA d3; DListGetElem(L2, 2, &d3); printf("d3=%d\n", d3.data);
158:    PDLNode p=DListFind(L1, d1); printf("d1=%d\n", p->data.data);
159:    DListReverse(L1); DListOutput(L1);                        //逆转链表并输出
160:    DListBuildC(L2); printf("双向循环链表数据结点个数为：%d\n", DListLengthC
        (L2));
161:    p=L2;                    //将链表 L2 构建为双向循环链表，下面 for 循环将链表 L2 中的
                                   数据结点中数据域值输出两轮
162:    for(int i=1; i<11; i++){
163:      if(p!=L2) printf("%d ", p->data.data);
164:      if( !(i%(DListLengthC(L2)+1)) ) printf("\n");
165:      p=p->next;
166:    }
167: }
```

本小节的所有代码保存在 dlink.c 文件中。编译和运行 dlink 如图 4-14 所示。

```
1 # gcc dlink.c -o dlink          14 第5个结点的值: 25        27 第4个结点的值: 25
2 # ./dlink                       15 双链表数据结点个数为: 6  28 d3=23
3 双链表数据结点个数为: 5          16 第1个结点的值: 15        29 d1=100
4 第1个结点的值: 15               17 第2个结点的值: 14        30 双链表数据结点个数为: 6
5 第2个结点的值: 14               18 第3个结点的值: 100       31 第1个结点的值: 11
6 第3个结点的值: 13               19 第4个结点的值: 13        32 第2个结点的值: 12
7 第4个结点的值: 12               20 第5个结点的值: 12        33 第3个结点的值: 13
8 第5个结点的值: 11               21 第6个结点的值: 11        34 第4个结点的值: 100
9 双链表数据结点个数为: 5         22 d2=22                    35 第5个结点的值: 14
10 第1个结点的值: 21              23 双链表数据结点个数为: 4  36 第6个结点的值: 15
11 第2个结点的值: 22              24 第1个结点的值: 21        37 双向循环链表数据结点个数为: 4
12 第3个结点的值: 23              25 第2个结点的值: 23        38 21 23 24 25
13 第4个结点的值: 24              26 第3个结点的值: 24        39 21 23 24 25
```

图 4-14　编译和运行 dlink

# 4.3　内核链表

在 Linux 内核中使用了大量的双循环链表来组织各种数据。

## 4.3.1　list_head

前面介绍的链表结点中包含数据域和指针域，如表 4-1 左侧所示。包含头结点的普通双向循环链表如图 4-15(a)所示，通过前驱指针 prev 和后继指针 next 就可以从两个方向遍历双链表。不过这样的双向链表不具有通用性，针对该链表的增删改查操作不能直接应用于由其他类型结点构成的双向链中。Linux 内核提供了一种通用的双链表结构。Linux 内核定义的链表结点类型 struct list_head 没有数据域，只有两个指针域，如表 4-1 中部所示，内核链表中的链表结点不与特定类型相关，因此具有通用性。使用 struct list_head 的方法是将其嵌套在其他结构体中，如表 4-1 右侧所示。本章后面将包含 struct list_head 成员的结构体称为宿主结构体，其结点称为宿主结点。虽然 list_head 直译为链表头，但是它既可以代表双向链表的头结点，也可以代表双向链表的数据结点。包含头结点的内核双向循环链表如图 4-15(b)所示。

表 4-1　三种结构体类型

| struct list{　　　　//普通链表 | struct list_head{　//内核链表 | struct exam{　//使用内核链表 |
|---|---|---|
| 　ElemType data;　　//数据域 | 　struct list_head * prev; | 　ElemType data1;　//数据域 |
| 　struct list * prev; //前驱指针 | 　　　　　　　　//前驱指针 | 　struct list_head list; |
| 　struct list * next; //后继指针 | 　struct list_head * next; | 　ElemType data2;　//数据域 |
| }; | 　　　　　　　　//后继指针 | }; |
| | }; | |

遍历普通双向循环链表时，只要能够定位到结点就可以访问数据域。但是，遍历内核双向循环链表时，定位到的结点还是 struct list_head 类型的内核链表结点，不能直接访问宿主结点的数据域。此时可以使用 list_entry 宏通过内核链表结点访问宿主结点的数据域。

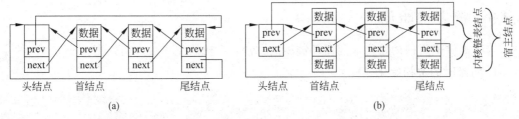

图 4-15　包含头结点的普通双向循环链表和内核双向循环链表

## 4.3.2　offsetof、container_of 和 list_entry

Linux 内核提供了 3 个重要的宏函数,即 offsetof、container_of 和 list_entry,定义如下。

```
#define offsetof(type,memb) ((size_t)&((type *)0)->memb)
#define container_of(ptr, type, memb) ((type *)((void *)(ptr) -offsetof(type,
memb)))
#define list_entry(ptr, type, member) container_of(ptr, type, member)
```

宏函数 offsetof 的作用是获得结构体 type 的成员 memb 在此结构体中的偏移量。((type * )0)将 0 强制类型转换为 type 结构体类型指针。((type * )0)—>memb 访问 type 结构体类型中的成员 memb。&((type * )0)—>memb 取出成员 memb 的地址。由于 type 结构体的地址是 0,因此这里获得的地址就是成员 memb 相对 type 结构体起始地址的偏移量。(size_t)&((type * )0)—>memb 将地址形式的偏移量转换为整型。对于 32 位系统,size_t 是 unsigned int 类型;对于 64 位系统,size_t 是 unsigned long 类型。

宏函数 container_of 的作用是根据一个已知的成员地址计算出宿主结构体的地址,也就是用结构体成员的地址(void * )(ptr)减去该成员相对于宿主结构体起始地址的偏移量 offsetof(type,memb)。

宏函数 list_entry 是宏函数 container_of 的别名。

宏函数 offsetof 和 container_of 的原理如图 4-16 所示。下面以表 4-1 右侧所示链表结构 struct exam 为例介绍这两个宏是如何计算出宿主结构体的地址的。假设将宿主结构体 struct exam 变量存放在从 0 地址开始的一块存储区域中,((struct exam * )0)即为指向 struct exam 变量的指针,因此,&((struct exam * )0)->list 就是成员 list 相对宿主结构体起始地址的偏移量 off。现在已知成员 list 的地址 ptr,则 ptr-off 正是宿主结构体 struct exam 变量的地址(指针),根据地址 ptr-off 就可以访问宿主结构体的数据成员了。因此,在遍历内核双向循环链表时,可以使用 container_of 宏函数根据内核链表结点的指针获取宿主结点的指针,进而获取宿主结点数据。

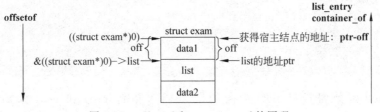

图 4-16　offsetof 和 container_of 的原理

### 4.3.3 链表初始化

内核提供了两种初始化双向循环链表的方法：宏初始化和接口初始化。

**1. 编译时的宏初始化**

```
#define LIST_HEAD_INIT(name) { &(name), &(name) }
#define LIST_HEAD(name) struct list_head name =LIST_HEAD_INIT(name)
```

LIST_HEAD_INIT 宏对已经存在的头结点 name 进行初始化,使得头结点的前驱指针和后继指针都指向头结点自己,使其成为双向循环链表头结点。

LIST_HEAD 宏创建一个 struct list_head 类型的链表头结点 name,并用 LIST_HEAD_INIT 宏对其进行初始化。

宏函数 LIST_HEAD_INIT 和 LIST_HEAD 在编译时处理。

**2. 运行时的接口初始化**

```
static inline void INIT_LIST_HEAD(struct list_head * list){
  list->next =list;
  list->prev =list;
}
```

INIT_LIST_HEAD 函数初始化一个已经存在的由 struct list_head 类型指针 list 指向的头结点,使得头结点的前驱指针和后继指针都指向头结点自己,使其成为双向循环链表头结点。

INIT_LIST_HEAD 函数在程序运行时执行。

### 4.3.4 插入结点

插入结点的函数定义如下。

```
static inline void __list_add(struct list_head * new,
  struct list_head * prev, struct list_head * next){
  next->prev =new;
  new->next =next;
  new->prev =prev;
  prev->next =new;
}
static inline void list_add(struct list_head * new, struct list_head * head){
  __list_add(new, head, head->next);
}
static inline void list_add_tail(struct list_head * new, struct list_head *
head){
  __list_add(new, head->prev, head);
}
```

__list_add 函数将指针 new 指向的结点插入指针 prev 和 next 分别指向的结点之间。

　　list_add 函数为头插法,将指针 new 指向的结点添加到指针 head 指向的结点之后,也就是在 head 后面插入一个结点。

　　list_add_tail 函数为尾插法,将 new 指向的结点添加到指针 head 指向的结点之前,也就是在双循环链表尾部插入一个结点。

　　以__开头的函数是内部接口,最好不要直接调用该接口函数,而是调用其封装函数。

## 4.3.5　删除结点

　　删除结点的函数定义如下。

```
#define LIST_POISON1 ((void *) 0x00100100)      //#define LIST_POISON1 NULL
#define LIST_POISON2 ((void *) 0x00200200)      //#define LIST_POISON2 NULL
static inline void __list_del(struct list_head * prev, struct list_head * next){
  next->prev =prev;
  prev->next =next;
}
static inline void __list_del_entry(struct list_head * entry){
  __list_del(entry->prev, entry->next);
}
static inline void list_del(struct list_head * entry){
  __list_del_entry(entry);
  entry->next =LIST_POISON1;
  entry->prev =LIST_POISON2;
}
static inline void list_del_init(struct list_head * entry){
  __list_del_entry(entry);
  INIT_LIST_HEAD(entry);
}
```

　　__list_del 函数从双循环链表中删除 prev 和 next 之间的结点。

　　__list_del_entry 函数从双循环链表中删除 entry 结点。

　　list_del 函数从双循环链表中删除 entry 结点,前提条件是 entry 结点在链表中真实存在。被删除的 entry 结点的 prev 和 next 指针分别被置为 LIST_POSITION2 和 LIST_POSITION1 两个特殊值,对 LIST_POSITION1 和 LIST_POSITION2 的访问都将引起缺页中断,这样就保证不能通过被删除结点 entry 去访问其他结点。

　　list_del_init 函数从双循环链表中删除 entry 结点,并调用函数 INIT_LIST_HEAD 对 entry 结点进行初始化,让 entry 结点的前驱指针和后继指针都指向 entry 结点本身。

## 4.3.6　替换结点

　　替换结点的函数定义如下。

```
static inline void list_replace(struct list_head * old, struct list_head * new){
  new->next =old->next;
  new->next->prev =new;
  new->prev =old->prev;
  new->prev->next =new;
```

```
}
static inline void list_replace_init(struct list_head * old, struct list_head *
new) {
  list_replace(old, new);
  INIT_LIST_HEAD(old);
}
```

list_replace 函数用 new 结点替换 old 结点。

list_replace_init 函数用 new 结点替换 old 结点，对 old 结点进行初始化，让 old 结点的 prev 和 next 指针都指向 old 结点本身。

### 4.3.7 移动结点

移动结点是将属于一个链表的结点移动到另一个链表中。两个移动结点函数定义如下。

```
static inline void list_move(struct list_head * list, struct list_head * head) {
  __list_del_entry(list);
  list_add(list, head);
}
static inline void list_move_tail(struct list_head * list, struct list_head *
head) {
  __list_del_entry(list);
  list_add_tail(list, head);
}
```

list_move 函数把结点 list 从原链表上移动到另一个链表 head 的首部。指针 list 指向要移动的结点，指针 head 指向另一个链表的头结点。list_move 函数实际的操作是删除 list 指向的结点，然后将其以头插法插入 head 链表的首部。

list_move_tail 函数把结点 list 从原链表上移动到另一个链表 head 的尾部。list_move_tail 函数实际的操作是删除 list 指向的结点，然后将其以尾插法插入 head 链表的尾部。

### 4.3.8 判断函数

判断双循环链表是否为空、判断结点是否为尾结点的函数定义如下。

```
static inline int list_is_last(const struct list_head * list,
const struct list_head * head) {
  return list->next ==head;
}
static inline int list_empty(const struct list_head * head) {
  return head->next ==head;
}
static inline int list_empty_careful(const struct list_head * head) {
  struct list_head * next =head->next;
  return (next ==head) && (next ==head->prev);
}
```

list_is_last 函数判断结点 list 是否为尾结点。

list_empty 函数判断双循环链表 head 是否为空链表(只包含头结点)。

list_empty_careful 函数同时判断头结点的 next 和 prev 指针,当两者都指向头结点自己时才返回真。这主要是考虑了并发执行环境下的同步问题,不过这种方法的安全保障能力有限,还需要加锁保护。

### 4.3.9　合并结点

合并结点是将两个独立的链表合并为一个链表。合并结点的函数定义如下。

```
static inline void __list_splice(const struct list_head * list,
struct list_head * prev, struct list_head * next){
  struct list_head * first =list->next; struct list_head * last =list->prev;
  first->prev =prev; prev->next =first; last->next =next; next->prev =last;
}
static inline void list_splice(const struct list_head * list, struct list_head *
head){
  if (!list_empty(list)) __list_splice(list, head, head->next);
}
static inline void list_splice_tail(struct list_head * list, struct list_head *
head){
  if (!list_empty(list)) __list_splice(list, head->prev, head);
}
static inline void list_splice_init(struct list_head * list, struct list_head *
head){
  if (!list_empty(list))
    {__list_splice(list, head, head->next); INIT_LIST_HEAD(list);}
}
static inline void list_splice_tail_init(struct list_head * list,
struct list_head * head){
  if (!list_empty(list))
    {__list_splice(list, head->prev, head); INIT_LIST_HEAD(list);}
}
```

__list_splice 函数将一个链表 list 插入另一个链表的 prev 和 next 结点之间。

list_splice 和 list_splice_init 函数将链表 list 合并到链表 head 首部。

list_splice_tail 和 list_splice_tail_init 函数将链表 list 合并到链表 head 尾部。

list_splice 函数将两个链表进行合并,两个链表的头指针分别是 list 和 head,只要 list 非空,list 链表的所有数据结点将被挂接到 head 链表首结点之前,让整个 list 链表(除了头结点)位于链表 head 的头结点和首结点之间。

list_splice_tail 函数将两个链表进行合并,两个链表的头指针分别是 list 和 head,只要 list 非空,就让整个 list 链表(除了头结点)挂接到 head 链表尾结点之后。

list_splice_init 函数和 list_splice 函数功能类似,只是在合并后,调用 INIT_LIST_HEAD 函数将 list 设置为空链表。

list_splice_tail_init 和 list_splice_tail 函数功能类似,只是在合并后,调用 INIT_LIST_HEAD 函数将 list 设置为空链表。

### 4.3.10　遍历链表

遍历链表的宏函数定义如下。

```
static inline int list_is_head(const struct list_head * list, const struct list_
head * head){
  return list ==head;
}
#define list_for_each(pos, head)
    for (pos =(head)->next; !list_is_head(pos, (head)); pos =pos->next)
#define list_for_each_safe(pos, n, head)
    for (pos =(head)->next, n =pos->next;
        !list_is_head(pos, (head));
        pos =n, n =pos->next)
#define list_for_each_prev(pos, head)
    for (pos =(head)->prev; !list_is_head(pos, (head)); pos =pos->prev)
#define list_entry(ptr, type, member) container_of(ptr, type, member)
#define list_first_entry(ptr, type, member) list_entry((ptr) ->next, type,
member)
#define list_next_entry(pos, member)
    list_entry((pos)->member.next, typeof(* (pos)), member)
#define list_entry_is_head(pos, head, member) (&pos->member ==(head))
#define list_for_each_entry(pos, head, member)
    for (pos =list_first_entry(head, typeof(* pos), member);
        !list_entry_is_head(pos, head, member);
        pos =list_next_entry(pos, member))
```

list_for_each 宏函数用来正向遍历链表 head。该宏实际上是一个 for 循环，利用传入的 pos 作为循环变量，从链表首结点开始，逐项向后（next 方向）移动指针变量 pos，直至回到头结点。当采用 list_for_each 宏函数遍历链表时，不能用于删除结点，如果删除结点会导致内核错误或死循环。

list_for_each_safe 宏函数用来正向遍历链表 head。为了避免在遍历链表的过程中因 pos 结点被释放而造成断链，pos 的值通过 n 进行了保存，所以该宏函数可以用于删除结点。

list_for_each_prev 宏函数用来反向遍历链表 head。

list_for_each_entry 宏函数遍历链表时，还要获取链结点宿主结构体的地址。pos 为宿主结构体类型的指针，head 为要遍历链表的头结点指针，member 是宿主结构体中的链表结点。

### 4.3.11　用户空间使用内核链表

Linux 内核提供的操作双向循环链表的函数和宏函数的定义主要在 Linux 内核源码树中的 include/linux/list.h 等文件中。因为这些函数是通用的，所以可以很方便地移植到用户态的应用程序中。

本书将操作双向循环链表的函数和宏函数的定义都放在了头文件 kernel_list.h 中，该文件在本书配套资源的"src/第 3 章"目录中。

操作双向循环链表的函数和宏函数的示例代码（源代码文件为 u_klink.c）如下。编译

视频 4-3
用户空间
使用内核
链表

和运行 u_klink 如图 4-17 所示。

```
 1: #include <stdio.h>
 2: #include <stdlib.h>
 3: #include "kernel_list.h"
 4: typedef struct student{
 5:   int num; char name[20];
 6:   struct list_head list;
 7: }STUDENT;
 8: int main(){
 9:   STUDENT * ps, head1, head2;
10:   struct list_head * pos, * next;
11:   INIT_LIST_HEAD(&head1.list);              //初始化双链表 1
12:   INIT_LIST_HEAD(&head2.list);              //初始化双链表 2
13:   for(int i=0; i<3; i++){                   //尾插法添加结点
14:     ps = (STUDENT *)malloc(sizeof(STUDENT));
15:     ps->num = i+1;
16:     sprintf(ps->name, "name%d", i+1);
17:     list_add_tail(&(ps->list),&(head1.list));
18:   }
19:   for(int i=0; i<3; i++){                   //头插法添加结点
20:     ps = (STUDENT *)malloc(sizeof(STUDENT));
21:     ps->num = i+1;
22:     sprintf(ps->name, "ming%d", i+1);
23:     list_add(&(ps->list), &(head2.list));
24:   }
25:   printf("下面正向遍历链表 1\n");
26:   list_for_each(pos, &head1.list){
27:     ps = list_entry(pos, STUDENT, list);
28:     printf("num:%d, %s\n",ps->num,ps->name);
29:   }
30:   printf("下面逆向遍历链表 1\n");
31:   list_for_each_prev(pos, &head1.list){
32:     ps = list_entry(pos, STUDENT, list);
33:     printf("num:%d, %s\n",ps->num,ps->name);
34:   }
35:   printf("下面正向遍历链表 2\n");
36:   list_for_each_entry(ps, &head2.list, list)
37:     printf("num:%d, %s\n",ps->num,ps->name);
38:   printf("下面逆向遍历链表 2\n");
39:   list_for_each_prev(pos, &head2.list){
40:     ps = list_entry(pos, STUDENT, list);
41:     printf("num:%d, %s\n",ps->num,ps->name);
42:   }
43:   printf("删除链表 1 中 num 为 2 的结点\n");
44:   list_for_each_safe(pos,next,&head1.list){
45:     ps = list_entry(pos, STUDENT, list);
46:     if(ps->num ==2){
47:       list_del_init(pos); free(ps); break;
48:     }
```

```
49:   }
50:   printf("替换链表 2 中 num 为 2 的结点\n");
51:   STUDENT * new_stu=
52:       (STUDENT *)malloc(sizeof(STUDENT));
53:   new_stu->num=2;
54:   sprintf(new_stu->name, "MING2");
55:   list_for_each_entry(ps, &head2.list, list){
56:     if(ps->num ==2){
57:       list_replace(&ps->list, &new_stu->list);
58:       free(ps); break;                        //释放被替换的结点
59:     }
60:   }
61:   printf("list_splice合并链表 2 到链表 1\n");
62:   list_splice(&head2.list,&head1.list);
63:   printf("下面正向遍历链表 1\n");
64:   list_for_each_entry(ps, &head1.list, list)
65:     printf("num:%d, %s\n",ps->num,ps->name);
66:   printf("释放链表 1 占用的资源\n");
67:   list_for_each_safe(pos,next,&head1.list){
68:     ps =list_entry(pos, STUDENT, list);
69:     list_del_init(pos); free(ps);
70:   }
71: }
```

```
1 # gcc u_klink.c -o u_klink
2 # ./u_klink
3 下面，正向遍历链表1
4 num:1, name1
5 num:2, name2
6 num:3, name3
7 下面，逆向遍历链表1
8 num:3, name3
9 num:2, name2
```

```
10 num:1, name1
11 下面，正向遍历链表2
12 num:3, ming3
13 num:2, ming2
14 num:1, ming1
15 下面，逆向遍历链表2
16 num:1, ming1
17 num:2, ming2
18 num:3, ming3
```

```
19 删除链表1中num为2的结点
20 替换链表2中num为2的结点
21 list_splice合并链表2到链表1
22 下面，正向遍历链表1
23 num:3, ming3
24 num:2, MING2
25 num:1, ming1
26 num:1, name1
27 num:1, name1
28 释放链表1占用的资源
```

图 4-17　编译和运行 u_klink

# 4.4　习题

**1. 填空题**

（1）链表是一种常见的数据结构，由一系列_____组成。

（2）每个结点至少包括两个域，即_____和_____。

（3）_____用于存储指向下一个结点的地址，建立与下一个结点的联系。

（4）各个结点通过_____链接构成一个链式结构，即为_____。

（5）链表有多种不同类型，即_____、_____和循环链表等。

（6）单向链表简称_____，其特点是链表的链接方向是_____。

（7）对单链表的访问要从头结点开始顺序进行。一般结点的第一个结点称为

_____,最后一个结点称为_____。头结点由_____指向。

（8）可以采用_____或尾插法创建单链表。更灵活的插入结点方法是在_____插入。

（9）双向链表简称_____,其特点是链表的链接方向是_____。

（10）双链表结点有两个指针域,分别称为_____和_____。_____指向当前结点前面的结点,_____指向当前结点后面的结点。

（11）从双链表中的任意一个结点开始,都可以很方便地访问它的_____和_____。

（12）在 Linux 内核中使用了大量的_____来组织各种数据。

（13）Linux 内核定义的链表结点类型 struct list_head 没有数据域,只有_____。

（14）内核链表中的链表结点不与_____相关,因此具有_____。

（15）包含 struct list_head 成员的结构体称为_____,其结点称为_____。

（16）遍历内核双向循环链表时,可以使用 list_entry 宏通过_____访问_____的数据域。

**2. 简答题**

（1）如何遍历普通双向循环链表和内核双向循环链表?

（2）3 个宏函数 offsetof、container_of 和 list_entry 的作用分别是什么?

**3. 上机题**

（1）本章所有源代码文件在本书配套资源的"src/第 4 章"目录中,请读者运行每个示例,理解所有源代码。

（2）限于篇幅,本章程序题都放在本书配套资源的"xiti-src/xiti04"文件夹中。

# 第5章 C 标准库

 **本章学习目标**

- 了解 C 语言标准和 glibc;
- 掌握标准输入/输出库函数的使用;
- 掌握标准工具库函数的使用;
- 掌握字符串处理和字符处理库函数的使用。

本章和下一章的重要性仅次于第 2、3 章。在 Linux 中进行 C 语言编程时,会经常用到 C 标准库中的库函数以及 Linux 内核向用户空间提供的系统调用。

## 5.1 C 语言标准和 glibc

**1. C 语言标准**

C 语言自诞生到现在,其间经历了多次标准化过程。1978 年,Brian Kernighan 和 Dennis Ritchie 合作出版了 *The C Programming Language* 一书的第一版,书末参考指南一节给出了当时 C 语言的完整定义,成为那时 C 语言事实上的标准,人们称为 K&R C。1989 年,美国国家标准协会(ANSI)制定了第一个 C 语言标准,称为 C89 或 C90,也称 ANSI C。该标准随后被国际标准化组织(ISO)采纳,成为国际标准(ISO/IEC 9899:1990)。1995 年,ISO 对 C90 进行微小扩充后发布了 C95。1999 年,ISO 发布了新的 C 语言标准,命名为 ISO/IEC 9899:1999,简称 C99。2011 年,ISO 发布了新的 C 语言标准,命名为 ISO/IEC 9899:2011,简称 C11。2018 年,ISO 发布了新的 C 语言标准,命名为 ISO/IEC 9899:2018,简称 C17(也称 C18)。C17 没有引入新的语言特性,只对 C11 进行了补充和修正。下一个标准是 C23。

C 标准向应用程序开发者提供统一、通用的函数和数据结构,使其在多数不同系统平台上都能使用相同函数实现相同功能,提高程序的可移植性。C 标准由两部分组成,一部分描述 C 语言语法,另一部分描述 C 标准库。C 标准库定义了一组标准头文件,每个头文件中包含一些相关的函数、变量、类型和宏的声明或定义。应用程序开发者可以包含这些头文件来调用 C 标准库函数开发应用程序,这样可以屏蔽平台的差异。

**2. C 标准库**

C 标准库是 C 标准(如 C89)的实现。C 标准库由在头文件中声明的函数、类型定义和宏组成,每个头文件都代表了一定范围的编程功能。C 标准库是针对 C 语言本身来说的,与平台无关。C 标准库也称为 ISO C 库,是用于完成诸如输入/输出处理、字符串处理、内存管理、数学计算和许多其他操作系统服务等任务的宏、类型和函数的集合。其内容分布在不同的头文件中。可以使用 man gcc 命令查看 GCC 编译器支持的 C 标准,man gcc 命令的输出中,-std＝表示支持的 C 标准,如-std＝c99。GNU C 对标准 C 进行了一系列扩展,以增强标准 C 的功能。如果想在 Linux 中的 C 语言编程中启用 C99 标准,可以在使用 gcc 命令编译程序时使用-std＝gnu99,这样会对 GNU C 语法进行特殊处理,并且使用 C99 标准。

**3. C 运行时库**

C 标准库的具体实现由各个系统平台决定。C 标准库的二进制实现是 C 运行时库(C run time library,CRT)的一部分。取 CRT 这个名字是因为 C 应用程序运行时需要这些库中的函数。CRT 是和操作系统以及编译器密切相关的。不同操作系统(如 Windows 和 Linux)都有各自的运行时库。CRT 除了包括 C 标准库,同时包含和平台相关的一些函数库。从某种角度来看,CRT 是 C 应用程序和操作系统之间的中间层。要在一个平台上支持 C 语言,不仅要实现符合平台的 C 编译器,还要提供 C 运行时库。Linux 平台下主要的 C 运行时库为 glibc。

**4. glibc**

Linux 平台上使用得最广泛的 C 函数库是 glibc(GNU C library),其中包括 C 标准库的实现,也包括所有系统调用。几乎所有 Linux 平台上的 C 应用程序都要调用 glibc 中的库函数,所以 glibc 是 Linux 平台 C 应用程序运行的基础。glibc 提供一组头文件和一组库文件,头文件定义了很多类型和宏,声明了很多库函数,它们一般位于/usr/include 文件夹中;库文件提供了库函数的二进制实现。最基本、最常用的 C 标准库函数和系统调用都在 libc 共享库(/lib/x86_64-linux-gnu/libc.so)中,有些库函数在另外的共享库中,如数学库函数在 libm 共享库(/lib/x86_64-linux-gnu/libm.so)中。用户空间线程操作的库函数并不是标准 C 运行时库的一部分,但是 glibc 包含了线程操作的共享库(/lib/x86_64-linux-gnu/libpthread.so.0)。所以,glibc 实际上是标准 C 运行时库的超集,对 C 标准库进行了扩展,添加了很多 C 标准库所没有、与平台相关或不相关的库函数。glibc 并不是 Linux 平台唯一的基础 C 函数库,还有适用于嵌入式 Linux 系统的 uClibc 函数库和 Android 使用的 bionic 函数库。以后再说 libc 时专指 libc.so 这个库文件,而说 glibc 时是指 glibc 提供的所有头文件和库文件。

glibc 为程序员提供了丰富的 API(application programming interface,应用程序编程接口),并且多数 API 遵循 POSIX(portable operating system interface of UNIX,可移植操作系统接口)标准,使用符合 POSIX 标准的 API 开发的应用程序在源代码一级具有更好的多种操作系统上的可移植性。POSIX 标准规定了 API 的函数名、返回值、参数个数和类型以及函数功能等,但是没有规定 API 具体如何实现。Linux 系统调用遵循 POSIX 标准。

# 5.2　标准输入/输出函数库(stdio.h)

下面对头文件 stdio.h 中声明或定义的库函数进行分类介绍。

**注意**：本章所有源代码文件都在本书配套资源的"src/第 5 章"目录中。

## 5.2.1　fopen/fclose

视频 5-1
fopen 和
fclose

使用 fopen 和 fclose 函数(源代码文件为 c_fopen.c)的示例代码如下：

```
 1: #include <stdio.h>
 2: int main(){
 3:   FILE * fp;
 4:   if(!(fp=fopen("/tmp/c_fopen.txt","a"))){
 5:     printf("File Open Failed!\n");
 6:     return 0;
 7:   }
 8:   fputs("Hello ", fp);
 9:   fputs("World\n", fp);
10:   fclose(fp);
11: }
```

```
# gcc -o c_fopen c_fopen.c
# ./c_fopen
# ./c_fopen
# cat /tmp/c_fopen.txt
Hello World
Hello World
```

图 5-1　编译和执行 c_fopen

编译源代码文件 c_fopen.c 和运行 c_fopen 可执行程序如图 5-1 所示。

文件有文本(text)文件和二进制(binary)文件两种。源代码文件是文本文件，可执行文件和库文件是二进制文件。文本文件中的字节都是某种编码(如 ASCII 或 UTF-8)字符，可以使用文本编辑器(如 gedit 和 vim)或相关命令(如 cat、less)查看或编辑其中的字符。二进制文件中的内容不是字符，文件中的字节表示其他含义，如可执行文件中的字节可以表示指令、地址或数据等信息。

fopen 函数和 fclose 函数要成对使用，文件使用完毕后，如果不调用 fclose 函数关闭文件，则进程退出时系统会自动关闭该文件。对于长时间运行的服务器程序，如果不关闭使用完毕的文件，则会有越来越多的系统资源被占用，如果资源被占完，则服务器程序的正常运行会受影响。

操作文件的正确流程为：打开文件→读写文件→关闭文件。文件在进行读写操作之前要先打开，使用完毕后要关闭。C 语言中打开文件就是让程序和文件建立连接，打开文件之后，程序就可以得到文件的相关信息(如文件名、文件状态、当前读写位置、大小、类型、权限等)，这些信息会被保存到一个 FILE 类型的结构体变量中。关闭文件就是断开与文件之间的联系，释放结构体变量，同时禁止再对该文件进行操作。在 C 语言中，文件有多种读写方式，可以逐个字符地读取，也可以以行为单位进行读取，还可以读取若干字节。文件的读写位置也很灵活，可以从文件开头读取，也可以从文件中间位置读取。

所有保存在外存的文件只有读入内存才能被处理，所有内存中的数据只有写入文件才不会丢失。数据在文件和内存之间传递的过程称为文件流。将文件中的数据读取到内存的过程叫作输入流,从内存中的数据保存到文件的过程称为输出流。在 Linux 中,一切皆文件,也就是说键盘、显示器、磁盘等外设都被看作文件,因此,这些设备和内存之间的数据传递过程也称为数据流,数据从外设到内存的过程也称为输入流,从内存到外设的过程也称为输出流。因此,打开文件就是打开了一个流。输入/输出(input/output,I/O)是指程序(内存)与外设进行交互的操作。几乎所有程序都有 I/O 操作。

**1. fopen 函数**

stdio.h 头文件中声明的 fopen 函数用于打开文件,这个函数的函数原型如下:

```
FILE * fopen(const char * pathname, const char * mode);
```

参数 filename 为文件名(包括文件路径),mode 为打开方式。fopen 函数会获取文件信息,并将这些信息保存到一个 FILE 类型的结构体变量中,然后将该变量的地址作为返回值返回。若要接收 fopen 函数的返回值,就需要定义一个 FILE 类型的指针,该指针被称为文件指针,以后程序就可以通过文件指针对文件做各种操作。fopen 函数成功则返回文件指针,出错则返回 NULL 并设置 errno。

按照数据的存储方式可以将文件分为二进制文件和文本文件,这两种类型文件的操作细节是不同的。另外,对文件不同的操作需要不同的文件权限(读或写)。在调用 fopen 函数时,这些信息都必须提供,称为文件打开方式。基本的文件打开方式如表 5-1 所示,r(read)、w(write)、a(append)表示文件的读写权限,t(text)、b(binary)表示文件的读写方式。调用 fopen 函数时必须指明读写权限,但是可以不指明读写方式(默认为 t)。读写权限和读写方式可以组合使用,但是必须将读写方式放在读写权限中间或后面,不能将读写方式放在读写权限前面。

表 5-1　基本的文件打开方式

| mode | 说　　　明 |
| --- | --- |
| r | 以只读方式打开文件。文件必须存在,否则打开失败 |
| w | 以只写方式打开文件。若文件不存在,则创建一个新文件;若文件存在,则清空文件内容 |
| a | 以追加方式打开文件。若文件不存在,则创建一个新文件;若文件存在,则将写入的数据追加到文件原有内容的后面。只能写文件 |
| r+ | 以读写方式打开文件。文件必须存在,否则打开失败 |
| w+ | 以读写方式打开文件。若文件不存在,则创建一个新文件;若文件存在,则清空文件内容 |
| a+ | 以追加方式打开文件。若文件不存在,则创建一个新文件;若文件存在,则将写入的数据追加到文件原有内容的后面。可以读写文件 |
| t | 文本文件。若不指明读写方式,默认为 t |
| b | 二进制文件 |

**2. fclose 函数**

文件使用完毕后应该把文件关闭,以释放文件在操作系统中占用的资源,避免数据丢失。stdio.h 头文件中声明的 fclose 函数用于关闭文件,这个函数的原型如下:

```
int fclose(FILE * stream);
```

参数 stream 为文件指针。把文件指针 stream 传递给 fclose 函数可以关闭它指向的文件，关闭后 stream 指针就无效了。fclose 函数执行成功（文件正常关闭）则返回 0，出错则返回 EOF(-1)，并设置 errno。

## 5.2.2 stdin/stdout/stderr

视频 5-2
stdin、
stdout 和
stderr

用户程序运行过程中总会有各种输入/输出，如果程序出错，还要能输出错误。因此，当一个用户进程被创建时，系统会自动为该进程创建三个数据流，即 stdin（标准输入）、stdout（标准输出）和 stderr（标准错误）。stdin、stdout 和 stderr 都是 FILE * 类型的文件指针。这三个数据流默认表现在用户终端上，stdin 默认指向键盘，stdout 和 stderr 默认指向显示器。这样就可以通过终端进行输入/输出操作了。终端（terminal）是可以进行输入/输出的人机交互设备，早期的终端是电传打字机和打印机，现在的终端通常是键盘和显示器。

使用 fprintf 和 fscanf 函数（源代码文件为 c_std.c）的示例代码如下：

```
 1: #include<stdio.h>
 2: int main(){
 3:   FILE * fp;
 4:   if(!(fp=fopen("/tmp/c_std.txt","a"))){
 5:     printf("stdout File Open Failed!\n");
 6:     fprintf(stdout,"stdout Open Fail!\n");
 7:     perror("stderr File Open Failed!\n");
 8:     return 0;
 9:   }
10:   fprintf(stderr,"stderr Hello World!\n");
11:   fprintf(fp,"stderr Hello World!\n");
12:   char str[2][10];
13:   scanf("%s", str[0]);
14:   fscanf(stdin, "%s", str[1]);
15:   printf("%s\n", str[0]);
16:   fprintf(stdout, "%s\n", str[1]);
17: }
```

printf 函数向 stdout 中输出，第 10、16 行的 fprintf 函数分别向 stderr 和 stdout 中输出，最终都在显示器上显示。不管是输出到 stderr 还是输出到 stdout 效果是一样的，都是输出到显示器，那么为什么还要分成标准输出和标准错误输出呢？因为这样做可以把标准输出重定向到一个常规文件，标准错误输出仍然对应显示器终端设备或被重定向到另一个常规文件，从而可以把程序正常的运行结果和程序出错信息分开。另外，stdout 是带有缓冲区的输出，先将数据输出到缓冲区里，遇到换行或程序结束时输出到屏幕；stderr 直接输出到屏幕。

编译源代码文件 c_std.c 和运行 c_std 可执行程序如图 5-2 所示。

```
1# gcc -o c_std c_std.c
2# ./c_std
3 stderr Hello World!
4 aaa bbb
5 aaa
6 bbb
7# cat /tmp/c_std.txt
8 stderr Hello World!
```

图 5-2 编译和执行 c_std

## 5.2.3　errno 与 perror 函数

### 1. errno.h 头文件

errno.h 头文件定义了一个宏 errno(可以看作全局整型变量),用来保存程序运行中的错误码(error code),其初始值为 0,它是通过系统调用设置的。一些标准库函数执行中出错时,它被设置为非 0 值,所有标准库函数执行成功时,它被设置为 0。libc 定义了各种错误码所对应的错误描述信息,错误描述信息在 string.h 中,可通过函数 strerror 获取。

### 2. perror 和 strerror 函数

如果输出错误信息时直接输出 errno 变量,打印出来的只是一个整数值,不易看出错误原因。比较好的办法是用 perror 或 strerror 函数将 errno 解释成字符串再输出。

perror 函数在 stdio.h 中声明,strerror 函数在 string.h 中声明,它们的函数原型如下:

```
void perror(const char * s);
char * strerror(int errnum);
```

perror 函数将错误信息输出到标准错误中,首先输出参数 s 所指的字符串,然后输出冒号,最后输出当前 errno 的值对应的错误描述信息(错误原因)。

strerror 函数可以根据错误码 errnum 返回其对应的错误原因字符串。有些函数的错误码并不保存在 errno 中,而是通过返回值返回,此时就不能调用 perror 函数输出错误原因,只能使用 strerror 函数输出错误原因。

使用 errno(源代码文件为 c_errno.c)的示例代码如下,通过两种方法输出错误信息,一种是通过 perror 函数,另一种是通过 strerror 函数和 errno。

视频 5-3
perror 和
strerror

```
 1: #include<stdio.h>
 2: #include<errno.h>
 3: #include<string.h>
 4: int main(){
 5:   for(int i=0; i<10; i++) //i<134
 6:     printf("%d:%s\n",i,strerror(i));
 7:   FILE * fp;
 8:   fp=fopen("nosuchfile.txt","r");
 9:   if(fp==NULL){
10:     perror("Error");
11:     printf("%d:%s\n",errno,strerror(errno));
12:   }
13:   return 0;
14: }
```

编译源代码文件 c_errno.c 和运行 c_errno 可执行程序如图 5-3 所示。源代码的第 5、6 行输出了前 10 个错误码(共 134 个)所对应的错误类型,如图 5-3 中第 3～12 行所示。源代码的第 8 行通过 fopen 函数打开指定的文件,由于该文件不存在,所以打开文件失败,errno 被设置为非 0 值(ENOENT),并且 fopen 函数的返回值是 NULL。源代码的第 10、11 行分别调用 perror 函数和 strerror(errno)函数将 ENOENT 解释成字符串 No such file or directory,进而输出错误信息,如图 5-3 中第 13、14 行所示。从错误信息可以看出,fopen

函数打开指定文件失败的主要原因是该文件不存在。虽然 perror 可以输出错误原因信息，但是还可以通过传给 perror 的字符串参数提供一些额外的信息以帮助在程序出错时快速定位。

```
 1# gcc -o c_errno c_errno.c
 2# ./c_errno
 30:Success
 41:Operation not permitted
 52:No such file or directory
 63:No such process
 74:Interrupted system call
 85:Input/output error
 96:No such device or address
107:Argument list too long
118:Exec format error
129:Bad file descriptor
13Error: No such file or directory
142:No such file or directory
```

图 5-3　编译和执行 c_errno

## 5.2.4　以字节为单位的 I/O 函数

在 C 语言中，读写文件比较灵活，既可以每次读写一个字符，也可以读写一个字符串，甚至是一个数据块（也称记录）。本小节介绍以字符形式读写文件。以字符形式读写文件时，主要使用两个函数，分别是 fgetc 函数和 fputc 函数。本节相关的几个函数原型如下：

```
int fgetc(FILE * stream);
int fputc(int c, FILE * stream);
int feof(FILE * stream);
int ferror(FILE * stream);
int getchar(void);
int putchar(int c);
```

fgetc(file get char)函数从指定文件 stream 中读取一个字符，读取成功时返回读取到的字符，读取到文件末尾或读取失败时返回 EOF。在 FILE 结构体变量中有一个文件内部位置指针，用来指向当前的读写位置。在文件打开时，该指针总是指向文件的首字节。调用 fgetc 函数后，位置指针会向后移动 1 字节，所以可以连续调用 fgetc 函数读取多个字符。对文件读写一次，位置指针就会移动一次。位置指针由系统自动设置，无须程序员在程序中定义和赋值。

fputc 函数是向指定文件 stream 中写入一个字符 c，写入成功时返回写入的字符，失败时返回 EOF。每调用一次 fputc 函数就写入一个字符，文件内部位置指针向后移动 1 字节，因此可以连续调用 fputc 函数依次写入多个字符。

getchar 函数从标准输入读取一个字符，成功时返回读到的字符，出错或者读到文件末尾时返回 EOF。调用 getchar 函数相当于调用 fgetc(stdin)。

putchar 函数向标准输出写入一个字符，成功时返回写入的字符，出错时返回 EOF。调用 putchar(c)相当于调用 fputc(c, stdout)。

上述函数执行成功时返回的字节本应该是 unsigned char 型的，但是由于函数原型中返回值是 int 型,所以要将该字节转换成 int 型再返回。之所以要返回 int 型的值是因为出错或读到文件末尾时都将返回 EOF(−1),int 型的−1 在计算机内部的补码表示是 0xffffffff。在读到 unsigned char 型的字节 0xff 时,转换为 int 型,即 0x000000ff。因此,只有规定返回值是 int 型,才能把这两种情况区分开。

使用上述函数(源代码文件为 c_char.c)的示例代码如下。

视频 5-4
c_char

```
 1: #include<stdio.h>
 2: int main(){
 3:   FILE * fp; int c;
 4:   if(!(fp=fopen("/tmp/c_char.txt","r+"))){
 5:     printf("打开文件失败\n"); return -1;
 6:   }
 7:   while((c=fgetc(fp))!=EOF) putchar(c);      //每次读取 1 字节,直到读取完毕
 8:   if(ferror(fp)) printf("读取出错\n");
 9:   else printf("读取成功,");
10:   printf("请输入字符串: ");
11:   while((c=getchar())!='\n') fputc(c,fp);   //每次从键盘读取一个字符并写入文件
12:   fputc('\n',fp);
13:   for(int i=65; i<=90; i++) fputc(i,fp);     //将字符逐一写入文件
14:   fputc('\n',fp); fclose(fp);
15:   fp=fopen("/tmp/c_char.txt","r");
16:   printf("文件内容如下:\n");
17:   //while (!feof(fp)) printf("%c",getc(fp));
                                   //如果使用该行,则输出的最后一行是�
18:   c =getc(fp);
19:   while(c!=EOF){printf("%c",c);c=getc(fp);}
20:   if(feof(fp)) printf("文件内容如上");
21:   else printf("读取出错");
22:   printf("\n"); fclose(fp);
23: }
```

上面源代码文件中,第 4 行以读写方式打开文件。第 7 行输出文件内容。第 11 行从键盘读取字符串后写入文件。第 13 行将 26 个大写英文字母写入文件。第 14、15 行关闭文件后再打开,目的是使第 18、19 行读取到文件的最新内容,实现该目的的更好办法是使用 fflush 和 rewind 函数,这两个函数在后面介绍。如果注释掉第 18～21 行,使用第 17 行,则运行 c_char 可执行程序后输出的最后一行是�,所以正确使用 feof 函数的方法是第 18～21 行代码。

如图 5-4 所示,第 1 行编译源代码文件 c_char.c,第 2 行运行 c_char 可执行程序,此时由于不存在/tmp/c_char.txt 文件,因此输出第 3 行的出错信息。第 4 行创建/tmp/c_char.txt 文件,第 5 行再次运行 c_char 可执行程序,先将/tmp/c_char.txt 文件中的内容输出(第 6 行),第 7 行从键盘输入字符串并写入/tmp/c_char.txt 文件,第 9～11 行为/tmp/c_char.txt 文件中的最新

```
 1 # gcc -o c_char c_char.c
 2 # ./c_char
 3 打开文件失败
 4 # echo adfsdaf > /tmp/c_char.txt
 5 # ./c_char
 6 adfsdaf
 7 读取成功,请输入字符串: aaaaa
 8 文件内容如下:
 9 adfsdaf
10 aaaaa
11 ABCDEFGHIJKLMNOPQRSTUVWXYZ
12 文件内容如上
13 #
```

图 5-4  编译和执行 c_char

内容。

### 5.2.5 以字符串为单位的 I/O 函数

以字符串形式读写文件时，主要使用两个函数，分别是 fgets 函数和 fputs 函数。本节相关的几个函数原型如下：

```
char * fgets(char * s, int size, FILE * stream);
int fputs(const char * s, FILE * stream);
int puts(const char * s);
char * gets(char * s);
```

fgets 函数用来从指定文件 stream 中读取一个字符串，将其写入字符数组 s 中。size 为要读取的字符个数。在读取到 size−1 个字符之前如果读到了换行符或文件末尾，则读取结束。fgets 函数遇到换行时会将换行符'\n'也读到当前字符串中，gets 函数会忽略换行符。不管 size 值有多大，fgets 函数最多只能读取一行数据，不能跨行。

gets 函数（已经过时，勿使用）从标准输入读取一行字符，成功时返回 s，出错或读到文件末尾时返回 NULL。gets 函数可通过标准输入读取任意长的字符串，会导致缓冲区溢出错误。

fputs 函数用来向指定文件 stream 写入一个字符串 s，但并不写入串结束符'\0'。参数 s 指向以'\0'结尾的字符串，写入成功则返回非负整数，失败则返回 EOF。fputs 函数不关心字符串中的'\n'字符，字符串中可以有'\n'也可以没有'\n'。

puts 函数将字符串 s 输出到标准输出（不包括串结束符'\0'），然后自动输出一个换行符'\n'到标准输出。

使用上述函数（源代码文件为 c_str.c）的示例代码如下。

视频 5-5
c_str

```
 1: #include<stdio.h>
 2: #include<stdlib.h>
 3: #define N 6
 4: int main(){
 5:   FILE * fp;
 6:   char str[N+1]={0};
 7:   if(!(fp=fopen("/tmp/c_str.txt","w"))){
 8:     printf("打开文件失败\n"); return -1;
 9:   }
10:   printf("请输入字符串：");
11:   while(fgets(str, N+1, stdin) !=NULL)
12:   fputs(str, fp);
13:   fclose(fp);
14:   if(!(fp=fopen("/tmp/c_str.txt","r"))){
15:     printf("打开文件失败\n"); return -1;
16:   }
17:   while(fgets(str, N+1, fp) !=NULL)
18:     puts(str);
19:   fclose(fp);
20: }
```

上面源代码文件中,第 7 行以写方式打开文件。第 11、12 行从键盘读取字符串后写入文件。第 13、14 行关闭文件后再打开,目的是使第 17、18 行读取到文件的最新内容,实现该目的的更好办法是使用 fflush 和 rewind 函数。

如图 5-5 所示,第 1 行编译源代码文件 c_str.c,第 2 行运行 c_str 可执行程序。第 3 行输入一串字符后按 Enter 键,第 4 行接着输入一串字符后按 Enter 键,然后按 Ctrl＋D 组合键,接着输出第 5～16 行的字符串。

```
1 # gcc -o c_str c_str.c
2 # ./c_str
3 请输入字符串: ABC DEFGHI JKLMNOPQ RST
4 UVWX YZabcdefghi jklmnopq rstuvwxyz
5 ABC DE
6 FGHI J
7 KLMNOP
8 Q RST
9
10 UVWX Y
11 Zabcde
12 fghi j
13 klmnop
14 q rstu
15 vwxyz
16
17 #
```

图 5-5　编译和执行 c_str

## 5.2.6　以记录为单位的 I/O 函数

fread 和 fwrite 函数用于读写记录(数据块),记录是指一串固定长度的字节,它可以是变量、数组或结构体等。fread 和 fwrite 的函数原型如下:

```
size_t fread(void * ptr, size_t size, size_t nmemb, FILE * stream);
size_t fwrite(const void * ptr, size_t size, size_t nmemb, FILE * stream);
```

参数 size 指出一条记录的长度,参数 nmemb 是请求读或写的记录数,这些记录在 ptr 所指的内存空间中连续存放,共占 size×nmemb 字节,fread 从文件 stream 中读出 size×nmemb 字节并保存到 ptr 中,而 fwrite 把 ptr 中的 size×nmemb 个字节写到文件 stream 中。fread 和 fwrite 函数的返回值是读或写的记录数。fread 和 fwrite 函数执行成功时返回的记录数等于 nmemb,出错或读到文件末尾时返回的记录数小于 nmemb,或返回 0。如果返回值小于 nmemb,对于 fwrite 函数来说肯定发生了写入错误,可以用 ferror 函数检测;对于 fread 函数来说可能读到了文件末尾,也可能发生了错误,可以用 ferror 或 feof 函数检测。例如,当前读写位置距文件末尾只有 1 条记录的长度,调用 fread 时指定 nmemb 为 5,则返回值为 1。若当前读写位置已经在文件末尾,或读文件时出错,则 fread 返回 0。若写文件时出错,则 fwrite 的返回值小于 nmemb 的指定值。

使用上述函数(源代码文件为 c_block.c)的示例代码如下。

```
1: #include<stdio.h>
2: #define N 2
3: typedef struct {
```

视频 5-6
c_block

139

```
 4:    char name[10];
 5:    int num;
 6:    int age;
 7:    float score;
 8: } student;
 9: int main(){
10:    student wstu[N],rstu[N];
11:    student * pw=wstu, * pr=rstu;
12:    FILE * fp, * fp2;
13:    int i;
14:    if(!(fp=fopen("/tmp/c_b.txt",
15:                          "w+"))){
16:      printf("打开文件失败\n");
17:      return -1;
18:    }
19:    printf("请输入学生信息:\n");
20:    for(i =0; i <N; i++, pw++)
21:      scanf("%s %d %d %f", pw->name,
22:        &pw->num, &pw->age, &pw->score);
23:    fwrite(wstu, sizeof(student), N, fp);
24:    rewind(fp);
25:    fread(rstu, sizeof(student), N, fp);
26:    for (i =0; i <N; i++, pr++)
27:      printf("%s %d %d %f\n", pr->name,
28:        pr->num, pr->age, pr->score);
29:    fclose(fp); unsigned char buf[4];
30:    fp = fopen("c_block", "r");
31:    fread(buf, 4, 1, fp);
32:    printf("Magic: %#04x%02x%02x%02x\n",
33:        buf[0], buf[1], buf[2], buf[3]);
34:    fread(buf, 1, 1, fp); fclose(fp);
35:    printf("Class: %#04x\n", buf[0]);
36: }
```

上面源代码中，第 14、15 行以写方式打开文件。第 20~22 行从键盘读取学生信息后写入数组 wstu。第 23 行将数组 wstu 中的数据写入文件。第 24 行将文件内部位置指针重置到文件开头。第 25 行从文件中读取数据到数组 rstu 中。第 26~28 行输出数组 rstu 中的学生信息。第 30 行打开文件 c_block。第 31~33 行读取文件 c_block 的前 4 字节并且显示。第 34、35 行读取文件 c_block 第 5 字节并且显示。

如图 5-6 所示，第 1 行编译源代码文件 c_block.c，第 2 行运行 c_block 可执行程序。第

```
1# gcc -o c_block c_block.c
2# ./c_block
3 请输入学生信息:
4 a 1 22 90 b 2 23 99
5 a 1 22 90.000000
6 b 2 23 99.000000
7 Magic: 0x7f454c46
8 Class: 0x02
9 #
```

图 5-6  编译和执行 c_block

4 行输入两个学生的信息后按 Enter 键写入文件，第 5、6 行为从文件中读出的学生信息。第 7、8 行是 c_block 文件的魔数（magic）和文件类别（CLASS）。魔数用来指明该文件是一个 ELF 目标文件，第 1 字节 7F 是个固定数，后面 3 字节为 ELF 三个字母的 ASCII。CLASS 表示文件类别，0x02 代表的是 64 位 ELF 格式（0x01 代表的是32 位 ELF 格式）。如图 5-6 所示，使用 readelf 命令查看 ELF Header 前 16 字节，如图 5-7 第

2 行所示，前 4 字节被称为 ELF 文件的魔数，是所有 ELF 文件固定的格式；第 5 字节为 0x02，代表文件类型；第 6 字节为字节序，0x01 为小端序，0x02 为大端序。

```
1 # readelf -h c_block
2 Magic: 7f 45 4c 46 02 01 01 00 00 00 00 00 00 00 00 00
3 类别:              ELF64
4 数据:              2 补码, 小端序 (little endian)
5 Version:          1 (current)
6 OS/ABI:           UNIX - System V
7 ABI 版本:          0
8 类型:              DYN (Position-Independent Executable file)
9 系统架构:          Advanced Micro Devices X86-64
10 版本:             0x1
```

图 5-7　查看 c_block 的魔数和文件类别

## 5.2.7　格式化读写文件

fscanf 和 fprintf 函数与 2.4 节介绍的 scanf 和 printf 功能相似，都是格式化读写函数，区别在于 fscanf 和 fprintf 的读写对象不是键盘和显示器，而是文件。这两个函数的原型如下：

```
int fscanf(FILE * stream, const char * format, ...);
int fprintf(FILE * stream, const char * format, ...);
```

fscanf 函数按照格式字符串 format 指定的格式，将文件 stream 中位置指针所指向的文件当前位置的数据读出后写入可变参数列表中的变量中，读出后文件内部位置指针自动向下移动。若读取数据成功则返回被成功赋值的参数个数，若遇见文件结束符或读取不成功，则返回 EOF。

fprintf 函数按照格式字符串 format 指定的格式，将可变参数列表中的变量值写入文件 stream 中位置指针所指向的文件当前位置，写入后文件内部位置指针自动向下移动。若写入成功则返回写入的字节个数，否则返回 EOF。

如果将参数 stream 设置为 stdin，那么 fscanf 函数将会从键盘读取数据，与 scanf 函数的作用相同；如果将参数 stream 设置为 stdout，那么 fprintf 函数将会向显示器输出内容，与 printf 函数的作用相同。

视频 5-7
c_format

使用上述函数（源代码文件为 c_format.c）的示例代码如下。

```
1: #include <stdio.h>
2: int main(){
3:   FILE * in, * out; char c;
4:   if(!(in=fopen("/tmp/c_in.txt", "r"))) {printf("打开文件失败\n"); return -1;}
5:   if(!(out=fopen("/tmp/c_out.txt","w"))) {printf("打开文件失败\n"); return -1;}
6:   while (fscanf(in, "%c", &c) !=EOF) fprintf(out, "%c ", c);
7:   fclose(in); fclose(out);
8:   while (fscanf(stdin, "%c", &c) !=EOF) fprintf(stdout, "%c ", c);
9: }
```

```
1# gcc -o c_format c_format.c
2# ./c_format
3打开文件失败
4# echo abcdefg > /tmp/c_in.txt
5# ./c_format
6asdfgh
7a s d f g h
8 ^C
9# cat /tmp/c_in.txt /tmp/c_out.txt
10abcdefg
11a b c d e f g
12#
```

图 5-8　编译和执行 c_format

如图 5-8 所示，第 1 行编译源代码文件 c_format.c，第 2 行运行 c_format 可执行程序，由于此时不存在/tmp/c_in.txt 文件，所以打开文件失败。第 4 行创建/tmp/c_in.txt 文件。第 5 行再次运行 c_format 可执行程序。第 7 行为第 6 行键盘输入字符串的输出（对应源代码的第 8 行）。第 10 行为/tmp/c_in.txt 文件的内容。第 11 行是/tmp/c_out.txt 文件的内容（对应源代码的第 6 行）。

## 5.2.8　操作读写位置的函数

C 语言不仅支持对文件的顺序读写方式，还支持随机读写方式。随机读写方式需要将文件内部位置指针移动到需要读写的位置再进行读写，这被称为文件的定位。可以通过 rewind、fseek 与 ftell 函数来完成文件的定位，方便对文件的读写操作。这些函数的原型如下：

```
void rewind(FILE * stream);
int fseek(FILE * stream, long offset, int whence);
long ftell(FILE * stream);
```

**1. rewind 函数**

rewind 函数用来将文件 stream 的文件内部位置指针（读写位置）移至文件开头。参数 stream 为已打开的文件指针，否则将会出现错误。rewind 函数没有返回值，因此无法做安全性检查。最好使用 fseek 函数进行替代。

**2. fseek 函数**

fseek 函数用来将文件 stream 的位置指针移动到任意位置，从而实现文件的随机访问。参数 whence 和 offset 共同决定了将读写位置移动到何处。参数 offset 为偏移量，也就是要移动的字节数。offset 可正可负，正值表示向后（向文件末尾的方向）移动，负值表示向前（向文件开头的方向）移动。如果向前移动的字节数超过了文件开头则出错返回；如果向后移动的字节数超过了文件末尾，再次写入时将增大文件尺寸，从原来的文件末尾到 fseek 移动之后的读写位置之间的字节都是 0。参数 whence 为起始位置，也就是从何处开始计算偏移量。C 语言规定 whence 有三种，分别为文件开头、当前位置和文件末尾，每个位置都用对应的常量来表示：①SEEK_SET 的值为 0，表示文件位置指针从文件开头偏移 offset 字节（offset 不能是负数），只能正向偏移；②SEEK_CUR 的值为 1，表示文件位置指针从当前位置偏移 offset 字节；③SEEK_END 的值为 2，表示文件位置指针从文件末尾偏移 offset 字节（offset 不能为正数），只能负向偏移。fseek 函数成功则返回 0，出错则返回 −1，并设置 errno 的值，可用 perror 函数来输出错误信息。fseek 函数的使用示例如下。

```
fseek(fp, 0, SEEK_SET);          //定位到文件首部
fseek(fp, 10, SEEK_SET);         //定位到文件首部向后偏移 10 字节处
fseek(fp, -6, SEEK_CUR);         //定位到当前位置向前偏移 6 字节处
fseek(fp, 0, SEEK_END);          //定位到文件尾部
fseek(fp, -5, SEEK_END);         //定位到文件尾部向前偏移 5 字节处
fseek(fp, 0, 0);                 //定位到文件首部
fseek(fp, 0, 2);                 //定位到文件尾部
```

```
fseek(fp, 10, 0);          //定位到文件首部向后偏移 10 字节处
fseek(fp, 10, 1);          //定位到当前位置向后偏移 10 字节处
fseek(fp, -9, 2);          //定位到文件尾部向前偏移 9 字节处
```

移动文件位置指针之后,就可以使用读写函数对文件进行读写操作了。由于 fseek 函数只返回执行是否成功,不返回文件读写位置。因此可使用 ftell 函数取得文件当前读写位置。

**3. ftell 函数**

ftell 函数成功时返回文件 stream 的内部位置指针当前位置相对于文件开头的偏移字节数,出错则返回-1,并设置 errno。

**4. fgetpos 和 fsetpos 函数**

除了 fseek 函数可以对文件位置指针进行移动之外,fsetpos 函数也可以对文件位置指针进行移动。相应地,fgetpos 函数可以获取文件位置指针的位置值。这两个函数原型的声明以及结构体 fpos_t 的定义如下。

```
int fgetpos(FILE * stream, fpos_t * pos);
int fsetpos(FILE * stream, const fpos_t * pos);
typedef struct{
    unsigned long _off;
}fpos_t;
```

fgetpos 函数取得当前文件 stream 的位置指针所指的位置,并把该位置数存放到 pos 所指的对象中。成功则返回 0,失败则返回非 0,并设置 errno。

fsetpos 函数将文件 stream 的位置指针定位在 pos 指定的位置上。成功则返回 0,否则返回非 0,并设置 errno。

使用上述函数(源代码文件为 c_reloc.c)的示例代码如下。

视频 5-8
c_reloc

```
 1: #include<stdio.h>
 2: int main(){
 3:   FILE * fp; fpos_t pos; long int e;
 4:   if(!(fp=fopen("/tmp/c_reloc.txt", "r+"))) {printf("打开文件失败\n");
       return -1;}
 5:   fseek(fp, 0, SEEK_END); e=ftell(fp);
 6:   printf("文件的大小: %ld\n", e);
 7:   fseek(fp, 10, SEEK_SET);
 8:   printf("偏移值=%ld\n", ftell(fp));
 9:   fseek(fp, e+10, SEEK_SET);
10:   fprintf(fp, "%s", "ABCDE");
11:   rewind(fp); fgetpos(fp, &pos);
12:   printf("偏移值=%ld\n", * ((long int * )(&pos)));
13:   * ((long int * )(&pos))=20; fsetpos(fp, &pos);
14:   printf("偏移值=%ld\n", ftell(fp));
15:   fclose(fp);
16: }
```

如图 5-9 所示,第 1 行创建/tmp/c_reloc.txt 文件。第 2 行编译源代码文件 c_reloc.c,第 3 行运行 c_reloc 可执行程序。第 8 行查看/tmp/c_reloc.txt 文件内容。第 11 行再次运

行 c_reloc 可执行程序。请读者结合源代码分析运行结果。

```
 1# echo asdfaasf  ad > /tmp/c_reloc.txt
 2# gcc -o c_reloc c_reloc.c
 3# ./c_reloc
 4文件的大小: 12
 5偏移值=10
 6偏移值=0
 7偏移值=20
 8# cat /tmp/c_reloc.txt
 9asdfaasf ad
10ABCDE#
11# ./c_reloc
12文件的大小: 27
13偏移值=10
14偏移值=0
15偏移值=20
16#
```

图 5-9　编译和执行 c_reloc

## 5.2.9　FILE 结构体及 I/O 缓冲区

FILE 是在 stdio.h 中定义的对文件进行操作的一个结构体。FILE 结构体主要包含文件状态标志、文件描述符和缓存区相关指针。系统根据文件描述符找到硬盘文件的位置。当读写文件时，并不会直接读写磁盘上的数据，而是读写文件的相关缓冲区。缓冲区实际是一块内存区，用来缓存输入或输出的数据。缓冲区使得低速的 I/O 设备和高速的 CPU 能够协调工作。由于 CPU 读写缓冲区大大快于对硬盘的操作，读取硬盘文件时，先把读出的数据放在缓冲区，CPU 再从缓冲区读取数据，等缓冲区的数据读取完后再去硬盘中读取，这样可以减少硬盘的读写次数，提高 CPU 的工作效率。缓冲区根据其对应的是输入设备还是输出设备，分为输入缓冲区和输出缓冲区。缓冲区根据其距离硬盘文件的远近，分为用户程序缓冲区、C 标准库 I/O 缓冲区、内核 I/O 缓冲区。

**1. 用户程序缓冲区**

用户程序缓冲区是应用程序级别的数据空间，如局部或全局变量等。

**2. C 标准库 I/O 缓冲区**

C 标准库 I/O 缓存区是用户级缓冲区，针对每个数据流（FILE * fp），不针对 I/O 函数。C 标准库 I/O 缓冲区有全缓冲、行缓冲和无缓冲三种类型。

（1）全缓冲：当填满缓冲区后才进行实际 I/O 操作，常规文件通常是全缓冲的。在一个流上执行第一次 I/O 操作时，相关标准 I/O 库函数通常调用 malloc 函数获得需使用的缓冲区，默认大小为 8192B（BUFSIZ 在 /usr/include/stdio.h 文件中定义）。

（2）行缓冲：当在输入/输出中遇到换行符（如按下 Enter 键）时，执行真正的 I/O 操作。当缓冲区被填满时，即使没有换行符也会执行真正的 I/O 操作（将数据从用户空间写回 Linux 内核）。标准输入 stdin 和标准输出 stdout 对应终端设备时通常是行缓冲的。默认行缓冲区的大小为 1024B。

（3）无缓冲：没有缓冲区，标准 I/O 库不对字符进行缓存，字符数据会立即被读入或输出到硬盘文件或设备上。用户程序每次调用库函数进行写操作都要通过系统调用写回内核。标准错误输出 stderr 通常是无缓冲的，这样用户程序产生的错误信息可以尽快显示出来。

### 3. 内核 I/O 缓冲区

内核 I/O 缓冲区是内核级缓冲区,是内核为数据 I/O 操作使用的缓冲区。

用户程序缓冲区、C 标准库 I/O 缓冲区、内核 I/O 缓冲区距离硬盘文件远近的示意图如图 5-10 所示。

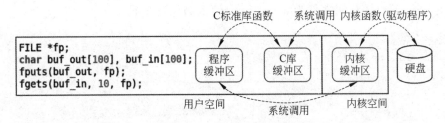

图 5-10　三种类型缓冲区距离硬盘文件远近的示意图

应用程序调用库函数 fopen 打开硬盘文件时,C 标准库会为该文件分配一个 C 标准库 I/O 缓冲区,可以调用库函数通过 FILE 结构体变量指针读写这个缓冲。

应用程序调用 C 标准库 I/O 函数读硬盘文件时,如果所需数据在 C 标准库 I/O 缓冲区中,则直接读取,否则库函数要通过系统调用把读请求传给内核。内核函数会检查内核 I/O 缓冲区中是否有所需的数据,如果有,会将内核 I/O 缓冲区中的数据复制到 C 标准库 I/O 缓冲区中;否则内核会调用硬盘驱动程序从硬盘文件中读取数据到内核 I/O 缓冲区中,再将数据从内核 I/O 缓冲区复制到 C 标准库 I/O 缓冲区中。

应用程序调用 C 标准库 I/O 函数写硬盘文件时,先将用户程序缓冲区中的数据写入 C 标准库 I/O 缓冲区,然后根据缓冲区刷新策略(全缓存、行缓存、无缓冲)将 C 标准库 I/O 缓冲区中的数据复制到内核 I/O 缓冲区中。将数据从用户空间复制到内核 I/O 缓冲区后,应用程序的写操作就算完成了,至于什么时候写入硬盘文件中,是由 Linux 内核决定的,内核会在合适的时间进行写入操作。

### 4. 设置和清除文件缓冲区

常用的设置和清除文件缓冲区的库函数的原型如下:

```
void setbuf(FILE * stream, char * buf);
int setvbuf(FILE * stream, char * buf, int mode, size_t size);
int fflush(FILE * stream);
```

setbuf 与 setvbuf 这两个库函数均用来为打开的文件建立文件缓冲区,而不使用 fopen 库函数打开文件时设置的默认缓冲区。

setvbuf 函数有 4 个参数:参数 stream 是文件指针;参数 buf 指向缓冲区;参数 size 表示缓冲区大小;参数 mode 表示缓冲区类型,取值有_IONBF(无缓冲)、_IOLBF(行缓冲)、_IOFBF(全缓冲)。

setbuf 函数可以打开和关闭文件的缓冲机制。setbuf 库函数的参数 buf 指向的缓冲区大小由头文件 stdio.h 中定义的宏 BUFSIZ 的值(8192)决定。setbuf 是 setvbuf 函数的一个特例,其中 mode 为_IOFBF,size 为 BUFSIZ。setbuf 函数执行后,流 stream 就是全缓冲的,如果该流与一个终端设备关联,某些系统会将其设置为行缓冲。当参数 buf 被设置为

NULL 时,setbuf 函数将流 stream 设置为无缓冲。

视频 5-9
c_buffer

fflush 函数清除由 stream 指向的文件缓冲区里的内容。写完某些数据后,经常用该函数清除缓冲区,以免误操作时破坏原来的数据。fflush 函数刷新缓冲区,成功则返回 0,失败则返回 EOF。没有缓冲区或者只读打开时也返回 0 值。还有需要注意的是:如果 fflush 返回 EOF,数据可能由于写错误已经丢失。

使用上述函数(源代码文件为 c_buffer.c)的示例代码如下。

```
 1: #include<stdio.h>
 2: #include<stdlib.h>
 3: #include<unistd.h>
 4: void print_size(const char * name, FILE * fp){
 5:   printf("stream =%s, 缓冲区大小 = %ld\n", name,fp->_IO_buf_end-fp->_IO_buf_base);
 6: }
 7: void clean_stdin(void){
 8:   int c;
 9:   do{c=getchar();} while(c!='\n' && c!=EOF);
10: }
11: int main(){
12:   print_size("stdin", stdin);
13:   printf("%c\n", getc(stdin)-32);
14:   print_size("stdin", stdin);
15:   print_size("stdout", stdout);
16:   print_size("stderr", stderr);
17:   char * buf=(char *)malloc(sizeof(char) * 200);
18:   setvbuf(stdout, buf, _IOLBF, 200);
19:   print_size("stdout", stdout);
20:   FILE * fp;
21:   if((fp=fopen("c_buffer","r"))==NULL) {perror("fopen"); return 0;}
22:   print_size("c_buffer", fp);
23:   if(getc(fp) ==EOF) {perror("getc error"); return 0;}
24:   print_size("c_buffer", fp);
25:   static char buff[BUFSIZ+512];
26:   setvbuf(fp,buff, _IOFBF,BUFSIZ+512);
27:   print_size("c_buffer", fp); fclose(fp);
28:   char a, b;
29:   clean_stdin(); scanf("%c", &a);
30:   clean_stdin(); scanf("%c", &b);
31:   printf("%c, %c\n", a, b);
32:   printf("hello world"); sleep(3);
33:   fflush(stdout); printf("\n"); return 0;
34: }
```

如图 5-11 所示,第 1 行编译源代码文件 c_buffer.c,第 2 行运行 c_buffer 可执行程序,第 3 行的输出表明标准输入 stdio 的行缓冲区大小为 0,因为此时还没有键盘输入,当第一次键盘输入时,才会给标准输入分配缓冲区。第 4 行获得键盘输入的小写字母 a,第 6 行的输出表明标准输入 stdio 的行缓冲区大小为 1024。第 7~12 行输出了几个流的默认或手动设置的缓冲区大小。第 13 行获得键盘输入的一串字符,只取第一个字符并赋值给变量 a,第

14 行获得键盘输入的一串字符,只取第一个字符并赋值给变量 b,第 15 行输出 a、b 的值,然后等 3s 后输出第 16 行的字符串,这是因为源代码第 32 行要输出的字符串中没有换行符(标准输出是行缓冲的,遇到换行符时会输出缓冲区中的数据),因此先把字符串写入标准输出的 I/O 缓冲区中而没有写回内核。源代码第 33 行执行 fflush 库函数刷新标准输出的 I/O 缓冲区,此时会输出第 16 行的字符串。请读者结合源代码分析运行结果。

```
1# gcc -o c_buffer c_buffer.c
2# ./c_buffer
3 stream = stdin, 缓冲区大小 = 0
4 a
5 A
6 stream = stdin, 缓冲区大小 = 1024
7 stream = stdout, 缓冲区大小 = 1024
8 stream = stderr, 缓冲区大小 = 0
9 stream = stdout, 缓冲区大小 = 200
10 stream = c_buffer, 缓冲区大小 = 0
11 stream = c_buffer, 缓冲区大小 = 4096
12 stream = c_buffer, 缓冲区大小 = 8704
13 xasdf ew
14 yfgffh
15 x, y
16 hello world
17#
```

图 5-11　编译和执行 c_buffer

# 5.3　标准工具函数库(stdlib.h)

C 语言提供了标准工具函数库 stdlib.h。stdlib.h 头文件定义了变量类型、一些宏和各种通用工具函数。通用工具函数包括可以实现数值转换、内存管理、随机数操作和字符串转换等的函数。

## 5.3.1　动态内存分配与释放

堆区内存(动态内存)的管理函数有 malloc、calloc、recalloc、reallocarray、free。这些库函数的函数原型如下。

```
void * malloc(size_t size);
void * calloc(size_t nmemb, size_t size);
void * realloc(void * ptr, size_t size);
void * reallocarray(void * ptr, size_t nmemb, size_t size);
void free(void * ptr);
```

**1. malloc 函数**

malloc 函数在堆区分配一个 size 字节大小的连续内存空间,若分配成功,则返回一个指向已分配内存空间的 void * 类型的指针,该指针可以转化为任意类型的指针;否则返回 NULL。malloc 函数不对已分配的内存空间进行初始化(清零)。

**2. calloc 函数**

calloc 函数分配 nmemb 个元素的连续内存空间，每个元素占 size 字节，并且 calloc 负责把这块内存空间的所有字节初始化为 0。若分配成功，则返回一个指向已分配内存空间的 void * 类型的指针，出错返回 NULL。calloc 函数通常用来为数组分配堆区内存空间，参数 nmemb 是数组的元素个数，参数 size 是数组元素的字节数。

**3. realloc 函数**

realloc 函数用于重新分配内存。参数 ptr 必须是先前调用 malloc、calloc、realloc 或 reallocarray 函数返回的指针，参数 size 是新分配内存空间的字节数。当先前通过 malloc 或 calloc 函数申请的内存空间大小不合适（如过小）时，可以使用 realloc 函数调整内存空间的大小。重新分配的内存空间中保留了原来内存空间中的数据。成功则返回指向新内存空间的指针，出错则返回 NULL。参数 size 可以大于或小于原内存空间大小。若 size 小于原大小，则前 size 字节不变，后面的数据被丢弃，若 size 大于原大小，则原来的数据全部保留，不对后面多出来的内存空间进行初始化（realloc 不负责清零）。注意，参数 ptr 要么是 NULL，要么必须是先前调用 malloc、calloc、realloc 或 reallocarray 返回的指针，调用 realloc（NULL，size）相当于调用 malloc(size)；调用 realloc(ptr, 0)相当于调用 free(ptr)，ptr 不为空。如果原内存空间后面还有足够大的空闲内存，则新分配的内存空间是在原内存空间的后面追加分配剩余所需内存，原空间的数据不发生变化，realloc 函数返回原内存空间的起始地址。如果原内存空间后面没有足够大的空闲内存，realloc 函数将申请新的内存空间，把原内存空间数据复制到新内存空间里，原内存空间被释放掉，realloc 函数返回新内存空间的起始地址。

**4. reallocarray 函数**

reallocarray 函数是 calloc 和 realloc 函数的混合体。

**5. free 函数**

free 函数用来释放 ptr 指向的由 malloc、calloc 或 realloc 函数动态分配的内存空间。如果 ptr 是空指针，则 free 函数什么事都不做；如果 ptr 所指的不是动态分配的内存空间或是已释放的内存空间，则可能导致程序崩溃。另外，ptr 指针必须先指向内存空间起始位置再释放，如果 ptr 不指向起始位置，将只释放部分内存空间。同一内存空间不能释放多次。

使用 malloc、calloc、realloc 或 reallocarray 函数进行内存分配后，一定要调用 free 函数释放内存空间。也就是说 malloc、calloc、realloc 或 reallocarray 函数和 free 函数要成对使用。

使用上述函数（源代码文件为 c_mem.c）的示例代码如下。

视频 5-10
c_mem

```
1: #include <stdio.h>
2: #include <stdlib.h>
3: typedef struct{
4:     int num, age; double score;
5: }student;
6: int main(){
7:     int i; char * pc=(char *)malloc(12);
8:     if(!pc) return 1;
9:     for(i=0; i<11; i++) pc[i]='A'+rand()%26;
```

```
10:      pc[i]='\0';
11:      printf("%p: %s\n", pc, pc);
12:      char * pc2=(char *)realloc(pc, 80);
13:      if(!pc2) return 1;
14:      printf("%p: %s\n", pc2, pc2);
15:      free(pc2); pc2=NULL;
16:      student * stu=calloc(2, sizeof(student));
17:      if(!stu) return 1;
18:      stu[0].num=1; stu[0].age=21; stu[0].score=92.3;
19:      stu[1].num=2; stu[1].age=22; stu[1].score=99.9;
20:      student * stu2=reallocarray(stu,3,sizeof(student));
21:      if(!stu2) return 1;
22:      stu2[2].num=3; stu2[2].age=20; stu2[2].score=89.2;
23:      student * ps=stu2;
24:      for(i=0; i<3; i++, ps++) printf("num=%d,age=%d,score=%f\n", ps->num,
         ps->age,ps->score);
25:      printf("stu addr: %p\nstu2 addr: %p\n",stu,stu2);
26:      free(stu2); stu2=NULL; return 0;
27: }
```

如图 5-12 所示,第 1 行编译源代码文件 c_mem.c,第 2 行运行 c_mem 可执行程序。第 3、4 行输出的地址值不一样,而第 8、9 行输出的地址值一样。请读者结合源代码分析运行结果。

```
1 # gcc -o c_mem c_mem.c
2 # ./c_mem
3 0x55f487f032a0: NWLRBBMQBHC
4 0x55f487f036d0: NWLRBBMQBHC
5 num=1,age=21,score=92.300000
6 num=2,age=22,score=99.900000
7 num=3,age=20,score=89.200000
8 stu addr: 0x55f487f03730
9 stu2 addr: 0x55f487f03730
10 #
```

图 5-12　编译和执行 c_mem

**6. alloca 函数**

alloca 函数原型如下:

**void *alloca(size_t size);**

alloca 函数用于申请栈空间,申请的栈空间在主调函数
(alloca 是被调函数)结束后会自动释放。栈空间是有上限的,如果 alloca 函数申请的栈空间超过了栈的大小,则申请空间失败,并且会导致栈溢出,使得程序崩溃。因此,当要申请大量空间时,最好使用 malloc 函数申请堆空间。alloca 函数在头文件 alloca.h 中声明。

## 5.3.2　整数算术

stdlib.h 中声明了 6 个用于整型或长整型的数学函数,包括 3 个计算整数绝对值的函数 abs、labs 和 llabs 以及 3 个计算整数除法的商与余数的函数 div、ldiv 和 lldiv。这些库函数的函数原型如下。

```
int abs(int j);
long labs(long j);
long long llabs(long long j);
div_t div(int numerator, int denominator);
ldiv_t ldiv(long numerator, long denominator);
lldiv_t lldiv(long long numerator, long long denominator);
```

使用上述函数（源代码文件为 c_int.c）的示例代码如下。

```
1: #include<stdio.h>
2: #include<stdlib.h>
3: //typedef struct{int quot;int rem;}div_t;
4: //typedef struct{long quot;long rem;}ldiv_t;
5: //typedef struct{long long quot;long long rem;}lldiv_t;
6: int main()
7: {
8:     div_t rdiv=div(50,9);
9:     printf("商=%d, 余数=%d\n", rdiv.quot, rdiv.rem);
10:    ldiv_t rldiv=ldiv(20993651L,206L);
11:    printf("商=%ld, 余数=%ld\n", rldiv.quot, rldiv.rem);
12:    lldiv_t rlldiv=lldiv(110562569L,55L);
13:    printf("商=%lld, 余数=%lld\n",rlldiv.quot,rlldiv.rem);
14: }
```

```
1# gcc -o c_int c_int.c
2# ./c_int
3商=5, 余数=5
4商=101910, 余数=191
5商=2010228, 余数=29
```

图 5-13　编译和执行 c_int

如图 5-13 所示，第 1 行编译源代码文件 c_int.c，第 2 行运行 c_int 可执行程序。

多次运行不难发现，每次运行结果都相同。不加 srand 函数的 rand 函数产生的随机数是伪随机数。

### 5.3.3　随机数

rand 库函数可用来产生介于 0 和 RAND_MAX 之间的随机数。RAND_MAX 是 stdlib.h 头文件中的一个宏，用来指明 rand 函数所能返回的随机数的最大值（2147483647）。rand 函数使用一个随机数种子来生成随机数，当计算机正常开机后，这个种子值是固定的，因此产生的随机数也是固定的，这种随机数称为伪随机数。可以使用 srand 函数改变随机数种子，使得 rand 函数可以产生真正的随机数。这两个库函数的原型如下。

```
int rand(void);
void srand(unsigned int seed);
```

为了防止生成的随机数重复，可以采用系统时间来初始化随机数种子。

使用上述函数（源代码文件为 c_rand.c）的示例代码如下。

```
1: #include<stdio.h>
2: #include<stdlib.h>
3: #include<time.h>
4: int main() {
5:     printf("rand: ");
6:     for(int i=0; i<10; i++){printf("%d ", rand()%10);}
7:     printf("\nsrand: ");
8:     srand((unsigned int)time(0));
9:     for(int i=0; i<10; i++){printf("%d ", rand()%10);}
10:    printf("\n");
11: }
```

如图 5-14 所示,第 1 行编译源代码文件 c_rand.c,第 2 行运行 c_rand 可执行程序。第 3、6、9 行的输出结果一样,而第 4、7、10 行的输出结果不一样。

```
1 # gcc -o c_rand c_rand.c
2 # ./c_rand
3 rand: 3 6 7 5 3 5 6 2 9 1
4 srand: 3 5 6 8 7 6 1 4 2 8
5 # ./c_rand
6 rand: 3 6 7 5 3 5 6 2 9 1
7 srand: 5 0 3 0 7 7 3 1 6 5
8 # ./c_rand
9 rand: 3 6 7 5 3 5 6 2 9 1
10 srand: 6 3 5 6 6 1 8 8 1 2
```

图 5-14  编译和执行 c_rand

## 5.3.4  数值字符串转换

把字符串转换为整数和浮点数的库函数的原型如下。这些函数都检查结果是否溢出,并返回字符串不能转换部分的地址。这些函数将字符串 nptr 转换为相应类型值后,将其作为返回值。

```
double atof(const char * nptr);              //把字符串 nptr 转换为双精度浮点数
int atoi(const char * nptr);                 //把字符串 nptr 转换为整型数
long atol(const char * nptr);                //把字符串 nptr 转换为双整型数
long long atoll(const char * nptr);          //把字符串 nptr 转换为双长整型数
double strtod(const char * nptr, char ** endptr);
                                             //把字符串 nptr 转换为双精度浮点数
float strtof(const char * nptr, char ** endptr);
                                             //把字符串 nptr 转换为单精度浮点数
long double strtold(const char * nptr, char ** endptr);
                                             //把字符串 nptr 转换为长双精度浮点数
long strtol(const char * nptr, char ** endptr, int base);
                                             //把字符串 nptr 转换为长整型数
long long strtoll(const char * nptr, char ** endptr, int base);
                                             //把字符串 nptr 转换为双长整型数
unsigned long strtoul(const char * nptr, char ** endptr, int base);
                                             //把字符串 nptr 转换为无符号长整型数
unsigned long long strtoull(const char * nptr, char ** endptr, int base);
                                             //把字符串 nptr 转换为无符号双长整型数
```

strtol 函数是 atoi 函数的增强版,不仅可以识别十进制整数,还可以识别其他进制的整数,取决于 base 参数。参数 base 为 2～36,表示转换整型的基数。endptr 是一个传出参数,函数返回时指向后面未被识别的第一个字符。

stdlib.h 头文件中还声明了 3 个将浮点数转换为字符串的函数,函数原型如下。

```
char * ecvt(double number, int ndigits, int * decpt, int * sign);
char * fcvt(double number, int ndigits, int * decpt, int * sign);
char * gcvt(double number, int ndigit, char * buf);
```

ecvt 函数将双精度浮点数 number 转换为字符串,转换结果中不包括十进制小数点。参数 number 是要转换的浮点数,参数 ndigits 是小数点后面的位数,参数 decpt 表示小数点的位置,参数 sign 表示符号,0 为正数,1 为负数。这个函数存储最多 ndigits 个数字值并作为一个字符串,并添加一个串结束标志('\0'),若 number 中的数字个数超过 ndigits,则低位数字被舍弃;若少于 ndigits 个数字,则用 0 填充。只有数字才存储在该字符串中,小数点位置和 number 符号在调用之后由参数 decpt 和 sign 表示。参数 decpt 表示小数点位置的整数值。返回值为指向生成字符串的指针。

fcvt 函数以指定位数为转换精度将双精度浮点 number 数转换为字符串。

gcvt 函数将双精度浮点数 number 转换为字符串，转换后的字符串包含十进制小数点或正负号。若转换成功，则将转换后的字符串写入参数 buf 所指的存储空间。

使用上述函数（源代码文件为 c_type.c）的示例代码如下。

```
 1: #include <stdio.h>
 2: #include <stdlib.h>
 3: int main(void) {
 4:     char * c1="216.22", * c2="-6000e-3";
 5:     printf("c1+c2=%.3f\n", atof(c1)+atof(c2));
 6:     char i1[]="200", i2[]="-652";
 7:     printf("i1+i2=%d\n", atoi(i1)+atoi(i2));
 8:     char l1[]="-9999999999", l2[]="1111111111";
 9:     printf("l1+l2=%ld\n", atol(l1)+atol(l2));
10:     double d; int base; long l; unsigned long ul;
11:     char * endptr, * str="1.23456789ABCDEFaaa";
12:     d=strtod(str, &endptr); printf("->str=%s\n", str);
13:     printf("strtod=%.10f, endptr=%s\n", d, endptr);
14:     str="-82690abcABCDEDFGH"; l=strtol(str, &endptr, 10);
15:     printf("->str=%s\n", str);
16:     printf("strtol=%ld, endptr=%s\n", l, endptr);
17:     str="11011234789Agt"; printf("->str=%s\n", str);
18:     for(base=2; base<=16; base*=2) {
19:         ul=strtoul(str, &endptr, base);
20:         printf("strtol=%ld(%d 进制), endptr=%s\n", ul, base, endptr);
21:     }
22:     double value; int ndig; int dec, sign;
23:     value=12.32; ndig=4; str=ecvt(value,ndig,&dec,&sign);
24:     printf("str=%s dec=%d sign=%d\n", str, dec, sign);
25:     value=123.2; ndig=6; str=fcvt(value,ndig,&dec,&sign);
26:     printf("str=%s dec=%d sign=%d\n", str, dec, sign);
27:     value=-1.232; ndig=7; str=fcvt(value,ndig,&dec,&sign);
28:     printf("str=%s dec=%d sign=%d\n", str, dec, sign);
29:     ndig=3; gcvt(value,ndig,str); printf("str=%s\n",str);
30:     ndig=6; gcvt(value,ndig,str); printf("str=%s\n",str);
31:     value=123.456; char strr[10]; sprintf(strr,"%f",value);
32:     printf("float=%f str=%s\n", value, strr);
33: }
```

上面源代码中，第 4、5 行将字符串转换成数字后相加。第 6、7 行将字符串转换成数字后相加。第 8、9 行将字符串转换成数字后相加。第 10～16 行将字符串转换成数字。第 17～22 行采用二、四、八、十六进制将字符串转换成数字。第 23～31 行将数字转换成字符串。Linux 中没有将整型值转化为字符串的 itoa 函数，可以使用第 32、33 行代码实现该功能。

如图 5-15 所示，第 1 行编译源代码文件 c_type.c，第 2 行运行 c_type 可执行程序。

## 5.3.5 宽字符和多字节字符转换

### 1. 字符集与字符编码

字符集是一个由系统支持的所有抽象字符构成的集合。字符是各种文字和符号的总

```
 1 # gcc -o c_type c_type.c
 2 # ./c_type
 3 c1+c2=210.220
 4 i1+i2=-452
 5 l1+l2=-8888888888
 6 --->str=1.23456789ABCDEFaaa
 7 strtod=1.2345678900, endptr=ABCDEFaaa
 8 --->str=-82690abcABCDEDFGH
 9 strtol=-82690, endptr=abcABCDEDFGH
10 --->str=11011234789Agt
11 strtol=27(2进制), endptr=234789Agt
12 strtol=5211(4进制), endptr=4789Agt
13 strtol=18912487(8进制), endptr=89Agt
14 strtol=18696298068122(16进制), endptr=gt
15 str=1232 dec=2 sign=0
16 str=123200000 dec=3 sign=0
17 str=12320000 dec=1 sign=1
18 str=-1.23
19 str=-1.232
20 float=123.456000 str=123.456000
```

图 5-15　编译和执行 c_type

称,包括各国家文字、标点符号、图形符号、数字等。常见的字符集有 ASCII 字符集、GB2312字符集、Unicode 字符集等。

字符编码是按照某种格式将字符集中的字符存储在计算机中。字符编码能在字符集与数字系统之间建立对应关系,将符号转换为计算机能识别的二进制编码。一个字符集可以有多种字符编码方式。计算机字符编码大概经历了以下三个阶段。

(1) ASCII 字符集和 ASCII 编码。ASCII 用 1 字节的低 7 位表示一个字符(高 1 位为0)。后来为了表示更多的欧洲常用字符,对 ASCII 进行了扩展(称为 EASCII),用 8 位表示一个字符,这样能多表示 128 个字符,可以支持部分西欧字符。

(2) ANSI 编码(本地化)。为使计算机支持更多语言,通常使用 2 字节(每字节都属于0x80~0xFF 范围)来表示 1 个字符。不同国家和地区制定了不同的标准,由此产生了GB2312、BIG5 等编码标准。这些使用 2 字节来表示一个字符的各种编码方式称为 ANSI编码。不同 ANSI 编码之间互不兼容,当信息在国际交流时,无法将属于两种语言的文字存储在同一段 ANSI 编码的文本中。

(3) Unicode(国际化)。为了使国际信息交流更加方便,国际组织制定了 Unicode 字符集,为各种语言中的每一个字符设定了统一并且唯一的数字编号,以满足跨语言和跨平台进行文本转换及处理的要求。Unicode 有三种编码方式,即 UTF-8(1~4 字节)、UTF-16(2 字节)和 UTF-32(4 字节)。其中,UTF-8 的使用最为广泛,UTF-8 可以表示 Unicode 字符集中的所有字符。

**2. 宽字符和多字节字符**

C95 标准化了两种表示大型字符集的方法,即宽字符(wide character)集和多字节字符(multibyte character)集。宽字符集中每个字符的编码宽度相同,C 语言提供了宽字符类型wchar_t。在多字节字符集中,每个字符的编码宽度都不等,可以是 1 字节,也可以是多字节。C 语言本身并没有定义或指定任何编码集合或任何字符集,而是由 C 语言实现版本指定如何编码宽字符,以及要支持什么类型的多字节字符编码机制。某字节序列的字符值由字符串或流所在的环境决定。

**3. 宽字符和多字节字符转换函数**

宽字符和多字节字符的主要差别在于所有宽字符占用的字节数都一样，而多字节字符的字节数目不等，这样的表示方式使得多字节字符串比宽字符串更难处理。C 提供了一些标准库函数，可以在多字节字符和宽字符之间进行转换。

stdlib.h 头文件中还声明了 4 个用于不同宽度的字符数组之间的转换函数，主要是 char 类型和 wchar_t 类型之间的转换。函数原型如下。

```
int mblen(const char * s, size_t n);
int wctomb(char * s, wchar_t wc);
int mbtowc(wchar_t * pwc, const char * s, size_t n);
size_t wcstombs(char * dest, const wchar_t * src, size_t n);
size_t mbstowcs(wchar_t * dest, const char * src, size_t n);
```

（1）mblen 函数。mblen 函数计算多字节字符的长度并确定是否为有效字符，返回值是该字符占用的字节数。如果当前字符是空的宽字符，则返回 0；如果当前字符不是有效的多字节字符，则返回 -1。参数 s 是多字节字符串指针，一般会检查该字符串的第一个字符；参数 n 是需要检查的字节数，这个数字不能大于当前系统单个字符占用的最大字节（MB_CUR_MAX）。C 语言提供了两个宏（MB_LEN_MAX、MB_CUR_MAX）表示当前系统支持的编码字节长度。MB_LEN_MAX（16）表示最大字节长度，定义在 limits.h 中。MB_CUR_MAX 表示当前语言的最大字节长度，小于或等于 MB_LEN_MAX，定义在 stdlib.h 中。

（2）wctomb 函数。wctomb 函数用于将宽字符转换为多字节字符。参数 s 指向的目标缓存用来存放转换之后的多字节字符，参数 wc 是需要转换的宽字符。若转换成功则返回多字节字符占用的字节数量，转换失败则返回 -1。

（3）mbtowc 函数。mbtowc 函数用于将多字节字符转换为宽字符。参数 pwc 指向的目标缓存用来存放转换之后的宽字符，参数 s 是需要转换的多字节字符指针，参数 n 是多字节字符的字节数。若转换成功则返回多字节字符的字节数，转换失败则返回 -1。

（4）wcstombs 函数。wcstombs 函数用来将宽字符串转换为多字节字符串，dest 指向的目标缓存用来存放转换之后的多字节字符串，参数 src 是需要转换的宽字符串指针，参数 n 用来指定目标缓存能够存储的最大字节数。若转换成功且 dest 为 NULL，返回目标缓存所需的字节数（不含串结束符）；若转换成功且 dest 不为 NULL，返回转换后的多字节字符串的字节数（不含串结束符）；转换失败则返回 -1。

（5）mbstowcs 函数。mbstowcs 函数用来将多字节字符串转换为宽字符串，参数 dest 指向的目标缓存用来存放转换之后的宽字符串，参数 src 是需要转换的多字节字符串，参数 n 是需要转换的多字节字符串的最大字符数，当 dest 为 NULL 时该值无用。若转换成功且 dest 为 NULL，返回目标缓存所需的宽字符（wchar_t 类型）的个数（不含串结束符）；若转换成功且 dest 不为 NULL，返回转换后的宽字符的个数（不含串结束符）；转换失败则返回 -1。如果返回值与第三个参数相同，那么转换后的宽字符串不以 NULL 结尾。

使用上述函数（源代码文件为 c_wchar.c）的示例代码如下。

```
1: #include <stdio.h>
```

```
 2: #include <stdlib.h>
 3: #include <string.h>
 4: #include <wchar.h>
 5: #include <locale.h>
 6: int main(){
 7:     setlocale(LC_ALL, "");
 8:     printf("mblen(编)=%d\n", mblen("编", MB_CUR_MAX));
 9:     printf("mblen(编程)=%d\n", mblen("编程", MB_CUR_MAX));
10:     printf("mblen(C语言编程)=%d\n", mblen("C语言编程", MB_CUR_MAX));
11:     wchar_t wc=L'编'; char mbstr[8]={0}; int n=wctomb(mbstr, wc);
12:     printf("len(%s)=%d, strlen(%s)=%ld\n", mbstr, n, mbstr, strlen
        (mbstr));
13:     for(int i=0; i<8; i++) printf("%hhx ", mbstr[i]); printf("\n");
14:     char * mbchar="编"; wchar_t * pwc=&wc;
15:     n=mbtowc(pwc, mbchar, 4); printf("len(%lc)=%d\n", * pwc, n);
16:     n=mbtowc(pwc, mbchar, 3); printf("len(%lc)=%d\n", * pwc, n);
17:     n=mbtowc(pwc, mbchar, 2); printf("len(%lc)=%d\n", * pwc, n);
18:     wchar_t wcs[20]={0}; wcscpy(wcs, L"C语言编程"); int dsize=wcstombs(NULL,
        wcs,0)+1;
19:     char * dest=(char *)malloc(dsize); memset(dest,0,dsize); n=wcstombs
        (dest,wcs,dsize);
20:     if(n<=0) printf("转换失败\n");
21:     else{
22:         printf("dsize=%d, len(%s)=%d\n", dsize, dest, n);
23:         for(int i=0; i<dsize; i++) printf("%hhx ", dest[i]); printf("\n");
24:     } free(dest);
25:     char buf[20]={0}; strcpy(buf, "C语言编程"); dsize=mbstowcs(NULL, buf, 0)+1;
26:     wchar_t dbuf[dsize]; wmemset(dbuf, 0, dsize);
27:     n=mbstowcs(dbuf, buf, dsize); if(n<=0) return 0;
28:     printf("dsize=%d, len(%ls)=%d\n", dsize, dbuf, n);
29:     for(int i=0; i<dsize; i++) printf("%x ", dbuf[i]); printf("\n");
30: }
```

　　上面源代码中,第 7 行调用 setlocale 函数对当前程序进行区域设置,设置为本地环境所使用的编码方式,从而指定了多字节编码类型,后面的多字节操作函数才能正常地执行。第 8～10 行使用 mblen 函数输出字符串的第一个字符占用的字节数,汉字占 3 字节,字母占 1 字节。第 14～17 行使用 mbtowc 函数将多字节字符"编"转换为宽字符,转换成功则返回多字节字符"编"占用的字节数(占用 3 字节)。第 17 行 mbtowc 函数的第 3 个参数值为 2,小于 3,因此转换失败,返回值为−1。第 18～24 行,wcstombs 函数将宽字符串 wcs 转为多字节字符串 dest,返回值 13 表示写入 mbs 的字符串占用 13 字节,不包括尾部的字符串终止符。第 25～29 行,mbstowcs 函数将多字节字符串 buf 转换为宽字符串 dbuf,返回值 6 表示转换后的宽字符的个数(不含串结束符)。第 18、25 行将 wcstombs 和 mbstowcs 函数的第 1 个参数设置为 NULL 是为了获取转换所需的目标缓存的大小。

　　如图 5-16 所示,第 1 行编译源代码文件 c_wchar.c,第 2 行运行 c_wchar 可执行程序。

```
 1 # gcc -o c_wchar c_wchar.c
 2 # ./c_wchar
 3 mblen(编)=3
 4 mblen(编程)=3
 5 mblen(C语言编程)=1
 6 len(编)=3, strlen(编)=3
 7 e7 bc 96 0 0 0 0
 8 len(编)=3
 9 len(编)=3
10 len(编)=-1
11 dsize=14, len(C语言编程)=13
12 43 e8 af ad e8 a8 80 e7 bc 96 e7 a8 8b 0
13 dsize=7, len(Cc语言编程)=6
14 43 63 8bed 8a00 7f16 7a0b 0
```

图 5-16　编译和执行 c_wchar

# 5.4　字符串处理函数库(string.h)

应用程序按功能可分为数值运算、符号处理和 I/O 操作三大类。早期的计算机应用以数值运算为主，而现在的计算机应用中，符号处理占很大比例，符号处理程序无处不在，如编译器、浏览器、大数据等程序都涉及大量的符号处理。本节介绍字符串处理函数库。

## 5.4.1　初始化字符串

memset 函数原型如下：

```
void * memset(void * s, int c, size_t n);
```

memset 函数把 s 指向的大小为 n 字节的内存空间中的全部字节单元设置为指定的值 c。通常 c 的值为 0，也就是将一块内存区清零。注意参数 c 的实际取值范围是 0～255，因为 memset 函数只能取 c 的低 8 位，无论 c 有多大，只有后 8 位二进制是有效的。

使用 memset 函数(源代码文件为 c_memset.c)的示例代码如下。

视频 5-11
c_memset

```
 1: #include <stdio.h>
 2: #include <string.h>
 3: int main(){
 4:     char a[4]; memset(a,'1',4); //对 char 类型的数组 a 进行初始化,将所有字节置为'1'
 5:     int b[4]; memset(b,0,sizeof(b)); //对 int 类型的数组 b 进行初始化,将所有字节置为 0
 6:     int c[4]; memset(c,1,sizeof(c)); //对 int 类型的数组 c 进行初始化,将所有字节置为 1
 7:     int d[4]; memset(d,1,4); //对 int 类型的数组 d 进行初始化,将前 4 字节置为 1
 8:     typedef struct{int n; char name[8];}stu;
 9:     int i; stu s1[3]; memset(&s1,'A',3*sizeof(stu));
                          //对结构体数组进行初始化,将所有字节置为'A'
10:     for(i=0;i<4;i++) printf("%c ",a[i]); printf(": ");
11:     for(i=0;i<4;i++) printf("%x ",b[i]); printf(": ");
12:     for(i=0;i<4;i++) printf("%x ",c[i]); printf(": ");
13:     for(i=0;i<4;i++) printf("%x ",d[i]); printf("\n");
```

```
14:    for(i=0;i<3;i++) printf("n=%x,name=%s(%ld)\n",s1[i].n,s1[i].name,
       strlen(s1[i].name));
15: }
```

如图 5-17 所示,第 1 行编译源代码文件 c_memset.c,第 2 行运行 c_memset 可执行程序。从输出结果可知,将字符数组初始化为非 0 值有意义,将其他类型的数组初始化为非 0 值多数情况下没有意义,因此,memset 函数通常用于将一块内存区域初始化为 0。

```
1# gcc -o c_memset c_memset.c
2# ./c_memset
3 1 1 1 1 : 0 0 0 0 : 1010101 1010101 1010101 1010101 : 1010101 7ffe 1000000 101
4 n=41414141,name=AAAAAAAAAAAAAAAAAAAAAAAAAAAAAAAAAAAA1111(36)
5 n=41414141,name=AAAAAAAAAAAAAAAAAAAAAAAA1111(24)
6 n=41414141,name=AAAAAAAA1111(12)
```

图 5-17　编译和执行 c_memset

## 5.4.2　取字符串的长度

strlen 函数原型如下:

```
size_t strlen(const char * s);
```

strlen 函数计算字符串的长度,返回参数 s 所指字符串的长度,长度不包括串结束字符'\0'。

C 语言中没有字符串类型,一般用两种方法生成字符串:①用双引号生成常量字符串,然后让指针指向该常量字符串的首字符地址;②利用字符数组创建字符串,把若干字符存储在数组中,数组名就是字符串地址。利用字符数组创建字符串时一定要将串结束字符'\0'写进数组,表示串的结束,否则对字符数组访问时会造成数组访问越界,比如 5.4.1 小节源代码第 14 行中,strlen 函数计算字符数组 name 中的字符串长度时,输出结果表示发生了数组访问越界的问题。

## 5.4.3　复制字符串

复制字符串函数的原型如下:

```
char * strcpy(char * dest, const char * src);
char * strncpy(char * dest, const char * src, size_t n);
void * memcpy(void * dest, const void * src, size_t n);
void * memmove(void * dest, const void * src, size_t n);
char * strdup(const char * s);
char * strndup(const char * s, size_t n);
char * strdupa(const char * s);
char * strndupa(const char * s, size_t n);
```

**1. strcpy 函数**

strcpy 函数把参数 src 指向的字符串复制到 dest 数组中。返回字符串 dest 的起始地址。参数 src 和 dest 所指内存区域不可重叠,并且 dest 必须有足够空间来容纳字符串 src,

否则会造成缓冲区溢出。strcpy 函数在复制结束后会自动添加串结束符，而 strncpy 函数不会。

**2. strncpy 函数**

strncpy 函数把字符串 src 的前 n 个字符复制到 dest 数组中。返回参数 dest 字符串的起始地址。参数 src 和 dest 所指内存区域不可重叠，并且 dest 必须有足够空间来容纳字符串 src，否则会造成缓冲区溢出。strncpy 函数只复制指定长度的字符，若字符串 src 的前 n 个字符不含串结束符'\0'，则 strncpy 不会自动在字符串 dest 末尾加'\0'。若字符串 src 的长度小于 n，则以'\0'填充 dest 字符串直到复制完 n 个字符。因此 strncpy 函数并不保证缓冲区以'\0'结尾。

**3. memcpy 函数**

memcpy 函数从 src 所指的内存区域复制 n 字节到 dest 所指的内存区域。参数 src 和 dest 所指内存区域不能重叠，函数返回 dest 指针值。参数 dest 所指的内存区域要大于或等于 n 字节。和 strncpy 函数不同，memcpy 函数并不是遇到'\0'就结束，而是一定会复制 n 字节。5.5 节介绍的字符串处理函数的命名规律是以 str 开头的函数是对以'\0'结尾的字符串的操作，以 mem 开头的函数是对内存块的操作，不关心'\0'字符，不把参数当作字符串看待，因此参数是 void * 指针类型而非 char * 指针类型。memcpy 并不限制被复制的数据类型，只是逐字节地进行复制，任何数据类型都可以进行复制。通常在复制字符串时用 strcpy 函数，复制其他类型数据时用 memcpy 函数。

**4. memmove 函数**

memmove 函数从 src 所指的内存区域复制 n 字节到 dest 所指的内存区域，函数返回 dest 指针值。memmove 函数名中虽然有 move，但是函数功能是复制而非移动。如果参数 src 和 dest 所指内存区域有重叠，memmove 函数能保证源串 src 在被覆盖之前将重叠区域的字节复制到目标区域 dest 中，复制后 src 所指内存区域中的内容会被更改。当 src 和 dest 所指内存区域没有重叠时，memmove 和 memcpy 函数功能相同。

**5. strdup 和 strndup 函数**

strdup 函数会调用 malloc 函数在堆区动态分配字符串 s 大小（包括'\0'）的内存空间，把字符串 s 复制到新分配的内存中，返回值是新分配内存空间的起始地址（字符串指针）。

strndup 函数的功能与 strdup 函数类似，最多只复制 n 个字符。如果字符串 s 长度大于或等于 n，则只复制 n 个字符，并添加一个串结束符'\0'。

使用 strdup 和 strndup 函数省去了事先为新字符串分配内存的操作，但是用完新字符串后要记得调用 free 函数释放新字符串的内存空间。

**6. strdupa 和 strndupa 函数**

strdupa 和 strndupa 这两个函数和 strdup 和 strndup 这两个函数功能类似，区别在于strdupa 和 strndupa 函数调用 alloca 在栈区分配内存空间，用完之后无须调用 free 函数，可以避免内存泄漏。但是由于栈空间容量有限，建议慎用这两个函数。

使用上述部分函数（源代码文件为 c_str_cp.c）的示例代码如下。

```
1: #include <stdio.h>
2: #include <stdlib.h>
3: #include <string.h>
```

```
4: int main(){
5:     int i; char str1[6];
6:     strcpy(str1,"abcd"); printf("str1=%s(",str1);
7:     for(i=0;i<6;i++)printf("%hhx ",str1[i]); printf(")\n");
8:     strncpy(str1, "ABCD", 2); printf("str1=%s(",str1);
9:     for(i=0;i<6;i++)printf("%hhx ",str1[i]); printf(")\n");
10:    char * ps1="HELLO"; i=strlen(ps1)+1;
11:    char * ps2=(char *)malloc(i);
12:    memcpy(ps2, ps1, i); printf("ps2=%s\n", ps2);
13:    char str2[20]="hello world"; printf("str2=%s\n",str2);
14:    memmove(str2+6,str2,12); printf("str2=%s\n",str2);
15:    char * str3=strdup("use strdup"); printf("%s\n", str3);
16:    char * str4=strndup("use strndup",9);printf("%s\n",str4);
17:    free(str3); free(str4);
18: }
```

如图 5-18 所示,第 1 行编译源代码文件 c_str_cp.c,第 2 行运行 c_str_cp 可执行程序。

```
1# gcc -o c_str_cp c_str_cp.c
2# ./c_str_cp
3 str1=abcd(61 62 63 64 0 0 )
4 str1=ABcd(41 42 63 64 0 0 )
5 ps2=HELLO
6 str2=hello world
7 str2=hello hello world
8 use strdup
9 use strnd
```

图 5-18　编译和执行 c_str_cp

## 5.4.4　比较字符串

字符串比较函数 strcmp 和 strncmp 在头文件 string.h 中声明。字符串比较函数 strcasecmp 和 strncasecmp 不属于 C 标准库,是在 POSIX 标准中定义的。这些函数的原型如下:

```
int strcmp(const char * s1, const char * s2);
int strncmp(const char * s1, const char * s2, size_t n);
int strcasecmp(const char * s1, const char * s2);
int strncasecmp(const char * s1, const char * s2, size_t n);
```

**1. strcmp 和 strncmp 函数**

strcmp 函数把 s1 和 s2 两个字符串自左向右逐个字符相比(按 ASCII 值大小相比较),直到出现不同的字符或遇到串结束符'\0'为止。如果两个字符串相等,则返回值为 0;如果 s1 小于 s2,则返回值为负数;如果 s1 大于 s2,则返回值为正数。

strncmp 函数比较字符串 s1 和 s2 的前 n 个字符。如果前 n 个字符完全相等,则返回值为 0;在前 n 个字节比较过程中,如果出现 s1[n] 与 s2[n] 不等,则返回值为 s1[i]−s2[i],也就是说,如果 s1 小于 s2,则返回值为负数;如果 s1 大于 s2,则返回值为正数。strncmp 函数的比较结束条件是:要么比较完 n 个字符,要么在其中一个字符串中遇到串结束符'\0'。

strncmp 函数和 strcmp 函数都是大小写敏感。

### 2. strcasecmp 和 strncasecmp 函数

strcasecmp 和 strncasecmp 函数和上面两个函数类似，但在比较字符串的过程中忽略字符的大小写，如认为小写字母 a 和大写字母 A 是相等的。

使用上述函数（源代码文件为 c_cmp.c）的示例代码如下。

```
 1: #include <stdio.h>
 2: #include <string.h>
 3: int main(){
 4:   printf("%d\n",strcmp("abcde", "abcd"));              //输出: 1
 5:   printf("%d\n",strcmp("abcd", "abcd"));               //输出: 0
 6:   printf("%d\n",strcmp("abcd", "abcde"));              //输出: -1
 7:   printf("%d\n",strcmp("abcda", "abcdz"));             //输出: -1
 8:   printf("%d\n",strncmp("abcda", "abcdz", 4));         //输出: 0
 9:   printf("%d\n",strncmp("abcda", "abcdz", 5));         //输出: -25
10:   printf("%d\n",strncmp("abcda", "abcdz", 6));         //输出: -25
11:   printf("%d\n",strcasecmp("abcda", "Abcdz"));         //输出: -25
12:   printf("%d\n",strncasecmp("abcda", "Abcdz", 4));     //输出: 0
13:   printf("%d\n",strncasecmp("abcda", "Abcdz", 10));    //输出: -25
14: }
```

## 5.4.5  搜索字符串

搜索字符（串）函数的原型如下：

```
char * strchr(const char * s, int c);
char * strrchr(const char * s, int c);
char * strstr(const char * haystack, const char * needle);
char * strpbrk(const char * s, const char * accept);
size_t strspn(const char * s, const char * accept);
size_t strcspn(const char * s, const char * reject);
```

strchr 函数在字符串 s 中从左向右查找字符 c，参数 c 是一个整型值（0～127），它包含了一个字符值。返回字符 c 第一次在字符串 s 中出现的位置指针（地址值），若未找到字符 c 则返回 NULL。

strrchr 函数从右向左查找字符 c，返回字符 c 第一次在字符串 s 中出现的位置指针（地址值），若未找到字符 c 则返回 NULL。

strstr 函数在字符串 haystack 中查找第一次出现子字符串 needle（不包含串结束符'\0'）的位置，若找到则返回该位置，若未找到则返回 NULL。

strpbrk 函数查找字符串 accept（字符集，不包含串结束符'\0'）中任一字符在字符串 s 中第一次出现的位置，若找到则返回该位置，若未找到则返回 NULL。

strspn 函数用来计算从字符串 s 开头连续有几个字符都属于字符串 accept（字符集，不包含串结束符'\0'）。若字符串 s 所包含的字符都属于 accept，则返回 s 的长度；若 strspn 函数返回值为 n，则表示从字符串 s 开头连续有 n 个字符都属于字符串 accept；若 strspn 函数返回值为 0，则表示字符串 s 的第一个字符不属于 accept。strspn 函数检索字符时是区分大小写的。

strcspn 函数用来计算从字符串 s 开头连续有几个字符都不属于字符串 accept(字符集,不包含串结束符'\0')。若字符串 s 所包含的字符都不属于 accept,则返回 s 的长度;若字符串 s 的第一个字符属于 accept,则返回 0。strcspn 函数检索字符时是区分大小写的。

使用上述部分函数(源代码文件为 c_search.c)的示例代码如下。

```
 1: #include <stdio.h>
 2: #include <string.h>
 3: int main(){
 4:     printf("%s\n", strchr("hello", 'l'));              //返回值为 llo
 5:     printf("%s\n", strrchr("hello", 'l'));             //返回值为 lo
 6:     printf("%s\n", strstr("helloworld", "lo"));        //返回值为 loworld
 7:     printf("%s\n", strpbrk("helloworld", "eor"));      //返回值为 elloworld
 8:     printf("%s\n", strpbrk("helloworld", "reo"));      //返回值为 elloworld
 9:     printf("%ld\n", strspn("helloworld", "ehlo"));     //返回值为 5
10:     printf("%ld\n", strspn("helloworld", "eor"));      //返回值为 0
11:     printf("%ld\n", strspn("hello", "hello"));         //返回值为 5
12:     printf("%ld\n", strcspn("helloworld", "ehlo"));    //返回值为 0
13:     printf("%ld\n", strcspn("helloworld", "od"));      //返回值为 4
14:     printf("%ld\n", strcspn("hello", "xyz"));          //返回值为 5
15: }
```

## 5.4.6　连接字符串

连接字符串函数的原型如下:

```
char * strcat(char * dest, const char * src);
char * strncat(char * dest, const char * src, size_t n);
```

strcat 函数把参数 src 所指的字符串连接(复制)到参数 dest 所指的字符串后面。字符串 dest 中的串结束符'\0'被字符串 src 的第一个字符覆盖,并在新字符串末尾追加串结束符'\0'。参数 dest 所指的目标空间必须足够大,确保能放下字符串 src,否则会导致缓冲区溢出。返回值为字符串 dest 的起始地址。

strncat 函数将字符串 src 中前 n 个字符连接到字符串 dest 的后面,然后在新字符串末尾追加串结束符'\0'。若指定长度 n 超过字符串 src 的长度,则复制完字符串 src 即停止。strncat 函数通过参数 n 指定一个长度,可以避免缓冲区溢出错误。

## 5.4.7　分割字符串

Linux 中的配置文件包含多行,每行包含由分隔符(delimiter)隔开的若干个字段。解析这些文件时可以使用分割字符串函数很方便地完成分割字符串的操作,分割出来的每段字符串称为一个 token。分割字符串函数的原型如下:

```
char * strtok(char * str, const char * delim);
char * strtok_r(char * str, const char * delim, char * * saveptr);
```

strtok 函数通过分隔符 delim 将待分割的字符串 str 分解为一组子字符串,delim 可以指定一个或多个分隔符,strtok 遇到其中任何一个分隔符时都会分割字符串。strtok 函数实际上是将字符串 str 中的每一个分割符都替换为串结束符'\0'(strtok 会修改原始字符串),然后返回被分割之后的第一个子字符串。后续的子字符串可通过多次调用函数 strtok (NULL,delim)逐一返回。也就是说每次调用 strtok 函数,会返回指向下一个 token(子字符串)的指针,若没有下一个 token 则返回 NULL。

strtok_r 函数比 strtok 函数多了一个保存中间指针变量的参数 saveptr,这样 strtok_r 函数内部就没有静态变量了,从而保证多线程调用的安全性。strtok_r 函数的主调函数需要自己分配一个指针变量来维护字符串中的当前处理位置,每次调用 strtok_r 函数时把这个指针变量的地址传给 strtok_r 函数的参数 saveptr,strtok_r 函数返回时再把新的处理位置写回到这个指针变量中。strtok_r 末尾的 r 就表示可重入(reentrant)。

视频 5-12
c_tok

由于 strtok 和 strtok_r 这两个函数都要改写字符串以达到分割的效果,因此这两个函数不能用于常量字符串的分割。

使用 strtok 和 strtok_r 这两个函数(源代码文件为 c_tok.c)的示例代码如下:

```
 1: #include <string.h>
 2: #include <stdio.h>
 3: int main(){
 4:     char str[32]="sys:x:sys,tem,olver:/run/sys";
 5:     char * token=strtok(str, ":/,");
 6:     while(token !=NULL){
 7:       printf("%s\n", token);
 8:       token=strtok(NULL, ":/,");
 9:     }
10:     char str1[32]="123:45:67,89,10:/111/222 33";
11:     char str2[32]="abc:de:fg,hi,jk:/lmn/opq rs";
12:     char * p1=NULL, * p2=NULL;
13:     char * tok1=strtok_r(str1, ":/,", &p1);
14:     char * tok2=strtok_r(str2, ":/,", &p2);
15:     while(tok1 && tok2){
16:       printf("%s\t%s\n", tok1, tok2);
17:       tok1=strtok_r(NULL, ":/,", &p1);
18:       tok2=strtok_r(NULL, ":/,", &p2);
19:     }
20:     char str3[32]="123:45:67,89,10:/111/222 33";
21:     char str4[32]="abc:de:fg,hi,jk:/lmn/opq rs";
22:     char * tok3=strtok(str3, " :/,");
23:     char * tok4=strtok(str4, " :/,"), sc[32];
24:     while(tok3 && tok4){
25:       printf("%s\t%s\n", tok3, tok4);
26:       strcat(sc,tok3);tok3=strtok(NULL, " :/,");
27:       strcat(sc,tok4);tok4=strtok(NULL, " :/,");
28:     }
29:     strncat(sc,"XXX",1); printf("%s\n", sc);
30: }
```

源代码中第 4~9 行正确使用 strtok 函数分割字符串,结果为图 5-19 中第 3~9 行;源代码中第 10～19 行正确使用 strtok_r 函数分割字符串,结果为图 5-19 中第 10～16 行;源代码中第 20～28 行错误使用 strtok 函数分割字符串,结果为图 5-19 中第 17～20 行,发现输出结果混乱。源代码中第 26、27 和 29 行调用 strcat 和 strncat 函数对子字符串进行拼接。

如图 5-19 所示,第 1 行编译源代码文件 c_tok.c,第 2 行运行 c_tok 可执行程序。

```
1# gcc -o c_tok c_tok.c
2# ./c_tok
3 sys
4 x
5 sys
6 tem
7 olver
8 run
9 sys
10 123      abc
11 45       de
12 67       fg
13 89       hi
14 10       jk
15 111      lmn
16 222 33   opq rs
17 123      abc
18 de       fg
19 hi       jk
20 lmn      opq
21 123abcdefghijklmnopqX
```

图 5-19　编译和执行 c_tok

## 5.4.8　本地函数

本地函数就是受到 locale.h 中 LC_COLLATE 影响的函数,其功能和返回值取决于当前所在的地区。string.h 中共有两个本地函数,分别是用于字符串比较的函数 strcoll 和用于更改字符串格式的函数 strxfrm。本节相关函数的原型如下:

```
char * setlocale(int category, const char * locale);
int strcoll(const char * s1, const char * s2);
size_t strxfrm(char * dest, const char * src, size_t n);
```

**1. setlocale 函数**

setlocale 函数在头文件 locale.h 中声明。setlocale 函数设置当前程序要使用的语言环境(也称地域设置、本地设置或区域设置)。语言环境包含有关如何解释和执行某些输入/输出以及转换操作的信息,并考虑了位置和特定于语言的设置。语言环境包含日期格式、数字格式、货币格式、字符处理、字符比较等多个方面的内容。

参数 category 用来设置语言环境的影响范围,可以只影响某一方面的内容,也可以影响所有的内容,category 的值不能随便设置,必须使用头文件 locale.h 中定义的宏:①LC_ALL 表示整个语言环境;②LC_COLLATE 影响 strcoll 和 strxfrm 函数;③LC_CTYPE 影响字符处理函数(除了 isdigit 和 isxdigit)以及多字节和宽字符转换函数;④LC_MONETARY 影响 localeconv 函数返回的货币格式化信息;⑤LC_NUMERIC 影响格式化输入/输出操作和字符串格式化函数中的小数点符号,localeconv 函数返回的非货币信息;⑥LC_TIME 影响 strftime 函数。

参数 locale 包含 C 语言环境名称的 C 字符串。这些是特定于系统的，但是至少必须存在以下 3 个语言环境，即"C"或"POSIX"、""、NULL。

（1）字符串"C"或"POSIX"表示最小的符合 ANSI 标准的语言环境，C 语言程序启动时就使用"C"语言环境，这是一个中性的语言环境，具有最少的语言环境信息，可以使程序的结果可预测。

（2）空字符串""表示将语言环境设置为当前操作系统默认的语言环境，若操作系统是英文版的，就使用英文环境；若操作系统是中文版的，就使用中文环境，这样做提高了 C 程序的兼容性，可以根据操作系统的版本自动地选择语言。

（3）如果参数 locale 的值为 NULL，函数 setlocale 不会对当前语言环境进行任何修改，只是返回当前语言环境的名称。

若 setlocale 函数执行成功，则返回指向包含 C 语言环境名称的 C 字符串的指针；若 setlocale 函数无法设置新的语言环境，则返回 NULL。

**2. strcoll 函数**

strcoll 函数会根据环境变量 LC_COLLATE 所指定的语言环境（setlocale 函数的参数为 locale，一个 locale 就是一组跟语言相关的处理规则）来比较 s1 和 s2 字符串。若 locale 为"POSIX"或"C"，字符串是按照内码逐字节地进行比较，这时 strcoll 函数与 strcmp 函数的作用完全相同。对于其他的 locale 取值，字符串的比较方式跟操作系统的语言环境有关。若参数 s1 和 s2 字符串相同则返回 0；若 s1 大于 s2 则返回大于 0 的值；若 s1 小于 s2 则返回小于 0 的值。比如，对一组汉字按照拼音进行排序时，就要用到 strcoll 函数了。

**3. strxfrm 函数**

strxfrm 函数的原型如下：

```
size_t strxfrm(char * dest, const char * src, size_t n);
```

strxfrm 函数根据程序当前的 LC_COLLATE 将字符串 src 的前 n 个字符转换为本地形式后复制到数组 dest 中，返回值是被转换的字符长度，不包括串结束符'\0'。用 strcmp 函数比较两个被 strxfrm 函数转换后的字符串与用 strcoll 函数比较它们被转换前的字符串的返回值是一样的。

使用上述函数（源代码文件为 c_localef.c）的示例代码如下，代码中注释为运行结果。

```
 1: #include <stdio.h>
 2: #include <stdlib.h>
 3: #include <string.h>
 4: #include <locale.h>
 5: int main(){
 6:     setlocale(LC_ALL,"C"); printf("%d\n", strcmp("编","程"));        //1
 7:     setlocale(LC_ALL,"C"); printf("%d\n", strcoll("编","程"));       //20
 8:     setlocale(LC_ALL,"POSIX"); printf("%d\n", strcmp("编","程"));    //1
 9:     setlocale(LC_ALL,"POSIX"); printf("%d\n", strcoll("编","程"));   //20
10:     setlocale(LC_ALL,""); printf("%d\n", strcmp("编","程"));         //1
11:     setlocale(LC_ALL,""); printf("%d\n", strcoll("编","程"));        //-16
```

```
12:     setlocale(LC_ALL,"en_US.UTF-8"); printf("%d\n", strcoll("编","程"));
                                                                  //20
13:     setlocale(LC_ALL,"zh_CN.UTF-8"); printf("%d\n", strcoll("编","程"));
                                                                  //-16
14:     typedef int (* compar)(const void *, const void *);
15:     int i; char * save, str[5][4]={"C","语","言","编","程"};
16:     setlocale(LC_COLLATE,""); qsort(str,5,4,(compar)strcoll);
17:     save=setlocale(LC_COLLATE, NULL); printf("LANG=%s,拼音排序:", save?
        save:"NULL");
18:     for (i=0; i<5; i++) printf("%s",str[i]);
                                     //LANG=zh_CN.UTF-8,拼音排序:编程言语 C
19:     setlocale(LC_COLLATE,"en_US.UTF-8"); qsort(str,5,4,(compar)strcoll);
20:     save=setlocale(LC_COLLATE, NULL);printf("\nLANG=%s,内码排序:", save?
        save:"NULL");
21:     for (i=0; i<5; i++) printf("%s",str[i]);
                                     //LANG=en_US.UTF-8,内码排序:C程编言语
22:     char d[8]={0}, s[8]={0};
23:     setlocale(LC_COLLATE,"en_US.UTF-8");printf("\n%d\n",strcmp("编","程"));
                                     //1
24:     setlocale(LC_COLLATE,"zh_CN.UTF-8");printf("%d\n", strcoll("编","程"));
                                     //-16
25:     strxfrm(s, "编", 8); strxfrm(d, "程", 8); printf("%d\n", strcmp(s, d));
                                     //-16
26: }
```

## 5.5　字符处理函数库(ctype.h)

　　ctype.h 声明了 C 语言字符分类函数的函数原型,用于测试字符是否属于特定的字符类别,如字母字符、控制字符等。ctype.h 也声明了大小写转换函数的函数原型。ctype.h 中共有 13 个判别字符类型的函数,函数原型及其功能说明如下。

```
int isalnum(int c);     //检查 c 是否是字母或数字,是则返回 1,否则返回 0
int isalpha(int c);     //检查 c 是否是字母,是则返回 1,否则返回 0
int iscntrl(int c);     //检查 c 是否控制字符(其 ASCII 码在 0 和 0x1F 之间),是则返回 1,
                          否则返回 0
int isdigit(int c);     //检查 c 是否是数字,是则返回 1,否则返回 0
int isgraph(int c);     //检查 c 是否是可打印字符,不包括空格和控制字符,是则返回 1,否
                          则返回 0
int islower(int c);     //检查 c 是否是小写字母,是则返回 1,否则返回 0
int isprint(int c);     //检查 c 是否是可打印字符(包括空格),是则返回 1,否则返回 0
int ispunct(int c);     //检查 c 是否是标点字符(不包括空格),即除字母、数字和空格以外的
                          所有可输出字符,是则返回 1,否则返回 0
int isspace(int c);     //检查 c 是否是空格、水平制表符('\t')、回车符('\n')、走纸换行
                          ('\f')、垂直制表符('\v')或换行符('\n'),是则返回 1,否则返
                          回 0
```

```
int isupper(int c);      //检查 c 是否是大写字母,是则返回 1,否则返回 0
int isxdigit(int c);     //检查 c 是否是一个十六进制数字,是则返回 1,否则返回 0
int isascii(int c);      //检查 c 是否是 ASCII 字符,是则返回 1,否则返回 0
int isblank(int c);      //检查 c 是否是空白字符(制表符或空格),是则返回 1,否则返回 0
```

ctype.h 中有两个大小写转换函数,函数原型及其功能说明如下。

```
int toupper(int c);          //c 如果是小写字母,则返回大写字母,否则返回原始参数
int tolower(int c);          //c 如果是大写字母,则返回小写字母,否则返回原始参数
```

使用上述部分函数(源代码文件为 c_ctype.c)的示例代码如下:

```
 1: #include<stdio.h>
 2: #include<stdlib.h>
 3: #include<ctype.h>
 4: #include<string.h>
 5: int main(){
 6:   char str[]="a12@d 55a+eA 8W99Q-", c;
 7:   char *ps=str;
 8:   int i, anum=0, dnum=0;
 9:   while(*ps){
10:     if(isalpha(*ps)) anum++;
11:     if(isdigit(*ps)) dnum++;
12:     ps++;
13:   }
14:   printf("字母=%d,数字=%d\n",anum,dnum);
15:   i=0;
16:   while(c=str[i]){
17:     if(islower(c)) c=toupper(c);
18:     putchar(c); i++;
19:   }
20:   printf("\n"); i=0;
21:   while(c=str[i]){
22:     if(isupper(c)) c=tolower(c);
23:     putchar(c); i++;
24:   }
25:   printf("\n"); i=0;
26:   while(c=str[i]){
27:     if(isblank(c)) c='\n';
28:     putchar(c); i++;
29:   }
30: }     //gcc -o c_ctype c_ctype.c
```

使用 gcc 命令(源代码第 30 行)编译源代码文件 c_ctype.c 以及运行 c_ctype 可执行程序,如图 5-20 所示。

上面介绍的是支持单字节字符的函数。宽字符使用 4 字节表示一个字符。wchar.h 头文件定义了许多宽字符专用的处理函数。其中的 btowc 函数将单字节字符转换为宽字符,

```
1 # ./c_ctype
2 字母=7,数字=7
3 A12@D 55A+EA 8W99Q-
4 a12@d 55a+ea 8w99q-
5 a12@d
6 55a+eA
7 8W99Q-
```

图 5-20　编译和执行 c_ctype

wctob 函数将宽字符转换为单字节字符,fwide 函数用来将单字节流设置为宽字符流或多字节字符流。

# 5.6　数学函数库(math.h)

math.h 包含最基础的数学库函数的原型。

**1. 三角函数**

```
double sin(double x);          //返回弧度角 x 的正弦
double cos(double x);          //返回弧度角 x 的余弦
double tan(double x);          //返回弧度角 x 的正切
```

**2. 反三角函数**

```
double asin(double x);         //返回以弧度表示的 x 的反正弦
double acos(double x);         //返回以弧度表示的 x 的反余弦
double atan(double x);         //返回以弧度表示的 x 的反正切
double atan2(double y, double x);
                               //atan2 函数返回以弧度表示的 y/x 的反正切。y 和 x 的符号决定了象限
```

**3. 双曲三角函数**

```
double sinh(double x);         //返回 x 的双曲正弦
double cosh(double x);         //返回 x 的双曲余弦
double tanh(double x);         //返回 x 的双曲正切
```

**4. 指数与对数**

```
double exp(double x);          //返回自然数 e 的 x 次幂的值
double sqrt(double x);         //返回 x 的平方根
double log(double x);          //返回 x 的自然对数(基数为 e 的对数)
double log10(double x);        //返回 x 的常用对数(基数为 10 的对数)
double pow(double x, double y); //返回 x 的 y 次幂,即 x 的 y 次方
float powf(float x, float y);  //功能与 pow 函数一致,只是输入与输出皆为浮点数
long double powl(long double x, long double y));
                               //功能与 pow 函数一致,只是输入与输出皆为双精度浮点数
```

### 5. 取整

```
double ceil(double x);              //返回不小于 x 的最小整数值,即向上取整
double floor(double x);             //返回不大于 x 的最大整数值,即向下取整
```

### 6. 绝对值

```
int abs(int x);                     //返回整型参数 x 的绝对值
long labs(long x);                  //返回长整型参数 x 的绝对值
long long llabs(long long x);;      //返回双长整型参数 x 的绝对值
double cabs(struct complex x);      //返回复数 x 的绝对值
double fabs(double x);              //返回双精度参数 x 的绝对值
float fabsf(float x);               //返回单精度参数 x 的绝对值
long double fabsl(long double x);   //返回长双精度参数 x 的绝对值
```

### 7. 标准化浮点数

```
double frexp(double x,int * e);
                        //把浮点数 x 分解成尾数和指数,返回值是尾数,指数存入 e 中
double ldexp(double x,int e);       //返回 x 乘以 2 的 e 次幂
```

### 8. 取整与取余

```
double modf(double x, double * i);  //返回值为 x 的小数部分,并设置 i 为 x 的整数部分。
                                      例如,x=1.2,则输出 0.2,让 * i=1。即将参数 x 的
                                      整数部分通过指针 i 回传,返回小数部分
double fmod(double x, double y);    //返回 x 除以 y 的余数
```

使用部分数学库函数（源代码文件为 c_math.c）的示例代码如下：

```
 1: #include<stdlib.h>
 2: #include<stdio.h>
 3: #include<math.h>
 4: #define PI 3.14159265
 5: int main(){
 6:     double x, y, ret, val, fpart, ipart;
 7:     int e; x=60.0; val=PI/180.0;
 8:     printf("%lf 的正弦是%lf 度\n", x, sin(x * val));
 9:     printf("%lf 的余弦是%lf 度\n", x, cos(x * val));
10:     printf("%lf 的正切是%lf 度\n", x, tan(x * val));
11:     x=0.5; val=180.0/PI;
12:     printf("%lf 的反正弦是%lf 度\n", x, asin(x) * val);
13:     printf("%lf 的反余弦是%lf 度\n", x, acos(x) * val);
14:     printf("%lf 的反正切是%lf 度\n", x, atan(x) * val);
15:     printf("%lf 的双曲余弦是%lf\n", x, cosh(x));
16:     printf("%lf 的双曲正弦是%lf 度\n", x, sinh(x));
```

```
17:        printf("%lf的双曲正切是%lf度\n", x, tanh(x));
18:        printf("e的%lf次幂是%lf\n", 3.2, exp(3.2));
19:        printf("%lf的平方根是%lf\n", 5.0, sqrt(5.0));
20:        printf("log(3.1)=%lf\n", log(3.1));
21:        printf("log10(602.22)=%lf\n",log10(602.22));
22:        printf("值2.69^3.32=%lf\n", pow(2.69, 3.32));
23:        printf("值2.69^3.32=%lf\n", powf(2.69, 3.32));
24:        printf("值2.69^3.32=%Lf\n", powl(2.69, 3.32));
25:        printf("ceil(3.6)=%.1lf\n", ceil(3.6));
26:        printf("floor(3.6)=%.1lf\n", floor(3.6));
27:        x=11.23; fpart=frexp(x, &e);
28:        printf("x=%.2lf=%.2lf * 2^%d\n", x, fpart, e);
29:        x=8.123456; fpart=modf(x, &ipart);
30:        printf("整数=%lf,小数=%lf\n", ipart, fpart);
31: }
```

使用 math.h 中声明的库函数时,gcc 命令必须加-lm 选项,因为数学函数位于 libm. so 库文件中,-lm 选项告诉编译器,程序中用到的数学函数要到这个库文件里找。使用 libc.so 中的库函数在编译时不需要加-lc 选项(也可以加上),因为该选项是 gcc 的默认选项。

编译源代码文件 c_math.c 以及运行 c_math 可执行程序如图 5-21 所示。

```
1 # gcc -o c_math c_math.c -lm
2 # ./c_math
3 60.000000的正弦是0.866025度
4 60.000000的余弦是0.500000度
5 60.000000的正切是1.732051度
6 0.500000的反正弦是30.000000度
7 0.500000的反余弦是60.000000度
8 0.500000的反正切是26.565051度
9 0.500000的双曲余弦是1.127626
10 0.500000的双曲正弦是0.521095度
11 0.500000的双曲正切是0.462117度
12 e的3.200000次幂是24.532530
13 5.000000的平方根是2.236068
14 log(3.1)=1.131402
15 log10(602.22)=2.779755
16 值2.69^3.32=26.716377
17 值2.69^3.32=26.716377
18 值2.69^3.32=26.716377
19 ceil(3.6)=4.0
20 floor(3.6)=3.0
21 x=11.23=0.70*2^4
22 整数=8.000000,小数=0.123456
```

图 5-21　编译和执行 c_math

# 5.7　学生信息管理系统的设计与实现

为了巩固和加深对前面所学知识的理解,掌握软件设计的基本思想和方法,提高读者运用 C 语言解决实际问题的能力。本节设计并实现了一个简单的学生信息管理系统。

### 5.7.1 系统设计要求

学生信息管理系统要求实现如下功能。

(1) 能够添加一名新学生的信息。

(2) 能够根据学号修改学生的信息。

(3) 能够输出所有学生的信息。

(4) 能够根据学号或单科成绩进行排序，然后输出排序后的学生信息。

(5) 能够根据学号查找并且输出学生的信息。

(6) 能够根据各科成绩、总成绩以及平均成绩统计出各分值区段的学生人数，并且输出该分值区段学生的信息。

(7) 能够将所有学生信息写入磁盘文件中。

(8) 能够从磁盘文件读入所有学生信息。

### 5.7.2 系 统 设 计

学生信息管理系统要求实现的功能被设计成相对独立的功能模块，整个系统结构如图 5-22 所示。虽然各功能模块之间相对独立，但是它们之间存在一定的关系，根据使用本系统进行操作时的流程，给出了整个系统的功能模块关系，如图 5-23 所示。

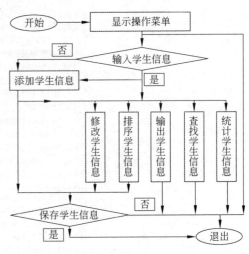

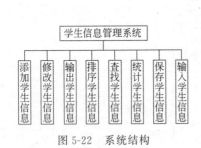

图 5-22 系统结构

图 5-23 功能模块间的关系

### 5.7.3 函 数 设 计

学生信息管理系统中的每个功能模块都对应于一个函数的实现，下面分别介绍系统中每个函数的大概设计。如想了解每个函数的详细设计，请读者阅读 5.7.4 小节的参考程序，在参考程序中给出了详细的注释。

**1. 主函数**

```
main(){
    调用学生链表初始化函数 InitStudent(Q),Q 指向链表头结点。
```

调用显示操作菜单函数 Menu(),提示用户进行功能的选择。

```
while(退出循环条件){
        如果输入 1,则调用添加学生信息函数 InputStudent();
        如果输入 2,则调用修改学生信息函数 AlterStudent();
        如果输入 3,则调用输出学生信息函数 OutputStudent();
        如果输入 4,则调用排序学生信息函数 SortStudent();
        如果输入 5,则调用查找学生信息函数 FindStudent();
        如果输入 6,则调用统计学生信息函数 StatisticStudent();
        如果输入 7,则调用保存学生信息函数 SaveStuToFile();
        如果输入 8,则调用载入学生信息函数 LoadStuFromFile()。
    }
}
```

### 2. 学生链表初始化函数

```
InitStudent(){
    动态分配 Student 结构体变量,对变量成员进行初始化;
    该结点将是学生信息链表的头结点,函数返回该结点的地址。
    注意:该结点不用来存放学生的具体信息。
}
```

### 3. 显示操作菜单函数
函数 Menu 用来显示如何使用该系统的相关信息。

### 4. 添加学生信息函数

```
InputStudent(){
    while(继续添加学生信息条件){
        动态分配 Student 结构体变量;
        输入学号,存入 Student 结构体变量的 num 成员中;
        输入姓名,存入 Student 结构体变量的 name 成员中;
        输入性别,存入 Student 结构体变量的 sex 成员中;
        输入数学成绩,存入 Student 结构体变量的 math 成员中;
        输入英语成绩,存入 Student 结构体变量的 eng 成员中;
        求出总成绩,存入 Student 结构体变量的 total 成员中;
        求出平均成绩,存入 Student 结构体变量的 ave 成员中。
    }
}
```

### 5. 修改学生信息函数

```
AlterStu(){
    while(继续修改学生信息条件){
        选择要修改的学生信息:
        1.n 2.sex 3.m 4.e
        如果输入 1,则修改学生的姓名;
        如果输入 2,则修改学生的性别;
        如果输入 3,则修改学生的数学成绩;
```

如果输入 4,则修改学生的英语成绩;
然后重新求出总成绩,存入该学生结构体变量的 total 成员中;
再求出平均成绩,存入该学生结构体变量的 ave 成员中。
}
}

**6. 输出学生信息函数**

在函数 OutputStudent 中,通过遍历学生信息链表,将所有学生的信息显示出来。

**7. 排序学生信息函数**

```
SortStu(){
    switch(排序依据){
        如果输入 1,则按学号进行排序;
        如果输入 2,则按数学成绩进行排序;
        如果输入 3,则按英语成绩进行排序。
    }
    函数返回排序后链表的头结点的地址。
}
```

**8. 查找学生信息函数**

在函数 FindStudent 中,根据输入的学号来遍历学生信息链表,如果有此学生,则将该学生的信息显示出来。

**9. 统计学生信息函数**

```
StatisticStudent(){
    首先定义了一系列变量,如 s60m、s70m、s80m、s90m、s100m 等,用来记录统计信息。
    然后遍历学生信息链表,即:
    while(链表指针非空){
        根据链表指针所指的学生信息中的各科成绩、
        总成绩以及平均成绩修改前面定义的相关变量。
    }
}
```

**10. 保存学生信息函数**

在函数 SaveStuToFile 中,将学生信息链表中所有学生信息写入磁盘文件。

**11. 载入学生信息函数**

在函数 LoadStuFromFile 中,从磁盘文件读入所有学生信息到学生信息链表中。

**12. 链表结构**

系统中各函数要用到的学生信息链表结构如图 5-24 所示,读者在分析下面源程序时可以参考该图。

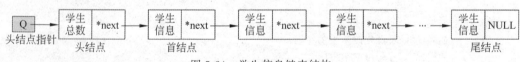

图 5-24　学生信息链表结构

## 5.7.4　参考程序

学生信息管理系统的源代码文件是 c_student.c，共 289 行。

```
 1: #include<stdio.h>
 2: #include<stdlib.h>
 3: #include<string.h>
 4: typedef struct s{//定义学生结构体
 5:   int num; char n[20],sex[2];
 6:   float m,e,total,ave;
 7:   struct s * next;
 8: }stu;
 9: stu * InitStudent(){//初始化学生表
10:   stu * Q=(stu *)malloc(sizeof(stu));
11:   if(Q!=NULL){
12:     Q->num=0; strcpy(Q->n,"-");
13:     strcpy(Q->sex,"-");
14:     Q->m=0; Q->e=0;
15:     Q->total=0; Q->ave=0;
16:     Q->next=NULL; return Q;
17:   }else return NULL;
18: }
19: void Menu(){//操作菜单
20:   int i; printf("\n学生信息管理系统操作菜单\n");
21:   for(i=0;i<50;i++)putchar('*');putchar('\n');
22:   printf("1:输入学生信息\t6:统计学生信息\n");
23:   printf("2:修改学生信息\t7:保存学生信息\n");
24:   printf("3:输出学生信息\t8:加载学生信息\n");
25:   printf("4:排序学生信息\t0:退出系统\n");
26:   printf("5:查询学生信息\n");
27:   for(i=0;i<50;i++)putchar('*');putchar('\n');
28:   printf("%s","输入命令编号:");
29: }
30: int InputStudent(stu * Q){//创建学生数据表
31:   int go=1, inum=0; stu * s, * temp;
32:   while(go){
33:     s=(stu *)malloc(sizeof(stu));
34:     if(s==NULL) return 0;
35:     printf("请输入学生学号(0返回):");
36:     scanf("%d",&s->num);
37:     if(s->num==0)
38:       {printf("已输入%d个学生\n",inum);break;}
39:     temp=Q->next;
40:     while(temp!=NULL && temp->num!=s->num)
41:       temp=temp->next;
42:     if(temp || s->num<0){
43:       printf("编号存在/错误,输入1继续,0返回\n");
44:       scanf("%d",&go);
45:       while(go!=0&&go!=1) scanf("%d",&go);
46:       if(go==0)break; else if(go)continue;
47:     }
```

```
48:    printf("请输入学生姓名:");scanf("%s",s->n);
49:    while(strlen(s->n)<=0)scanf("%s",s->n);
50:    printf("请输入学生性别(M or F):");
51:    scanf("%s",s->sex);
52:    while(strcmp(s->sex,"F")&&
53:      strcmp(s->sex,"M"))scanf("%s",s->sex);
54:    printf("输入数学成绩:");scanf("%f",&s->m);
55:    while(s->m>100||s->m<0)scanf("%f",&s->m);
56:    printf("输入英语成绩:");scanf("%f",&s->e);
57:    while(s->e>100||s->e<0)scanf("%f",&s->e);
58:    s->total=s->m+s->e;s->ave=s->total/4;
59:    s->next=Q->next; Q->next=s;
60:    inum++; Q->num++;
61:   } return 1;
62: }
63: int AlterStu(stu * Q, int num){   //修改学生数据
64: int flag=0, go=1; stu * ps=Q->next;
65: while(ps!=NULL&&ps->num!=num) ps=ps->next;
66: if(ps!=NULL){
67:   while(go){
68:   flag=0;
69:   while(flag<1 || flag>6){
70:     printf("1.姓名 2.性别 3.数学 4.英语\n");
71:     printf("\n 输入项目编号:");
72:     getchar(); scanf("%d",&flag);
73:   }
74:   if(flag==1){
75:     printf("学生姓名:"); scanf("%s",ps->n);
76:     while(strlen(ps->n)<=0)
77:      scanf("%s",ps->n);
78:   }else if(flag==2){
79:     printf("输入性别(M or F):");
80:     scanf("%s",ps->sex);
81:     while(strcmp(ps->sex,"F")&&strcmp(
82:      ps->sex,"M"))scanf("%s",ps->sex);
83:   }else if(flag==3){
84:     printf("数学成绩:");scanf("%f",&ps->m);
85:     while(ps->m>100||ps->m<0)
86:      scanf("%f",&ps->m);
87:   }else if(flag==4){
88:     printf("英语成绩:");scanf("%f",&ps->e);
89:     while(ps->e>100||ps->e<0)
90:      scanf("%f",&ps->e);
91:   }
92:   ps->total=ps->m +ps->e;
93:   ps->ave=ps->total/4;
94:   printf("输 1 继续改,0 返回");scanf("%d",&go);
95:   } return 1;
96: }else printf("学生编号错误\n"); return 0;
97: }
```

```
 98: void OutputStudent(stu * Q){   //输出学生成绩
 99: stu * temp=Q->next;
100: if(temp==NULL)printf("无学生信息!\n");
101: else{ printf("/ * * * 所有学生信息 * * * /\n");
102:    printf("num\tn\tsex\tm\te\ttotal\tave\n");
103:    while(temp){
104: printf("%d\t%s\t%s\t%.1f\t%.1f\t%.1f\t%.1f\n",
105:       temp->num,temp->n,temp->sex,temp->m,
106:       temp->e,temp->total,temp->ave);
107:    temp=temp->next;
108: }}}
109: stu * SortStu(stu * Q, int ord){   //排列学生数据
110: int num; char n[20],sex[7];
111: float m, e, total, ave;
112: stu * p=Q->next, * q, * temp;
113: if(p==NULL) return NULL;
114: switch(ord){
115:   case 1:
116:    for(p; p; p=p->next){ temp=p;
117:     for(q=temp->next;q;q=q->next){
118:        if(temp->num >q->num){
119: num=temp->num; strcpy(n,temp->n);
120: strcpy(sex,temp->sex); m=temp->m; e=temp->e;
121: total=temp->total; ave=temp->ave;
122:    temp->num=q->num; strcpy(temp->n,q->n);
123:    strcpy(temp->sex,q->sex); temp->m=q->m;
124:    temp->e=q->e; temp->total=q->total;
125:    temp->ave=q->ave;
126: q->num=num; strcpy(q->n,n);strcpy(q->sex,sex);
127: q->m=m; q->e=e; q->total=total; q->ave=ave;
128:    }}}break;
129:   case 2:
130:    for(p; p; p=p->next){ temp=p;
131:     for(q=temp->next;q;q=q->next){
132:        if(temp->m >q->m){
133: num=temp->num; strcpy(n,temp->n);
134: strcpy(sex,temp->sex); m=temp->m; e=temp->e;
135: total=temp->total; ave=temp->ave;
136:    temp->num=q->num; strcpy(temp->n,q->n);
137:    strcpy(temp->sex,q->sex); temp->m=q->m;
138:    temp->e=q->e; temp->total=q->total;
139:    temp->ave=q->ave;
140: q->num=num; strcpy(q->n,n);strcpy(q->sex,sex);
141: q->m=m; q->e=e; q->total=total; q->ave=ave;
142:    }}}break;
143:   case 3:
144:    for(p; p; p=p->next){ temp=p;
145:     for(q=temp->next;q;q=q->next){
146:       if(temp->e >q->e){
147: num=temp->num; strcpy(n,temp->n);
```

```
148: strcpy(sex,temp->sex); m=temp->m; e=temp->e;
149: total=temp->total; ave=temp->ave;
150:   temp->num=q->num; strcpy(temp->n,q->n);
151:   strcpy(temp->sex,q->sex); temp->m=q->m;
152:   temp->e=q->e; temp->total=q->total;
153:   temp->ave=q->ave;
154: q->num=num; strcpy(q->n,n);strcpy(q->sex,sex);
155: q->m=m; q->e=e; q->total=total; q->ave=ave;
156:   }}}break;
157:   }return Q;
158: }
159: void FindStu(stu * Q, int num){//按学号查找
160:   stu * temp;
161:   temp=Q->next;
162:   while(temp && temp->num!=num)
163:   temp=temp->next;
164:   if(temp!=NULL){
165:   printf("num\tn\tsex\tm\te\ttotal\tave\n");
166: printf("%d\t%s\t%s\t%.1f\t%.1f\t%.1f\t%.1f\n",
167:     temp->num,temp->n,temp->sex,temp->m,
168:     temp->e,temp->total,temp->ave);
169:   }else printf("没有此学生\n");
170: }
171: void StatisticStudent(stu * Q){//统计学生信息
172:   int s60m=0, s70m=0, s80m=0, s90m=0, s100m=0;
173:   int s60e=0, s70e=0, s80e=0, s90e=0, s100e=0;
174:   int s240t=0, s300t=0, s350t=0, s400t=0;
175:   int s60a=0, s70a=0, s80a=0, s90a=0, s100a=0;
176:   stu * temp=Q->next;
177:   if(temp==NULL)printf("没有学生信息\n");
178:   else{
179:   while(temp){
180:     if(temp->m<60) s60m++;
181:     else if(temp->m<70) s70m++;
182:     else if(temp->m<80) s80m++;
183:     else if(temp->m<90) s90m++;
184:     else s100m++;
185:     if(temp->e<60) s60e++;
186:     else if(temp->e<70) s70e++;
187:     else if(temp->e<80) s80e++;
188:     else if(temp->e<90) s90e++;
189:     else s100e++;
190:     if(temp->total<240) s240t++;
191:     else if(temp->total<300) s300t++;
192:     else if(temp->total<350) s350t++;
193:     else s400t++;
194:     if(temp->ave<60) s60a++;
195:     else if(temp->ave<70) s70a++;
196:     else if(temp->ave<80) s80a++;
197:     else if(temp->ave<90) s90a++;
198:     else s100a++;
199:     temp=temp->next;
```

```
200:    }} temp=Q->next;
201:    if(temp){
202:    printf("/＊＊＊学生成绩统计信息＊＊＊/\n\n");
203:    printf("数学人数 0～59: %d\n", s60m);
204:    printf("数学人数 60～69: %d\n", s70m);
205:    printf("数学人数 70～79: %d\n", s80m);
206:    printf("数学人数 80～89: %d\n", s90m);
207:    printf("数学人数 90～100: %d\n", s100m);
208:    printf("英语人数 0～59: %d\n", s60e);
209:    printf("英语人数 60～69: %d\n", s70e);
210:    printf("英语人数 70～79: %d\n", s80e);
211:    printf("英语人数 80～89: %d\n", s90e);
212:    printf("英语人数 90～100: %d\n", s100e);
213:    printf("总成绩人数 0～239: %d\n", s240t);
214:    printf("总成绩人数 240～299: %d\n", s300t);
215:    printf("总成绩人数 300～349: %d\n", s350t);
216:    printf("总成绩人数 350～400: %d\n", s400t);
217:    printf("平均成绩人数 0～59: %d\n", s60a);
218:    printf("平均成绩人数 60～69: %d\n", s70a);
219:    printf("平均成绩人数 70～79: %d\n", s80a);
220:    printf("平均成绩人数 80～89: %d\n", s90a);
221:    printf("平均成绩人数 90～100: %d\n", s100a);
222:    while(temp){
223:        if(temp->ave >=90){
224:        printf("num\tn\tsex\tm\te\ttotal\tave\n");
225: printf("%d\t%s\t%s\t%.1f\t%.1f\t%.1f\t%.1f\n",
226:        temp->num,temp->n,temp->sex,temp->m,
227:        temp->e,temp->total,temp->ave);
228:    }    temp=temp->next;
229: }}}
230: int SaveStuToFile(stu * Q){                              //保存学生信息
231:    stu * s=Q->next; FILE * fp; char path[50];
232:    printf("输入文件路径:"); scanf("%s",path);
233:    if((fp=fopen(path,"wb"))==NULL) return 0;
234:    while(s){
235:    if(fwrite(s,sizeof(stu),1,fp)!=1){
236:      printf("写入学生信息失败\n"); return 0;
237:    }else printf("成功写入一位学生信息\n");
238:    s=s->next;
239:    } fclose(fp); return 1;
240: }
241: void LoadStuFromFile(stu * Q){                           //加载学生信息
242:    int flag=1; char path[50];
243:    stu * s, * p=Q, * temp=Q; FILE * fp;
244:    printf("输入文件路径:"); scanf("%s",path);
245:    if((fp=fopen(path,"rb"))!=NULL){
246:    while(flag){
```

```
247:    s=(stu *)malloc(sizeof(stu));
248:    temp->next=s; temp=s;
249:    if(fread(s,sizeof(stu),1,fp)!=1){
250:    free(s);p->next=NULL;flag=0;                //读失败
251:    }else{printf("读成功\n");p=p->next;}
252:    } fclose(fp);
253:    }else printf("加载学生信息失败\n");
254: }
255: int main(){
256:    int num=0, altered, ord=-1;
257:    stu *Q,*p,*T; char choice;
258:    Q=InitStudent(); Menu();
259:    scanf("%c",&choice);
260:    while(choice !='0'){
261:    switch(choice){
262:     case '1': InputStudent(Q); break;
263:     case '2':
264:     while(num==0){ printf("请输入学号:");
265:       getchar(); scanf("%d", &num); }
266:     altered=AlterStu(Q,num);
267:     if(altered==1) printf("修改成功\n");
268:     else printf("修改失败\n"); num=0;break;
269:     case '3': OutputStudent(Q); break;
270:     case '4':
271:     while(ord<0 || ord>5){
272:       printf("0.Exit 1.num 2.m 3.e\n");
273:       printf("排序:");scanf("%d",&ord);
274:     }
275:     if(ord==0){ ord=-1; break; }
276:     else{ T=SortStu(Q,ord);
277:       if(T!=NULL) OutputStudent(T); }
278:     ord=-1; break;
279:     case '5':
280:     while(num==0){
281:       printf("输入学号:");scanf("%d",&num);
282:     } FindStu(Q,num); num=0; break;
283:     case '6': StatisticStudent(Q); break;
284:     case '7': SaveStuToFile(Q); break;
285:     case '8': LoadStuFromFile(Q); break;
286:     default:printf("请输入正确编号:");break;
287:    } Menu(); getchar(); scanf("%c",&choice);
288:    } return 0;
289: }
```

## 5.7.5  运行结果

如图 5-25 所示，第 1 行编译源代码文件 c_student.c，第 2 行运行 c_student 可执行程序。第 3 行本打算通过 less 命令查看 c_student.txt 文件中的学生信息，但是发现不能查看。因为学生信息按照二进制存储方式保存到了文件中（源代码的第 233 行）。如果要查看文件中的学生信息,需要按照二进制存储方式读取文件(源代码的第 245 行)。

```
 1# gcc -o c_student c_student.c
 2# ./c_student
 3学生信息管理系统操作菜单
 4******************************
 51: 输入学生信息    6: 统计学生信息
 62: 修改学生信息    7: 保存学生信息
 73: 输出学生信息    8: 加载学生信息
 84: 排序学生信息    0: 退出系统
 95: 查询学生信息
10******************************
11输入命令编号:8
12输入文件路径:c_student.txt
13读成功
14读成功
15
16输入命令编号:1
17请输入学生学号(0返回):5
18请输入学生姓名:EE
19请输入学生性别(M or F):M
20输入数学成绩:55
21输入英语成绩:66
22请输入学生学号(0返回):0
23已输入1个学生
```

```
24输入命令编号:3
25/***所有学生信息***/
26num    n      sex     m        e        total    ave
27 5     EE     M       55.0     66.0     121.0    30.2
28 1     z      M       11.0     22.0     33.0     8.2
29 2     D      F       33.0     44.0     77.0     19.2
30输入命令编号:4
31 0.Exit  1.num  2.m  3.e
32排序:3
33/***所有学生信息***/
34num    n      sex     m        e        total    ave
35 1     z      M       11.0     22.0     33.0     8.2
36 2     D      F       33.0     44.0     77.0     19.2
37 5     EE     M       55.0     66.0     121.0    30.2
38输入命令编号:7
39输入文件路径:c_student.txt
40成功写入一位学生信息
41成功写入一位学生信息
42成功写入一位学生信息
43
44输入命令编号:0
45# less c_student.txt
46"c_student.txt" may be a binary file. See it anyway?
```

图 5-25　编译和执行 c_student

# 5.8　习题

### 1. 填空题

(1) C89 中有_____个标准头文件,截至 C17 标准,共包含_____个头文件。

(2) C 标准由两部分组成,一部分描述_____,另一部分描述_____。

(3) _____是 C 标准(如 C89)的实现。

(4) 可以使用_____命令查看 gcc 编译器支持的 C 标准。

(5) GNU C 对_____进行了一系列扩展,以增强其的功能。

(6) 如果想在 C 编程中启用 C99 标准,可在使用 gcc 命令编译程序时使用_____。

(7) C 标准库的_____由各个系统平台决定。C 标准库的_____是 C 运行时库(C run time libray,CRT)的一部分。

(8) Linux 平台上使用得最广泛的 C 函数库是_____,其中包括_____的实现,也包括所有_____。

(9) 操作文件的正确流程为:_____→_____→关闭文件。

(10) 数据在文件和内存之间传递的过程称为_____。

(11) 将文件中的数据读取到内存的过程叫作_____,从内存中的数据保存到文件的过程称为_____。

(12) 在 Linux 中,_____,也就是说键盘、显示器、磁盘等外设都被看作文件。

(13) 数据从外设到内存的过程称为_____,从内存到外设的过程称为_____。

（14）FILE 类型的指针被称为_____。

（15）按照数据的存储方式可以将文件分为_____和_____。

（16）文件使用完毕时应该把文件关闭，避免_____。

（17）文件有文本文件和_____两种。

（18）当一个用户进程被创建时，系统会自动为该进程创建三个数据流，即 stdin（标准输入）、_____、_____。

（19）stdin、stdout 和 stderr 都是_____类型的文件指针。

（20）stdin 默认指向_____，stdout 和 stderr 默认指向_____。

（21）现在的终端通常是_____。

（22）EOF 表示_____。

（23）C 语言不仅支持对文件的_____读写方式，还支持_____读写方式。

（24）将文件内部_____移动到需要读写的位置再进行读写，这被称为文件的定位。

（25）_____函数将文件内部位置指针（读写位置）移至文件开头。

（26）_____函数将文件的位置指针移动到任意位置，从而实现对文件的随机访问。

（27）FILE 结构体主要包含文件状态标志、_____和_____。

（28）缓冲区根据其距离硬盘文件的远近，分为_____、_____、_____。

（29）C 标准库 I/O 缓冲区有_____、_____和无缓冲三种类型。

（30）内核 I/O 缓冲区是内核级缓冲区，是内核为_____使用的缓冲区。

（31）堆区内存（动态内存）的管理函数有_____、calloc、recalloc、reallocarray、_____。

（32）rand 库函数可用来产生介于 0 和 RAND_ MAX 之间的_____。

（33）可以使用 srand 函数改变_____，使得 rand 函数可以产生真正的随机数。

（34）_____是一个系统支持的所有抽象字符的集合。

（35）_____是各种文字和符号的总称，包括各国家文字、标点符号、图形符号、数字等。

（36）常见的字符集有_____字符集、_____字符集、Unicode 字符集等。

（37）_____是按照某种格式将字符集中的字符存储在计算机中。

（38）字符编码能在字符集与数字系统之间建立_____，将符号转换为计算机能识别的_____。

（39）C95 标准化了两种表示大型字符集的方法，即_____和_____。

（40）_____函数（wide character to multibyte）用于将宽字符转换为多字节字符。

（41）_____函数（multibyte to wide character）用于将多字节字符转换为宽字符。

（42）_____函数用来将宽字符串转换为多字节字符串。

（43）_____函数用来将多字节字符串转换为宽字符串。

**2. 简答题**

（1）文件流、输入流、输出流的含义是什么？

（2）程序缓冲区、C 库缓冲区、内核缓冲区的作用分别是什么？

**3. 上机题**

（1）本章所有源代码文件在本书配套资源的"src/第 5 章"目录中，请读者运行每个示例，理解所有源代码。

（2）限于篇幅，本章程序题都放在本书配套资源的"xiti-src/xiti05"文件夹中。

# 第6章 Linux 系统调用

 **本章学习目标**

- 理解 C 库函数和 Linux 系统调用的区别；
- 掌握 Linux 中使用系统调用的三种方法；
- 掌握 Linux 系统调用编程方法。

## 6.1 C 库函数和 Linux 系统调用

Linux 内核提供了一组用于实现各种系统功能的子程序，称为系统调用。系统调用是应用程序获取 Linux 内核服务的唯一方式，是应用程序与 Linux 内核之间的接口。通过系统调用，应用程序可以与硬件设备（如硬盘、显示器、打印机等）进行交互。5.10 版 Linux 内核大概提供了 460 个系统调用，可以通过 man 2 syscalls 命令查看这些系统调用。系统调用和前面介绍的 C 语言标准库函数的调用非常相似，二者的主要区别在于：系统调用由 Linux 内核提供，运行于内核态，标准库函数的调用由函数库或程序员自己提供，运行于用户态。许多 C 语言标准库函数在 Linux 平台上的功能实现都是靠 Linux 系统调用完成的。为了便于使用 Linux 系统调用，glibc 提供了一些 C 语言库函数，这些库函数对 Linux 系统调用进行了封装和扩展，通常这些 C 语言库函数的函数名和 Linux 内核系统调用（内核函数）同名，由于这些库函数与 Linux 系统调用的关系非常密切，所以习惯上把这些库函数也称为系统调用。

C 语言标准库函数根据是否调用系统调用分为两类。①不需要调用系统调用的标准库函数：这些函数不需要切换到内核空间即可完成函数的全部功能，并且将结果返回给应用程序，如 strcmp、strcat 等库函数。②需要调用系统调用的标准库函数：这些库函数是对系统调用的一层封装，需要切换到内核空间执行内核子程序，通过调用一个或多个系统调用去实现相应功能，如 printf、fopen 等库函数。系统调用是不能跨平台的，而封装了系统调用的标准库函数是可以跨平台的，具有很好的可移植性，无论是 Windows 还是 Linux 都可以使用，由编译器负责从标准库函数到系统调用的转换。

总之，glibc 库函数包含 3 种：①Linux 系统调用；②不调用系统调用的标准库函数；③调用系统调用的标准库函数。系统调用和 C 标准库函数都可以简称函数。

编写 Linux 应用程序时既可以使用 C 标准库函数，也可以使用系统调用。应用程序频繁使用系统调用会降低程序的运行效率，因为系统调用需要进行用户态和内核态的上下文切换，这种切换会消耗掉许多时间，开销较大。而对 C 语言标准库函数的调用开销较小。

为了减少开销,尽量减少使用系统调用的次数,多使用 C 语言标准库函数。事实上,即使使用标准库函数对文件进行读写操作,由于文件总是在外存上,因此最终都要对硬件进行操作,必然会引起系统调用。也就是说,C 标准库函数对文件的操作实际上是通过系统调用来实现的。例如,C 标准库函数 fread 就是通过 read 系统调用来实现的。既然使用 C 标准库函数也有系统调用的开销,为什么还要使用标准库函数而不是直接使用系统调用呢? 这是因为读写文件通常涉及大量数据,由于 C 标准库函数有较大缓冲区,因此使用这些标准库函数就可以减少系统调用次数。例如,用 fwrite 写文件时先将数据写到用户缓冲区,当用户缓冲区满或写操作结束时,才将用户缓冲区的内容写到内核缓冲区;当内核缓冲区满或写操作结束时,内核才会将缓冲区内容写到外存。

为了比较 C 标准库函数与 Linux 系统调用的执行效率,编写了三个源代码文件,如表 6-1 第 2 行所示,第 3 行为运行结果。源代码文件 c_s_cmp1.c 中使用 C 标准库函数 fwrite 将 200 万个整数写入硬盘文件;源代码文件 c_s_cmp2.c 中使用 Linux 系统调用 write 将 200 万个整数写入硬盘文件;源代码文件 c_s_cmp3.c 中使用 Linux 系统调用 write,借助于自定义缓冲区将 200 万个整数写入硬盘文件。

表 6-1　C 标准库函数与 Linux 系统调用在执行效率方面的比较

视频 6-1
c_s_cmp

| 源代码文件 c_s_cmp1.c | 源代码文件 c_s_cmp2.c | 源代码文件 c_s_cmp3.c |
|---|---|---|
| ```#include<stdio.h>int main(){  FILE * fp=fopen("t1.txt","w");  if(!fp) return 0;  for(int i=0;i<2000000;i++)    fwrite(&i,sizeof(int),1,fp);  fclose(fp);  return 0;}``` | ```#include<unistd.h>#include<fcntl.h>int main(){  int fd=open("t2.txt",O_RDWR    |O_TRUNC|O_CREAT,0666);  if(fd==-1) return 0;  for(int i=0;i<2000000;i++)    write ( fd, &i, sizeof    (int));  close(fd);  return 0;}``` | ```#include<stdio.h>#include<stdlib.h>#include<unistd.h>#include<fcntl.h>#define BUF_SIZE 200int main(){  int fd=open("t3.txt",O_RDWR    |O_TRUNC|O_CREAT,0666);  int buf[BUF_SIZE]={0};  for(int i=0;i<2000000;i++){    buf[i%BUF_SIZE]=i;    if(i%BUF_SIZE==BUF_SIZE    -1)      write ( fd, buf, sizeof    (buf));}}``` |
| ```# gcc -o c_s_cmp1 c_s_cmp1.c# time ./c_s_cmp1real    0m0.047suser    0m0.039ssys     0m0.008s``` | ```# gcc -o c_s_cmp2 c_s_cmp2.c# time ./c_s_cmp2real    0m2.585suser    0m1.217ssys     0m1.369s``` | ```# gcc -o c_s_cmp3 c_s_cmp3.c# time ./c_s_cmp3real    0m0.029suser    0m0.008ssys     0m0.021s``` |

通过结果对比发现,c_s_cmp2 的执行时间是 c_s_cmp1 的执行时间的 50 倍左右。这是因为 c_s_cmp1 中的 fwrite 函数自动使用了 C 标准库提供的用户空间缓冲区,而 c_s_cmp2 中的 write 函数没有使用用户空间缓冲区(因为系统调用在用户空间没有缓冲区),因而 c_s_cmp2 执行的过程中每写一个整数都要进行用户态和内核态的上下文切换。为了提高系统调用的执行效率,源代码文件 c_s_cmp3.c 中使用了自定义缓冲区,c_s_cmp3 的执行时间比 c_s_cmp1 的执行时间还短一些,因此,Linux 系统调用如果使用适当大小的自定义缓冲区,

执行效率会高于 C 标准库函数。

# 6.2　进程管理

　　系统调用按照功能大致可分为进程管理、进程间通信、文件管理、内存管理、网络管理和用户管理等。后续几节介绍部分系统调用的使用。

　　进程是具有某种特定任务的程序在一个数据集合上的一次执行过程。每个进程在内核中都有唯一的 ID。ID 为 0 的进程是 idle 进程，也就是空闲进程。idle 进程的优先级最低，且不参与进程调度，只在就绪队列为空时才被调度。idle 进程的默认实现是 hlt 指令，hlt 指令使 CPU 处于暂停状态，等待硬件中断发生时恢复，从而达到节能的目的。ID 为 1 的进程是 init（或 systemd）进程，负责系统初始化。在 Linux 系统中除了 0 号与 1 号进程以外，其他所有进程都是被另一个进程通过执行 fork 系统调用创建的。调用 fork 的进程是父进程，由 fork 创建的进程是子进程。因此每个进程都有一个父进程，一个进程可以有多个子进程。本节介绍的系统调用的函数原型如下：

```
pid_t fork(void);
pid_t getpid(void);
pid_t getppid(void);
pid_t wait(int * wstatus);
pid_t waitpid(pid_t pid, int * wstatus, int options);
```

**1. fork 函数**

　　fork 函数通过完全复制当前进程创建一个新（子）进程。若创建子进程成功，则在父进程和子进程中都有返回值，父进程中返回子进程的进程标识符（PID），子进程中返回 0。若失败，则在父进程中返回 −1，子进程不会被创建，设置 errno 的值。子进程是父进程的复制品，它继承了父进程的环境变量、堆栈数据、打开文件、用户 ID 等资源。子进程和父进程有各自的进程地址空间，二者是不能通过变量通信的，但可以通过管道、共享内存等方式实现通信。由于子进程继承了父进程的指令指针（IP）寄存器中的内容，所以子进程也是从 fork 系统调用之后的那条语句开始执行的。

**2. getpid 和 getppid 函数**

　　getpid 函数获取当前进程的 PID。getppid 函数获取父进程的 PID。

**3. wait 和 waitpid 函数**

　　一个进程在终止时会关闭所有文件描述符，释放在用户空间分配的内存，但它在内核中的 PCB（进程控制块）还保留着，内核在其中保存了一些信息（如退出状态）。该进程的父进程可以调用 wait 或 waitpid 获取这些信息，然后彻底清理该进程。

　　父进程调用 wait 或 waitpid 函数时，若它的所有子进程都还在运行，则父进程会被阻塞；若一个子进程已终止，正等待父进程读取其终止信息，则父进程会获取子进程的终止信息后返回；若它没有任何子进程，则父进程返回出错信息。可见，调用 wait 和 waitpid 函数不仅可以获得子进程的终止信息，还可以使父进程阻塞以等待子进程终止，起到进程间同步的作用。若参数 wstatus 不为 NULL,则子进程的终止信息通过该参数传出;若只是为了进程同步而不关心子进程的终止信息,可将 wstatus 参数指定为 NULL。wait 函数等待第一个终止的子进程,而 waitpid 函数可以通过参数 pid 指定等待哪一个子进程。

　　wait 函数使父进程等待所有子进程执行完毕。参数 wstatus 如果不是空指针,则进程的终止状态就存放在它所指向的内存单元中。若不关心进程的终止状态,则可将该参数指定为 NULL。wait 执行成功则返回终止子进程的 PID,否则返回−1。若父进程的所有子进程都还在运行,调用 wait 函数将使父进程阻塞。

　　waitpid 函数等待参数 pid 指定的子进程的状态发生变化(如子进程终止、子进程被信号停止、子进程被信号恢复等),并且获得状态变化的信息。如果子进程状态发生变化,waitpid 系统调用立即返回,否则就一直阻塞,直到子进程状态发生变化,或由信号中断 waitpid 系统调用。waitpid 默认仅等待子进程终止,可以通过参数 options 来改变其行为。若参数 options 指定为 WHOHANG 且参数 pid 指定的子进程仍在运行,但是子进程状态没有改变,则父进程不阻塞而立即返回 0。若参数 wstatus 不为 NULL,则进程的返回状态就存放在它所指向的内存单元中。若不关心进程的返回状态,则可将该参数指定为 NULL。waitpid 执行成功则返回状态改变的子进程的 PID,否则返回−1。

　　可以使用宏函数获取进程退出状态:①若宏函数 WIFEXITED(status)值为非 0,表明进程正常结束,此时可通过宏函数 WEXITSTATUS(status)获取进程退出状态;②若宏函数 WIFSIGNALED(status)值为非 0,表明进程异常终止,此时可通过宏函数 WTERMSIG(status)获取使得进程退出的信号编号;③若宏函数 WIFSTOPPED(status)值为非 0,表明进程处于暂停状态,此时可通过宏函数 WSTOPSIG(status)获取使得进程暂停的信号编号;④若宏函数 WIFCONTINUED(status)值为非 0,表示进程暂停后已经继续运行。

　　如果一个进程已经终止,但是它的父进程尚未调用 wait 或 waitpid 对它进行清理,这时的进程状态称为僵尸(zombie)进程。

　　使用上述函数(源代码文件为 s_process.c)的示例代码如下。如图 6-1 所示,第 1 行编译源代码文件 s_process.c,第 2 行运行 s_process 可执行程序。

视频 6-2
s_process

```
 1: #include <stdio.h>
 2: #include <stdlib.h>
 3: #include <unistd.h>
 4: #include <sys/types.h>
 5: #include <sys/wait.h>
 6: int main(){
 7:     int pid, stat;
 8:     while((pid=fork())==-1) perror("fork failed\n");
 9:     if(pid==0){printf("子进程 1:%u,父进程%u\n",getpid(),getppid());exit(1);}
                                    //子进程 1
10:     else{                       //父进程
11:        while((pid=fork())==-1) perror("fork failed\n");
12:        if(pid==0){printf("子进程 2:%u,父进程%u\n",getpid(),getppid());exit(2);}
                                    //子进程 2
```

```
13:    else{                           //父进程
14:      wait(0); wait(&stat);         //等待子进程 1、子进程 2 的结束
15:      if(WIFEXITED(stat)) printf("子进程退出码为%d\n", WEXITSTATUS(stat));
16:      printf("子进程 1、2 退出\n"); printf("父进程睡眠 2s\n"); sleep(2);
17:      while((pid=fork())==-1) perror("fork failed\n");
18:      if(pid==0){                    //子进程 3
19:        for(int i=0; i<2; i++) printf("子进程 3:%u,父进程%u\n",getpid(),
          getppid());
20:        exit(3);
21:      }else{                          //父进程
22:        waitpid(pid, &stat, 0);   //wait(&stat);等价于 waitpid(-1, &stat, 0);
23:        if(WIFEXITED(stat)) printf("子进程退出码为%d\n", WEXITSTATUS(stat));
24:        else if(WIFSIGNALED(stat)) printf("使得进程终止的信号编号%d\n",
          WTERMSIG(stat));
25:        else if(WIFSTOPPED(stat)) printf("使得进程暂停的信号编号%d\n",
          WSTOPSIG(stat));
26:      }
27:      printf("父进程%u 退出\n",getpid());
28:    }
29: }
30: }
```

```
1# gcc -o s_process s_process.c
2# ./s_process
3 子进程1:237856,父进程237855
4 子进程2:237857,父进程237855
5 子进程退出码为2
6 子进程1、2退出
7 父进程睡眠2秒
8 子进程3:237858,父进程237855
9 子进程3:237858,父进程237855
10 子进程退出码为3
11 父进程237855退出
```

图 6-1　编译和执行 s_process

## 6.3　进程间通信

　　每个进程各自有不同的用户地址空间,任何一个进程的全局变量在另一个进程中都不可见,所以进程之间要交换数据必须通过内核。如图 6-2 所示,在内核中开辟一块缓冲区,进程 P1 把数据从用户空间写入内核缓冲区,进程 P2 再从内核缓冲区把数据读出。内核提供的这种机制称为进程间通信（interprocess communication,IPC）。管道是一种最基本的 IPC 机制,本节主要介绍匿名管道（pipe）和命名管道（mkfifo）,这两个函数的函数原型如下:

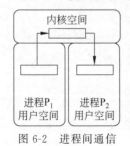

图 6-2　进程间通信

```
int pipe(int pipefd[2]);
int mkfifo(const char * pathname, mode_t mode);
```

186

**1. pipe 函数**

pipe 函数创建一个匿名管道用于进程间通信,匿名管道实际上是 pipe 系统调用在内核中开辟的一块缓冲区,使具有亲缘关系的进程看到同一份资源,实现这些进程之间的通信。Linux 下一切皆文件,内核将这块缓冲区作为管道文件进行操作。pipe 函数通过参数 pipefd 返回两个文件描述符,它们分别指向管道的两端。pipefd[0]指向匿名管道读端,pipefd[1]指向匿名管道写端。匿名管道中的数据基于先进先出的原则进行读写,写入 pipefd[1]的所有数据都可以从 pipefd[0]读出,并且读取的数据和写入的数据是一致的。不要向 pipefd[0]写数据,也不要从 pipefd[1]读数据,因为这些操作是未定义的,在有些系统上可能会调用失败。所以写数据时要关闭读端 pipefd[0],读数据时要关闭写端 pipefd[1]。pipe 函数执行成功则返回 0,否则返回 -1,并设置 errno 说明失败原因。

由于匿名管道是基于文件描述符的,而不是 5.2 节介绍的 FILE 类型的文件指针,所以在读写匿名管道时,必须要用 read 和 write 系统调用,而不能使用 C 标准库函数 fread 和 fwrite。

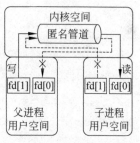

匿名管道的使用过程如图 6-3 所示,父进程调用 pipe 函数创建匿名管道,通过参数 pipefd 得到指向管道两端的两个文件描述符。父进程调用 fork 函数创建子进程,子进程也得到了这两个文件描述符。父进程关闭管道读端 pipefd[0],子进程关闭管道写端 pipefd[1]。父进程可向管道写,子进程可从管道读,这样就实现了父子进程间的通信。父子进程通过一个管道只能实现单向通信,如果要实现双向通信,就必须再创建一个管道。

图 6-3　匿名管道的使用过程

假设对匿名管道进行的是阻塞 I/O 操作,则使用匿名管道的 4 种情况:①若所有指向管道写端的文件描述符都关闭了,则管道中剩余数据都被读取后,再次调用 read 函数时,read 函数会返回 0;②若有指向管道写端的文件描述符没有关闭,而持有管道写端的进程也没有向管道中写数据,则其他进程将管道中剩余数据读取后,再次调用 read 函数时会阻塞,直到管道中有数据可读时才被唤醒;③若所有指向管道读端的文件描述符都关闭了,这时有进程向管道写入数据,则会导致该进程异常终止;④若有指向管道读端的文件描述符没有关闭,而持有管道读端的进程也没有从管道中读数据,这时有进程向管道写数据,则在管道被写满时再次调用 write 函数时会阻塞,直到管道中有空位置可写时才被唤醒。

**2. mkfifo 函数**

匿名管道的一个缺陷是只能用于有亲缘关系进程之间的通信,命名管道可解决该缺陷。

mkfifo 函数创建一个由参数 pathname 指向的 FIFO 特殊文件,称为命名管道。参数 mode 指定 FIFO 文件的访问权限(mode & ~umask)。mkfifo 函数执行成功则返回 0;否则返回 -1,并设置 errno 说明失败原因。命名管道基于文件系统实现,由于文件系统中的路径名是全局的,每个进程都可以访问,因此可以用路径名来标识一个 IPC 通道。一旦创建了 FIFO 文件,其他任何进程都可以用读写方式打开该文件,实现任何进程间的通信。mkfifo 函数不是一个系统调用,通过调用 mknod 系统调用来实现相应的功能。

通过 open 系统调用打开 FIFO 文件通常有如下四种方式:

```
open(const char * pathname, O_RDONLY);
open(const char * pathname, O_RDONLY | O_NONBLOCK);
open(const char * pathname, O_WRONLY);
open(const char * pathname, O_WRONLY | O_NONBLOCK);
```

open 函数的第 2 个参数中，选项 O_NONBLOCK 表示非阻塞，若没有该选项则表示 open 函数以阻塞方式打开该文件。O_RDONLY 表示以只读方式打开 FIFO 文件，O_WRONLY 表示以只写方式打开 FIFO 文件。

使用上述函数（源代码文件 s_pipe.c）的示例代码如下。如图 6-4 所示，第 1 行编译源代码文件 s_pipe.c，第 2 行运行 s_pipe 可执行程序。

视频 6-3
s_pipe

```
 1: #include <stdio.h>
 2: #include <stdlib.h>
 3: #include <fcntl.h>
 4: #include <unistd.h>
 5: #include <sys/stat.h>
 6: #include <sys/wait.h>
 7: #define N 20
 8: #define FIFO "/tmp/s_pipe.txt"
 9: int main(){
10:     int n, fd[2], fd2; pid_t pid;
11:     char str[N], s[]="mkfifo: hello world\n";
12:     if(pipe(fd)<0){perror("pipe");exit(1);}        //创建匿名管道
13:     switch (fork()) {
14:     case -1: perror("fork"); exit(5);
15:     case 0:                                        //子进程 1
16:         close(fd[1]); n=read(fd[0], str, N);
17:         write(1, str, n);                          //文件描述符 1 代表 stdout
18:         printf("子进程 1 退出\n"); exit(1);
19:     default:                                        //父进程
20:         close(fd[0]); write(fd[1], "pipe: hello world\n", 18);
21:         wait(NULL);                                 //父进程等待子进程 1 结束
22:     }
23:     unlink(FIFO); mkfifo(FIFO, 0666);              //创建命名管道
24:     switch (fork()) {
25:     case -1: printf("fork failed\n"); exit(6);
26:     case 0:                                        //子进程 2
27:         fd2=open(FIFO,O_RDONLY); read(fd2,str,N); printf("%s",str);
28:         close(fd2); printf("子进程 2 退出\n"); exit(2);
29:     default:
30:         fd2=open(FIFO, O_WRONLY); write(fd2, s, sizeof(s)); close(fd2);
31:         int stat=0; waitpid(-1, &stat, 0);         //父进程等待子进程 2 结束
32:         if(WIFEXITED(stat)) printf("子进程退出码为%d\n", WEXITSTATUS(stat));
33:         unlink(FIFO);
34:     }
35: }
```

```
1# gcc -o s_pipe s_pipe.c
2# ./s_pipe
3pipe: hello world
4子进程1退出
5mkfifo: hello world
6子进程2退出
7子进程退出码为2
```

图 6-4　编译和执行 s_pipe

# 6.4　exec 函数族

由于 fork 函数采用几乎完全复制父进程的方式创建子进程,所以子进程执行的是和父进程相同的程序,只是父子进程分别执行了不同的代码分支。实际编程中,经常会在子进程中调用 exec 函数族中的函数去执行另外一个可执行文件,可执行文件既可以是二进制文件,也可以是任何 Linux 下可执行的脚本文件。exec 函数族提供了一种在进程中执行另一个程序的方法。当进程调用一种 exec 函数时,该进程的用户空间的代码和数据完全替换为新的可执行文件的代码和数据,然后从新的代码段入口点(main 函数)开始执行。因为调用 exec 函数并不创建新进程,所以调用前后进程的 PID 没有改变。exec 函数族的函数统称为 exec 函数。

exec 函数的原型如下:

```
int execl(const char * pathname, const char * arg, ... / *, (char *) NULL * /);
int execlp(const char * file, const char * arg, ... / *, (char *) NULL * /);
int execle(const char * pathname, const char * arg, ... / *, (char *) NULL, char
* const envp[] * /);
int execv(const char * pathname, char * const argv[]);
int execvp(const char * file, char * const argv[]);
int execvpe(const char * file, char * const argv[], char * const envp[]);
int fexecve(int fd, char * const argv[], char * const envp[]);
int execve(const char * pathname, char * const argv[], char * const envp[]);
```

上面最后 1 个函数是系统调用(在 man 手册第 2 节),前 7 个函数为库函数(在 man 手册第 3 节),它们最终都要向内核发起 execve 系统调用。exec 函数如果执行成功则不再返回,如果执行出错则返回-1,并设置 errno,然后从主调函数的调用处执行下一条语句。所以 exec 函数只有出错的返回值而没有成功的返回值。execvpe 函数不是 POSIX 标准函数,而是 GNU 扩展函数。exec 函数之间的关系如图 6-5 所示。下面介绍 exec 函数参数。

不带字母 p(path)的 exec 函数中,第 1 个参数 pathname 必须是可执行文件的绝对路径或相对路径(如/bin/ls 或./a.out),而不能是文件名(如 ls 或 a.out)。

带有字母 p 的 exec 函数中,若第 1 个参数 file 中包含/,则将其视为路径名;否则视为不带路径的文件名,并且在 PATH 环境变量指定的目录列表中搜索这个可执行文件。

带有字母 l(list)的 exec 函数原型中的省略号是可变参数列表,表示命令行参数的个数是可变的。参数 arg 为新程序(可执行文件)的名字。参数 arg 和后面的省略号共同构成的

189

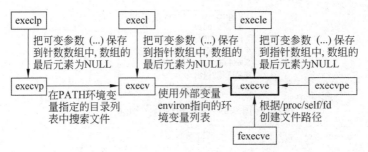

图 6-5 exec 函数之间的关系

参数列表作为新程序的命令行参数传递进去,每个参数都指向一个以'\0' 结尾的字符串,并且最后一个参数一定是空指针 NULL。

带有字母 v(vector)的函数要求主调函数先构造一个指针数组,每个数组元素都指向一个以'\0' 结尾的字符串,并且最后一个数组元素一定是空指针 NULL。然后将该数组的首地址赋值给参数 argv,argv 数组的第一个元素为新程序（可执行文件）的名字,argv 数组的最后一个元素一定是 NULL,其他数组元素都是一个以'\0' 结尾的字符串。argv 数组（参数列表）作为新程序的命令行参数传递进去。

以字母 e(environment)结尾的 exec 函数中,参数 envp 是一个字符串数组（环境变量表）,每个字符串（环境变量）是形式为 key＝value 的键值对。允许主调函数通过参数 envp 向新程序传递一份新的环境变量表,使用 envp[]数组提供的环境变量代替调用进程的环境变量,其他 exec 函数仍然使用当前的环境变量表执行新程序,envp 数组的最后一个元素一定是 NULL,其他数组元素都是一个以'\0' 结尾的字符串。fexecve 函数与 execve 函数做相同的事情,通过文件描述符而不是通过文件名来执行一个程序。这个文件描述符必须以只读方式打开,并且调用者必须对该文件有执行权限。

argv(命令行参数)和 envp(环境变量)可以被新程序（可执行文件）的 main 函数访问。

使用上述函数（源代码文件为 s_exec.c）的示例代码如下。

视频 6-4
s_exec

```
 1: #define _GNU_SOURCE
 2: #include <stdio.h>
 3: #include <stdlib.h>
 4: #include <unistd.h>
 5: #include <fcntl.h>
 6: #include <sys/wait.h>
 7: #include <sys/mman.h>
 8: #include <sys/stat.h>
 9: extern char * * environ;
10: int main(void){
11:     char * const argv[]={"ps", "-o", "pid,ppid,comm", NULL}; int pid;
12:     char * const envp[]={"PATH=/bin:/usr/bin", "TEST=testing", NULL};
13:     sleep(1); while((pid=fork())==-1) perror("fork failed\n");    //父进程
14:     if(!pid) execl("/bin/ps", "ps", "-o", "pid,ppid,comm", NULL); //子进程 1
15:     sleep(1); while((pid=fork())==-1) perror("fork failed\n");    //父进程
16:     if(!pid) execlp("ps", "ps", "-o", "pid,ppid,comm", NULL);        //子进程 2
```

```
17:     sleep(1); while((pid=fork())==-1) perror("fork failed\n");     //父进程
18:     if(!pid) execle("/bin/ps","ps","-o","pid,ppid,comm",NULL,envp);
                                                                         //子进程 3
19:     sleep(1); while((pid=fork())==-1) perror("fork failed\n");     //父进程
20:     if(!pid) execv("/bin/ps", argv);                               //子进程 4
21:     sleep(1); while((pid=fork())==-1) perror("fork failed\n");     //父进程
22:     if(!pid) execvp("ps", argv);                                   //子进程 5
23:     sleep(1); while((pid=fork())==-1) perror("fork failed\n");     //父进程
24:     if(!pid) execvpe("ps", argv, environ);                         //子进程 6
25:     sleep(1); while((pid=fork())==-1) perror("fork failed\n");     //父进程
26:     if(!pid) execve("/bin/ps", argv, envp);                        //子进程 7
27:     sleep(1); while((pid=fork())==-1) perror("fork failed\n");     //父进程
28:     if(!pid){                                                      //子进程 8
29:       char * const argv2[]={"s_exec_2", "xxx", "yyy", "zzz", NULL};
30:       execvpe("./s_exec_2", argv2, envp);
31:     } wait(0); wait(0); wait(0); wait(0);        //父进程等待子进程结束
32:     wait(0); wait(0); wait(0); wait(0);          //父进程等待子进程结束
33:     struct stat st;               //下面 13 行代码通过文件描述符执行 s_exec_2
34:     int shm_fd=shm_open("exec_testing", O_RDWR | O_CREAT, 0777);
35:     if(shm_fd==-1){perror("shm_open"); exit(1);}
36:     int n=stat("s_exec_2", &st); if(n==-1){perror("stat"); exit(1);}
37:     n=ftruncate(shm_fd, st.st_size); if(n==-1){perror("ftruncate"); exit
        (1);}
38:     void * p=mmap(NULL, st.st_size, PROT_READ|PROT_WRITE, MAP_SHARED, shm_
        fd, 0);
39:     if(p==MAP_FAILED){perror("mmap"); exit(1);}
40:     int fd=open("s_exec_2", O_RDONLY, 0); if(fd==-1){perror("openls"); exit
        (1);}
41:     n=read(fd, p, st.st_size); if(n==-1){perror("read"); exit(1);}
42:     if(n !=st.st_size){perror("error"); exit(1);}
43:     munmap(p, st.st_size); close(shm_fd);
44:     shm_fd=shm_open("exec_testing", O_RDONLY, 0);
45:     fexecve(shm_fd, argv, environ);
46: }
```

编译源代码文件 s_exec.c 生成的可执行程序 s_exec 执行时要执行如下源代码(源代码文件为 s_exec_2.c)生成的可执行程序 s_exec_2。

```
1: #include <stdio.h>
2: extern char * * environ;
3: int main(int argc, char * argv[], char * envp[]){
4:     int i=0, j=0, k=0;
5:     while(* argv) printf("%d: %s\n", i++, * argv++);
6:     while(* envp && j<2) printf("%d: %s\n", j++, * envp++);
7:     while(* environ && k<2) printf("%d: %s\n", k++, * environ++);
8: }
```

如图 6-6 所示,第 1 行编译源代码文件 s_exec_2.c,第 2 行运行 s_exec 可执行程序。

```
 1 # gcc -o s_exec_2 s_exec_2.c          16 0: s_exec_2        //下面8行为s_exec.c
 2 # gcc -o s_exec s_exec.c              17 1: xxx             中第30行的输出
 3 # ./s_exec                            18 2: yyy
 4    PID    PPID COMMAND                19 3: zzz
 5   7880    4612 bash                   20 0: PATH=/bin:/usr/bin
 6 282196    7880 s_exec                 21 1: TEST=testing
 7 282197  282196 ps                     22 0: PATH=/bin:/usr/bin
 8    PID    PPID COMMAND                23 1: TEST=testing
 9   7880    4612 bash                   24 0: ps             //下面7行为s_exec.c
10 282196    7880 s_exec                 25 1: -o             中第45行的输出
11 282197  282196 ps <defunct>           26 2: pid,ppid,comm
12 282198  282196 ps                     27 0: SHELL=/bin/bash
13    PID    PPID COMMAND                28 1: SESSION_MANAGER=local/ztg:@/tmp
14   7880    4612 bash                   29 0: SHELL=/bin/bash
15 //省略部分输出信息                       30 1: SESSION_MANAGER=local/ztg:@/tmp
```

图 6-6　编译 s_exec_2.c 和 s_exec.c 以及执行 s_exec

# 6.5　文件管理

可以通过文件系统相关的系统调用（如 open、close、read、write）打开文件、关闭文件或读写文件。系统调用通过文件描述符 fd（file descriptor）对相应的文件进行操作，而 C 标准库函数通过文件指针（FILE ∗）对相应的文件进行操作。文件描述符是非负整数，打开现存文件或新建文件时，内核会返回一个文件描述符。当程序启动时，Linux 系统为每个程序自动打开三个文件：标准输入、标准输出和标准错误输出。在 C 标准库中为其创建 3 个 FILE 结构体变量，分别由 3 个预定义 FILE 指针（stdin、stdout、stderr）指向。在 Linux 内核中，默认为其分配了 3 个文件描述符：①标准输入的文件描述符，宏名为 STDIN_FILENO，值为 0；②标准输出的文件描述符，宏名为 STDOUT_FILENO，值为 1；③标准错误的文件描述符，宏名为 STDERR_FILENO，值为 2。因为 C 标准库函数对文件的操作最终是通过系统调用实现的，所以调用 fopen 函数每打开一个文件，就为其分配一个位于用户空间的 FILE 结构体变量（由 FILE 指针 fp 指向），通过调用 open 函数返回一个内核分配的文件描述符 fd，FILE 结构体变量中包含该文件的文件描述符、I/O 缓冲区和当前读写位置等信息。

当调用 open 函数打开或创建一个文件时，内核分配一个文件描述符 fd 并返回给应用程序。当读写文件时，应用程序把文件描述符 fd 作为参数传递给 read 或 write 函数。read 或 write 函数执行的过程中，内核根据文件描述符 fd 找到相应的文件。

open、close、read、write 等库函数称为用户空间的无缓冲 I/O 函数，因为它们位于 C 标准库的 I/O 缓冲区的底层。open、close、read、write 等系统调用在内核也是可以分配一个内核 I/O 缓冲区的。标准库函数每次读写时不一定进内核，而无缓冲的系统调用每次读写时都要进内核。I/O 函数既可以读写常规文件，也可以读写设备文件。在读写设备文件时通常不希望有缓冲，比如向网络设备文件写数据时就希望数据通过网络设备直接发出去，当网络设备接收到数据时应用程序希望尽快获得数据，所以网络编程通常调用无缓冲 I/O 函数。下面介绍文件管理相关的系统调用，这些函数的原型如下：

```
int open(const char ∗ pathname, int flags);
int open(const char ∗ pathname, int flags, mode_t mode);
```

```
int open(const char * pathname, int flags, ...);
int creat(const char * pathname, mode_t mode);
int close(int fd);
int dup(int oldfd);
int dup2(int oldfd, int newfd);
ssize_t read(int fd, void * buf, size_t count);
ssize_t write(int fd, const void * buf, size_t count);
int fsync(int fd);
int fdatasync(int fd);
off_t lseek(int fd, off_t offset, int whence);
int ioctl(int fd, unsigned long request, ...);
void * mmap(void * addr, size_t length, int prot, int flags, int fd, off_t
offset);
int munmap(void * addr, size_t length);
int msync(void * addr, size_t length, int flags);
int fcntl(int fd, int cmd, ... /* arg */);
```

### 1. open 和 creat 函数

open 和 creat 系统调用用于打开或创建一个文件,执行成功则返回新分配的文件描述符,出错则返回 $-1$ 并设置 errno。open 系统调用在 Man 手册中有两种形式,一种带两个参数,另一种带 3 个参数。C 函数库中的 open 库函数实际上的声明形式是上面第 3 行,最后的可变参数可以是 0 个或 1 个,由参数 flags 中的标志位决定。

参数 pathname 是要打开或创建的文件名,既可以是绝对路径,也可以是相对路径。参数 flags 有一系列常数值(宏定义)可供选择,可以同时选择多个常数并用按位或运算符连接起来。

参数 flags 有 3 个常数值(必选项),分别是 O_RDONLY(只读)、O_WRONLY(只写)、O_RDWR(可读、可写)。这 3 个常数值必须指定一个,且只能指定一个。参数 flags 还有其他一些常数值(可选项)可供选用,这些常数值可以同时指定 0 个或多个,与一个必选项按位或运算,得到的结果作为 flags 参数值。部分可选项是:①O_APPEND 表示追加,若文件已有内容,则将这次打开文件所写的数据附加到文件的末尾;②O_CREAT 表示若此文件不存在则创建它,使用该选项时需要提供第 3 个参数 mode;③O_EXCL 表示若同时指定了 O_CREAT,且文件已存在,则出错返回;④O_TRUNC 表示若文件已存在,且以只写或可读可写方式打开,则将其长度截断为 0 字节;⑤O_NONBLOCK 表示以该方式打开设备文件时可以进行非阻塞 I/O 操作。open 函数与 fopen 函数的区别是:fopen 函数以可写方式打开一个文件时,若文件不存在则会自动创建;open 函数必须明确指定 O_CREAT 才会创建文件,若文件不存在则出错返回。fopen 函数以可写方式(w 或 w+)打开一个文件时,若文件已存在就截断为 0 字节;open 函数必须明确指定 O_TRUNC 才会截断文件,否则直接在原来数据上改写。文件打开后,flags 参数值可以通过 fcntl 函数来改变。

参数 mode 指定文件的访问权限,可以用八进制数表示(如 0666),也可以用宏定义按位或运算的结果值表示。文件最终权限由 mode 参数和当前进程的 umask 掩码共同决定。可以执行 umask 命令查看 Shell 进程(可看作终端窗口)的 umask 掩码,假如是 0022,则文件最终权限是 $0666\&\sim0022=0644$。再次强调:参数 mode 必须在参数 flags 中设置

O_CREAT 时才起作用，否则被忽略。参数 mode 的具体取值有：①S_IRWXU 表示所有者拥有读写执行权限；②S_IRUSR 同 S_IREAD，表示允许所有者读；③S_IWUSR 同 S_IWRITE，表示允许所有者写；④S_IXUSR 同 S_IEXEC，表示允许所有者执行；⑤S_IRWXG 表示允许所在组读、写、执行；⑥S_IRGRP 表示允许所在组读；⑦S_IWGRP 表示允许所在组写；⑧S_IXGRP 表示允许所在组执行；⑨S_IRWXO 表示允许其他用户读、写和执行；⑩S_IROTH 表示允许其他用户读；⑪S_IWOTH 表示允许其他用户写；⑫S_IXOTH 表示允许其他用户执行。

由 open 和 creat 函数返回的文件描述符一定是该进程尚未使用的数值最小的文件描述符。当程序启动时，Linux 内核自动为其分配了 3 个文件描述符，即 0、1、2，所以应用程序中第一次调用 open 或 creat 函数时返回文件描述符 3，再次调用 open 或 creat 函数时返回文件描述符 4，以此类推。可以在标准输入、标准输出或标准错误输出上打开一个新文件来实现输入/输出重定向功能。比如，对标准输出重定向时，先调用 close 函数关闭文件描述符1，然后调用 open 函数打开一个常规文件中，此时一定会返回文件描述符 1，标准输出不再是终端显示器，而是常规文件，调用 printf 函数输出的字符串会写到该常规文件中，不会在显示器中显示。

**2. close 函数**

close 函数通过文件描述符关闭一个已打开的文件。执行成功则返回 0，否则返回 −1 并设置 errno。参数 fd 是要关闭的文件描述符。若应用程序中没有显式调用 close 函数，当一个进程终止时，内核也会自动调用 close 函数关闭该进程所有尚未关闭的文件描述符。但是对于长时间运行的服务器程序来说，一定要关闭不用的且已打开的文件描述符，否则有可能出现文件描述符或系统资源耗尽的情况。

**3. dup 和 dup2 函数**

dup 和 dup2 函数都可以用来复制一个现有的文件描述符，使两个文件描述符指向同一个内核中的 FILE 结构体变量。执行成功则返回新的文件描述符，否则返回 −1 并设置 errno。

当调用 dup 函数时，内核为该进程分配一个新的文件描述符，该描述符是当前可用的最小文件描述符，新文件描述符和参数 oldfd 指向同一个 FILE 结构体变量。

dup2 函数可用参数 newfd 指定新文件描述符的数值，若 newfd 已打开则先将其关闭。若参数 newfd 等于参数 oldfd，则 dup2 函数返回 newfd，并且不关闭 newfd。dup2 函数返回的新文件描述符与参数 oldfd 指向同一个 FILE 结构体变量。dup2 常用来实现输入/输出重定向功能。

若两个文件描述符指向同一个 FILE 结构体变量，则 FILE 结构体变量的引用计数是2。若对一文件两次调用 open 函数，则会得到两个不同的文件描述符，每个描述符对应一个不同的 FILE 结构体变量，因此可以有不同的文件状态标志和读写位置。

**4. read 函数**

read 函数从文件描述符 fd 指向的文件读取 count 字节并写入 buf 缓冲区中。read 函数从当前文件读写位置指针指向的位置开始读取，若当前位置指针指向文件末尾则返回 0，表示没有读取字节。read 函数执行成功则返回实际读取的字节数，错误则返回 −1，并且设置 errno。有些情况下，实际读到的字节数（返回值）会小于请求字节数 count。

read 函数从文件读出 count 字节后,当前位置指针向后移。注意这个读写位置是在内核空间 I/O 缓冲区中的位置,而使用 C 标准库函数时的读写位置是用户空间 I/O 缓冲区中的位置。比如,用 fgetc 读 1 字节时,有可能先从内核缓冲区预读 1024 字节到用户空间缓冲区(C 标准库缓冲区)中,然后从 C 标准库缓冲区读第 1 字节,此时该文件在内核中的 FILE 结构体变量中记录的读写位置是 1024,而在用户空间的 FILE 结构体变量中记录的读写位置是 1。

read 函数读常规文件是不会阻塞的,不管读多少字节一定会在有限时间内返回,若已到达文件末尾,则调用 read 函数将返回 0。从终端设备或网络读则可能会阻塞。读终端设备文件通常以行为单位,读到换行符就返回,若从终端输入的数据没有换行符,则调用 read 函数读终端设备时就会阻塞。如果没有接收到网络数据包,调用 read 函数读网络时会阻塞。网络通信时根据不同的传输协议和内核缓存机制,会有不同的返回值。

**5. write 函数**

write 函数将 buf 缓冲区中 count 字节写入文件描述符 fd 指向的文件或设备。如果存储空间不足、使用 setrlimit 函数设置了资源限制(RLIMIT_FSIZE)或 write 函数被信号中断,则写入的字节数可能会少于 count。write 函数执行成功则返回实际写入的字节数,0 表示没有写入,失败则返回−1 并设置 errno。write 函数写常规文件是不会阻塞的,返回值通常是请求写的字节数 count,而向终端设备或网络写的字节数则不一定为 count,并且可能会阻塞。

如果使用 open 函数打开一个设备时指定了 O_NONBLOCK,则执行 read 或 write 函数时就不会阻塞。比如,在读设备时,若设备没数据可读则不阻塞而是返回−1,同时设置 errno 为 EWOULDBLOCK(或 EAGAIN,这两个宏值相同),调用者可以采取轮询的方式查询设备是否可读。但是非阻塞 I/O 的缺点也很明显:若设备一直没有数据到达,则调用者需反复查询而做许多无用功。

**6. fsync 和 fdatasync 函数**

通常使用 write 函数对硬盘文件写操作时只是更新内核 I/O 缓冲区,数据不会立即更新到硬盘中,而是由专门的内核线程 flush 在满足一定条件时(如间隔 30s、内核 I/O 缓冲区中的数据达到一定量)将数据同步到硬盘上。因为 write 函数不会等到硬盘 I/O 完成后才返回,所以若操作系统在 write 函数调用之后、硬盘同步之前崩溃,则数据可能会丢失。fsync 函数强制将文件 fd 所有已修改的数据(包括内核 I/O 缓冲区中的数据)同步到硬盘,因为该函数会阻塞等待直到硬盘 I/O 完成。fsync 函数会同步文件的正常数据和特征数据(也称为元数据,包括文件大小、访问时间、修改时间等)。因为文件的正常数据和特征数据通常存放在硬盘的不同地方,因此 fsync 至少需要两次写操作。fdatasync 函数的功能与 fsync 函数类似,但是 fdatasync 函数只强制同步正常数据,不同步特征数据,因此可以减少一次写操作,不过需要确保文件的尺寸在写前后没有发生变化。调用 open 函数时若设置参数 flags 的值包括 O_SYNC 或 O_DSYNC,则可以实现和 fsync 或 fdatasync 函数类似的功能。

**7. lseek 函数**

lseek 函数用于改变文件的读写位置。对于每个打开的文件都有一个当前文件偏移量,文件偏移量通常是一个非负整数,用于表明文件开始处到文件当前位置的字节数。读写操作通常开始于当前文件偏移量的位置，并且使其增大，增量为读写的字节数。文件被打开时，除非使用 O_APPEND，否则文件的偏移量会被初始化为 0。读写操作可以使文件的偏移量发生变化，lseek 函数可以改变文件的当前位置。lseek 函数执行成功则返回文件新的读写位置，失败则返回−1 并设置 errno。错误代码有 EBADF(fd 不是一个打开的文件描述符)、ESPIPE(fd 指向管道、FIFO 或套接字)和 EINVAL(whence 取值不当)。

参数 fd 是文件描述符，参数 offset 是文件偏移量，参数 whence 是文件偏移的相对位置。参数 offset 的具体含义取决于参数 whence：①若 whence 是 SEEK_SET，offset 相对于文件开头进行偏移，其值为正；②若 whence 是 SEEK_CUR，offset 相对文件当前位置进行偏移，其值可正可负，当为负数时向文件开头偏移，当为正数时向文件末尾偏移；③若 whence 是 SEEK_END，offset 相对于文件末尾进行偏移，其值可正可负。

```
lseek(fd, 0, SEEK_SET);        //将读写位置移到文件开头
lseek(fd, 0, SEEK_CUR);        //取得当前文件读写位置
lseek(fd, 0, SEEK_END);        //将读写位置移到文件结尾
```

上面 3 行是 lseek 函数的特殊用法，可用于判断是否可以改变某个文件的偏移量。若参数 fd 指向的是匿名管道、命名管道或网络套接字，则返回−1 并将 errno 设置为 ESPIPE。

lseek 函数常被用来创建一个空洞文件。普通文件中间不能有空，调用 write 函数写文件时是从前往后移动文件位置指针，依次写入数据。而空洞文件中有一段是空的，用 lseek 函数往后移动文件位置指针即跳过一段存储空间就形成空洞文件。空洞文件有助于多线程共同读写大文件。比如，在创建一个很大的文件时，如果从头开始依次写入数据，耗费时间会很长；若将文件分成多段，每个线程负责写入各自负责的那段，这将加速文件的写入操作。

### 8. ioctl 函数

ioctl 函数是设备驱动程序中对设备的 I/O 通道进行管理的函数。ioctl 函数用于向设备发送控制或配置命令，有些命令也需要读写一些数据，但这些数据是不能用 read/write 函数读写的，称为带外(out-of-band)数据。read/write 函数通常读写带内(in-band)数据，是 I/O 操作的主体，而 ioctl 函数传送的数据(命令)是控制信息。例如，在串口线上通过 read/write 函数收发数据，通过 ioctl 函数设置串口的波特率、校验位和停止位等。如果驱动程序提供了对 ioctl 函数的支持，用户程序就可以使用 ioctl 函数来控制设备的 I/O 通道。

参数 fd 是某个设备的文件描述符。参数 request 是 ioctl 的控制或配置命令，可变参数取决于参数 request，通常是一个指向变量或结构体的指针。若 ioctl 函数执行失败则返回−1，成功则返回其他值，返回值取决于参数 request。

### 9. mmap、munmap 和 msync 函数

mmap 函数可以把磁盘文件的一部分直接映射到进程的虚拟内存空间，通过对这段内存的读写实现对文件的读写，而不需要使用 read/write 函数。由于文件中的位置直接就有对应的内存地址，因此对文件的读写可以直接用指针操作。

参数 addr 指定映射内存区的起始地址，通常设为 NULL，内核会在进程地址空间中选择合适的地址开始映射。若参数 addr 不是 NULL，则内核会选择 addr 之上的某个合适的地址开始映射。mmap 执行成功则返回真正映射内存区的首地址，失败则返回常数 MAP_FAILED。当进程终止时，该进程的映射内存区会自动解除。

　　参数 prot 表示映射内存区的操作方式,可以为 4 种方式的某种组合:①PROT_EXEC 表示映射内存区可执行,如映射共享库;②PROT_READ 表示映射内存区可读;③PROT_WRITE 表示映射内存区可写;④PROT_NONE 表示映射内存区不能存取。

　　参数 flags 是映射区的特性标志位,常用的 3 个选项是:①MAP_SHARED 表示多个进程对同一个文件的映射是共享的,一个进程对映射内存区做了修改,另一个进程也会看到这种变化;②MAP_PRIVATE 表示多个进程对同一个文件的映射不是共享的,一个进程对映射内存区做了修改,另一个进程并不会看到这种变化,对此区域的修改不会写回原文件;③MAP_ANONYMOUS 表示创建匿名映射区,匿名映射可以被描述为一个零化的虚拟文件,只是一个可供使用的大型、零填充的内存块,位于堆之外,因此不会造成数据段碎片。

　　参数 fd 是要映射到内存中文件的描述符。参数 offset 是文件映射的偏移量,表示从文件的什么位置开始映射,通常设置为 0,表示从文件头开始映射,offset 必须是页大小(4KB)的整数倍。参数 length 是需要将文件中映射到内存的那部分的长度。

　　映射成功建立之后,即使关闭了被映射的文件,该映射依然存在,因为映射的是文件在硬盘上的地址,和文件描述符无关。

　　munmap 函数用来解除 mmap 函数建立的映射。参数 addr 是映射的起始地址,参数 length 是文件中映射到内存的那部分的长度。映射解除成功则返回 0,失败则返回−1。

　　对映射内存区中数据的修改并不会立刻写回磁盘文件,通常在调用 munmap 函数后才会执行该操作。如果没有调用 munmap 函数,也可以通过调用 msync 函数来实现磁盘文件内容与映射内存区中内容的同步。

　　msync 函数用来把映射内存区中已修改的数据写回被映射的文件中,或者将被映射文件中的数据读到映射内存区中。需要读写的映射内存区由参数 addr(文件映射到进程地址空间的地址)和参数 length(映射空间的大小)确定。参数 flags 控制着刷新的具体方式:①MS_ASYNC 表示采用异步写方式,msync 函数会立即返回,不用等到更新完成;②MS_SYNC 表示采用同步写方式,msync 函数要等到更新完成后返回;③由于文件数据已经改变,MS_INVALIDATE 选项表示通知映射该文件的进程数据已改变,需要从文件中重新获取更新后的数据到自己的映射内存区中。msync 函数执行成功则返回 0,失败则返回−1。

**10. fcntl 函数**

　　fcntl 函数可以对已打开的文件描述符 fd 进行各种控制操作以改变文件的各种属性,这是用可变参数实现的,可变参数的类型和个数取决于参数 cmd。fcntl 函数执行错误则返回−1,执行成功的返回值由参数 cmd 确定。参数 cmd 的 5 种取值决定了 fcntl 函数的 5 种功能:①F_DUPFD 用于复制一个现有的文件描述符;②F_GETFD 或 F_SETFD 用于获得/设置文件描述符标记;③F_GETFL 或 F_SETFL 用于获得/设置文件状态标志;④F_GETOWN 或 F_SETOWN 用于获得/设置异步 I/O 所有权;⑤F_GETLK、F_SETLK 或 F_SETLKW 用于获得/设置记录锁。

　　使用上述函数(源代码文件为 s_file.c)的示例代码如下。

```
1: #include <stdio.h>
2: #include <stdlib.h>
3: #include <string.h>
```

视频 6-5
s_file

197

```
 4: #include <unistd.h>
 5: #include <fcntl.h>
 6: #include <sys/mman.h>
 7: #include <sys/ioctl.h>
 8: #include <sys/wait.h>
 9: #define BUF_SIZE 120
10: #define FILENAME "/tmp/s_file.txt"
11: int main(){          //下面4行向文件写入字符串,该字符串会被第31行写入的字符串覆盖
12:     int fd=open(FILENAME, O_CREAT|O_RDWR|O_TRUNC, S_IRUSR|S_IWUSR);
13:     if(fd<0){perror("error\n"); return -1;} char buf[]="hello world 1\n";
14:     if(write(fd, buf, sizeof(buf))==-1){perror("write error\n"); exit(1);}
15:     fsync(fd);        //更新内核I/O缓冲区数据到硬盘文件中。下面5行先写文件后读
16:     int newfd=fcntl(fd, F_DUPFD,0); printf("newfd(%d),fd(%d)\n",newfd,fd);
                                          //调用fcntl函数复制fd
17:     char buf2[]="hello world 2\n"; write(fd, buf2, strlen(buf2));
                                          //使用fd对文件进行写操作
18:     int n; char str[80]; memset(str, 0x00, sizeof(str));
19:     lseek(fd, 0, SEEK_SET);n=read(newfd,str,sizeof(str));
                                          //位置指针移到开头,读newfd
20:     printf("%s 长度%d\n",str,n); close(fd);close(newfd);
                                          //下面3行追加写文件
21:     fd=open(FILENAME, O_RDWR); if(fd<0){perror("open error"); return -1;}
22:     int f=fcntl(fd,F_GETFL,0); f=f|O_APPEND; fcntl(fd,F_SETFL,f);
                                          //读写flags
23:     char buf3[]="hello world 3\n"; write(fd,buf3,strlen(buf3)); close(fd);
24:     fd=open(FILENAME, O_RDWR);
                      //下面8行用mmap函数建立共享映射区,实现父子进程间通信
25:     if(fd<0){perror("error");exit(1);} int len=lseek(fd, 0, SEEK_END);
26:     void * addr=mmap(NULL, len, PROT_READ|PROT_WRITE, MAP_SHARED, fd, 0);
27:     if(addr==MAP_FAILED){perror("mmap error"); return -1;} close(fd); pid_
    t pid;
28:     if((pid=fork())<0){perror("fork error"); return -1;}    //创建子进程
29:     else if(pid==0){sleep(1); char * p=addr; printf("%s", p);exit(0);}
                                          //子进程读
30:     else if(pid>0)                    //父进程写
31:       {char buf4[]="hello world 4\n"; memcpy(addr, buf4, strlen(buf4)); wait
    (NULL);}
32:     msync(addr, len, MS_SYNC);        //把映射内存区中数据写回文件中
33:     char * p_map;           //下面8行建立一块匿名映射内存区以供父子进程通信
34:     p_map=mmap(NULL,BUF_SIZE,PROT_READ|PROT_WRITE,
                                 MAP_SHARED|MAP_ANONYMOUS,-1,0);
35:     if((pid=fork())<0){perror("fork error"); return -1;}    //创建子进程
36:     else if(pid==0){                  //子进程
37:       sleep(1); printf("来自父进程:%s\n", p_map);       //子进程读
38:       sprintf(p_map, "%s", "子子子"); exit(0);          //子进程写
39:     }else{    sprintf(p_map, "%s", "父父父");           //父进程写
40:       sleep(2); printf("来自子进程:%s\n", p_map);       //父进程读
41:     }
42:     struct winsize size;
                    //本行和下面3行输出屏幕有几行几列,isatty判断fd是否是设备
```

```
43:     if(!isatty(STDOUT_FILENO)){printf("STDOUT_FILENO 不是终端设备\n");exit
        (1);}
44:     if(ioctl(STDOUT_FILENO, TIOCGWINSZ, &size)<0){perror("error"); exit
        (1);}
45:     printf("屏幕有%d行%d列\n", size.ws_row, size.ws_col);
46: }
```

如图 6-7 所示,第 1 行编译源代码文件 s_file.c,第 2 行运行 s_file 可执行程序,第 10 行
查看文件/tmp/s_file.txt 中的内容。

```
1# gcc -o s_file s_file.c
2# ./s_file
3newfd(4),fd(3)
4hello world 1
5长度29
6hello world 4
7来自父进程: 父父父
8来自子进程: 子子子
9屏幕有40行190列
10# cat /tmp/s_file.txt
11hello world 4
12hello world 2
13hello world 3
```

图 6-7　编译 s_file.c 和执行 s_file

## 6.6　习题

### 1. 填空题

(1) Linux 内核提供了一组用于实现各种系统功能的子程序,称为＿＿＿＿＿＿＿＿。

(2) 系统调用是应用程序获取＿＿＿＿＿＿＿＿的唯一方式。

(3) glibc 库函数包含 3 种:①＿＿＿＿＿＿＿＿;②＿＿＿＿＿＿＿＿;③调用系统调用的标准库函数。

(4) 系统调用和 C 标准库函数都可以简称＿＿＿＿＿＿＿＿。

(5) 系统调用按照功能大致可分为＿＿＿＿＿＿＿＿、＿＿＿＿＿＿＿＿、文件管理、内存管理、网络管理、用户管理等。

(6) 进程是具有某种特定任务的程序在一个＿＿＿＿＿＿＿＿上的一次执行过程。

(7) Linux 中除了 0 号与 1 号进程以外,所有其他进程都是被另一个进程通过执行＿＿＿＿＿＿＿系统调用创建的。

(8) 调用 fork 的进程是＿＿＿＿＿＿＿＿,由 fork 创建的进程是＿＿＿＿＿＿＿＿。

(9) ＿＿＿＿＿＿＿＿函数获取当前进程的 PID。

(10) ＿＿＿＿＿＿＿＿函数获取父进程的 PID。

(11) ＿＿＿＿＿＿＿函数创建一个匿名管道用于进程间通信。

(12) 匿名管道实际上是＿＿＿＿＿＿＿系统调用在内核中开辟的一块＿＿＿＿＿＿＿＿。

(13) 匿名管道的一个缺陷是只能用于有＿＿＿＿＿＿＿进程之间的通信,＿＿＿＿＿＿＿可解决该缺陷。

(14) 实际编程中经常会在子进程中调用＿＿＿＿＿＿＿函数族中的函数执行另一个＿＿＿＿＿＿＿。

(15) _____提供了一种在进程中执行另一个程序的方法。

(16) exec 函数族的函数统称为_____。

(17) 系统调用通过_____对相应的文件进行操作,而 C 标准库函数通过_____对相应的文件进行操作。

(18) open 和 creat 系统调用用于_____或_____一个文件。

(19) _____函数通过文件描述符关闭一个已打开的文件。

(20) dup 和 dup2 函数都可以用来复制一个现有的_____。

(21) _____函数用于改变文件的读写位置。

(22) _____函数可以把磁盘文件的一部分直接映射到进程的虚拟内存空间。

## 2. 简答题

(1) 系统调用和 C 语言标准库函数的主要区别是什么?

(2) C 语言标准库函数是如何分类的?

(3) 缓冲区对 C 标准库函数和系统调用的影响是什么?

(4) 使用 glibc 封装的库函数的好处是什么?

(5) 使用匿名管道的 4 种情况分别是什么?

(6) exec 函数族的作用是什么?

(7) 文件描述符和文件指针的关系及其作用是什么?

## 3. 上机题

本章所有源代码文件都在本书配套资源的"src/第 6 章"目录中,请读者运行每个示例,理解所有源代码。

# 第7章 Socket 编程

 **本章学习目标**

- 理解 Socket 基本概念；
- 掌握 Socket 相关函数的使用；
- 掌握基于 TCP 的网络程序设计方法；
- 掌握基于 UDP 的网络程序设计方法；
- 掌握基于原始套接字的网络程序设计方法；
- 掌握 UNIX Domain Socket 的使用方法。

Linux 操作系统具有强大的网络功能。学习 Linux 网络编程，掌握 Linux 网络编程技术，将会使读者真正体会到网络的魅力。本章通过多个示例介绍了各种网络编程方法。

## 7.1 Socket 基本概念

### 7.1.1 Socket 简介

Socket（套接字）是对网络中不同主机上的网络应用进程之间进行双向通信的端点的抽象。一个 Socket 就是网络上进程通信的一端，提供了应用层进程利用网络协议交换数据的机制。Socket 向上连接应用进程，向下连接网络协议栈，是应用程序与网络协议栈进行交互的接口。TCP 是一种面向连接的协议，若网络程序使用 TCP，可以保证客户端和服务器端的连接是可靠的。UDP 是一种无连接的协议，这种协议并不能保证客户端和服务器端连接的可靠性，编写网络程序时采用哪一种要根据具体需求而定。在 TCP/IP 中，IP 地址＋TCP/UDP 端口号唯一标识网络通信中的一个进程，"IP 地址：端口号"称为一个 Socket。建立网络连接的两个进程各自由一个 Socket 来标识，这两个 Socket 组成的 Socket 对唯一标识一个网络连接，因此可以用 Socket 来描述网络连接的一对一关系。在网络通信中，Socket 一定是成对出现的。TCP/IP 最早在 BSD UNIX 上实现，为 TCP/IP 设计的应用层编程接口称为 Socket API。

Socket 主要分为三类，即流式套接字（SOCK_STREAM）、数据报套接字（SOCK_DGRAM）和原始套接字（SOCK_RAW）。

**1. 流式套接字（SOCK_STREAM）**

流式套接字用于提供面向连接、可靠的数据传输服务。流式套接字使用 TCP，也叫面向连接的套接字,在代码中使用 SOCK_STREAM 表示。

流式套接字内部有一个缓冲区,通过 Socket 传输的数据将保存到这个缓冲区中。接收端在收到数据后,如果数据不超过缓冲区的容量,并不一定立即读取,接收端有可能在缓冲区被填满以后一次性读取,也可能分成几次读取。也就是说,不管数据分几次传送过来,接收端只需根据自己的需求读取,不用非得在数据到达时立即读取。传送端有自己的节奏,接收端也有自己的节奏,它们是不一致的。

**2. 数据报套接字(SOCK_DGRAM)**

数据报套接字提供一种无连接的服务。数据报套接字使用 UDP,也叫无连接的套接字,在代码中使用 SOCK_DGRAM 表示。由于数据报套接字不能保证数据传输的可靠性,对于有可能出现的数据丢失情况,需要在程序中做相应的处理。因为数据报套接字所做的校验工作少,所以在传输效率方面比流式套接字要高。

**3. 原始套接字(SOCK_RAW)**

原始套接字与标准套接字(流式套接字和数据报套接字)的区别在于:原始套接字可以读写内核中没有处理的 IP 数据包,而流式套接字只能读取 TCP 的数据,数据报套接字只能读取 UDP 的数据。因此,如果要访问其他协议发送的数据,必须使用原始套接字。

## 7.1.2 网络字节序与主机字节序

字节序是指多字节数据(如整数)在计算机内存中存储或网络传输时各字节的顺序。

**1. 主机字节序**

多字节数据在内存中存储的顺序叫作主机字节序。主机字节序有大端模式和小端模式:①小端模式就是低位字节放在内存的低地址单元,高位字节放在内存的高地址单元;②大端模式就是高位字节放在内存的低地址单元,低位字节放在内存的高地址单元。

不同 CPU 有不同的字节序类型:x86 与 x86_64 系列 CPU 采用小端模式存储数据;PowerPC 系列 CPU 采用大端模式存储数据;ARM 系列 CPU 的字节序是可配置的。

**2. 网络字节序**

网络字节序是 TCP/IP 中规定好的一种数据表示格式,它与具体的 CPU 类型、操作系统等无关,从而可以保证数据在不同主机之间传输时能够被正确解释。网络字节序采用大端模式。比如,4 字节的 32bit 数的传输顺序依次是 $0\sim 7$bit、$8\sim 15$bit、$16\sim 23$bit、$24\sim 31$bit,这种传输顺序也称为大端字节序。注意,在将一个网络地址绑定到 Socket 时,一定不要假定主机字节序跟网络字节序一样,务必先将主机字节序转换为网络字节序。

可以调用以下库函数做网络字节序和主机字节序的转换。

```
uint32_t htonl(uint32_t hostlong);      //IP 的主机字节序转换为网络字节序
uint16_t htons(uint16_t hostshort);     //端口的主机字节序转换为网络字节序
uint32_t ntohl(uint32_t netlong);       //IP 的网络字节序转换为主机字节序
uint16_t ntohs(uint16_t netshort);      //端口的网络字节序转换为主机字节序
```

这些函数名中:h 表示 host,n 表示 network,l 表示 32 位长整数,s 表示 16 位短整数。

判断本机主机字节序模式（源代码文件为 endian.c）的示例源代码如下。第 8 行通过查看两个连续字节 c[0]、c[1] 来确定字节序。

```
 1: #include <stdio.h>
 2: #include <arpa/inet.h>
 3: int main(void){
 4:     union{
 5:       unsigned int s;
 6:       char c[sizeof(unsigned int)];
 7:     }un; un.s =0x12345678;
 8:     if(un.c[0] ==0x12 && un.c[1] ==0x34) printf("大端\n");
 9:     else if(un.c[0] ==0x78 && un.c[1] ==0x56) printf("小端\n");
10:     else printf("unknown\n");
11:     printf("%x,%x,%x,%x\n", un.c[0], un.c[1], un.c[2], un.c[3]);
12:     unsigned int y =htonl(un.s);
13:     unsigned char * p =(unsigned char * )&y;
14:     printf("%x,%x,%x,%x\n", p[0], p[1], p[2], p[3]);
15: }
```

执行 gcc endian.c -o endian 命令编译上面源代码，然后执行 endian 命令，结果如图 7-1 所示。请读者结合运行结果以及本小节中相关函数的介绍，分析上面的源代码。

```
[root@ztg 第7章]# ./endian
小端
78,56,34,12
12,34,56,78
```

图 7-1　endian 的执行结果

## 7.1.3　Socket 地址结构

Linux 使用 Berkeley 套接字接口进行网络编程。Berkeley 套接字接口提供了一系列用于网络编程的通用 API，通过这些 API 可以实现跨主机之间的网络通信，或是在本机上通过 UNIX 域套接字进行进程间通信。几乎所有的 Berkeley 套接字接口都需要传入一个地址参数用于表示网络中一台主机的地址。Berkeley 套接字可以支持多种协议，每一种协议使用不同的套接字地址结构。不同协议类型对应的地址类型（sa_family，也称地址族或协议族）不一样。比如，IPv4 协议对应 IPv4 地址（长度是 32 位），IPv6 协议对应 IPv6 地址（长度是 128 位），UNIX 域套接字地址是一个路径字符串。如果针对每种类型的地址都制定一套对应的 API，那么最终的套接字 API 数量规模会很大，这不利于开发和维护。最好只使用一套通用的 API 实现各种地址类型的操作。为此，Berkeley 套接字接口定义了一个通用套接字地址结构 sockaddr，用于表示任意类型的地址，所有的套接字 API 在传入地址参数时都只需要传入 sockaddr 类型的参数来保证接口的通用性，实现套接字函数调用参数的一致性。除了通用地址结构 sockaddr，还定义了一系列具体的网络地址结构。比如，sockaddr_in 表示 IPv4 地址，sockaddr_in6 表示 IPv6 地址，sockaddr_un 表示 UNIX 域套接字（UNIX domain socket）地址。在一般的网络编程中不直接对地址结构 sockaddr 操作，而是使用 sockaddr_in、sockaddr_in6 和 sockaddr_un 地址结构，这些地址结构在向套接字 API 传参时都要转化成 sockaddr 形式的参数。sockaddr、sockaddr_in、in_addr.sockaddr_in6、in6_addr 和 sockaddr_un 地址结构的定义如下：

```
 1: struct sockaddr {                    14: struct sockaddr_in6 {
 2:     unsigned short sa_family;        15:     unsigned short sin6_family;
 3:     char        sa_data[14];         16:     unsigned short sin6_port;
 4: };                                   17:     unsigned int  sin6_flowinfo;
                                         18:     struct in6_addr sin6_addr;
 5: struct sockaddr_in {                 19:     unsigned int  sin6_scope_id;
 6:     unsigned short sin_family;       20: };
 7:     unsigned short sin_port;
 8:     struct in_addr sin_addr;         21: struct in6_addr {
 9:     unsigned char __pad[8];          22:     unsigned char s6_addr[16];
10: };                                   23: };

11: struct in_addr {                     24: struct sockaddr_un {
12:     unsigned int s_addr;             25:     unsigned short sun_family;
13: };                                   26:     char        sun_path[108];
                                         27: };
```

除 sockaddr_in 可以无缝转换为 sockaddr 外，因为大小不一样，sockaddr_in6 和 sockaddr_un 都不能转换为 sockaddr，但这并不影响套接字接口的通用性。所有的套接字 API 都是以 sockaddr 指针形式传递参数，还需要一个地址长度参数，这可以保证当 sockaddr 本身不足以容纳一个具体的地址时，可以通过指针取到全部的内容。比如，通用套接字地址结构 sockaddr 中的地址内容（sa_data）占 14 字节，但是这不足以容纳一个 16 字节的 IPv6 地址。由于以上所有的地址结构的前两字节都表示地址族（sa_family、sin6_family、sun_family），所以通过 sockaddr 指针可以知道传入地址的类型，通过地址类型判断出地址长度后，再通过 sockaddr 指针取适合该地址的长度，即可得到 IPv6 的地址内容。

在 sockaddr 中，sa_family 表示地址族，也就是地址类型；sa_data 表示地址内容。在 sockaddr_in 中，sin_family 表示地址族，sin_port 表示 16 位端口号（用网络字节序表示），sin_addr 表示 32 位 IP 地址（用网络字节序表示），IPv4 地址用一个 32 位整数（s_addr）来表示，__pad 是填充位，填零即可。在 sockaddr_in6 中，sin6_family 表示地址族，sin6_port 包含 16 位 UDP 或 TCP 端口号，sin6_flowinfo 是 IPv6 流控信息，sin6_addr 是 IPv6 地址，由一个 128 位的结构体存储，IPv6 地址以网络字节顺序存储，sin6_scope_id 是一个取决于地址范围的 ID。在 sockaddr_un 中，sun_family 表示地址族，sun_path 是路径字符串。

初始化 sockaddr_in 结构体变量时，sin_family 可以是 AF_INET，也可以是 PF_INET。AF 表示 Address Family 地址族，PF 表示 Protocol Family 协议族。早期的套接字 API 设计者认为同一个地址族可以被多个不同的协议族使用，但是这个特性并未被实现，在实际的应用中 AF_INET 和 PF_INET 没任何区别，它们的值是相同的，混用也不会有问题。地址族（协议族）常用的宏定义（常数）有 AF_INET、AF_INET6、AF_LOCAL、AF_UNIX、PF_INET、PF_INET6、PF_LOCAL、PF_UNIX。注意，sockaddr_in 使用 AF_INET＝PF_INET，sockaddr_in6 使用 AF_INET6＝PF_INET6，sockaddr_un 使用 AF_LOCAL＝AF_UNIX＝PF_LOCAL＝PF_UNIX。

套接字 API 可以接受各种类型的 sockaddr 结构体指针作参数,如 bind、accept、connect 等函数,这些函数的参数都用 struct sockaddr * 类型表示。实际使用时,一般都是先定义具体的网络地址结构并初始化,然后在向套接字 API 传递参数时要强制类型转换成 sockaddr 类型的指针。bind 函数绑定 IPv4 地址的代码如下:

```
1: int sockfd;
2: sockaddr_in addr;
3: sockfd = socket(AF_INET, SOCK_STREAM, 0);
4: memset(&addr, 0, sizeof(sockaddr_in));
5: addr.sa_family = AF_INET;
6: addr.sin_addr.s_addr = htonl(INADDR_ANY);
7: addr.sin_port = htons(80);
8: bind(sockfd,(sockaddr *)&addr,sizeof(addr));
```

bind 函数绑定 IPv6 地址的代码如下:

```
1: int sockfd;
2: sockaddr_in6 addr;
3: sockfd = socket(AF_INET6, SOCK_STREAM, 0);
4: memset(&addr, 0, sizeof(sockaddr_in6));
5: addr.sa_family = AF_INET6;
6: addr.sin6_addr.s_addr = in6addr_any;
7: addr.sin6_port = htons(80);
8: bind(sockfd,(sockaddr *)&addr,sizeof(addr));
```

bind 函数支持所有的地址类型,对于 IPv4,要将 IPv4 地址结构强制转化成 sockaddr * 类型,并传入地址长度;对于 IPv6,要将 IPv6 地址结构转化成 sockaddr * 类型,并传入地址长度。虽然 sockaddr 结构体并不足以容纳一个 IPv6 地址,但是传入的是指针和地址长度,bind 内部在判断出当前地址是 IPv6 地址时,可通过指针和长度取到一个完整的 IPv6 地址结构。通过这两段代码可以看出,虽然 IPv4 和 IPv6 的地址结构不一样,但它们在进行 bind 操作时的形式是一样的,Berkeley 套接字 API 正是通过这种形式保证了 API 的通用性。

## 7.1.4　地址转换函数

通常,大家习惯用可读性好的字符串来表示 IP 地址,比如用点分十进制字符串表示 IPv4 地址,用十六进制字符串表示 IPv6 地址。但在网络传送时,需要将其转换为整型格式来传输。系统在记录日志时则进行相反转换,所以在发送和接收 IP 地址时,都要进行 IP 地址的转换。

```
in_addr_t inet_addr(const char * cp);
int inet_aton(const char * cp, struct in_addr * inp);
char * inet_ntoa(struct in_addr in);
```

上面 3 个函数用于用点分十进制字符串表示的 IPv4 地址及用网络字节序整数表示的 IPv4 地址之间的转换。①inet_addr 函数将点分十进制字符串表示的 IPv4 地址转化为用网络字节序整数表示的 IP 地址。cp 参数表示需要转化的字符串。如果 IP 地址合法,inet_ addr 函数可以将成功转换的网络字节序作为返回值。如果 IP 地址非法，返回值为 INADDR_NONE（表示无效的结果）。②inet_aton 函数的功能和 inet_addr 函数类似，但是将转化结果存储于参数 inp 指向的地址结构中。成功则返回 1，失败则返回 0。③inet_ntoa 函数将用网络字节序整数表示的 IPv4 地址转化为用点分十进制字符串表示的 IPv4 地址。in 参数表示要转换的整型地址（为结构体形式）。该函数内部用一个静态变量存储转换的结果，函数返回值指向该静态变量，因此 inet_ntoa 是不可重入的。示例代码（源代码文件为 ntoa.c）如下，代码中的注释为程序运行结果。

视频 7-2
ntoa

```
 1: #include<arpa/inet.h>
 2: #include<stdio.h>
 3: #include<string.h>
 4: int main(){
 5:     struct in_addr addr; in_addr_t bin;
 6:     bin =inet_addr("192.168.1.111");
 7:     memcpy(&addr, &bin, 4);
 8:     char * ipstr1 =inet_ntoa(addr);
 9:     printf("IP1: %s\n", ipstr1);          //输出"IP1: 192.168.1.111"
10:     bin =inet_addr("192.168.1.222");
11:     memcpy(&addr, &bin, 4);
12:     char * ipstr2 =inet_ntoa(addr);
13:     printf("IP1: %s\n", ipstr1);          //输出"IP1: 192.168.1.222"
14:     printf("IP2: %s\n", ipstr2);          //输出"IP2: 192.168.1.222"
15: }
```

下面两个函数可以完成前面 3 个函数的功能，对于 IPv4 和 IPv6 地址均可用，不仅可以转换 IPv4 的 in_addr，还可以转换 IPv6 的 in6_addr，因此 inet_pton 和 inet_ntop 函数接口中需要包含 void * 型的参数。

```
int inet_pton(int af, const char * src, void * dst);
const char * inet_ntop(int af, const void * src, char * dst, socklen_t size);
```

inet_pton 函数将用参数 src 表示的 IP 地址（点分十进制 IPv4 或十六进制 IPv6 字符串）转换成用网络字节序整数表示的 IP 地址，并把转换结果存入 dst 指向的存储单元中。参数 af 表示地址族（AF_INET 或 AF_INET6）。成功则返回 1，失败则返回 0 并设置 errno。

inet_ntop 函数进行相反的转换，前 3 个参数的含义与 inet_pton 的参数相同，最后一个参数 size 指定目标存储单元的大小，可以使用两个宏指定 size 的值，即 INET_ADDRSTRLEN（值为 16）、INET6_ADDRSTRLEN（值为 46）。

## 7.1.5　C/S 架构

网络编程中最常用的是客户端/服务器（client/server）架构，简称 C/S 架构。C/S 架构程序的流程一般是由客户端主动发起请求，然后服务器端被动处理请求。

（1）在服务器端和客户端使用 TCP 时，服务进程和客户进程使用系统调用的过程如图 7-2 所示。使用 TCP 时，服务进程依次调用 socket、bind、listen 函数完成初始化后，调用 accept 函数在指定的端口等待客户进程的连接请求，一旦有客户进程发出连接，accept 函数

返回一个新的套接字,这时服务进程就可以使用该套接字进行读写操作了;客户进程调用
socket 函数创建套接字,调用 connect 函数和服务进程建立连接,一旦连接成功,就可以通
过套接字按设计的数据交换方法和格式进行数据传输。当所有数据操作结束后,客户进程
调用 close 函数来关闭该套接字。

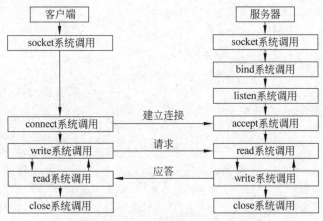

图 7-2　服务进程和客户进程使用系统调用的过程

(2) 使用 UDP 时,服务进程依次调用 socket、bind 函数完成初始化后,等待客户进程发
来的数据;客户进程调用 socket 函数创建套接字后,调用 sendto/recvfrom 函数和服务进程
进行读写操作。当所有数据操作结束后,客户进程调用 close 函数关闭该套接字。

## 7.2　基于 TCP 的网络程序

在使用 TCP 设计网络程序时,服务器程序一般先使用 socket 函数得到一个套接字描
述符,然后使用 bind 函数将一个包含服务器的本地地址和端口号等信息的套接字结构体变
量与套接字描述符绑定。接着服务器使用 listen 函数指出等待服务请求队列的长度,将套
接字设为监听套接字。然后就可以使用 accept 函数等待客户端的连接请求,一旦有客户端
发起连接,accept 函数会创建一个包含客户端地址等信息的连接套接字,并返回连接套接字
描述符,这时服务器就可以使用这个套接字进行读写操作了。一般服务器可能在 accept 函
数返回后创建一个使用连接套接字的新进程与客户端进行通信(使用 read/write 或 recv/
send 等函数),父进程则再次使用 accept 函数等待另一个客户端的连接。客户端进程一般
先使用 socket 函数得到一个套接字描述符,然后使用 connect 函数向指定的服务器发起连
接,一旦连接成功,就可以通过套接字描述符进行读写操作了。C/S 程序一般是由客户端主
动发起请求,服务器被动处理请求,采用一问一答的方式进行通信。通信结束后,调用 close
函数释放套接字。

### 7.2.1　简单 C/S 应用程序的设计

本小节通过介绍一个简单 C/S 应用程序的设计来学习 Socket API。本小节源代码文
件在本书配套资源的"src/第 7 章/TCP/简单 CS 应用程序的设计/简单 CS"目录中。

视频 7-3
简单 C/S
应用程序

207

**1. TCP 服务器端**

服务器端程序读取从客户端发来的字符，然后将每个字符转换为大写并回送给客户端。
TCP 服务器端（源代码文件为 server.c）的示例代码如下：

```
 1: #include <stdio.h>
 2: #include <unistd.h>
 3: #include <ctype.h>
 4: #include <string.h>
 5: #include <arpa/inet.h>
 6: #define MAXSIZE 80
 7: int main() {
 8:     int i,n,s_sockfd,c_sockfd,s_len,c_len;
 9:     char str[INET_ADDRSTRLEN];
10:     struct sockaddr_in s_addr;
11:     struct sockaddr_in c_addr;
12:     s_sockfd=socket(AF_INET,SOCK_STREAM,0);
13:     bzero(&c_addr, sizeof(c_addr)); bzero(&s_addr, sizeof(s_addr));
14:     s_addr.sin_family=AF_INET;
15:     //s_addr.sin_addr.s_addr=inet_addr("192.168.1.111");
16:     s_addr.sin_addr.s_addr=htonl(INADDR_ANY);
17:     s_addr.sin_port=htons(5000);
18:     s_len=sizeof(s_addr);
19:     bind(s_sockfd,(struct sockaddr *)&s_addr,s_len);
20:     listen(s_sockfd,6);
21:     while(1){
22:         char sbuf[MAXSIZE],cbuf[MAXSIZE];
23:         printf("服务器等待客户端的连接:\n");
24:         c_sockfd=accept(s_sockfd,(struct sockaddr *)&c_addr,&c_len);
25:         n=read(c_sockfd,cbuf,MAXSIZE);
26:         printf("客户端(%s:%d)发的信息: %s\n",
27:             inet_ntop(AF_INET, &c_addr.sin_addr,str,sizeof(str)),
28:             ntohs(c_addr.sin_port),cbuf);
29:         for(i=0;i<n;i++) cbuf[i]=toupper(cbuf[i]);
30:         strcpy(sbuf,"toupper: "); strcat(sbuf,cbuf);
31:         write(c_sockfd,sbuf,MAXSIZE);
32:         close(c_sockfd);
33:     }
34: }
```

第 7～34 行为主函数的定义，所有功能均在该函数中实现。具体说明如下。

第 8 行定义的两个整型变量 s_sockfd 和 c_sockfd 分别用来存放服务器套接字描述符和客户套接字描述符。两个变量 s_len 和 c_len 分别用来存放服务器和客户套接字地址结构长度值。

第 10、11 行定义了服务器和客户套接字地址结构体变量。

第 12 行调用 socket 函数创建服务器套接字。socket 函数的原型如下：

```
int socket(int domain, int type, int protocol);
```

socket 函数用于创建一个套接字。①参数 domain 表示要使用的协议族（AF_INET、AF_INET6、AF_LOCAL、AF_UNIX、PF_INET、PF_INET6、PF_LOCAL、PF_UNIX）。协议族决定了 Socket 的地址类型，在通信中必须采用对应的地址，如 AF_INET 决定用 32 位的 IPv4 地址与 16 位的端口号的组合，AF_INET6 用 IPv6 的地址，AF_UNIX 决定用一个绝对路径名作为地址。当 Socket 客户端和 Socket 服务器端在同一个 Linux 系统中时，可以将参数 domain 指定为 AF_UNIX。②参数 type 表示要创建的套接字类型（SOCK_STREAM、SOCK_DGRAM、SOCK_RAW）。③参数 protocol 指定使用哪种协议（IPPROTO_TCP、IPPROTO_UDP、IPPROTO_SCTP），由于指定了 type，所以一般将该参数置为 0，表示与 type 匹配的默认协议。注意，protocol 和 type 不可以任意组合，如 SOCK_STREAM 和 IPPROTO_UDP 就不可以组合。socket 函数执行成功时返回指向新创建的套接字的文件描述符（正整数，它唯一标识一个套接字），失败时返回 −1 并设置 errno。

第 13 行将整个套接字地址结构体清零。

第 14~17 行设置服务器套接字地址结构中的相关值，地址类型设置为 AF_INET，网络地址为 INADDR_ANY，这个宏表示本地的任意 IP 地址。因为服务器可能有多个网卡，每个网卡也可能绑定多个 IP 地址，这样设置可以让服务器监听计算机上所有网卡的 IP 地址，直到与某个客户端建立了连接时才确定下来到底用哪个 IP 地址，服务器所用端口号为 5000。INADDR_ANY 等价于 inet_addr("0.0.0.0")。

第 19 行调用 bind 函数将本地地址与套接字绑定在一起。bind 函数的原型如下：

```
int bind(int sockfd, const struct sockaddr * addr, socklen_t addrlen);
```

bind 函数将地址信息 addr 和 socket 函数返回的套接字文件描述符 sockfd 绑定在一起，使 sockfd 这个用于网络通信的文件描述符监听 addr 所描述的地址和端口号。①参数 sockfd 是由 socket 函数返回的文件描述符。②参数 addr 是一个指向 sockaddr 套接字地址结构体变量的指针，套接字地址结构主要包含 IP 地址和端口号。③参数 addrlen 是 addr 指针实际指向的套接字地址结构的长度。bind 函数执行成功时返回 0，失败时返回 −1 并设置 errno。

服务器进程所监听的网络地址和端口号通常是固定不变的，客户进程得知服务器端的地址和端口号后，就可以向服务器进程发起连接，因此服务器进程在启动时，需要调用 bind 函数绑定一个众所周知、固定的 IP 地址和端口号用于提供服务，客户进程就可以通过它来连接服务器。而客户端不用指定 IP 地址和端口号，在调用 connect 函数时由系统自动分配一个端口号，并且使用客户端的 IP 地址。所以服务器进程在调用 listen 函数之前会调用 bind 函数，而客户进程就不用调用 bind 函数。

第 20 行调用 listen 函数创建了长度为 6 的监听队列，等待用户的连接请求。listen 函数的原型如下：

```
int listen(int sockfd, int backlog);
```

服务器端进程在调用 socket、bind 函数之后就要调用 listen 函数来监听套接字，listen 函数将 bind 函数绑定过的套接字变为监听套接字，使其处于监听状态。socket 函数创建的套接字默认是一个主动类型,listen 函数将套接字变为被动类型,等待客户端的连接请求。①参数 sockfd 是 bind 函数绑定过的套接字文件描述符。②参数 backlog 为相应套接字接收队列的最大长度,当有多个客户端进程和服务端进程相连时,该参数表示可以接受的排队长度。也就是最多允许有 backlog 个客户端处于连接等待状态,多于 backlog 的连接请求被忽略。通常情况下服务器进程可以同时服务于多个客户端,当有客户端发起连接时,服务器调用 accept 函数接受该连接,如果有大量的客户端发起连接而服务器来不及处理,尚未连接的客户端就处于连接等待状态。在 Linux 操作系统的命令行中执行命令 cat /proc/sys/net/ipv4/tcp_max_syn_backlog 可以查看系统默认的 backlog 值。listen 函数执行成功时返回 0,失败时返回-1 并设置 errno。

第 21~33 行是一个 while 死循环,每次循环处理一个客户端连接。具体说明如下。

第 24 行调用 accept 函数接受客户的连接请求,如果服务器调用 accept 函数时还没有收到客户端的连接请求,就阻塞等待直到收到客户端的连接请求。s_sockfd 是监听文件描述符,而 accept 函数的返回值是新创建套接字的文件描述符 c_sockfd,之后就通过 c_sockfd 与客户端进行通信,通信结束后关闭就通过 c_sockfd 断开连接,而不关闭 s_sockfd,再次回到循环开头 s_sockfd 仍然用作 accept 的参数。accept 函数的原型如下:

```
int accept(int sockfd, struct sockaddr * addr, socklen_t * addrlen);
```

服务器端依次调用 socket、bind、listen 函数之后,就会在指定的套接字上监听客户端的连接请求。客户端依次调用 socket、connect 函数之后就向服务器发送一个连接请求。服务器监听到这个请求之后,就会调用 accept 函数响应客户端的连接请求,建立连接并产生一个新的套接字文件描述符来描述该连接,这样连接就建立好了,之后可以调用网络 I/O 函数开始数据传输,即实现了网络中不同进程之间的通信。如果服务器调用 accept 函数时还没有收到客户端的连接请求,就阻塞等待直到收到客户端的连接请求。①参数 sockfd 是处于监听状态(listen 后)的套接字文件描述符。②参数 addr 是一个指向 sockaddr 套接字地址结构变量的指针,将在 accept 函数调用后被填入连接对方(客户端)的地址信息(如 IP 地址和端口号等)。③参数 addrlen 是一个整型指针,在 accept 函数返回后将被填入 addr 指针实际指向的套接字地址结构的长度。accept 函数执行成功时返回新创建套接字(称为连接套接字)的文件描述符,代表与客户端进程的 TCP 连接,此时服务器端可以通过该描述符和客户端进程进行数据传输,失败时返回-1 并设置 errno。

一个服务器进程通常仅创建一个监听套接字,该套接字在服务器进程的生命周期内一直存在。Linux 内核为每个由服务器进程 accept 函数接受的客户连接创建一个连接套接字,当客户进程关闭连接时,服务器端相应的连接套接字也要被关闭。

第 25 行调用 read 函数将 c_sockfd 中读出的内容(即客户端发来的信息)写入 cbuf 缓冲区中。read 函数的原型如下:

```
ssize_t read(int fd, void * buf, size_t count);
```

read 函数负责从用套接字文件描述符 fd 表示的连接套接字中读取最多 count 字节的内容并放入 buf 指向的存储空间中。read 函数执行成功时返回实际读取的字节数,如果返回值是 0,表示对方断开连接;失败时返回－1 并并设置 errno。

第 26～28 行将显示客户发来的信息。第 29 行将客户发来的字符串转换为大写。第 30 行将两个字符串串接。

第 31 行调用 write 函数将串接后的字符串回送给客户端。write 函数的原型如下:

```
ssize_t write(int fd, const void * buf, size_t count);
```

write 函数负责将 buf 指向的存储空间中 count 字节的内容写入用套接字文件描述符 fd 表示的连接套接字中。write 函数执行成功时返回实际写入的字节数,失败时返回－1 并并设置 errno。如果错误为 EINTR,表示在写的时候出现了中断错误;如果错误为 EPIPE,表示网络连接出了问题,比如对方已经关闭了网络连接。

服务器与客户建立连接后,可以调用网络 I/O 进行读写操作,即实现了网络中不同进程之间的通信。网络 I/O 函数分为几组,即 read/write 函数、recv/send 函数、recvfrom/sendto 函数、recvmsg/sendmsg 函数。

第 32 行关闭 c_sockfd 套接字描述符。close 函数的原型如下:

```
int close(int fd);
```

在服务器与客户端建立连接之后,会进行一些读写操作,完成读写操作后就要关闭相应的套接字。close 函数用于关闭套接字。参数 fd 为要关闭的套接字描述符。关闭一个 TCP 套接字的默认行为是把该套接字标记为已关闭,然后立即返回到调用进程。该套接字文件描述符不能再由调用进程使用,也就是说不能再作为 read/write 等函数的第一个参数。close 函数只是将相应套接字描述符的引用计数减 1,只有当引用计数为 0 时才会触发 TCP 客户端向服务器发送终止连接请求。close 函数执行成功时返回 0,失败时返回－1。

**2. TCP 客户端**

客户端程序从命令行参数中获得一个字符串并发给服务器,然后接收服务器返回的字符串并打印。由于客户端不需要固定的端口号,因此不必调用 bind 函数,客户端的端口号由内核自动分配。注意,客户端不是不允许调用 bind 函数,只是没有必要调用 bind 函数固定一个端口号,服务器也不是必须调用 bind 函数。但如果服务器不调用 bind 函数,内核会自动给服务器分配监听端口,每次启动服务器时端口号都不一样,客户端要连接服务器时就会遇到麻烦。客户端需要调用 connect 函数连接服务器,connect 函数和 bind 函数的参数形式一致,区别在于 bind 函数的参数是自己的地址,而 connect 函数的参数是对方的地址。connect()成功时返回 0,出错时返回－1。

TCP 客户端(源代码文件为 client.c)的示例代码如下:

```
1: #include <stdio.h>
2: #include <stdlib.h>
3: #include <unistd.h>
4: #include <string.h>
5: #include <arpa/inet.h>
6: #define MAXSIZE 80
7: int main(int argc, char * argv[]) {
```

```
 8:     int sockfd,num,len,result; char buf[MAXSIZE];
 9:     struct sockaddr_in s_addr;
10:     if (argc!=2){fprintf(stderr,"请输入要发送的信息\n"); exit(1);}
11:     strcpy(buf,argv[1]);
12:     if((sockfd = socket(AF_INET, SOCK_STREAM, 0)) ==-1) {
13:       perror("创建套接字失败"); exit(1);
14:     }
15:     bzero(&s_addr, sizeof(s_addr));
16:     s_addr.sin_family=AF_INET;
17:     s_addr.sin_addr.s_addr=inet_addr("192.168.1.111");
18:     s_addr.sin_port=htons(5000);
19:     len=sizeof(s_addr);
20:     if(connect(sockfd,(struct sockaddr *)&s_addr,sizeof(struct sockaddr))
        ==-1){
21:       perror("连接服务器失败"); exit(1);
22:     }
23:     write(sockfd,buf,MAXSIZE); read(sockfd,buf,MAXSIZE);
24:     printf("服务器返回的信息: %s\n",buf);
25:     close(sockfd); exit(0);
26: }
```

第 7～26 行为主函数的定义，所有功能均在该函数中实现，函数中使用了形参，也就是命令行参数。

第 9 行定义了服务器套接字地址结构体变量。

第 10 行是对命令行参数的判断。

第 11 行将命令行参数写入字符数组 buf 中。

第 12 行调用 socket 函数创建客户端套接字，不成功则退出。

第 15 行将整个套接字地址结构体清零。

第 16～18 行设置服务器套接字地址结构中的相关值。

第 20 行调用 connect 函数建立与服务器端的连接。connect 函数的原型如下：

```
int connect(int sockfd, const struct sockaddr * addr, socklen_t addrlen);
```

客户端进程通过调用 connect 函数来建立与服务器端进程的 TCP 连接。①参数 sockfd 是 socket 函数返回的套接字文件描述符。②参数 addr 是一个指向包含服务器地址信息（含 IP 地址和端口号）的套接字地址的指针。③参数 addrlen 是 addr 指针实际指向的套接字地址结构的长度。connect 函数执行成功时返回 0，失败时返回−1 并设置 errno。

connect 函数执行成功后，将 sockfd 表示的套接字称为连接套接字。

connect 函数和 bind 函数的参数形式一致，区别在于 bind 函数的 addr 参数是自己的地址，而 connect 函数的 addr 参数是对方的地址。

第 23 行中的 write 函数将 buf 中的内容写入 sockfd（即向服务器发送信息），read 函数从 sockfd 中读数据并写入 buf 中（即从服务器接收信息）。

第 24 行将从服务器接收的信息显示出来。

第 25 行关闭 sockfd 描述符，结束客户端进程。

**3. 运行结果**

编译和执行服务器端程序如图 7-3 所示，服务器等待客户端的连接。如图 7-4 所示，编译和执行客户端程序,客户端向服务器发送一个字符串(命令行参数),很快收到服务器返回的信息。在服务器端的终端窗口里执行 netstat -anp ｜ grep 5000 命令,可以看到服务器进程正在监听端口 5000。

```
[root@ztg 简单CS]# gcc server.c -o server
[root@ztg 简单CS]# ./server
服务器等待客户端的连接:
客户端(192.168.1.111:43854)发的信息: asdf
服务器等待客户端的连接:
```

图 7-3　编译和执行服务器端程序

```
[root@ztg 简单CS]# gcc client.c -o client
[root@ztg 简单CS]# ./client asdf
服务器返回的信息: toupper: ASDF
[root@ztg 简单CS]#
```

图 7-4　编译和执行客户端程序

## 7.2.2　交互式 C/S 应用程序的设计

视频 7-4
交互式
C/S 应
用程序

在前面小节设计的客户端程序运行时,每次只能从命令行读取一个字符串并发给服务器,再接收服务器返回的字符串。本小节将客户端程序设计成交互式的,在客户端程序运行时,不断地从终端接收用户输入的字符串,然后发给服务器。本小节也对服务器端程序进行改进,使用 fork 函数创建多个子进程同时为多个客户端提供服务。父进程专门负责监听端口,为每个新的客户端连接创建一个子进程来专门服务这个客户端。本小节的源代码文件在本书配套资源的“src/第 7 章/TCP/交互式 CS 应用程序的设计/交互式 CS”目录中。

**1. TCP 服务器端**

TCP 服务器端(源代码文件为 server.c)的示例代码如下:

```
 1: #include <stdio.h>
 2: #include <unistd.h>
 3: #include <ctype.h>
 4: #include <string.h>
 5: #include <arpa/inet.h>
 6: #define MAXSIZE 80
 7: int main(){
 8:     int i,n,s_sockfd,c_sockfd,s_len,c_len;
 9:     char str[INET_ADDRSTRLEN];
10:     struct sockaddr_in s_addr,c_addr;
11:     s_sockfd=socket(AF_INET,SOCK_STREAM,0);
12:     bzero(&s_addr, sizeof(s_addr));
13:     s_addr.sin_family=AF_INET;
14:     //s_addr.sin_addr.s_addr=inet_addr("192.168.1.111");
15:     s_addr.sin_addr.s_addr=htonl(INADDR_ANY);
16:     s_addr.sin_port=htons(5000);
17:     s_len=sizeof(s_addr);
18:     bind(s_sockfd,(struct sockaddr *)&s_addr,s_len);
19:     listen(s_sockfd,6);
20:     while(1){
21:         char sbuf[MAXSIZE],cbuf[MAXSIZE];
22:         bzero(&c_addr, sizeof(c_addr));
23:         c_sockfd=accept(s_sockfd,(struct sockaddr *)&c_addr,&c_len);
24:         printf("客户端(%s:%d)已连接服务器.\n",
25:           inet_ntop(AF_INET,&c_addr.sin_addr,str,sizeof(str)),ntohs(c_addr.
           sin_port));
```

```
26:        i=fork();
27:        if(i==-1){perror("fork error"); return 1;}
28:        else if(i==0){
29:          close(s_sockfd);
30:          while(1){
31:            bzero(cbuf, MAXSIZE);
32:            n=read(c_sockfd,cbuf,MAXSIZE);
33:            if(n==0||n==-1){ printf("客户端(%s:%d)已经关闭.\n",
34:               inet_ntop(AF_INET, &c_addr.sin_addr,str,sizeof(str)),
35:               ntohs(c_addr.sin_port)); close(c_sockfd); return 1;}
36:            printf("客户端(%s:%d)发的信息: %s",
37:               inet_ntop(AF_INET, &c_addr.sin_addr,str,sizeof(str)),
38:               ntohs(c_addr.sin_port),cbuf);
39:            for(i=0;i<n;i++) cbuf[i]=toupper(cbuf[i]);
40:            bzero(sbuf, MAXSIZE);
41:            strcpy(sbuf,"toupper: "); strcat(sbuf,cbuf);
42:            write(c_sockfd,sbuf,strlen(sbuf));
43:          }
44:        } else close(c_sockfd);
45:      }
46: }
```

## 2. TCP 客户端

TCP 客户端（源代码文件为 client.c）的示例代码如下：

```
1: #include <stdio.h>
2: #include <stdlib.h>
3: #include <unistd.h>
4: #include <string.h>
5: #include <arpa/inet.h>
6: #define MAXSIZE 80
7: int main(){
8:     int n,sockfd,num,len,result;
9:     struct sockaddr_in s_addr;
10:    char buf[MAXSIZE]; bzero(buf, MAXSIZE);
11:    if((sockfd=socket(AF_INET, SOCK_STREAM, 0))==-1){
12:      perror("创建套接字失败"); exit(1);
13:    }
14:    bzero(&s_addr, sizeof(s_addr));
15:    s_addr.sin_family=AF_INET;
16:    s_addr.sin_addr.s_addr=inet_addr("192.168.1.111");
17:    s_addr.sin_port=htons(5000);
18:    len=sizeof(s_addr);
19:    if(connect(sockfd,(struct sockaddr *)&s_addr,sizeof(struct sockaddr))
       ==-1){
20:      perror("连接服务器失败"); exit(1);
21:    }
22:    printf("请输入要发送的信息\n");
23:    while(1){
```

```
24:        bzero(buf, MAXSIZE); fgets(buf,MAXSIZE,stdin);
25:        if(strlen(buf)==1) break;
26:        write(sockfd,buf,strlen(buf));
27:        n=read(sockfd,buf,MAXSIZE);
28:        if(n==0){printf("服务器已经关闭.\n"); break;}
29:        else printf("服务器返回的信息: %s",buf);
30:    }
31:    close(sockfd); exit(0);
32: }
```

**3. 运行结果**

如图 7-5 所示,先在第一个终端窗口编译和执行服务器端程序,服务器等待客户端的连接。然后在第二个终端窗口编译和执行客户端程序,客户端向服务器发送用户输入的字符串,很快收到服务器返回的信息。最后在第三个终端窗口开启第二个客户端并向服务器发送用户输入的字符串。可知服务器在同时服务多个客户端,并且客户端和服务器可以进行多次交互。

```
[root@ztg 交互式 CS]# gcc server.c -o server       [root@ztg 交互式 CS]# gcc client.c -o client
[root@ztg 交互式 CS]# ./server                    [root@ztg 交互式 CS]# ./client
客户端(192.168.1.111:43970)已连接服务器.          请输入要发送的信息
客户端(192.168.1.111:43970)发的信息: one          one
客户端(192.168.1.111:43972)已连接服务器.          服务器返回的信息: toupper: ONE      [root@ztg 交互式 CS]# ./client
客户端(192.168.1.111:43972)发的信息: two          oneone                             请输入要发送的信息
客户端(192.168.1.111:43972)已经关闭.              服务器返回的信息: toupper: ONEONE   two
客户端(192.168.1.111:43970)发的信息: oneone                                           服务器返回的信息: toupper: TWO
^C                                               服务器已经关闭.
[root@ztg 交互式 CS]#                             [root@ztg 交互式 CS]# _                 [root@ztg 交互式 CS]#
```

图 7-5　编译和执行服务器端程序和客户端程序

## 7.2.3　简单聊天室应用程序的设计(select)

I/O 多路复用是指一个进程通过一种机制监视多个描述符,一旦某个描述符就绪(一般是读就绪或者写就绪),能够通知进程进行相应的读写操作。与多进程/多线程技术相比,I/O 多路复用技术的最大优势是系统开销小,因为系统不必创建进程/线程,也不必维护这些进程/线程,从而大大减小了系统开销。select、poll、epoll 是三种 I/O 多路复用的机制。

一个聊天室基本的功能是:在聊天室中的任何一个用户输入一段信息之后,聊天室中的其他用户都能够看到该信息。本小节使用 select 设计简单聊天室应用程序。由于 select 可以同时监听多个套接字文件描述符,因此不需要调用 fork 函数创建多进程就可以实现能够提供并发服务的服务器程序。本小节的源代码文件在本书配套资源的"src/第 7 章/TCP/简单聊天室应用程序的设计/select"目录中。

视频 7-5
聊天室
select 1

**1. 聊天室服务器端**

聊天室服务器端(源代码文件为 server.c)的示例代码如下:

```
1: #include <stdio.h>
2: #include <stdlib.h>
3: #include <string.h>
4: #include <arpa/inet.h>
```

```
 5: #include <unistd.h>
 6: #define MAX_CLIENT 10
 7: #define MAX_LINE 1000
 8: #define MAX_NAME 100
 9: int initial_server(){
10:     int sockfd; struct sockaddr_in addr;
11:     if((sockfd=socket(AF_INET, SOCK_STREAM,0))<0)
12:        {printf("创建套接字失败!\n");fflush(stdout);return(0);}
13:     bzero((char*)&addr, sizeof(addr));
14:     addr.sin_family=AF_INET;
15:     addr.sin_addr.s_addr=inet_addr("192.168.1.111");
16:     addr.sin_port=htons(10000);
17:     if(bind(sockfd,(struct sockaddr*)&addr,sizeof(addr))<0)
18:        {printf("bind失败\n");fflush(stdout);return(0);}
19:     return(sockfd);
20: }
21: int max(int a, int b){return a>b?a:b;}
22: void set_name(char * line, char * name){
23:     strcpy(name, &line[1]); sprintf(line, "%s加入聊天室\n", name);
24: }
25: void add_name(char * line, char * name){
26:     char theline[MAX_LINE];
27:     strcpy(theline, name); strcat(theline, " ==>");
28:     strcat(theline, line); strcpy(line, theline);
29: }
30: int user_free(int u_link[MAX_CLIENT]){
31:     int i=0;
32:     while((u_link[i]!=0)&&(i<MAX_CLIENT)) i++;
33:     if(i==MAX_CLIENT) return(-1);
34:     return(i);
35: }
36: void add_sockset(fd_set * sockset,int sockfd,int * u_link,int * userfd){
37:     FD_ZERO(sockset); FD_SET(sockfd, sockset);
38:     for(int i=0;i<MAX_CLIENT;i++)
39:        if(u_link[i]==1) FD_SET(userfd[i], sockset);
40: }
41: int main(){
42:     int sockfd, new_sockfd, u_link[MAX_CLIENT], userfd[MAX_CLIENT];
43:     int i, j, length, maxfd=0, userCount=0;
44:     char uname[MAX_CLIENT][MAX_NAME], line[MAX_LINE];
45:     unsigned int cli_len;
46:     struct sockaddr_in c_addr;
47:     fd_set sockset;
48:     sockfd=initial_server();
49:     if(sockfd==0){printf("初始化服务器套接字失败\n");fflush(stdout);exit(1);}
50:     listen(sockfd, MAX_CLIENT);
51:     cli_len=sizeof(c_addr);
52:     for(i=0;i<MAX_CLIENT;i++){u_link[i]=0;uname[i][0]='\0';}
53:     FD_ZERO(&sockset); FD_SET(sockfd, &sockset);
```

```
54:     maxfd=max(maxfd, sockfd+1);
55:     for(;;){
56:       select(maxfd, &sockset, NULL, NULL, NULL);
57:       if(FD_ISSET(sockfd, &sockset)&&(userCount=user_free(u_link))>=0){
58:         new_sockfd=accept(sockfd, (struct sockaddr *)&c_addr,&cli_len);
59:         if(new_sockfd<0){u_link[userCount]=0; printf("无新的连接!\n");}
60:         else{ u_link[userCount]=1; userfd[userCount]=new_sockfd;
61:           FD_SET(new_sockfd, &sockset); maxfd=max(maxfd, new_sockfd+1); }
62:       }
63:       for(i=0;i<MAX_CLIENT;i++){
64:         if((u_link[i]==1)&&(FD_ISSET(userfd[i], &sockset))){
65:           length=read(userfd[i], line, MAX_LINE);
66:           if(length==0){u_link[i]=0;uname[i][0]='\0';FD_CLR(userfd[i],
                &sockset);}
67:           else if(length>0){
68:             line[length]='\0';
69:             if((line[0]=='/')&&(uname[i][0]=='\0')) set_name(line,uname
                [i]);
70:             else add_name(line, uname[i]);
71:             for(j=0;j<MAX_CLIENT;j++)
72:               if((j!=i)&&(u_link[j]==1)) write(userfd[j], line, strlen
                  (line));
73:             printf("%s",line);
74:           }
75:         }
76:       }
77:       add_sockset(&sockset, sockfd, u_link, userfd);
78:     }
79: }
```

第 6 行定义了聊天室中最多的人数(10 人)。

第 7 行定义了聊天时每次能够发送的最大信息量(1000 字节)。

第 8 行定义了每个用户名的最大长度(100 字节)。

第 9～20 行为 initial_server 函数的定义,其作用是创建一个服务器端套接字,并且将其绑定在第 14～16 行所设置的地址上,然后返回绑定后的套接字描述符。

第 21 行定义求两个数中最大值的函数。

第 22～24 行定义设置用户名函数,功能是当一个客户新加入聊天室时,进行相应的处理。

第 25～29 行定义添加用户名函数,功能是当一个已加入聊天室的客户发送了信息到达服务器时,就调用该函数对其进行相应的处理。

第 30～35 行定义判断聊天室是否已满的函数。

第 36～40 行定义添加套接字函数,其中第 37 行将 sockset 清空,然后将 sockfd 加入 sockset 集合中,第 38、39 行将所有有效连接的 sockfd 加入 sockset 中。

第 41～79 行为主函数,其中第 42～47 行定义了一系列变量,第 48 行调用 initial_server 函数初始化服务器套接字,并将绑定后的套接字描述符赋给 sockfd。第 49 行判断是否成功对服务器进行了初始化。第 50 行将套接字设置为监听状态，等待客户的连接请求。第 52 行初始化数组。第 53 行清空文件描述符集合 sockset，将监听套接字文件描述符 sockfd 添加到集合 sockset 中。第 54 行得出最大文件描述符号。

第 55～78 行为服务器程序的主要工作部分。

第 56～62 行的功能是：如果有连接请求，就建立新的连接，并将该连接套接字描述符加入集合 sockset 中。

select 函数监听一组文件描述符中是否有描述符产生可读、可写或异常事件，如果没有就阻塞，直到有描述符产生可读、可写或异常事件时被唤醒。①参数 nfds 表示被监听的文件描述符总数，因为文件描述符是从 0 开始编号的，所以参数 nfds 的值是被监听的文件描述符集合中编号最高的文件描述符加 1。②参数 readfds 表示被 select 函数监听的读文件描述符集合。③参数 writefds 表示被 select 函数监听的写文件描述符集合。④参数 exceptfds 表示被 select 函数监听的异常处理文件描述符集合。⑤参数 timeout 表示超时时间。struct timeval 结构用于指定这段时间的秒数和微秒数。select 函数在等待 timeout 时间后没有文件描述符准备好，就返回。select 执行成功则返回就绪（可读、可写或异常）文件描述符的总数。如果在 select 等待期间，程序接收到中断信号，则 select 立即返回－1，并设置 errno 为 EINTR。

readfds、writefds、exceptfds 这 3 个参数是 fd_set ＊ 指针类型。fd_set 结构体包含一个整型数组，该数组的每个元素的每个比特位标记一个文件描述符。fd_set 能容纳的文件描述符数量固定，由 FD_SETSIZE（大小一般为 1024）指定，这限制了 select 函数能同时处理的文件描述符总量，这是 select 使用场景的重要限制。可使用下面一组宏来访问 fd_set 结构体中的比特位，实现 fd_set 中对应的文件描述符的设置、复位和测试。

```
void FD_SET(int fd, fd_set * set);      //将一个给定的文件描述符加入集合中
void FD_CLR(int fd, fd_set * set);      //将一个给定的文件描述符从集合中删除
int FD_ISSET(int fd, fd_set * set);     //检查集合中指定的文件描述符是否可以读写
void FD_ZERO(fd_set * set);             //清空文件描述符集合
```

第 63～76 行的功能是：对所有的有效连接，如果某连接中有可读的信息，就从该连接中读出信息，并将这些信息发送到其他有效连接中，这样就实现了某个人发出一条信息，聊天室内的其他人都可以收到这条信息。

第 77 行调用 add_sockset 函数重新设置集合 sockset。

**2. 聊天室客户端**

聊天室客户端（源代码文件为 client.c）的示例代码如下：

```
1: #include <stdio.h>
2: #include <stdlib.h>
3: #include <string.h>
4: #include <arpa/inet.h>
5: #include <unistd.h>
6: #define MAX_LINE 1000
7: #define MAX_NAME 100
8: int initial_client(){
```

```
 9:     int sockfd; struct sockaddr_in s_addr;
10:     bzero((char *)&s_addr, sizeof(s_addr));
11:     s_addr.sin_family=AF_INET;
12:     s_addr.sin_addr.s_addr=inet_addr("192.168.1.111");
13:     s_addr.sin_port=htons(10000);
14:     if((sockfd=socket(AF_INET, SOCK_STREAM,0))<0)
15:        {printf("创建套接字失败\n"); fflush(stdout); return(0);}
16:     if(connect(sockfd, (struct sockaddr *)&s_addr, sizeof(s_addr))<0)
17:        {printf("连接服务器失败\n"); fflush(stdout); return(0);}
18:     return(sockfd);
19: }
20: void set_address(fd_set * sockset, int sockfd){
21:     FD_ZERO(sockset); FD_SET(sockfd,sockset); FD_SET(0,sockset);
22: }
23: int main(){
24:     int sockfd, status; char string[MAX_LINE], name[MAX_NAME];
25:     fd_set sockset;
26:     sockfd=initial_client();
27:     if(sockfd==0){printf("初始化套接字失败\n"); fflush(stdout); exit(1);}
28:     set_address(&sockset, sockfd);
29:     printf("(离开聊天室请输入'X')请输入您的姓名:"); fflush(stdout);
30:     scanf("%s", name); strcpy(string, "/"); strcat(string, name);
31:     write(sockfd, string, strlen(string));
32:     while(1){
33:         select(sockfd+1, &sockset, NULL, NULL, NULL);
34:         if(FD_ISSET(sockfd, &sockset)){
35:           status=read(sockfd, string, MAX_LINE);
36:           if(status==0) exit(0);
37:           string[status]='\0'; printf("%s", string); fflush(stdout);
38:         }
39:         if(FD_ISSET(0, &sockset)){
40:           status=read(0, string, MAX_LINE); string[status]='\0';
41:           if(string[0]=='X'){
42:               sprintf(string, "%s 离开聊天室\n", name);
43:               write(sockfd, string, strlen(string));
44:               close(sockfd); exit(0);
45:           }
46:           if(write(sockfd, string, strlen(string))!=strlen(string))
47:               {printf("不能发送数据!\n"); exit(0);}
48:         }
49:       set_address(&sockset, sockfd);
50:     }
51: }
```

第 8~19 行定义 initial_client 函数,其功能是初始化客户端套接字。其中,第 11~13 行将服务器的地址和端口号等信息写入套接字地址结构体变量 s_addr 中。第 14、15 行调用 socket 函数创建客户端套接字,若失败则给出错误提示,若成功则将客户端套接字描述符赋给 sockfd。第 16、17 行调用 connect 函数与服务器建立连接，若失败则给出提示信息。第 18 行返回已连接的套接字描述符。

第 20～22 行定义 set_address 函数，由于客户端只需要处理两个文件描述符，即套接字描述符和标准输入描述符。首先将集合 sockset 清空，然后将连接套接字描述符 sockfd 和标准输入设备（键盘）的文件描述符（0）加入 sockset 集合中。

第 23～51 行定义主函数。其中，第 26 行调用 initial_client 函数初始化客户端套接字。第 32～50 行为客户端的主要工作部分。其中，第 34～38 行为客户端的显示部分，FD_ISSET 判断 sockfd 是否是可读的文件描述符，若是，则将信息从 sockfd 读到 string，然后输出。第 39～48 行为客户端的发送部分，FD_ISSET 判断标准输入设备的文件描述符（0）是否可读（即是否有键盘输入）。如果可读，第 40～45 行判断客户是否输入了'X'，若是，则退出聊天室。第 46 行调用 write 函数向服务器发送用户在键盘输入的聊天信息。第 49 行调用 set_address 函数重新设置集合 sockset。

**3. 运行结果**

如图 7-6 所示，在第一个终端窗口使用 gcc 命令编译服务器端程序和客户端程序。

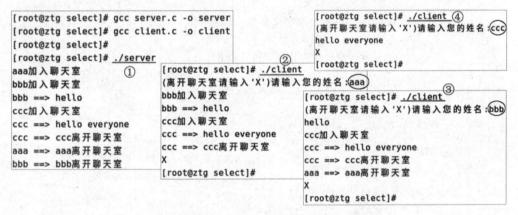

图 7-6　编译和执行服务器端程序和客户端程序

在第一个终端窗口执行服务器端程序，服务器进程等待客户端的连接。在第二个终端窗口执行客户端程序，在提示信息后面输入用户名称 aaa 后按 Enter 键，观察服务器端终端窗口的输出信息。在第三个终端窗口执行客户端程序，输入用户名称 bbb。在第四个终端窗口执行客户端程序，输入用户名称 ccc。当某个客户端连接到服务器时，服务器向其他客户端广播用户上线信息。当某个客户端发出一条聊天信息时，服务器会向其他客户端广播这条聊天信息。

视频 7-6
聊天室
select 2

## 7.2.4　聊天室应用程序的设计（select）

前面小节设计的聊天室程序只能进行群聊，本小节在此基础上增加了私聊和输出用户列表等功能。本小节源代码文件在本书配套资源的"src/第 7 章/TCP/简单聊天室应用程序的设计/chatroom"目录中。

**1. 聊天室程序头文件**

聊天室程序头文件 chatroom.h 内容如下：

```
1: #include <stdlib.h>           11:    DISCONNECT,              21: typedef struct{
2: #include <stdio.h>            12:    GET_USERS,               22:     message_type type;
3: #include <string.h>           13:    SET_USERNAME,            23:     char uname[21];
4: #include <unistd.h>           14:    PUBLIC_MSG,              24:     char data[256];
5: #include <stdbool.h>          15:    PRIVATE_MSG,             25: } message;
6: #include <sys/types.h>        16:    TOO_FULL,                26: typedef struct
7: #include <sys/socket.h>       17:    USERNAME_ERROR,              connection_info{
8: #include <netinet/in.h>       18:    SUCCESS,                 27:     int sock;
9: typedef enum{                 19:    ERROR                    28:     struct sockaddr _ in
10:     CONNECT,                 20: } message_type;                     addr;
                                                                  29:     char uname[20];
                                                                  30: } con_info;
```

## 2. 聊天室服务器端

聊天室服务器端（源代码文件为 server.c）的示例代码如下：

```c
1: #include "chatroom.h"
2: #include <errno.h>
3: #include <pthread.h>
4: #define MAX_CLIENTS 10
5: void initialize_server(con_info * server, int port){
6:     if((server->sock = socket(AF_INET, SOCK_STREAM, 0))<0)
7:       {perror("创建套接字失败"); exit(1);}
8:     server->addr.sin_family = AF_INET;
9:     server->addr.sin_addr.s_addr = INADDR_ANY;
10:     server->addr.sin_port = htons(port);
11:     if(bind(server->sock,(struct sockaddr * ) &server->addr, sizeof(server
        ->addr))<0)
12:       {perror("bind 失败"); exit(1);}
13:     const int optVal =1;
14:     const socklen_t optLen = sizeof(optVal);
15:     if(setsockopt (server - > sock, SOL _ SOCKET, SO _ REUSEADDR, (void * )
        &optVal, optLen)<0)
16:       {perror("setsockopt 失败"); exit(1);}
17:     if(listen(server->sock,3)<0){perror("listen 失败"); exit(1);}
18:     printf("等待客户端的连接...\n");
19: }
20: void send_public_message(con_info clients[], int sender, char * mesg_text){
21:     message msg; msg.type=PUBLIC_MSG;
22:     strncpy(msg.uname, clients[sender].uname, 20);
23:     strncpy(msg.data, mesg_text, 256);
24:     for(int i=0; i<MAX_CLIENTS; i++)
25:       if(i !=sender && clients[i].sock !=0)
26:         if(send(clients[i].sock, &msg, sizeof(msg), 0)<0)
27:           {perror("发送失败"); exit(1);}
28: }
29: void send_private_message(con_info clients[], int sender, char * uname, char
    * mesg_text){
```

```
30:    message msg; msg.type=PRIVATE_MSG;
31:    strncpy(msg.uname, clients[sender].uname, 20);
32:    strncpy(msg.data, mesg_text, 256);
33:    for(int i=0; i<MAX_CLIENTS; i++)
34:      if(i!=sender && clients[i].sock!=0 && strcmp(clients[i].uname, uname)
          ==0){
35:        if(send(clients[i].sock,&msg,sizeof(msg),0)<0){perror("发送失
          败");exit(1);}
36:        return;
37:      }
38:    msg.type=USERNAME_ERROR;
39:    sprintf(msg.data, "\"%s\" 不存在或没有登录.",uname);
40:    if(send(clients[sender].sock,&msg,sizeof(msg),0)<0){perror("发送失
      败");exit(1);}
41: }
42: void send_connect_message(con_info * clients, int sender){
43:    message msg; msg.type=CONNECT;
44:    strncpy(msg.uname, clients[sender].uname, 21);
45:    for(int i=0; i<MAX_CLIENTS; i++)
46:      if(clients[i].sock !=0)
47:        if(i==sender){
48:          msg.type=SUCCESS;
49:          if(send(clients[i].sock,&msg,sizeof(msg),0)<0){perror("发送失
            败");exit(1);}
50:        }else if(send(clients[i].sock,&msg,sizeof(msg),0)<0){perror("发送
          失败");exit(1);}
51: }
52: void send_disconnect_message(con_info * clients, char * uname){
53:    message msg; msg.type=DISCONNECT;
54:    strncpy(msg.uname, uname, 21);
55:    for(int i=0; i<MAX_CLIENTS; i++)
56:      if(clients[i].sock !=0)
57:        if(send(clients[i].sock,&msg,sizeof(msg),0)<0){perror("发送失
          败");exit(1);}
58: }
59: void send_user_list(con_info * clients, int receiver){
60:    message msg; msg.type=GET_USERS;
61:    char * list =msg.data;
62:    for(int i=0; i<MAX_CLIENTS; i++)
63:      if(clients[i].sock!=0){list=stpcpy(list,clients[i].uname);list=
          stpcpy(list,"\n");}
64:    if(send(clients[receiver].sock,&msg,sizeof(msg),0)<0){perror("发送
      败");exit(1);}
65: }
66: void send_too_full_message(int socket){
67:    message msg; msg.type=TOO_FULL;
68:    if(send(socket,&msg,sizeof(msg),0)<0){perror("发送失败"); exit(1);}
69:    close(socket);
70: }
71: void stop_server(con_info con[]){        //退出前关闭所有套接字
```

```
72:      for(int i=0; i<MAX_CLIENTS; i++) close(con[i].sock);
73:      exit(0);
74: }
75: void handle_client_message(con_info clients[], int sender){
76:      int read_size;
77:      message msg;
78:      if((read_size=recv(clients[sender].sock,&msg,sizeof(message),0))==
         0){
79:        printf("%s 退出聊天室\n", clients[sender].uname);
80:        close(clients[sender].sock);
81:        clients[sender].sock=0;
82:        send_disconnect_message(clients, clients[sender].uname);
83:      }else
84:        switch (msg.type){
85:        case GET_USERS: send_user_list(clients, sender); break;
86:        case SET_USERNAME:;
87:          for(int i=0; i<MAX_CLIENTS; i++)
88:            if(clients[i].sock!=0 && strcmp(clients[i].uname, msg.uname)==0)
89:              {close(clients[sender].sock); clients[sender].sock=0; return;}
90:          strcpy(clients[sender].uname, msg.uname);
91:          printf("%s 进入聊天室\n", clients[sender].uname);
92:          send_connect_message(clients, sender);
93:          break;
94:        case PUBLIC_MSG: send_public_message(clients, sender, msg.data); break;
95:        case PRIVATE_MSG: send_private_message(clients, sender,msg.uname,msg.data);
         break;
96:        default: fprintf(stderr, "未知消息类型.\n"); break;
97:        }
98: }
99: int construct_fd_set(fd_set * set, con_info * server, con_info clients[]){
100:     FD_ZERO(set);
101:     FD_SET(STDIN_FILENO, set);
102:     FD_SET(server->sock, set);
103:     int max_fd=server->sock;
104:     for(int i=0; i<MAX_CLIENTS; i++)
105:       if(clients[i].sock>0){
106:         FD_SET(clients[i].sock,set);
107:         if(clients[i].sock>max_fd) max_fd=clients[i].sock;
108:       }
109:     return max_fd;
110: }
111: void handle_new_connection(con_info * server, con_info clients[]){
112:     int new_socket, len;
113:     new_socket=accept(server->sock,(struct sockaddr *)&server->addr,(socklen_t
         *)&len);
114:     if(new_socket<0){ perror("accept 失败"); exit(1);}
115:     for(int i=0; i<MAX_CLIENTS; i++)
116:       if(clients[i].sock==0){clients[i].sock=new_socket; break;}
117:       else if(i==MAX_CLIENTS -1) send_too_full_message(new_socket);
                                              // if we can accept no more clients
```

223

```
118: }
119: void trim_newline(char * text){
120:     int len=strlen(text)-1;
121:     if(text[len]=='\n') text[len]='\0';
122: }
123: void handle_user_input(con_info clients[]){
124:     char input[255]; fgets(input, sizeof(input), stdin);
125:     trim_newline(input);
126:     if(input[0]=='q') stop_server(clients);
127: }
128: int main(int argc, char * argv[]){
129:     puts("服务器运行中……");
130:     fd_set set;
131:     con_info server, clients[MAX_CLIENTS];
132:     for(int i=0; i<MAX_CLIENTS; i++) clients[i].sock=0;
133:     if(argc!=2){fprintf(stderr, "用法: %s <port>\n", argv[0]); exit(1);}
134:     initialize_server(&server, atoi(argv[1]));
135:     while(true){
136:       int max_fd=construct_fd_set(&set, &server, clients);
137:       if(select(max_fd+1, &set, NULL, NULL, NULL)<0)
138:         {perror("select 失败"); stop_server(clients);}
139:       if(FD_ISSET(STDIN_FILENO, &set))
140:         handle_user_input(clients);
141:       if(FD_ISSET(server.sock, &set))
142:         handle_new_connection(&server, clients);
143:       for(int i=0; i<MAX_CLIENTS; i++)
144:         if(clients[i].sock>0 && FD_ISSET(clients[i].sock, &set))
145:           handle_client_message(clients, i);
146:     }
147:     return 0;
148: }
```

第 15 行调用 setsockopt 函数设置套接字的 SO_REUSEADDR 选项以实现端口复用。setsockopt 函数的原型如下：

```
int setsockopt(int sockfd, int level, int optname, const void * optval, socklen_t
optlen);
```

setsockopt 函数用于设置任意类型、任意状态套接字 sockfd 的选项 optname 的值。在操作套接字选项时，必须指定该选项所在的协议层 level 和选项名 optname。①参数 sockfd 是将要被设置或获取选项的套接字文件描述符。②level 是被操作的选项 optname 所在的协议层，支持 SOL_SOCKET（通用套接字选项，与协议无关）、IPPROTO_TCP（TCP 选项）、IPPROTO_IP（IP 选项）和 IPPROTO_IPV6（IPv6 选项）。如果要在套接字级别设置选项，就把 level 设置为 SOL_SOCKET。如果一个选项由 TCP 解析，就把 level 设置为 IPPROTO_TCP。③optname 是要操作的选项名，optname 的值取决于 level。端口释放后再等待 2min 才能再被使用，SO_REUSEADDR 为 TRUE 表明在端口释放后立即就可被再次使用。SO_REUSERADDR 常在服务器端使用。④optval 表示选项值。⑤optlen 是选项值的长度。

第 26、35、40、49、50、57、64、68 行调用 send 函数向客户端发送数据。send 函数的原型如下：

```
ssize_t send(int sockfd, const void * buf, size_t len, int flags);
```

send 函数用于把数据通过套接字发送给对端。无论是客户端还是服务端，应用程序都用 send 函数来向 TCP 连接的另一端发送数据。客户程序一般用 send 函数向服务器发送请求，而服务器则通常用 send 函数来向客户程序发送应答。①参数 sockfd 为已建立好连接的套接字描述符。②参数 buf 指针指向需要发送的数据的存储空间。③参数 len 指明实际需要发送的数据的字节数，为 buf 中有效数据的长度。④参数 flags 一般置为 0。send 函数返回已发送的字节数。出错时返回 -1 且错误信息 errno 被标记。当网络断开或连接被对端关闭时，send 函数不会立即报错，而是要过几秒才会报错。

第 78 行调用 recv 函数接受客户端发来的数据。recv 函数的原型如下：

```
ssize_t recv(int sockfd, void * buf, size_t len, int flags);
```

recv 函数用于接收对端通过套接字发送过来的数据。无论是客户端还是服务器端，应用程序都用 recv 函数接收来自 TCP 连接的另一端发送过来的数据。①参数 sockfd 为已建立好连接的套接字描述符。②参数 buf 指针指向用于存放 recv 函数接收到的数据的一块存储空间。③参数 len 为 buf 指向存储空间的大小。④参数 flags 一般置为 0。如果网络连接的对端没有发送数据，recv 函数就会等待，如果对端发送了数据，recv 函数返回已接收的字节数。出错时返回 -1，失败时不会设置 errno 的值。如果连接被对端关闭，则返回值为 0。

### 3. 聊天室客户端

聊天室客户端（源代码文件为 client.c）的示例代码如下：

```
 1: #include "chatroom.h"
 2: #include <arpa/inet.h>
 3: //color codes
 4: #define KRED  "\x1B[31m"
 5: #define KGRN  "\x1B[32m"
 6: #define KYEL  "\x1B[33m"
 7: #define KBLU  "\x1B[34m"
 8: #define KMAG  "\x1B[35m"
 9: #define KCYN  "\x1B[36m"
10: #define KWHT  "\x1B[37m"
11: #define RESET "\033[0m"
12: void trim_newline(char * text){
13:     int len=strlen(text)-1;
14:     if(text[len]=='\n') text[len]='\0';
15: }
16: void get_username(char * uname){
17:     while(true){
18:       printf("输入用户名: "); fflush(stdout);
19:       memset(uname, 0, 1000); fgets(uname, 22, stdin);
20:       trim_newline(uname);
21:       if(strlen(uname)>20) puts("用户名要小于 21 个字符."); else break;
```

225

```
22:     }
23: }
24: void set_username(con_info * con){
25:     message msg; msg.type=SET_USERNAME;
26:     strncpy(msg.uname, con->uname, 20);
27:     if(send(con->sock, (void *)&msg, sizeof(msg), 0)<0)
28:       {perror("发送失败"); exit(1);}
29: }
30: void stop_client(con_info * con){close(con->sock); exit(0);}
31: void connect_to_server(con_info * con, char * addr, char * port){
32:     while (true){
33:         get_username(con->uname);
34:         if((con->sock=socket(AF_INET, SOCK_STREAM, IPPROTO_TCP))<0)
35:           {perror("创建套接字失败"); exit(1);}
36:         con->addr.sin_addr.s_addr =inet_addr(addr);
37:         con->addr.sin_family =AF_INET;
38:         con->addr.sin_port =htons(atoi(port));
39:         if(connect(con->sock, (struct sockaddr *)&con->addr, sizeof(con->addr))
           <0)
40:           {perror("Connect failed."); exit(1);}
41:         set_username(con);
42:         message msg;
43:         ssize_t recv_val=recv(con->sock, &msg, sizeof(message), 0);
44:         if(recv_val<0){perror("recv failed"); exit(1);}
45:         else if(recv_val==0)
46:           {close(con->sock); printf("\"%s\" is used.\n", con->uname);
              continue;}
47:         break;
48:     }
49:     puts("成功连接服务器."); puts("输入/help 或/h 获得帮助信息.");
50: }
51: void handle_user_input(con_info * con){
52:     char input[255];
53:     fgets(input, 255, stdin);
54:     trim_newline(input);
55:     if(strcmp(input, "/q")==0 || strcmp(input, "/quit")==0) stop_client
        (con);
56:     else if(strcmp(input, "/l")==0 || strcmp(input, "/list")==0){
57:       message msg; msg.type=GET_USERS;
58:       if(send(con->sock, &msg, sizeof(message), 0)<0)
59:         {perror("发送失败"); exit(1);}
60:     }else if(strcmp(input, "/h")==0 || strcmp(input, "/help")==0){
61:       puts("退出聊天室: /quit or /q");
62:       puts("显示帮助信息: /help or /h");
63:       puts("显示聊天室中的用户列表: /list or /l");
64:       puts("向指定用户发送消息: /m 用户名 消息");
65:     }else if(strncmp(input, "/m", 2)==0){
66:       message msg; msg.type=PRIVATE_MSG;
67:       char * toUname, * chatMsg;
68:       toUname =strtok(input +3, " ");
```

```
69:        if(toUname==NULL) {puts(KRED "向指定用户发送消息：/m 用户名 消息"
           RESET); return;}
70:        if(strlen(toUname)==0){puts(KRED "必须输入用户名." RESET); return;}
71:        if(strlen(toUname)>20){puts(KRED "用户名要小于 21 个字符." RESET);
           return;}
72:        chatMsg=strtok(NULL, "");
73:        if(chatMsg==NULL){puts(KRED "必须输入要发送给指定用户的消息." RESET);
           return;}
74:        strncpy(msg.uname, toUname, 20);
75:        strncpy(msg.data, chatMsg, 255);
76:        if(send(con->sock, &msg, sizeof(message), 0)<0) {perror("发送失败");
           exit(1);}
77:    }else{
78:        message msg; msg.type=PUBLIC_MSG;
79:        strncpy(msg.uname, con->uname, 20);
80:        if(strlen(input)==0) return;
81:        strncpy(msg.data, input, 255);
82:        if(send(con->sock, &msg, sizeof(message), 0)<0)
83:           {perror("发送失败"); exit(1);}
84:    }
85: }
86: void handle_server_message(con_info * con){
87:     message msg;
88:     ssize_t recv_val=recv(con->sock, &msg, sizeof(message), 0);
89:     if(recv_val<0){perror("recv failed"); exit(1);}
90:     else if(recv_val==0){close(con->sock); puts("服务器断开连接."); exit
        (0);}
91:     switch (msg.type){
92:     case CONNECT: printf(KYEL "%s 进入聊天室." RESET "\n", msg.uname); break;
93:     case DISCONNECT: printf(KYEL "%s 退出聊天室." RESET "\n", msg.uname);
        break;
94:     case GET_USERS: printf("%s", msg.data); break;
95:     case SET_USERNAME: break;
96:     case PUBLIC_MSG: printf(KGRN "%s" RESET ": %s\n", msg.uname,msg.data);
        break;
97:     case PRIVATE_MSG: printf(KWHT "来自%s:" KCYN " %s\n" RESET,msg.uname,
        msg.data);break;
98:     case TOO_FULL: fprintf(stderr, KRED "聊天室人数已满" RESET "\n");exit(0);
        break;
99:     default: fprintf(stderr, KRED "收到未知消息类型" RESET "\n"); break;
100:    }
101: }
102: int main(int argc, char * argv[]){
103:     con_info con;
104:     fd_set set;
105:     if(argc!=3){fprintf(stderr, "用法: %s <IP> <port>\n", argv[0]); exit
        (1);}
106:     connect_to_server(&con, argv[1], argv[2]);
107:     while (true){
108:       FD_ZERO(&set);
```

```
109:        FD_SET(STDIN_FILENO, &set);
110:        FD_SET(con.sock, &set);
111:        fflush(stdin);
112:        if(select(con.sock+1, &set, NULL, NULL, NULL)<0)
113:          {perror("select 失败"); exit(1);}
114:        if(FD_ISSET(STDIN_FILENO, &set)) handle_user_input(&con);
115:        if(FD_ISSET(con.sock, &set)) handle_server_message(&con);
116:      }
117:      close(con.sock);
118:      return 0;
119: }
```

**4. 运行结果**

如图 7-7 所示，在第一个终端窗口使用 gcc 命令编译服务器端程序和客户端程序。

```
[root@ztg chatroom]# gcc server.c -o server
[root@ztg chatroom]# gcc client.c -o client
[root@ztg chatroom]#
[root@ztg chatroom]# ./server 999          ①
服务器运行中...
等待客户端的连接...
aaa进入聊天室
bbb进入聊天室
ccc进入聊天室
ccc退出聊天室
aaa退出聊天室
bbb退出聊天室
```

```
[root@ztg chatroom]# ./client 192.168.1.111 999
输入用户名:(aaa)                           ②
成功连接服务器.
输入 /help 或 /h 获得帮助信息.
/h
退出聊天室: /quit or /q
显示帮助信息: /help or /h
显示聊天室中的用户列表: /list or /l
向指定用户发送消息: /m 用户名 消息
bbb进入聊天室.
ccc进入聊天室.
ccc: hello everyone
ccc退出聊天室.
/q
[root@ztg chatroom]#
```

```
[root@ztg chatroom]# ./client 192.168.1.111 999
输入用户名:(bbb)                           ③
成功连接服务器.
输入 /help 或 /h 获得帮助信息.
ccc进入聊天室.
ccc: hello everyone
来自ccc: hello, my friend
ccc退出聊天室.
aaa退出聊天室.
/q
[root@ztg chatroom]#
```

```
[root@ztg chatroom]# ./client 192.168.1.111 999
输入用户名:(ccc)                           ④
成功连接服务器.
输入 /help 或 /h 获得帮助信息.
hello everyone
/m bbb hello, my friend
/q
[root@ztg chatroom]#
```

图 7-7　编译和执行服务器端程序和客户端程序

视频 7-7
简单 C/S
应用程序
epoll

在第一个终端窗口执行服务器端程序，服务器进程等待客户端的连接。在第二个终端窗口执行客户端程序，在提示信息后面输入用户名称 aaa 后按 Enter 键，观察服务器端终端窗口的输出信息。在第三个终端窗口执行客户端程序，输入用户名称 bbb。在第四个终端窗口执行客户端程序，输入用户名称 ccc。请读者结合运行结果分析上面的源代码。

## 7.2.5　简单 C/S 应用程序的设计（epoll）

poll 提供的功能与 select 类似。①参数 nfds 表示被监听的文件描述符总数。②参数 timeout 表示超时时间（毫秒）。当 timeout 为−1 时，poll 调用将阻塞，直到某个事件发生；当 timeout 为 0 时，poll 调用将立即返回，不阻塞进程。③不同于 select 函数使用三个文件描述符集合（readfds、writefds、exceptfds）的方式，poll 函数使用 struct pollfd 结构数组来指定所有感兴趣的文件描述符上发生的可读、可写或异常事件。

```
struct pollfd {
    int fd;                  //待监听的文件描述符
    short events;            //待监听的文件描述符对应的事件
    short revents;           //监听事件中已经发生的事件
}
```

poll 和 select 函数一样,调用返回后,需要遍历 pollfd 数组来获取就绪的文件描述符。如果只有很少量的文件描述符处于就绪状态,那么随着监听描述符数量的增长,其效率也会线性下降。如果不再监听某个文件描述符,可以把 pollfd 中的 fd 设置为 −1,poll 不再监听此 pollfd,下次返回时把 revents 设置为 0。

epoll 是 select/poll 的增强版本,它能显著提高程序在大量并发连接中只有少量活跃连接的情况下 CPU 的利用率。目前 epoll 是 Linux 大规模并发网络程序中的热门首选模型。

本小节使用 epoll 设计一个简单的 C/S 应用程序。本小节的源代码文件在本书配套资源的"src/第 7 章/TCP/简单 CS 应用程序的设计/epoll"目录中。

**1. TCP 服务器端**

服务器端程序读取从客户端发来的字符,然后将每个字符转换为大写并回送给客户端。TCP 服务器端(源代码文件为 server.c)的示例代码如下:

```
 1: #include<stdio.h>
 2: #include<string.h>
 3: #include<errno.h>
 4: #include<unistd.h>
 5: #include<ctype.h>
 6: #include<fcntl.h>
 7: #include<arpa/inet.h>
 8: #include<sys/epoll.h>
 9: #include<sys/resource.h>
10: #define EPOLLSIZE 100000
11: #define SIZE 80
12: int handle(int fd){
13:     char buf[SIZE]; int n=read(fd,buf,SIZE);
14:     if(n==0) {printf("客户端%d关闭连接\n",fd); close(fd); return -1;}
15:     else if(n<0) {printf("读取客户端(%d)信息失败",fd); close(fd); return -1;}
16:     for(int i=0;i<n;i++) buf[i]=toupper(buf[i]);
17:     write(fd,buf,n); return 0;
18: }
19: int setnonblocking(int fd){
20:     if(fcntl(fd, F_SETFL, fcntl(fd,F_GETFD,0)|O_NONBLOCK)==-1)
21:       {perror("fcntl 失败"); return -1;}
22:     return 0;
23: }
24: int main(int argc, char * * argv){
25:     int sport=9999, listenq=1024;char buf[SIZE];
26:     int lfd,cfd,lfds,nfd,n,n_fds=1,opt=1;
```

```
27:    struct sockaddr_in sa,ca;struct rlimit rt;
28:    socklen_t l=sizeof(struct sockaddr_in);
29:    struct epoll_event ev, events[EPOLLSIZE];
30:    rt.rlim_max=rt.rlim_cur=EPOLLSIZE;
31:    if(setrlimit(RLIMIT_NOFILE, &rt)==-1) {perror("setrlimit error");return -1;}
32:    bzero(&sa, sizeof(sa)); sa.sin_family=AF_INET;
33:    sa.sin_addr.s_addr=htonl(INADDR_ANY); sa.sin_port=htons(sport);
34:    lfd=socket(AF_INET, SOCK_STREAM, 0);
35:    if(lfd==-1) {perror("创建套接字失败");return -1;}
36:    setsockopt(lfd, SOL_SOCKET, SO_REUSEADDR, &opt, sizeof(opt));
37:    setnonblocking(lfd);
38:    if(bind(lfd,(struct sockaddr *)&sa, sizeof(struct sockaddr))==-1)
39:      {perror("绑定套接字失败");return -1;}
40:    if(listen(lfd, listenq)==-1) {perror("设置监听失败");return -1;}
41:    lfds=epoll_create(EPOLLSIZE);
42:    ev.events=EPOLLIN|EPOLLET; ev.data.fd=lfd;
43:    if(epoll_ctl(lfds,EPOLL_CTL_ADD,lfd,&ev)<0) {printf("插入 fd=%d 失败\n",lfd);
       return -1;}
44:    printf("服务器运行中,监听端口:%d\n", sport);
45:    while(1){
46:      nfd=epoll_wait(lfds, events, n_fds, -1);
47:      if(nfd==-1){perror("wait 失败");continue;}
48:      for(n=0; n<nfd; ++n){
49:      if(events[n].data.fd==lfd){
50:        cfd=accept(lfd,(struct sockaddr *)&ca,&l);
51:        if(cfd<0) {perror("客户端连接到服务器失败"); continue;}
52:        printf("客户端%d(%s:%d)已经连接到服务器\n", cfd, inet_ntoa(ca.sin_addr), ca.
         sin_port);
53:        if(n_fds>=EPOLLSIZE) {close(cfd); printf("服务器连接数已满\n");continue;}
54:        setnonblocking(cfd);
55:        ev.events=EPOLLIN|EPOLLET;ev.data.fd=cfd;
56:        if(epoll_ctl(lfds,EPOLL_CTL_ADD,cfd,&ev)<0) {printf("添加套接字失败\n");
         return -1;}
57:        n_fds++; continue;
58:      }
59:      if(handle(events[n].data.fd)<0)
60:        {epoll_ctl(lfds, EPOLL_CTL_DEL, events[n].data.fd,&ev); n_fds--;}
61:      }
62:    }close(lfd); return 0;
63: }
```

　　服务器端程序使用 epoll 进行设计,支持多个用户发送消息,实现并发,并且使用 epoll 的 ET 工作方式。调用 epoll_create 函数在 Linux 内核中创建一个事件表,然后将监听套接字文件描述符(lfd)添加到事件表中。在主循环中,调用 epoll_wait 等待返回就绪的文件描述符集合,然后分别处理就绪的事件集合(有新用户连接事件和用户发消息事件)。

　　epoll 主要有 3 个函数,原型如下：

```
int epoll_create(int size);
```

```
int epoll_ctl(int epfd, int op, int fd, struct epoll_event * event);
int epoll_wait (int epfd, struct epoll_event * events, int maxevents, int
timeout);
```

epoll_create 函数创建一个 epoll 句柄,参数 size 用来告诉内核监听的数目、事件表需要多大。该函数返回的文件描述符将用作其他所有 epoll 系统调用的第一个参数,以指定要访问的内核事件表。

epoll_ctl 函数是事件注册函数。epoll_ctl 执行成功时返回 0,失败时返回 −1,并设置 errno。①参数 epfd 为 epoll 的句柄,即 epoll_create 函数的返回值。②参数 op 表示动作,取值为 3 个宏,即 EPOLL_CTL_ADD(注册新的 fd 到 epfd)、EPOLL_CTL_MOD(修改已经注册的 fd 的监听事件)、EPOLL_CTL_DEL(从 epfd 删除一个 fd)。③参数 fd 为需要监听的描述符。④参数 event 告诉内核需要监听的事件,epoll_event 结构体定义如下:

```
typedef union epoll_data {                   struct epoll_event {
  void * ptr;        //指向用户自定义数据       uint32_t events;    //描述 epoll 事件
  int fd;            //注册的文件描述符         epoll_data_t data; //用户数据
  uint32_t u32;    //32 位整数                };
  uint64_t u64;    //64 位整数
} epoll_data_t;
```

epoll_event 结构体中的 events 成员是宏的集合:①宏 EPOLLIN 表示对应的文件描述符可以读,即读事件(包括对端套接字正常关闭)发生。②宏 EPOLLOUT 表示对应的文件描述符可以写。③宏 EPOLLPRI 表示对应的文件描述符有紧急的数据可读(表示有带外数据到来)。④宏 EPOLLERR 表示对应的文件描述符发生错误。⑤宏 EPOLLHUP 表示对应的文件描述符被挂断。⑥宏 EPOLLET 将 epoll 设为边沿触发工作方式。⑦宏 EPOLLONESHOT 只监听一次事件,当监听完这次事件之后,如果还需要继续监听这个套接字,需要再次把这个套接字文件描述符加入 epoll 队列中。EPOLLET 和 EPOLLONESHOT 对于 epoll 的高效运行起到关键作用。

epoll_event 结构体中的 data 成员用于存储用户数据。epoll_data_t 是共用体类型,其中 fd 成员指定事件所从属的文件描述符,ptr 成员用来指定与 fd 相关的用户数据。由于 epoll_data_t 是共用体类型,因此不能同时使用 ptr 成员和 fd 成员。

epoll_wait 函数阻塞等待所监听的文件描述符上有事件产生,用于向用户进程返回就绪列表。①参数 epfd 为 epoll 的句柄,即 epoll_create 函数的返回值。②参数 events 用来存放从内核得到的事件的集合,其大小应和参数 maxevents 一致。③参数 maxevents 告诉内核能够返回的事件的最大个数(必须大于 0),maxevents 值不能大于 epoll_create 函数的参数 size。④参数 timeout 表示在函数调用中阻塞时间上限(单位是毫秒),为 −1 表示调用将一直阻塞,直到有文件描述符进入就绪状态或者捕获到信号才返回;为 0 表示进行非阻塞检测,检测是否有描述符处于就绪状态,不管结果怎么样,调用都立即返回;大于 0 表示调用将最多持续 timeout 时间,如果期间有检测对象变为就绪状态或捕获到信号则返回,否则直到超时。内核将处于就绪状态(有触发事件)的文件描述符复制到就绪列表中,events 和 maxevents 两个参数描述一个由用户分配的 struct epoll_event 数组,epoll_wait 函数调用返回时，内核将就绪列表复制到这个数组中，并将实际复制的个数作为返回值。如果就绪列表比 maxevents 长，则只能复制前 maxevents 个成员；反之，则能够完全复制就绪列表。也就是说，epoll_wait 函数返回需要处理的事件数目（即就绪事件的数目），并将触发的事件写入 events 数组中，返回 0 表示已超时。

epoll 有两种工作方式，即水平触发（level triggered，LT）方式和边沿触发（edge triggered，ET）方式。①水平触发是只要缓冲区有数据就会触发。②边沿触发是只要有数据到来就会触发，不管缓冲区是否还有数据。ET 方式下，事件被触发的次数要比 LT 方式下少很多，因此 ET 方式效率比 LT 方式要高。每个使用 ET 方式的文件描述符都应该是非阻塞的。如果文件描述符是阻塞的，那么读或写操作将会因为没有后续的事件，而一直处于阻塞状态。

select 和 poll 只采用 LT 工作方式；epoll 既可采用 LT 工作方式（默认），也可采用 ET 工作方式。

### 2. TCP 客户端

TCP 客户端（源代码文件为 client.c）的示例代码如下：

```
 1: #include<stdio.h>
 2: #include<stdlib.h>
 3: #include<string.h>
 4: #include<unistd.h>
 5: #include<arpa/inet.h>
 6: #define SIZE 80
 7: void handle(int fd){
 8:     int n; char sbuf[SIZE],rbuf[SIZE];
 9:     while(1){
10:       if(fgets(sbuf, SIZE, stdin)==NULL) break;
11:       n=write(fd, sbuf, strlen(sbuf));
12:       n=read(fd, rbuf, SIZE);
13:       if(n==0) {printf("服务器已经关闭\n");break;}
14:       write(STDOUT_FILENO, rbuf, n);
15:     }
16: }
17: int main(int argc, char * * argv){
18:     char * serIP, buf[SIZE]; int sport, fd; struct sockaddr_in sa;
19:     if(argc==3) {serIP=argv[1];sport=atoi(argv[2]);}
20:     else {printf("用法: client [IP] [Port]\n"); return -1;}
21:     fd=socket(AF_INET, SOCK_STREAM, 0);
22:     bzero(&sa, sizeof(sa)); sa.sin_family=AF_INET; sa.sin_port=htons(sport);
23:     inet_pton(AF_INET,serIP,&sa.sin_addr);
24:     if(connect(fd, (struct sockaddr *)&sa, sizeof(sa))<0)
25:       {perror("连接服务器失败");return -1;}
26:     printf("成功连接服务器\n");
27:     handle(fd); close(fd); exit(0);
28: }
```

**3. 运行结果**

如图 7-8 所示,在第一个终端窗口使用 gcc 命令编译服务器端程序和客户端程序。

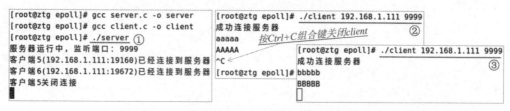

图 7-8　编译和执行服务器端程序和客户端程序

在第一个终端窗口执行服务器端程序,服务器进程等待客户端的连接。在第二个终端窗口执行客户端程序,然后输入字符串 aaaaa 后按 Enter 键,将字符串发送给服务器,客户端很快收到服务器返回的字符串 AAAAA。在第三个终端窗口执行客户端程序,然后输入字符串 bbbbb 后按 Enter 键,将字符串发送给服务器,客户端很快收到服务器返回的字符串 BBBBB。请读者结合运行结果分析上面的源代码。

# 7.3　基于 UDP 的网络程序

传输层包括 TCP 和 UDP。UDP 是用户数据报协议,使用该协议进行数据传输时,两台主机之间不需要事先建立好连接,因此,UDP 提供的是无连接、不可靠的服务,这就需要应用层协议保障通信的可靠性。

## 7.3.1　简单 C/S 应用程序的设计

本小节使用 UDP 设计一个简单的 C/S 应用程序。本小节的源代码文件在本书配套资源的"src/第 7 章/UDP/简单 CS 应用程序的设计/简单 CS"目录中。

视频 7-8
简单 C/S
应用程序
UDP

**1. UDP 服务器端**

服务器端程序读取从客户端发来的字符,然后将每个字符转换为大写并回送给客户端。
UDP 服务器端(源代码文件为 server.c)的示例代码如下:

```
 1: #include<stdio.h>
 2: #include<stdlib.h>
 3: #include<string.h>
 4: #include<ctype.h>
 5: #include<arpa/inet.h>
 6: int main(int argc,char * argv[]){
 7:     int m, sockfd; socklen_t len; char buf[80];
 8:     struct sockaddr_in cli;
 9:     if(argc!=3){printf("用法:%s[ip][port]\n",argv[0]); return 1;}
10:     sockfd=socket(AF_INET, SOCK_DGRAM, 0);
11:     if(sockfd<0){printf("创建套接字失败\n"); return 2;}
12:     struct sockaddr_in local;
```

```
13:     local.sin_family=AF_INET;
14:     local.sin_addr.s_addr=inet_addr(argv[1]);
15:     local.sin_port=htons(atoi(argv[2]));
16:     if(bind(sockfd, (struct sockaddr *)&local, sizeof(local))<0)
17:       {printf("绑定套接字失败\n"); return 3;}
18:     while(1){
19:       len=sizeof(cli);
20:       m=recvfrom(sockfd, buf, sizeof(buf)-1, 0, (struct sockaddr *)&cli,
                &len);
21:       if(m>0){
22:         buf[m]=0;
23:         printf("客户端(%s:%d)发的信息: %s\n", inet_ntoa(cli.sin_addr), ntohs
                (cli.sin_port), buf);
24:         }
25:       for(int i=0;i<m;i++) buf[i]=toupper(buf[i]);
26:       sendto(sockfd, buf, strlen(buf), 0, (struct sockaddr *)&cli, len);
27:     }
28:     return 0;
29: }
```

服务器端调用 socket 函数创建一个套接字，然后调用 bind 函数将一个包含服务器的本地地址和端口号等信息的套接字结构体变量与套接字描述符绑定。在 while 循环中接收来自客户端发来的信息，然后将处理后的结果返回给客户端。

第 20 行调用 recvfrom 函数接受客户端发来的数据。recvfrom 函数的原型如下：

```
ssize_t recvfrom(int sockfd, void *buf, size_t len, int flags,
                 struct sockaddr *src_addr, socklen_t *addrlen);
```

recvfrom 函数中：①参数 sockfd 是接收方调用 socket 函数创建的套接字文件描述符。②参数 buf 指针指向用于存放 recvfrom 函数接收到的数据的一块存储空间。③参数 len 表示 buf 指向的存储空间的大小。④参数 flags 用来控制或限制数据接收端应该接收什么类型的数据（通常设为 0）。⑤参数 src_addr 是一个指向 sockaddr 套接字地址结构变量的指针，将在 recvfrom 函数调用后被填入对方的地址信息（如 IP 地址和端口号等）。⑥参数 addrlen 是 addr 指针实际指向的套接字地址结构的长度。recvfrom 函数执行成功时返回实际收到的字节数，失败时返回 -1，设置 errno。

第 26 行调用 sendto 函数向客户端发送数据。sendto 函数的原型如下：

```
ssize_t sendto(int sockfd, const void *buf, size_t len, int flags,
               const struct sockaddr *dest_addr, socklen_t addrlen);
```

sendto 函数中：①参数 sockfd 是发送方调用 socket 函数创建的套接字文件描述符。②参数 buf 指针指向 sendto 函数待发送数据所存放的存储空间。③参数 len 表示待发送数据的字节数。④参数 flags 用来设定发送到对端的数据类型以及发送方式。⑤参数 dest_addr 指针指向 sockaddr 套接字地址结构变量，包含对方的地址信息（如 IP 地址和端口号等）。由于 sendto 是基于 UDP 的，所以每次发送数据时，都会通过该函数来指定接收数据的目的端的网络地址信息。⑥参数 addrlen 是 addr 指针实际指向的套接字地址结构的长度。sendto 函数执行成功时返回实际发送的字节数,出错时返回−1 并设置 errno。

recv/send 函数是基于 TCP 的,只有当通信双方建立 TCP 连接后,才可以进行数据的收发。recvfrom/sendto 函数是基于 UDP 的,在双方没有建立连接的情况下即可进行数据的收发,不过每次收发数据时需要在函数中指定对端的地址信息。

**2. UDP 客户端**

UDP 客户端(源代码文件为 client.c)的示例代码如下:

```
 1: #include<stdio.h>
 2: #include<stdlib.h>
 3: #include<string.h>
 4: #include<unistd.h>
 5: #include<arpa/inet.h>
 6: int main(int argc,char * argv[]){
 7:     char buf[80]; int m, n, sockfd; socklen_t l1, l2;
 8:     struct sockaddr_in ser, peer;
 9:     if(argc!=3) {printf("用法:%s [ip] [port]\n",argv[0]); return 1;}
10:     sockfd=socket(AF_INET, SOCK_DGRAM, 0);
11:     if(sockfd<0) {printf("sock error\n");return 2;}
12:     ser.sin_family=AF_INET;
13:     ser.sin_addr.s_addr=inet_addr(argv[1]);
14:     ser.sin_port=htons(atoi(argv[2]));
15:     l1=sizeof(ser);
16:     while(1){
17:       l2=sizeof(peer); printf("请输入发给服务器的字符串: "); fflush(stdout);
18:       buf[0]=0; m=read(0, buf, sizeof(buf)-1);
19:       if(m>0) {buf[m-1]=0; sendto(sockfd, buf, strlen(buf), 0, (struct
          sockaddr *)&ser, l1);}
20:       else if(m<0) break;
21:       n=recvfrom(sockfd, buf, sizeof(buf)-1, 0, (struct sockaddr *) &peer,
          &l2);
22:       if(n>0){buf[n]=0; printf("服务器返回的字符串: %s\n",buf);}
23:     }
24:     close(sockfd); return 0;
25: }
```

客户端调用 socket 函数创建一个套接字,然后调用 sendto 函数直接向套接字结构体变量 ser(包含服务器的本地地址和端口号等信息)指定的服务器端发送信息。

**3. 运行结果**

如图 7-9 所示,在第一个终端窗口使用 gcc 命令编译服务器端程序和客户端程序。

在第一个终端窗口执行服务器端程序,服务器进程等待客户端发的信息。在第二个终端窗口执行客户端程序,然后输入字符串 aaa 后按 Enter 键,将字符串发送给服务器,客户端很快收到服务器返回的字符串 AAA。在第三个终端窗口执行客户端程序,然后输入字符串 bbb 后按 Enter 键,将字符串发送给服务器,客户端很快收到服务器返回的字符串 BBB。请读者结合运行结果分析上面的源代码。

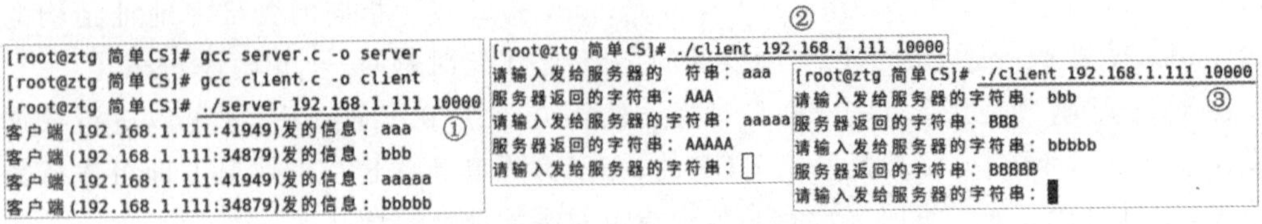

图 7-9　编译和执行服务器端程序和客户端程序

## 7.3.2　简单聊天室应用程序的设计

本小节使用 UDP 设计一个简单的多人聊天室应用程序。本小节的源代码文件在本书配套资源的"src/第 7 章/UDP/简单聊天室应用程序的设计/chatroom"目录中。

视频 7-9
简单聊天
室应用程
序 UDP

### 1. 聊天室服务器端

聊天室服务器端（源代码文件为 server.c）的示例代码如下：

```
 1: #include<stdio.h>
 2: #include<stdlib.h>
 3: #include<string.h>
 4: #include<unistd.h>
 5: #include<arpa/inet.h>
 6: struct message{char type; char name[16]; char text[80];};
 7: typedef struct user{struct sockaddr_in addr; struct user * next;} * user_t;
 8: user_t new_user(struct sockaddr_in * p){
 9:     user_t n=calloc(sizeof(struct user), 1);
10:     if(NULL==n){printf("内存分配失败");exit(-1);}
11:     n->addr= * p; return n;
12: }
13: void insert_user(user_t h, struct sockaddr_in * p){
14:     user_t n=new_user(p); n->next=h->next; h->next=n;
15: }
16: void login(user_t h, int s, struct sockaddr_in * p, struct message * m){
17:     insert_user(h,p); h=h->next;
18:     while(h->next){h=h->next; sendto(s,m,sizeof( * m),0,(struct sockaddr * ) &h->addr,
19:                                        sizeof(struct sockaddr_in));
20:     }
21: }
22: void broadcast(user_t h, int s, struct sockaddr_in * p, struct message * m){
23:     int flag=0;
24:     while(h->next){ h=h->next;
25:         if((flag)||!(flag=memcmp(p, &h->addr, sizeof(struct sockaddr_in))==
            0))
26:             sendto(s,m,sizeof( * m),0,(struct sockaddr * ) &h->addr,
27:                 sizeof(struct sockaddr_in));
28:     }
29: }
30: void logout(user_t h, int s, struct sockaddr_in * p, struct message * m){
```

```
31:     int f=0;
32:     while(h->next){
33:      if((f)||!(f=memcmp(p,&h->next->addr,sizeof(struct sockaddr_in))==
        0)){
34:        sendto(s,m,sizeof(*m),0,(struct sockaddr*)&h->next->addr,
35:            sizeof(struct sockaddr_in)); h=h->next;
36:      }else{user_t tmp=h->next; h->next=tmp->next; free(tmp);}
37:     }
38: }
39: int main(int argc, char *argv[]){
40:     int sockfd, port, n;
41:     struct sockaddr_in addr={AF_INET}; struct message m;
42:     socklen_t l=sizeof(addr); user_t h;
43:     if(argc!=3){fprintf(stderr, "用法: %s [ip] [port]\n", argv[0]); exit(-
        1);}
44:     if((port=atoi(argv[2]))<1024 || port>65535)
45:       fprintf(stderr, "atoi port=%s is error!", argv[2]);
46:     inet_aton(argv[1], &addr.sin_addr); addr.sin_port=htons(port);
47:     sockfd=socket(PF_INET, SOCK_DGRAM, 0);
48:     if(sockfd<0){printf("创建套接字失败\n"); return 2;}
49:     if(bind(sockfd, (struct sockaddr*)&addr, l)<0){printf("bind 失败\n");
        return 3;}
50:     h=new_user(&addr);
51:     for(;;){
52:       bzero(&m, sizeof(m));
53:       n=recvfrom(sockfd, &m, sizeof(m), 0, (struct sockaddr*)&addr, &l);
54:       if(n<=0) continue;
55:       m.name[16-1]=m.text[strlen(m.text)-1]='\0';
56:       switch(m.type){
57:       case '1': printf("%s(%s:%d)进入聊天室\n", m.name, inet_ntoa(addr.sin_
          addr),
58:                     ntohs(addr.sin_port));
59:              login(h, sockfd, &addr, &m);break;
60:       case '2': printf("%s(%s:%d)发的消息: %s\n",m.name,inet_ntoa(addr.sin_
          addr),
61:                     ntohs(addr.sin_port), m.text);
62:              broadcast(h, sockfd, &addr, &m);break;
63:       case '3': printf("%s(%s:%d)离开聊天室\n", m.name, inet_ntoa(addr.sin_
          addr),
64:                     ntohs(addr.sin_port));
65:              logout(h, sockfd, &addr, &m);break;
66:       default: logout(h, sockfd, &addr, &m); break;
67:       }
68:     }
69: }
```

　　由 user_t 指针指向的链表存放连接到服务器的客户端地址信息(addr),有人加入聊天室时就添加链表结点,有人离开聊天室时就删除结点。消息结构体(struct message)用来存放用户当前状态的类型、名字和消息。主函数的 for 循环中根据信息的类型去调用相应的函数（login、broadcast、logout）。

### 2. 聊天室客户端

聊天室客户端（源代码文件为 client.c）的示例代码如下：

```
 1: #include<stdio.h>
 2: #include<stdlib.h>
 3: #include<string.h>
 4: #include<unistd.h>
 5: #include<signal.h>
 6: #include<sys/wait.h>
 7: #include<arpa/inet.h>
 8: struct message{char type; char name[16]; char text[80];};
 9: int main(int argc, char * argv[]){
10:     int so, port; pid_t pid; struct sockaddr_in ad={AF_INET};
11:     socklen_t l=sizeof(ad); struct message m={'1'};
12:     if(argc!=4){printf("用法: %s [ip] [port] [name]\n",argv[0]);exit(-1);}
13:     if((port=atoi(argv[2]))<1024 || port>65535) printf("端口号范围[1024,
        65535]");
14:     inet_aton(argv[1], &ad.sin_addr); ad.sin_port=htons(port);
15:     strncpy(m.name, argv[3], 16-1);
16:     so=socket(PF_INET, SOCK_DGRAM, 0);
17:     sendto(so, &m, sizeof(m), 0, (struct sockaddr *)&ad, l);
18:     if((pid=fork())<0){printf("创建子进程失败\n"); return 1;}
19:     else if(pid ==0){
20:       signal(SIGCHLD, SIG_IGN);
21:       while(fgets(m.text,80,stdin)){
22:         if(strcmp(m.text, "EXIT\n")==0)
23:           {m.type='3'; sendto(so,&m,sizeof(m),0,(struct sockaddr *)&ad,l);
            break;}
24:         m.type='2'; sendto(so,&m,sizeof(m),0,(struct sockaddr *)&ad,l);
25:       }
26:       close(so); kill(getppid(),SIGKILL);
27:     }else{
28:       for(;;){
29:         bzero(&m,sizeof(m)); recvfrom(so,&m,sizeof(m),0,(struct sockaddr *)
            &ad,&l);
30:         m.name[16-1]=m.text[strlen(m.text)]='\0';
31:         switch(m.type){
32:         case '1':printf("%s 进入聊天室\n", m.name);break;
33:         case '2':printf("%s 发的消息: %s\n", m.name, m.text);break;
34:         case '3':printf("%s 离开聊天室\n", m.name);break;
35:         default: close(so);kill(pid,SIGKILL);exit(0);
36:         }
37:       }
38:     }
39: }
```

调用 fork 函数创建一个子进程，子进程用于发送聊天信息，如果用键盘输入 Exit 则客户端退出。父进程用于接收服务器转发过来的信息。

**3. 运行结果**

如图 7-10 所示,在第一个终端窗口使用 gcc 命令编译服务器端程序和客户端程序。

```
[root@ztg chatroom]# gcc server.c -o server
[root@ztg chatroom]# gcc client.c -o client
[root@ztg chatroom]# ./server 192.168.1.111 10000
aaa(192.168.1.111:47356)进入聊天室    ①     [root@ztg chatroom]# ./client 192.168.1.111 10000 aaa
aaa(192.168.1.111:47356)发的消息: axxx         axxx                                                      ②
bbb(192.168.1.111:33431)进入聊天室            bbb进入聊天室
bbb(192.168.1.111:33431)发的消息: btttttttt    bbb发的消息: btttttttt     [root@ztg chatroom]# ./client 192.168.1.111 10000 bbb
bbb(192.168.1.111:33431)发的消息: exit         bbb发的消息: exit            btttttttt                                 ③
bbb(192.168.1.111:33431)离开聊天室            bbb离开聊天室               exit
aaa(192.168.1.111:47356)离开聊天室            EXIT                        EXIT
                                              已杀死                      已杀死
                                              [root@ztg chatroom]#        [root@ztg chatroom]#
```

图 7-10　编译和执行服务器端程序和客户端程序

在第一个终端窗口执行服务器端程序,服务器进程等待客户端发的信息。在第二个终端窗口执行客户端程序,aaa 用户加入聊天室。在第三个终端窗口执行客户端程序,bbb 用户加入聊天室。请读者结合运行结果分析上面的源代码。

# 7.4　原始套接字编程

原始套接字(SOCK_RAW)编程可以用来自行组装数据包,可以收到流经本机网卡上的所有帧,多用于网络流量监听和网络故障诊断。原始套接字接收数据包的基本原理是:网卡对链路层的帧进行处理后,会将正确的帧(IP 数据包)向网络层递交。但是在帧进入网络层之前,内核会检查是否存在原始套接字,如果有并且与指定的协议相符,内核就将帧复制一份到该套接字的接收缓冲区中,然后内核网络协议栈按照正常流程处理该帧(IP 数据包)。

原始套接字(SOCK_RAW)与标准套接字(SOCK_STREAM、SOCK_DGRAM)的区别在于:流式套接字(SOCK_STREAM)只能收发 TCP 的数据包,数据报套接字(SOCK_DGRAM)只能收发 UDP 的数据包,原始套接字可以收发内核网络协议栈没有处理过的数据包。

对于网络层 IP 数据包的发送/接收具有可移植性。对数据链路层帧的发送/接收,不同系统有不同的机制,不具有可移植性。有以下 4 种创建原始套接字的方式。

```
socket(PF_INET, SOCK_RAW, IPPROTO_XXX)          //发送/接收网络层 IP 数据包
socket(PF_PACKET, SOCK_RAW, htons(ETH_P_XXX))   //发送/接收链路层帧(仅 Linux 支持)
socket(PF_PACKET, SOCK_DGRAM, htons(ETH_P_XXX))
                                                //发送/接收链路层帧(去掉帧首部,仅 Linux 支持)
socket(AF_INET, SOCK_PACKET, htons(ETH_P_XXX))  //过时,不建议使用
```

PF_PACKET 协议簇是用来取代 SOCK_PACKET 的一种编程接口,它对应两种不同的套接字类型,即 SOCK_RAW 和 SOCK_DGRAM。如果使用 SOCK_RAW,用户可以操作链路层帧中的所有数据;如果使用 SOCK_DGRAM,则由系统处理链路层帧首部,然后移除帧首部。

IPPROTO_XXX 的取值有 IPPROTO_TCP、IPPROTO_UDP、IPPROTO_ICMP。

ETH_P_XXX 的取值有 ETH_P_IP（IP 类型的帧，值为 0x0800）、ETH_P_ARP（ARP 类型的帧，值为 0x0806）、ETH_P_RARP（RARP 类型的帧，值为 0x8035）、ETH_P_ALL（任何协议类型的帧，值为 0x0003）。

### 1. 原始套接字示例

原始套接字（源代码文件为 src/第 7 章/sockraw.c）的示例代码如下：

视频 7-10
原始套
接字

```
 1: #include <stdio.h>
 2: #include <string.h>
 3: #include <stdlib.h>
 4: #include <unistd.h>
 5: #include <arpa/inet.h>
 6: #include <sys/ioctl.h>
 7: #include <net/if.h>
 8: #include <netinet/in.h>
 9: #include <netinet/ip.h>
10: #include <netinet/ether.h>
11: void set_if_promisc(char * ifname, int rawfd, int promisc){
12:     struct ifreq ifr; strncpy(ifr.ifr_name, ifname, strlen(ifname) +1);
13:     if (ioctl(rawfd, SIOCGIFFLAGS, &ifr) ==-1) {perror("ioctl"); close
        (rawfd); exit(-1);}
14:     if (promisc) ifr.ifr_flags |=IFF_PROMISC;
15:     else ifr.ifr_flags &=~IFF_PROMISC;
16:     if (ioctl(rawfd, SIOCSIFFLAGS, &ifr) ==-1) {perror("ioctl"); close
        (rawfd); exit(-1);}
17: }
18: void showipport(unsigned char * buf){
19:     char sipaddr[INET_ADDRSTRLEN]="", dipaddr[INET_ADDRSTRLEN]="";
20:     struct iphdr * iph=(struct iphdr *)(buf+sizeof(struct ethhdr));
21:     inet_ntop(AF_INET, &iph->saddr, sipaddr, INET_ADDRSTRLEN);
22:     inet_ntop(AF_INET, &iph->daddr, dipaddr, INET_ADDRSTRLEN);
23:     if(buf[23]!= 0x06 && buf[23]!=0x11) printf("\t%s -> %s\n", sipaddr,
        dipaddr);
24:     else printf("\t%s:%d ->%s:%d\n", sipaddr, ntohs(* (buf+34)), dipaddr,
        ntohs(* (buf+36)));
25: }
26: int main(int argc,char * argv[]){
27:     unsigned char buf[1024]=""; int rawfd=socket(PF_PACKET, SOCK_RAW, htons
        (ETH_P_ALL));
28:     set_if_promisc("enp0s31f6", rawfd, 1); char type[5]="";
29:     for(int i=0; i<7; i++){
30:     unsigned char smac[18]=""; unsigned char dmac[18]="";
31:     recvfrom(rawfd, buf, sizeof(buf), 0, NULL, NULL);
32:     sprintf(type,"%02x%02x",buf[12],buf[13]);
33:     sprintf(dmac,"%02x:%02x:%02x:%02x:%02x:%02x",buf[0],buf[1],buf[2],buf
        [3],buf[4], buf[5]);
34:     sprintf(smac,"%02x:%02x:%02x:%02x:%02x:%02x",buf[6],buf[7],buf[8],buf
        [9],buf[10],buf[11]);
```

```
35:     if(buf[12]==0x08 && buf[13]==0x00){
36:         if(buf[23]==0x06) printf("【IP 数据报】【TCP】MAC:%s >>%s\n",smac,dmac);
37:         else if(buf[23]==0x11) printf("【IP 数据报】【UDP】MAC:%s >>%s\n",smac,
            dmac);
38:         else if(buf[23]==0x01) printf("【IP 数据报】【ICMP】MAC:%s >>%s\n",smac,
            dmac);
39:         else printf("【数据包类型】%s\n",type);
40:         showipport(buf);
41:     }else if(buf[12]==0x08 && buf[13]==0x06){
42:         printf("【ARP 数据报】MAC:%s >>%s\n",smac,dmac); showipport(buf);
43:     }else if(buf[12]==0x80 && buf[13]==0x35){
44:         printf("【RARP 数据报】MAC:%s>>%s\n",smac,dmac); showipport(buf);
45:     }else printf("【数据包类型】%s\n",type);
46:     } set_if_promisc("enp0s31f6", rawfd, 0);
47: }
```

帧中协议字段的值为 0x0800 时表示帧中数据字段是 IP 数据包,为 0x0806 时表示帧中数据字段是 ARP 数据包,为 0x8035 时表示帧中数据字段是 RARP 数据包。

IP 数据包中协议字段的值为 0x06 时表示包中数据部分是 TCP 报文段,为 0x11 时表示包中数据部分是 UDP 数据报,为 0x01 时表示包中数据部分是 ICMP 报文。

第 11～17 行的 set_if_promisc 函数用来设置网络接口(网卡)的工作模式为混杂模式或正常模式。一般情况下,网卡只接收目的 MAC 地址是本机 MAC 地址的帧或广播帧,其他帧一律丢弃,此时网卡工作在正常模式。如果要接收所有流经网卡的帧,需要将网卡设置为混杂模式。也可以执行 Linux 命令 ifconfig enp0s31f6 promisc 将网卡设置为混杂模式,或执行命令 ifconfig enp0s31f6 -promisc 将网卡设置为正常模式。

第 18～25 行的 showipport 函数用来显示帧中的 IP 地址和端口号。

第 28 行将网卡设置为混杂模式,第 46 行取消混杂模式。

第 31 行调用 recvfrom 函数获取链路层的数据帧。读者可以修改第 29 行来控制抓包个数。

**2. 运行结果**

如图 7-11 所示,在终端窗口使用 gcc 命令编译源程序,然后执行程序(注意是 root 用户)。请读者结合运行结果分析上面的源代码。

```
# gcc sockraw.c -o sockraw
# ./sockraw
【IP数据报】【TCP】MAC:54:05:db:0d:3f:52 >> 60:3a:7c:df:0d:3e
        192.168.1.111:46080 --> 143.204.86.108:256
【IP数据报】【TCP】MAC:60:3a:7c:df:0d:3e >> 54:05:db:0d:3f:52
        143.204.86.108:256 --> 192.168.1.111:46080
【ARP数据报】MAC:60:3a:7c:df:0d:3e >> ff:ff:ff:ff:ff:ff
        13.62.192.168 --> 1.1.0.0
【IP数据报】【UDP】MAC:54:05:db:0d:3f:52 >> 60:3a:7c:df:0d:3e
        192.168.1.111:59648 --> 101.226.4.6:0
【IP数据报】【UDP】MAC:60:3a:7c:df:0d:3e >> 54:05:db:0d:3f:52
        101.226.4.6:0 --> 192.168.1.111:59648
【IP数据报】【ICMP】MAC:54:05:db:0d:3f:52 >> 60:3a:7c:df:0d:3e
        192.168.1.111 --> 110.242.68.4
【IP数据报】【ICMP】MAC:60:3a:7c:df:0d:3e >> 54:05:db:0d:3f:52
        110.242.68.4 --> 192.168.1.111
```

图 7-11　编译和执行服务器端程序和客户端程序

## 7.5 UDS

视频 7-11
UNIX
Domain
Socket

传统的网络 Socket 原本是为网络通信设计的，是基于 TCP/IP 的，适用于两台不同主机（或同一主机）上两个进程间的通信，通信之前需要指定 IP 地址。但是同一主机上的两个进程间通信也指定 IP 地址就有点烦琐，因此在网络 Socket 框架上发展出一种进程间通信（IPC）机制，就是 UDS（UNIX Domain Socket）。UDS 又叫进程间通信 Socket，用于实现同一主机上的进程间通信。虽然网络 Socket 也可用于同一台主机的进程间通信，但是 UDS 用于 IPC 更高效（因为数据不必经过网络协议栈，无须封包/解包、计算校验和、维护序号和应答等），只是将应用层数据从一个进程复制到另一个进程。UDS 是 POSIX 标准的一部分，所以 Linux 操作系统支持它。

本节设计一个简单的 C/S 应用程序，服务器端和客户端之间通过 UDS 进行通信。相关源代码文件在本书配套资源的"src/第 7 章/UDS"目录中。

服务端 Socket API：socket→bind→listen→accept→read/write→close。

客户端 Socket API：socket→bind→connect→read/write→close。

**1. UDS 服务器端**

UDS 服务器端（源代码文件为 server.c）的示例代码如下：

```
 1: #include<stdio.h>
 2: #include<stdlib.h>
 3: #include<unistd.h>
 4: #include<ctype.h>
 5: #include<stddef.h>
 6: #include<sys/socket.h>
 7: #include<sys/un.h>
 8: #define MAXLINE 80
 9: int main(void){
10:     char * s_path ="s_socket"; int listenfd, connfd, size, i, n; char buf
        [MAXLINE];
11:     socklen_t clen; struct sockaddr_un suds, cuds;
12:     if((listenfd=socket(AF_UNIX, SOCK_STREAM, 0))<0) {perror("创建套接字失
        败"); exit(1);}
13:     memset(&suds, 0, sizeof(suds));
14:     suds.sun_family=AF_UNIX; strcpy(suds.sun_path, s_path); unlink(s_path);
15:     size=offsetof(struct sockaddr_un, sun_path) +strlen(suds.sun_path);
16:     if(bind(listenfd,(struct sockaddr *) &suds,size)<0) {perror("绑定套接字
        失败");exit(1);}
17:     if(listen(listenfd,20)<0) {perror("监听套接字失败"); exit(1);}
18:     while(1){ clen=sizeof(cuds);
19:       if((connfd=accept(listenfd, (struct sockaddr *)&cuds, &clen))<0)
20:         {perror("客户端连接失败"); continue;}
21:       if( (i=fork()) ==-1) {perror("fork error"); return 1;}
22:       else if(i==0){
```

```
23:         while(1){ memset(buf, 0, MAXLINE); n=read(connfd,buf,sizeof(buf));
24:           if(n<0){perror("读信息失败"); break;}
25:           else if(n==0){printf("客户端%s断开连接\n", cuds.sun_path); break;}
26:           printf("客户端%s发的信息: %s", cuds.sun_path, buf);
27:           for(i=0;i<n;i++) buf[i]=toupper(buf[i]);
28:           write(connfd,buf,n);
29:         }
30:         close(connfd);
31:       } else close(connfd);
32:     } close(listenfd); return 0;
33: }
```

服务器端程序读取从客户端发来的字符,然后将每个字符转换为大写并回送给客户端。

UDS 编程与网络 Socket 编程最明显的不同在于地址格式不同,UDS 使用结构体 sockaddr_un 保存地址,这个地址是一个 socket 类型的文件(本书称为地址文件)在文件系统中的路径,这个地址文件在调用 bind 函数时被创建,如果调用 bind 时该文件已存在,则 bind 错误返回。因此,在调用 bind 函数前,不管地址文件是否存在,都要调用 unlink 函数删除该文件。

调用 socket 函数创建套接字时,socket 函数的参数 domain 指定为 AF_UNIX,表示创建域套接字。type 参数可选 SOCK_DGRAM 或 SOCK_STREAM,如指定为 SOCK_STREAM,表示创建流式套接字,由于是在本机通信,因此不会出现丢包和包乱序的问题。参数 protocol 指定为 0 即可。

调用 bind 函数将 socket 函数返回的域套接字文件描述符 listenfd 和套接字地址结构体变量 suds 进行绑定,表示通过地址文件提供服务。然后调用 listen 函数将域套接字设置为监听套接字。接着在 while 循环中调用 accept 函数等待客户端的连接请求,如果有客户端连接,就调用 fork 函数创建一个子进程和客户端进行通信。

**2. UDS 客户端**

UDS 客户端(源代码文件为 client.c)的示例代码如下:

```
1: #include<stdio.h>
2: #include<stdlib.h>
3: #include<unistd.h>
4: #include<stddef.h>
5: #include<sys/socket.h>
6: #include<sys/un.h>
7: #define MAXLINE 80
8: int main(int argc, char * argv[]){
9:     if(argc!=2){printf("用法: %s 'path_string'\n", argv[0]); exit(1);}
10:    char * s_path="s_socket"; char * c_path=argv[1];
11:    char buf[MAXLINE]; int sockfd,n,len; struct sockaddr_un cuds, suds;
12:    if((sockfd = socket(AF_UNIX, SOCK_STREAM, 0))<0){perror("创建套接字失败");exit(1);}
13:    memset(&cuds, 0, sizeof(cuds));
14:    cuds.sun_family=AF_UNIX; strcpy(cuds.sun_path, c_path); unlink(c_path);
15:    len =offsetof(struct sockaddr_un, sun_path)+strlen(cuds.sun_path);
```

```
16:    if(bind(sockfd, (struct sockaddr *)&cuds, len)<0){perror("绑定套接字失
       败");exit(1);}
17:    memset(&suds, 0, sizeof(suds));
18:    suds.sun_family=AF_UNIX; strcpy(suds.sun_path, s_path);
19:    len =offsetof(struct sockaddr_un, sun_path)+strlen(suds.sun_path);
20:    if(connect(sockfd, (struct sockaddr *)&suds, len)<0)
21:      {perror("连接服务器失败");exit(1);}
22:    memset(buf, 0, MAXLINE);
23:    while(fgets(buf, MAXLINE, stdin) !=NULL) {
24:      write(sockfd,buf,strlen(buf)); n=read(sockfd,buf,MAXLINE);
25:      if(n<0) printf("服务器已经关闭\n"); else write(STDOUT_FILENO,buf,n);
26:      memset(buf, 0, MAXLINE);
27:    } close(sockfd); return 0;
28: }
```

客户端程序将用户输入的字符串发送给服务器，然后接收服务器返回的字符串并输出。与网络 Socket 编程不同，UDS 客户端一般要显式调用 bind 函数绑定地址文件，而不是使用系统自动分配的地址。

**3. 运行结果**

如图 7-12 所示，在第一个终端窗口使用 gcc 命令编译服务器端程序和客户端程序。

图 7-12　编译和执行服务器端程序和客户端程序

在第一个终端窗口执行服务器端程序，服务器进程等待客户端发的信息。在第二个终端窗口执行客户端程序，注意命令行参数 aaa 是要创建的地址文件名，然后输入字符串 xxx 后按 Enter 键，将字符串发送给服务器，客户端很快收到服务器返回的字符串 XXX。在第三个终端窗口执行客户端程序，注意命令行参数 bbb 是要创建的地址文件名，然后输入字符串 yyy 后按 Enter 键，将字符串发送给服务器，客户端很快收到服务器返回的字符串 YYY。此时在当前目录中会看到三个地址文件，即 aaa、bbb、s_socket。请读者结合运行结果分析上面的源代码。

# 7.6　习题

**1. 填空题**

（1）_____是对网络中不同主机上的网络应用进程之间进行双向通信的端点的抽象。

（2）_____是一种面向连接的协议，_____是一种无连接的协议。

（3）在 TCP/IP 中，IP 地址＋TCP/UDP 端口号唯一标识网络通信中的一个进程，"＿＿＿＿＿：＿＿＿＿＿"称为一个 Socket。

（4）在网络通信中，Socket 一定是＿＿＿＿＿出现的。

（5）为 TCP/IP 设计的应用层编程接口称为＿＿＿＿＿。

（6）Socket 主要分为三类，即＿＿＿＿＿、数据报套接字、＿＿＿＿＿。

（7）＿＿＿＿＿是指多字节数据在计算机内存中存储或网络传输时各字节的顺序。

（8）＿＿＿＿＿函数将用点分十进制表示的 IPv4 地址转化为用网络字节序整数表示的 IP 地址。

（9）＿＿＿＿＿函数的功能和 inet_addr 函数类似，但是将转化结果存储于参数 inp 指向的地址结构中。

（10）＿＿＿＿＿函数将用网络字节序整数表示的 IPv4 地址转化为点分十进制的 IPv4 地址。

（11）网络编程中最常用的是客户/服务器架构，简称＿＿＿＿＿。

（12）C/S 架构程序的流程一般是由＿＿＿＿＿主动发起请求，然后＿＿＿＿＿被动处理请求。

（13）＿＿＿＿＿函数用于创建一个套接字。

（14）＿＿＿＿＿函数将＿＿＿＿＿函数绑定过的套接字变为监听套接字，使其处于监听状态。

（15）客户端进程通过调用＿＿＿＿＿函数来建立与服务器端进程的 TCP 连接。

（16）＿＿＿＿＿又叫进程间通信 Socket，用于实现同一主机上的进程间通信。

**2. 简答题**

（1）主机字节序和大小端模式是什么？

（2）网络字节序的含义是什么？

（3）套接字地址结构有哪几种？各自的作用是什么？

（4）基于 TCP 的 C/S 程序中系统调用过程是什么？

（5）三种 I/O 多路复用的机制是什么？

（6）原始套接字接收数据包的基本原理是什么？

（7）原始套接字与标准套接字的区别是什么？

**3. 上机题**

（1）本章所有的源代码文件都在本书配套资源的"src/第 7 章"目录中，请读者运行每个示例，理解所有的源代码。

（2）限于篇幅，本章程序题都放在本书配套资源的"xiti-src/xiti07"文件夹中。

# 第 8 章  Pthreads 编 程

**本章学习目标**
- 了解 Linux 线程模型；
- 了解 Pthreads 函数；
- 理解 Pthreads 编程示例。

## 8.1  Pthreads 概述

### 8.1.1  Linux 进程和线程

进程是一个具有一定独立功能的程序关于某个数据集合的一次运行活动。进程是操作系统进行资源分配的基本单位。程序运行时系统就会创建一个进程，并为它分配资源，然后把该进程放入进程就绪队列，进程调度器选中它时就会为它分配 CPU 时间，程序开始真正运行。

线程是进程的一个执行流，是操作系统进行调度的最小单位。一个进程可以由很多个线程组成，线程间共享进程的所有资源（如虚拟地址空间、文件描述符、信号处理等），每个线程有自己的栈、局部变量、寄存器环境、errno 变量、信号屏蔽字和调度优先级。多个线程共享所属进程的代码区，不同线程可以执行同样的函数。线程由 CPU 独立调度执行，在多 CPU 环境下允许多个线程同时运行。

多线程是指进程中包含多个执行流，即在一个进程中可以同时运行多个不同的线程来执行不同的任务，也就是说允许单个进程创建多个并行执行的线程来完成各自的任务。如果一个进程中没有其他线程，可以理解成这个进程中只有一个主线程，这个主线程独享进程中的所有资源。

每个进程都有自己独立的地址空间，一般包括代码段、数据段、堆栈段，进程之间的切换会有较大的开销。而线程是共享进程中的数据的，使用相同的地址空间，同一类线程共享代码和数据空间，每个线程都有自己独立的运行栈和程序计数器，线程之间切换的开销小，同时创建一个线程的开销也比进程要小很多。另外，由于同一进程下的线程共享全局变量、静态变量等数据，因此线程之间的通信更方便。进程间是完全独立的，而线程间彼此依存，并且共享资源。多进程环境中，任何一个进程的终止不会影响到其他非子进程。而多线程环境中，父线程终止时全部子线程被迫终止。

Linux 操作系统中每个进程都拥有自己独立的虚拟地址空间，好像整个系统都由自己独占。Linux 进程在各自独立的地址空间中运行，进程之间共享数据需要用 mmap（内存映射,将内核空间的一段内存区域映射到用户空间)或进程间通信机制。Linux 线程可分为内核线程和用户线程。内核线程也被称为轻量级进程(light weight process,LWP),内核线程只工作在内核态,没有用户空间;用户线程既可以运行在内核态(执行系统调用时),也可以运行在用户态。一个 Linux 进程内可以拥有多个并行运行的用户线程,这些线程共享同一进程的虚拟地址空间,所以启动或终止一个线程比启动或终止一个进程要快。

## 8.1.2　Linux 线程模型

线程有 3 种模型,即 $N:1$ 用户线程模型、$1:1$ 核心线程模型和 $N:M$ 混合线程模型。

### 1. $N:1$ 用户线程模型

在 $N:1$ 用户线程模型中,用户线程是在用户程序中实现的线程,不依赖操作系统内核,仅存在于用户空间中,对内核而言,它只是在管理常规的进程,而感知不到进程中用户线程的存在。应用进程利用线程库提供的创建、同步、调度和管理线程的库函数来控制用户线程。每个线程控制块都设置在用户空间中,所有对线程的操作也在用户空间中由线程库中的库函数完成,无须内核帮助;设置了用户级线程的系统,其调度仍是以进程为单位进行的。本质上是应用程序创建的多个用户线程被映射或绑定到一个内核线程或进程,这被称作多对一线程映射。该模型中,内核不干涉线程的任何生命活动,也不干涉同一进程中的线程环境切换。一个进程中的多个线程只能调度到一个 CPU,这种约束限制了可用的并行总量。如果某个线程阻塞,那么进程中的所有线程都会阻塞。

### 2. $1:1$ 核心线程模型

在 $1:1$ 核心线程模型中,应用程序创建的每一个用户线程都被映射或绑定到一个内核线程,用户线程在其生命期内都会绑定到该内核线程。一旦用户线程终止,与其对应的内核线程也终止。这被称作一对一线程映射。操作系统调度器管理、调度并分派这些线程。因此,所有用户线程都工作在系统竞争范围,用户线程直接和系统范围内的其他线程/进程竞争。当运行多线程的进程捕获到信号阻塞时,只会阻塞主线程,其他子线程不受影响,会继续执行。

Linux 上两个最有名的线程库是 Linux Threads 和 NPTL(native POSIX threading library),它们都是采用 $1:1$ 内核线程模型实现的。现在 Linux 上默认使用的线程库是 NPTL,也就是本章主要介绍的 Pthreads。

### 3. $N:M$ 混合线程模型

$N:M$ 混合线程模型实现了多个用户线程和多个内核线程的交叉映射,使线程库和操作系统内核都可以管理线程。用户线程由线程库调度器管理,内核线程由操作系统内核调度器管理。该模型中,进程有自己的内核线程池。用户线程由线程库分派并标记准备执行的线程。操作系统内核选择用户线程并将它映射到内核线程池中的一个可用线程。多个用户线程可以映射到相同的内核线程,也可以映射到不同的内核线程,这被称作多对多线程映射。

### 8.1.3 Pthreads 简介

POSIX 线程（POSIX threads，简称 Pthreads）标准定义了创建和操纵线程的一整套 API。Pthreads 定义了一套 C 语言的类型、函数与常量，用 pthread.h 头文件和一个线程库实现。Linux 中的线程库函数位于 libpthread 共享库中。编写 Linux 多线程应用程序需要包含头文件 pthread.h。

如何处理好同步与互斥是编写多线程程序的难点。如无专门说明，本章后面内容中的线程是指用户线程。

视频 8-1
p-join-detach

## 8.2 Pthreads 函数

Linux 多线程开发涉及三个基本概念，即线程、互斥锁和条件。其中，线程操作又分为线程的创建、退出和等待 3 种。互斥锁（mutual exclusive lock，Mutex）则包括 4 种操作，分别是创建、销毁、加锁和解锁。条件操作有 5 种，即创建、销毁、触发、广播和等待。

### 8.2.1 创建线程

本小节通过如下示例代码（源代码文件为 p-join-detach.c）介绍线程的创建、结合、分离和退出。本章所有的源代码文件都在本书配套资源的"src/第 8 章"目录中。

```
 1: #include<stdio.h>
 2: #include<stdlib.h>
 3: #include<unistd.h>
 4: #include<pthread.h>
 5: #include<sys/types.h>
 6: #include<sys/syscall.h>
 7: #define gettidv1() syscall(__NR_gettid)
 8: #define gettidv2() syscall(SYS_gettid)
 9: #define T_NUM 2
10: int retval1=1, retval2=2;
11: typedef struct student{
12:     int id; char * name, * addr;
13: }student;
14: typedef void* (*pfun)(void *);
15: typedef long int lint;
16: void* thread1(void * arg){
17:     student * stu=(student *)arg;
18:     printf("utid1=%lu\n",pthread_self());
19:     printf("ktid1=%ld\n",(lint)gettidv1());
20:     printf("id=%d,name=%s,addr=%s\n", stu->id, stu->name, stu->addr);
21:     sleep(10); pthread_exit(&retval1);
22: }
23: void* thread2(void * arg){
```

```
24:     student * stu=(student *)arg;
25:     printf("utid2=%p\n",(int *)pthread_self());
26:     printf("ktid2=%ld\n",(lint)gettidv2());
27:     printf("id=%d,name=%s,addr=%s\n", stu->id, stu->name, stu->addr);
28:     sleep(10); pthread_exit(&retval2);
29: }
30: int main(){
31:     int i, ret, * retv[2];
32:     pthread_t pt[T_NUM];
33:     const char * str[T_NUM];
34:     pfun fun[T_NUM];
35:     student stu[T_NUM];
36:     char * n[2]={"student 1", "student 2"};
37:     char * a[2]={"address 1", "address 2"};
38:     for(i=0; i<T_NUM; i++) {stu[i].id=i+1; stu[i].name=n[i]; stu[i].addr=a
[i];}
39:     fun[0]=thread1; fun[1]=thread2;
40:     printf("创建线程\n");
41:     for(i=0; i <T_NUM; i++){
42:       ret=pthread_create(&pt[i], NULL, fun[i], (void *)(stu+i));
43:       if(ret!=0){printf("创建线程失败!\n");exit(1);}
44:     } printf("等待线程\n");
45:     for(i=0; i <T_NUM; i++){
46: #ifdef JOIN
47:       ret=pthread_join(pt[i],(void * *)&retv[i]);
48:       if(ret!=0){printf("join 失败!\n");exit(1);}
49:       else printf("返回值:%d\n", * retv[i]);
50: #endif
51: #ifdef DETACH
52:       ret=pthread_detach(pt[i]);
53:       if(ret!=0){printf("detach 失败!\n");exit(1);}
54: #endif
55:     } printf("主线程暂停.\n"); pause();
56: }
```

第 42 行调用 pthread_create 函数创建线程。pthread_create 函数的原型如下：

```
int pthread_create(pthread_t * thread, const pthread_attr_t * attr, void *
(* start_routine) (void *), void * arg);
```

pthread_create 的功能是创建线程，线程创建成功后，就开始运行相关的线程函数。新建线程从 start_routine 函数入口地址开始运行，该函数只有一个万能指针参数 arg，如果需要向线程函数传递多个参数，则需要把这些参数放到一个结构体中，然后把结构体变量地址作为 arg 参数传入。pthread_create 执行成功时返回 0，出错时返回 errcode（非 0 错误代码）。之前介绍的系统调用都是执行成功时返回 0，失败时返回－1，且错误号保存在全局变量 errno 中。而 Pthreads 库函数都是通过返回值返回错误号，虽然每个线程也都有 errno，但这是为了兼容其他函数接口而提供的，Pthreads 库本身并不使用它，通过返回值返回错误码更加清晰。由于 pthread_create 的错误码不保存在 errno 中，因此不能直接用 perror 打印错误信息。①参数 thread 是新建线程的标识符 TID，为线程对象在用户空间中的逻辑地址值。②线程创建成功后，attr 参数用于指定各种不同的线程属性，如果为 NULL，则表示用默认属性。③参数 start_routine 为线程函数的地址，线程函数返回一个 void * 类型的返回值，该返回值可由 pthread_join 函数捕获。线程函数的声明形式为 void * ( * start_routine) (void *)。④参数 arg 是传递给线程函数 start_routine 的参数。可以为 NULL。

第 47 行调用 pthread_join 函数的线程（主线程）以阻塞的方式等待 thread 指定的线程（目标线程或子线程）结束。pthread_join 函数的原型如下：

```
int pthread_join(pthread_t thread, void * * retval);
```

当 pthread_join 函数返回时，回收被等待线程的资源。如果线程已经结束，那么该函数会立即返回。并且 thread 指定的线程必须是 joinable（结合属性）属性。pthread_join 执行成功时返回 0，出错时返回 errcode（非 0 错误代码）。①参数 thread 是目标线程的标识符。②参数 retval 是目标线程的返回值，如果对 thread 线程的终止状态不感兴趣，可以将参数 retval 设为 NULL。如果 retval 不是 NULL，线程的返回值就将存储在由 retval 指向的变量中。

创建一个线程的默认状态是 joinable（结合属性）。如果一个线程结束运行后并没有被其他线程调用 pthread_join 回收，则它的状态类似于僵尸进程的状态，即还有一部分资源没有被回收，所以创建线程者应该调用 pthread_join 函数来等待该线程运行结束。但是调用 pthread_join 函数后，如果目标线程没有运行结束，调用者会被阻塞，在有些情况下并不希望如此。此时可以使用 pthread_detach 函数。pthread_detach 函数可以将目标线程的状态设置为 detached（分离状态），使得目标线程运行结束后会自动释放所有资源。

第 52 行调用 pthread_detach 函数使得主线程与子线程分离，子线程结束后由系统自动回收资源。pthread_detach 函数的原型如下：

```
int pthread_detach(pthread_t thread);
```

pthread_detach 函数既可以在主线程中调用，也可以在子线程中调用。例如，在子线程函数开头加上"pthread_detach(pthread_self());"语句，在子线程函数尾部调用 pthread_exit 函数结束子线程时就会自动回收资源。

在任何一个时间点上，线程是可结合的（joinable）或者是分离的（detached）。一个可结合的线程能够被其他线程收回其资源和杀死。在被其他线程回收之前，它的存储器资源（如栈）是不释放的。相反，一个分离的线程是不能被其他线程回收或杀死的，它的存储器资源在它终止时由系统自动释放。默认情况下，Linux 线程被创建成可结合的。为了避免内存泄漏，每个可结合线程都应该要么被显示地回收（即调用 pthread_join 函数），要么通过调用 pthread_detach 函数被分离。

总之，pthread_detach 函数和 pthread_join 函数是控制子线程回收资源的两种不同的方式。同一进程中的多个线程具有共享和独享的资源，其中共享资源有堆、全局变量、静态变量、文件等公用资源；独享资源有栈和寄存器。这两种方式就是决定子线程结束时如何回收独享资源。pthread_detach 使得主线程与子线程分离，两者相不干涉，子线程结束的同时子线程的资源自动回收。pthread_join 使得子线程合入主线程，主线程会一直阻塞等待，直到子线程执行结束,然后主线程回收子线程资源后继续执行。

第 21、28 行调用 pthread_exit 函数主动退出线程。pthread_exit 函数的原型如下:

```
void pthread_exit(void * retval);
```

线程内部调用 pthread_exit 函数用于退出当前线程。这个函数终止调用它的线程并返回 retval 指针。retval 所指向的内存单元必须是全局的或是用 malloc 分配的,不能在线程函数的栈上分配。该值可以通过 pthread_join 函数的第二个参数得到。线程结束时必须释放线程栈等资源,此时必须调用 pthread_exit 函数结束该线程,否则直到主线程退出时才释放。

如果只终止某个线程而不终止整个进程,可以有三种方法:①线程可以调用 pthread_exit 函数终止自己。②线程函数中执行 return 语句,该方法对主线程不适用,因为在 main 函数中执行 return 语句相当于调用 exit 函数。线程函数中不能调用 exit 函数,否则整个进程的所有线程都终止。③一个线程可以调用 pthread_cancel 函数终止同一进程中的另一个线程。pthread_cancel 函数原型如下:

```
int pthread_cancel(pthread_t thread);
```

pthread_cancel 函数为线程取消函数,用来异常终止同一进程中的其他线程。不过,收到取消请求的目标线程可以决定是否允许被取消以及如何取消。参数 thread 是要取消的目标线程的 ID。该函数执行成功时返回 0,失败时返回错误码。

pthread_cancel 函数并不阻塞调用线程,它发出取消请求后就返回。调用 pthread_cancel 函数时并非一定能取消掉该线程,因为这个函数需要线程进到内核时才会被杀掉,所以线程如果一直运行于用户空间,就没有契机进入内核,也就无法取消(如 while(1){}空循环)。

第 18、25 行中 pthread_self 函数的功能是获得当前线程自身的标识符。

执行以下命令编译上面源代码(源代码文件为 p-join-detach.c)。

```
gcc -DJOIN p-join-detach.c -o p-join
```

然后执行 p-join 命令。执行 p-join 命令后很快就输出图 8-1 中第 2~9 行的信息,此时查看线程 p-join 的 PID 和 LWP,结果如图 8-2 中第 1 次执行 ps 命令的输出信息所示,有 3 个 p-join 线程,两个子线程的线程 ID(LWP)分别是 807331 和 807332,主线程的线程 ID (LWP)是 807330,而 807330 也是 p-join 进程的进程 ID(PID)。10s 后,两个子线程结束,输出信息为图 8-1 中第 10~12 行信息,主线程调用 pause 暂停。此时查看线程 p-join 的 PID 和 LWP,结果如图 8-2 中第 2 次执行 ps 命令的输出信息所示,有 1 个 p-join 线程,即主线程。此时按 Ctrl+C 组合键结束主线程,第 3 次执行 ps 命令时没有输出信息。

图 8-1 中第 4、7 行为 pthread_self 函数返回的线程在用户空间的线程 ID。在 Linux 中,线程 ID 是一个逻辑地址值,140112122885696 是子线程 1 ID 的十

```
 1 [root@ztg 第8章]# ./p-join
 2 创建线程
 3 等待线程
 4 utid1=140112122885696
 5 ktid1=807331
 6 id=1,name=student 1,addr=address 1
 7 utid2=0x7f6e64d02640
 8 ktid2=807332
 9 id=2,name=student 2,addr=address 2
10 返回值:1
11 返回值:2
12 主线程暂停.
13 ^C
14 [root@ztg 第8章]#
```

图 8-1　p-join 命令的执行结果

```
[root@ztg ~]# ps -eLf | grep p-join | grep -v grep
UID        PID     PPID      LWP  C NLWP STIME TTY       TIME CMD
root     807330   461708   807330  0    3 22:31 pts/1   00:00:00 ./p-join
root     807330   461708   807331  0    3 22:31 pts/1   00:00:00 ./p-join
root     807330   461708   807332  0    3 22:31 pts/1   00:00:00 ./p-join
[root@ztg ~]# ps -eLf | grep p-join | grep -v grep
root     807330   461708   807330  0    1 22:31 pts/1   00:00:00 ./p-join
[root@ztg ~]# ps -eLf | grep p-join | grep -v grep
[root@ztg ~]#
```

图 8-2　查看线程 p-join 的 PID 和 LWP

进制表示,0x7f6e64d02640 是子线程 2 ID 的十六进制表示。

图 8-1 中第 5、8 行为 gettidv1、gettidv2 函数返回的线程在内核空间中的 ID,和图 8-2 中的输出信息是一致的。

```
gcc -DDETACH p-join-detach.c -o p-detach
```

```
1 [root@ztg 第8章]# ./p-detach
2 创建线程
3 utid1=139726434715200
4 ktid1=807250
5 id=1,name=student 1,addr=address 1
6 等待线程
7 主线程暂停.
8 utid2=0x7f149801b640
9 ktid2=807251
10 id=2,name=student 2,addr=address 2
11 ^C
12 [root@ztg 第8章]#
```

图 8-3　p-detach 命令的执行结果

执行如上命令编译上面源代码（源代码文件为 p-join-detach.c）,然后执行 p-detach 命令。执行 p-detach 命令后很快就输出如图 8-3 中第 2～10 行的信息,此时查看线程 p-detach 的 PID 和 LWP,结果如图 8-4 中第 1 次执行 ps 命令的输出信息所示,有 3 个 p-detach 线程,两个子线程的线程 ID（LWP）分别是 807250 和 8072512,主线程的线程 ID（LWP）是 807249,而 807249 也是 p-detach 进程的 ID（PID）。10s 时,两个子线程结束,此时查看线程 p-detach 的 PID 和 LWP,结果如图 8-4 中第 2 次执行 ps 命令的输出信息所示,有 1 个 p-detach 线程,即主线程。此时按 Ctrl＋C 组合键结束主线程,第 3 次执行 ps 命令时没有输出信息。

```
[root@ztg ~]# ps -eLf | grep p-detach | grep -v grep
UID        PID     PPID      LWP  C NLWP STIME TTY       TIME CMD
root     807249   461708   807249  0    3 22:27 pts/1   00:00:00 ./p-detach
root     807249   461708   807250  0    3 22:27 pts/1   00:00:00 ./p-detach
root     807249   461708   807251  0    3 22:27 pts/1   00:00:00 ./p-detach
[root@ztg ~]# ps -eLf | grep p-detach | grep -v grep
root     807249   461708   807249  0    1 22:27 pts/1   00:00:00 ./p-detach
[root@ztg ~]# ps -eLf | grep p-detach | grep -v grep
[root@ztg ~]#
```

图 8-4　查看线程 p-detach 的 PID 和 LWP

## 8.2.2　线程同步与互斥

操作系统中有大量可调度的进程/线程（任务）同时存在,其中的若干个任务可能都需要访问同一种资源,因此这些任务之间存在依赖关系,某个任务的运行依赖另一个任务。依赖关系分为两种,即同步与互斥。①同步是指散布在不同任务中的若干程序片断在运行时必须严格按照规定的某种先后次序,这种先后次序依赖要完成的特定任务,最基本的场景就是任务之间的依赖,如 A 任务的运行依赖 B 任务产生的数据。②互斥是指散布在不同任务中的若干程序片断,当某个任务运行其中一个程序片段时,其他任务就不能运行它们之中的任一程序片段,只能等到该任务运行完这个程序片段后才可以运行,最基本的场景就是对资源的同时写,为了保持资源的一致性,往往需要进行互斥访问。

同步是一种更为复杂的互斥,互斥是一种特殊的同步。互斥是两个任务不能同时运行,它们会相互排斥,必须等待一个任务运行完毕,另一个才能运行。同步也不能同时运行,但必须要按照某种次序来运行相应的任务。互斥具有唯一性和排他性,不限制任务的运行顺序,也就是互斥的任务是无序的,而同步的任务之间则有顺序关系。Linux 中实现线程同步的方法有6 种,即:互斥锁、自旋锁、信号量、条件变量、读写锁、屏障。本节主要介绍信号量的使用。

信号量用于同步(源代码文件为 p-sem-syn.c)和互斥(源代码文件为 p-sem-asyn.c)的示例源代码分别如下:

视频 8-2
p-sem-
syn 和 p-
sem-asyn

```
//p-sem-syn.c
 1: #include<stdio.h>
 2: #include<stdlib.h>
 3: #include<unistd.h>
 4: #include<pthread.h>
 5: #include<semaphore.h>
 6: sem_t semw, semp; char ch='A';
 7: void * w(void * arg){
 8:     while(1){
 9:       sem_wait(&semw);
10:       ch++; sleep(0.1);
11:       sem_post(&semp);
12:     }
13: }
14: void * p(void * arg){
15:     while(1){
16:       sem_wait(&semp);
17:       printf("%c",ch); fflush(stdout);
18:       if(ch=='Z'){printf("\n");exit(0);}
19:       sem_post(&semw);
20:     }
21: }
22: int main(){
23:     pthread_t tid1,tid2;
24:     sem_init(&semw, 0, 0);
25:     sem_init(&semp, 0, 1);
26:     pthread_create(&tid1,NULL,w,NULL);
27:     pthread_create(&tid2,NULL,p,NULL);
28:     pthread_join(tid1, NULL);
29:     pthread_join(tid2, NULL);
30: }
//p-sem-asyn.c
 1: #include<stdio.h>
 2: #include<pthread.h>
 3: #include<unistd.h>
 4: #include<semaphore.h>
 5: sem_t sem;
```

```
 6: void p(char * str){
 7:    sem_wait(&sem);
 8:    while(* str){
 9:      putchar(* str);
10:      fflush(stdout);
11:      str++;
12:      sleep(0.5);
13:    }
14:    printf("\n");
15:    sem_post(&sem);
16: }
17: void * f1(void * arg){p("aaa");}
18: void * f2(void * arg){p("bbb");}
19: int main(){
20:    pthread_t tid1, tid2;
21:    sem_init(&sem, 0, 1);
22:    pthread_create(&tid1,NULL,f1,NULL);
23:    pthread_create(&tid2,NULL,f2,NULL);
24:    pthread_join(tid1, NULL);
25:    pthread_join(tid2, NULL);
26:    sem_destroy(&sem);
27:    return 0;
28: }
```

信号量广泛用于进程/线程间的同步和互斥,信号量本质上是一个非负的整数计数器,用于控制访问有限共享资源的线程数。编程时可根据操作信号量值的结果判断是否对公共资源具有访问的权限,当信号量值大于 0 时,则可以访问,否则将阻塞。PV 原语是对信号量的操作,一次 P 操作使信号量减 1,一次 V 操作使信号量加 1。

信号量和互斥锁的主要区别在于互斥锁只允许一个线程进入临界区(临界区是指一个访问共用资源的程序片段),而信号量允许多个线程进入临界区。

上面示例代码中用到的信号量函数的原型如下:

```
int sem_init(sem_t * sem, int pshared, unsigned int value);
int sem_destroy(sem_t * sem);
int sem_wait(sem_t * sem);
int sem_post(sem_t * sem);
```

sem_init 函数的功能是初始化信号量。参数 pshared 表示是否用于多进程共享而不仅是用于一个进程之间的多线程共享。如果 pshared 的值为 0,那么信号量在进程的线程之间共享,并且应位于所有线程可见的某个地址(如全局变量或在堆上动态分配的变量);如果 pshared 不为 0,那么信号量在进程之间共享,信号量的值就位于共享内存区域。参数 value 是信号量的初值。

sem_destroy 函数的功能是注销信号量。注销信号量时,必须保证没有线程在等待该信号量,否则会返回 $-1$,且置 errno 为 EBUSY。正常会返回 0。

sem_wait 函数为信号量的 P 操作,用于阻塞等待信号量(获取信号量),主要被用来阻塞当前线程,直到信号量 sem 的值大于 0,得到信号量之后,将信号量的值减 1。

sem_post 函数为信号量的 V 操作,以原子操作的方式将信号量的值加 1。

执行以下命令分别编译源代码文件 p-sem-syn.c 和 p-sem-asyn.c,生成可执行程序 p-sem-syn 和 p-sem-asyn。

```
gcc p-sem-syn.c - o p-sem-syn
gcc p-sem-asyn.c - o p-sem-asyn
```

执行 p-sem-syn 命令,结果如图 8-5 所示。执行 p-sem-asyn 命令,结果如图 8-6 所示。请读者结合运行结果以及本节中各函数的介绍,分析上面的源代码。

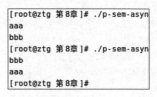

```
[root@ztg 第8章]# ./p-sem-syn
ABCDEFGHIJKLMNOPQRSTUVWXYZ
```

图 8-5　p-sem-syn 命令的执行结果

```
[root@ztg 第8章]# ./p-sem-asyn
aaa
bbb
[root@ztg 第8章]# ./p-sem-asyn
bbb
aaa
[root@ztg 第8章]#
```

图 8-6　p-sem-asyn 命令的执行结果

# 8.3　Pthreads 编程示例

## 8.3.1　读者写者

本小节通过读者写者问题介绍互斥锁的使用。读者写者问题是一个经典的多进程(线程)同步问题。在系统中,一个数据集(如文件或记录)被几个并发进程共享,这些进程(线程)分为两类,一部分只要求进行读操作,称为读者;另一类要求写或修改操作,称为写者。为了保证数据的完整性、正确性,允许多个读者同时访问,但是不允许一个写者同其他任何一个读者/写者同时访问,而这类问题就称为读者写者问题,包含读者优先和写者优先。

读者优先是一种最简单的解决办法:当没有写线程正在访问共享数据集时,读线程可以进入访问,否则必须等待。读者优先算法存在饿死写者线程的问题,只要有读者不断到来,写者就要持久地等待,直到所有的读者都读完且没有新的读者到来时写者才能写数据集。而在很多情况下需要避免饿死写者,故而采用写者优先。

写者优先算法要实现的目标是:要让读者与写者之间以及写者与写者之间互斥地访问数据集;在无写者到来时各读者可同时访问数据集;在读者和写者都等待访问时,写者优先。在实现写者优先时,增加一个互斥量。当有写者来时,就不再允许读者去读取数据,等待正在读数据的读者完成以后才开始写数据,以此实现写者优先。

读者优先(源代码文件为 reader-writer.c)的示例代码如下:

视频 8-3
reader-writer

```
 1: #include<stdio.h>              8: #define R_SLEEP 1
 2: #include<stdlib.h>             9: int data=0, readerCnt=0;
 3: #include<unistd.h>            10: pthread_t wid[N_WRITER],rid[N_READER];
 4: #include<pthread.h>           11: pthread_mutex_t wLock=
 5: #define N_WRITER 3            12:      PTHREAD_MUTEX_INITIALIZER;
 6: #define N_READER 5            13: pthread_mutex_t rCLock=
 7: #define W_SLEEP 1             14:      PTHREAD_MUTEX_INITIALIZER;
```

255

```
15: void reading(){printf("读出: %d\n",          36:      reading();
    data);}                                      37:      pthread_mutex_lock(&rCLock);
16: void writing(){                              38:      readerCnt--;
17:     int rd=rand()%1000;data=rd;              39:      if(readerCnt==0)
18:     printf("写入: %d\n",rd);                 40:        pthread_mutex_unlock(&wLock);
19: }                                            41:      pthread_mutex_unlock(&rCLock);
20: void * writer(void * in){                    42:      sleep(R_SLEEP);
21:     while(1){                                43:     }
22:       pthread_mutex_lock(&wLock);            44:     pthread_exit((void *) 0);
23:       writing();                             45: }
24:       pthread_mutex_unlock(&wLock);          46: int main(){
25:       sleep(W_SLEEP);                        47:     int i=0;
26:     }                                        48:     for(i=0; i <N_READER; i++)
27:     pthread_exit((void *) 0);                49:       pthread_create(&wid[i],
28: }                                            50:           NULL,reader,NULL);
29: void * reader(void * in){                    51:     for(i=0; i <N_WRITER; i++)
30:     while(1){                                52:       pthread_create(&rid[i],
31:       pthread_mutex_lock(&rCLock);           53:           NULL,writer,NULL);
32:       readerCnt++;                           54:     while(1) sleep(60);
33:       if(readerCnt==1)                       55:     return 0;
34:         pthread_mutex_lock(&wLock);          56: }
35:       pthread_mutex_unlock(&rCLock);
```

　　多个线程同时访问共享数据时可能会发生冲突，解决的办法是引入互斥锁（Mutex，Mutual Exclusive Lock）。互斥锁本质上是一个特殊的全局变量，拥有加锁（lock）和解锁（unlock）两种状态。unlock 表示当前资源可以访问，第一个访问资源的线程负责将互斥锁设置为 lock，访问完成后再重置为 unlock；lock 表示有线程正在访问资源，当其他线程想访问 lock 状态的资源时，它们会被放入一个等待（阻塞）队列等待资源解锁，互斥锁的状态为 unlock 后才能被唤醒。通过对资源进行加锁和解锁，可以确保同一时刻最多有 1 个线程访问该资源，从根本上避免了多线程抢夺资源的情况发生。注意，对资源进行加锁和解锁操作的必须是同一个线程。互斥锁实现多线程同步的核心思想是：有线程访问进程空间中的公共资源时，该线程执行加锁操作，阻止其他线程访问。访问完成后，该线程负责完成解锁操作，将资源让给其他线程。当有多个线程想访问资源时，谁最先完成加锁操作，谁就最先访问资源。

　　获得锁的线程可以完成"读—修改—写"的操作，然后释放锁给其他线程，没有获得锁的线程只能等待而不能访问共享数据，这样"读—修改—写"三步操作组成一个原子操作，要么都执行，要么都不执行，不会执行到中间被打断，也不会在其他处理器上并行做这个操作。

　　互斥锁用 pthread_mutex_t 类型的变量来表示。互斥锁的初始化分为静态初始化和动态初始化。动态初始化使用 pthread_mutex_init 函数，静态初始化示例如下：

```
pthread_mutex_t mutex=PTHREAD_MUTEX_INITIALIZER;
```

　　这两种初始化方式是等价的，PTHREAD_MUTEX_INITIALIZE 宏和 pthread_mutex_init 函数都定义在 pthread.h 头文件中，它们的主要区别在于 pthread_mutex_init 函数可以自定义互斥锁的属性。

互斥锁的加锁和解锁函数的原型如下：

```
int pthread_mutex_lock(pthread_mutex_t * mutex);
int pthread_mutex_unlock(pthread_mutex_t * mutex);
```

参数 mutex 表示要操控的互斥锁。pthread_mutex_lock 函数用于实现加锁操作，执行
pthread_mutex_lock 函数会使线程进入等待（阻塞）状态，直至互斥锁得到释放。pthread_
mutex_unlock 函数用于对指定互斥锁进行解锁操作。

视频 8-4
writer-
reader

写者优先（源代码文件为 writer-reader.c）的示例代码如下：

```
 1: #include<stdio.h>                              30:     pthread_mutex_unlock(&wCLock);
 2: #include<stdlib.h>                             31:     sleep(1);
 3: #include<unistd.h>                             32:   }
 4: #include<pthread.h>                            33: }
 5: #define N_WRITER 3                             34: void * reader(void * in){
 6: #define N_READER 5                             35:   while(1){
 7: int data=0, readerCnt=0, writerCnt=0;          36:     pthread_mutex_lock(&oLock);
 8: pthread_t wid[N_WRITER], rid[N_READER];        37:     pthread_mutex_lock(&rLock);
 9: pthread_mutex_t rCLock=                         38:     pthread_mutex_lock(&rCLock);
       PTHREAD_MUTEX_INITIALIZER;                  39:     readerCnt++;
10: pthread_mutex_t wCLock=                         40:     if(readerCnt==1)
       PTHREAD_MUTEX_INITIALIZER;                  41:       pthread_mutex_lock(&wLock);
11: pthread_mutex_t wLock=                          42:     pthread_mutex_unlock(&rCLock);
       PTHREAD_MUTEX_INITIALIZER;                  43:     pthread_mutex_unlock(&rLock);
12: pthread_mutex_t rLock=                          44:     pthread_mutex_unlock(&oLock);
       PTHREAD_MUTEX_INITIALIZER;                  45:     reading();
13: pthread_mutex_t oLock=                          46:     pthread_mutex_lock(&rCLock);
       PTHREAD_MUTEX_INITIALIZER;                  47:     readerCnt--;
14: void reading(){printf("读出: %d\n",            48:     if(readerCnt==0)
     data);}                                       49:       pthread_mutex_unlock(&wLock);
15: void writing(){                                50:     pthread_mutex_unlock(&rCLock);
16:   int r=rand()%1000;data=r;printf("写          51:     sleep(1);
     入: %d\n",r);                                 52:   }
17: }                                              53:   pthread_exit((void *) 0);
18: void * writer(void * in){                      54: }
19:   while(1){                                    55: int main(){
20:     pthread_mutex_lock(&wCLock);               56:   for(int i=0; i<N_READER; i++)
21:     if(++writerCnt==1)                         57:     pthread_create(&rid[i],
22:       pthread_mutex_lock(&rLock);              58:           NULL, reader, NULL);
23:     pthread_mutex_unlock(&wCLock);             59:   for(int i=0; i<N_WRITER; i++)
24:     pthread_mutex_lock(&wLock);                60:     pthread_create(&wid[i],
25:     writing();                                 61:           NULL,writer,NULL);
26:     pthread_mutex_unlock(&wLock);              62:   while(1) sleep(60);
27:     pthread_mutex_lock(&wCLock);               63:   return 0;
28:     if(--writerCnt==0)                         64: }
29:       pthread_mutex_unlock(&rLock);
```

执行以下命令分别编译两个源代码文件，生成可执行程序 reader-writer 和 writer-reader。

```
gcc reader-writer.c -o reader-writer
gcc writer-reader.c -o writer-reader
```

执行 reader-writer 命令,结果如图 8-7 所示。执行 writer-reader 命令,结果如图 8-8 所示。请读者结合运行结果以及本章中相关函数的介绍,分析上面的源代码。

```
[root@ztg 第8章]# ./reader-writer
读出: 0
读出: 0
读出: 0
读出: 0
读出: 0
写入: 383
写入: 886
写入: 777
读出: 777
读出: 777
读出: 777
读出: 777
读出: 777
写入: 915
写入: 793
```

```
[root@ztg 第8章]# ./writer-reader
读出: 0
读出: 0
读出: 0
写入: 383
写入: 383
读出: 383
读出: 383
写入: 886
写入: 886
读出: 886
读出: 886
读出: 777
读出: 777
写入: 915
读出: 915
```

图 8-7　执行 reader-writer 命令的结果　　　　图 8-8　执行 writer-reader 命令的结果

## 8.3.2　生产者消费者

生产者消费者模型是一个多线程并发协作模型,也是一个经典的多线程同步问题。该模型由两类线程和一个固定大小的缓冲区组成。生产者线程生产数据,消费者线程消费数据。通过使用缓冲区解耦生产者和消费者的关系,生产者生产数据之后直接放入缓冲区中,并不需要关心消费者的行为;消费者只需从缓冲区中读取数据,并不需要关心生产者的行为。该问题的关键就是要保证生产者不会在缓冲区满时放入数据,消费者也不会在缓冲区为空时读取数据。让生产者在缓冲区满时睡眠,等到下次消费者读取缓冲区中数据后,唤醒生产者往缓冲区放入数据。同样,也可以让消费者在缓冲区为空时睡眠,等到生产者往缓冲区放入数据后,唤醒消费者读取缓冲区中数据。

生产者消费者(源代码文件为 producer_consumer.c)的示例代码如下。使用全局变量 buff 表示缓冲区。主函数中创建 PN 个生产者线程和 CN 个消费者线程,生产者在生产,消费者在消费,若缓冲区满则生产者停止生产,若缓冲区为空则消费者停止消费。

视频 8-5
producer_
consumer

```
 1: #include<stdio.h>
 2: #include<stdlib.h>
 3: #include<unistd.h>
 4: #include<pthread.h>
 5: #include<semaphore.h>
 6: #define PN 4
 7: #define CN 5
 8: #define M 16
 9: int in=0, out=0;
10: int buff[M]={0};
11: sem_t empty_sem, full_sem;
12: pthread_mutex_t mutex;
13: int product_id=0, consumer_id=0;
14: void print(){
15:    for(int i=0; i<M; i++)
16:      printf("%d ", buff[i]);
17:    printf("\n");
18: }
19: void * product(){
20:    int id =++product_id;
21:    while(1){
22:      sleep(1);
23:      sem_wait(&empty_sem);
24:      pthread_mutex_lock(&mutex);
```

258

```
25:        in=in%M;                          47:        pthread_t id1[PN], id2[CN];
26:        printf("生产者%d放产品的位置%       48:        int i, ret1[PN], ret2[CN];
           d:\t"                              49:        int init1=sem_init(&empty_sem, 0, M);
27:                   , id,in);               50:        int init2=sem_init(&full_sem, 0, 0);
28:        buff[in]=1;                        51:        if(init1 && init2 !=0)
29:        print();                           52:        {printf("同步信号量初始化失败\n");exit(1);}
30:        ++in;                              53:        int init3=pthread_mutex_init(&mutex, NULL);
31:        pthread_mutex_unlock(&mutex);      54:        if(init3 !=0)
32:        sem_post(&full_sem);               55:        {printf("互斥信号量初始化失败\n");exit(1);}
33:    }                                      56:          for(i=0; i<PN; i++){
34: }                                         57:          ret1[i]=pthread_create(&id1[i], NULL,
35: void * consumer(){                        58:            product, (void *)(&i));
36:    int id =++consumer_id;                 59:          if(ret1[i] !=0)
37:    while(1){                              60:            {printf("生产者%d创建失败\n",i);exit(1);}
38:      sleep(1); sem_wait(&full_sem);       61:        }
39:      pthread_mutex_lock(&mutex);out=      62:        for(i=0; i<CN; i++){
         out%M;                              63:          ret2[i]=pthread_create(&id2[i], NULL,
40:        printf("消费者%d取产品的位置%       64:            consumer, NULL);
           d:\t",id,out);                     65:          if(ret2[i] !=0)
41:        buff[out]=0; print(); ++out;       66:            {printf("消费者%d创建失败\n",i);exit(1);}
42:      pthread_mutex_unlock(&mutex);        67:        }
43:      sem_post(&empty_sem);                68:        for(i=0;i<PN;i++) pthread_join(id1[i],NULL);
44:    }                                      69:        for(i=0;i<CN;i++) pthread_join(id2[i],NULL);
45: }                                         70: }
46: int main(){
```

如图 8-9 所示，执行 gcc 命令编译源代码文件，生成可执行程序 producer_consumer。接着执行 producer_consumer 命令。请读者结合运行结果以及本章中相关函数的介绍，分析上面的源代码。

```
# gcc producer_consumer.c -o producer_consumer
# ./producer_consumer
生产者1放产品的位置0:    1 0 0 0 0 0 0 0 0 0 0 0 0 0 0 0
生产者2放产品的位置1:    1 1 0 0 0 0 0 0 0 0 0 0 0 0 0 0
生产者4放产品的位置2:    1 1 1 0 0 0 0 0 0 0 0 0 0 0 0 0
生产者3放产品的位置3:    1 1 1 1 0 0 0 0 0 0 0 0 0 0 0 0
消费者1取产品的位置0:    0 1 1 1 0 0 0 0 0 0 0 0 0 0 0 0
消费者2取产品的位置1:    0 0 1 1 0 0 0 0 0 0 0 0 0 0 0 0
消费者3取产品的位置2:    0 0 0 1 0 0 0 0 0 0 0 0 0 0 0 0
消费者4取产品的位置3:    0 0 0 0 0 0 0 0 0 0 0 0 0 0 0 0
生产者1放产品的位置4:    0 0 0 0 1 0 0 0 0 0 0 0 0 0 0 0
生产者2放产品的位置5:    0 0 0 0 1 1 0 0 0 0 0 0 0 0 0 0
生产者4放产品的位置6:    0 0 0 0 1 1 1 0 0 0 0 0 0 0 0 0
消费者1取产品的位置4:    0 0 0 0 0 1 1 0 0 0 0 0 0 0 0 0
生产者3放产品的位置7:    0 0 0 0 0 1 1 1 0 0 0 0 0 0 0 0
消费者3取产品的位置5:    0 0 0 0 0 0 1 1 0 0 0 0 0 0 0 0
消费者2取产品的位置6:    0 0 0 0 0 0 0 1 0 0 0 0 0 0 0 0
消费者5取产品的位置7:    0 0 0 0 0 0 0 0 0 0 0 0 0 0 0 0
```

图 8-9　执行 producer_consumer 命令的结果

### 8.3.3　哲学家就餐

哲学家就餐问题也是一个经典的多线程同步问题。假设有 5 位哲学家围坐在一张圆形餐桌旁，每位哲学家都交替地进行思考和进餐，进餐时停止思考，思考时停止进餐。餐桌中间有一大碗面，每两位哲学家之间有 1 根筷子，共 5 根筷子，只有同时拿起左右两根筷子的哲学家才可以进餐。一般情况下哲学家可以正常进餐，但是存在特殊情况，比如 5 位哲学家同时饥饿而各自拿起左边的筷子时，因都不能得到右边的筷子而无限期等待下去，此时就出现了 5 位哲学家都不能进餐的问题。

哲学家进餐问题有三种改进方法：①至多允许 4 位哲学家同时去拿左边的筷子，最终能保证至少有 1 位哲学家能够进餐，并在用完后释放两根筷子供其他哲学家使用。②规定奇数号哲学家先拿左边的筷子再拿右边的筷子，而偶数号哲学家相反。③仅当哲学家的左右筷子都拿起时才允许进餐。下面示例采用第三种方法。

哲学家就餐（源代码文件为 philosopher.c）的示例代码如下：

视频 8-6
philosopher

```
 1:  #include<stdio.h>                       30:  void put_chopstick(int phnum){
 2:  #include<unistd.h>                      31:    sem_wait(&mutex);
 3:  #include<pthread.h>                      32:    state[phnum]=THINKING;
 4:  #include<semaphore.h>                    33:    printf("哲学家%d放下筷子%d和%d\n",
 5:  #define N 5                              34:        phnum+1, LEFT+1, phnum+1);
 6:  #define EATING 0                         35:    printf("哲学家%d正在思考\n", phnum+1);
 7:  #define HUNGRY 1                         36:    test(LEFT);
 8:  #define THINKING 2                       37:    test(RIGHT);
 9:  #define LEFT (phnum+N-1)%N               38:    sem_post(&mutex);
10:  #define RIGHT (phnum+1)%N                39:  }
11:  int state[N], phil[N]={0,1,2,3,4};      40:  void * philospher(void * num){
12:  sem_t mutex;                            41:    while(1){
13:  void test(int phnum){                   42:      int * i=num;
14:    if(state[phnum]==HUNGRY&&state[LEFT]   43:      sleep(1);
15:      !=EATING&&state[RIGHT]! =EATING){    44:      take_chopstick(* i);
16:      state[phnum]=EATING;                 45:      put_chopstick(* i);
17:      printf("哲学家%d拿起筷子%d和%d\n",     46:    }
18:          phnum+1, LEFT+1, phnum+1);      47:  }
19:      printf("哲学家%d正在就餐\n",phnum+    48:  int main(){
       1);                                   49:    pthread_t thread_id[N];
20:      sleep(2);                            50:    sem_init(&mutex, 0, 1);
21:    }                                      51:    for(int i=0; i<N; i++){
22:  }                                        52:      pthread_create(&thread_id[i], NULL,
23:  void take_chopstick(int phnum){         53:          philospher, &phil[i]);
24:    sem_wait(&mutex);                      54:      printf("哲学家%d正在思考\n", i+1);
25:    state[phnum]=HUNGRY;                   55:    }
26:    printf("哲学家%d感到饥饿\n", phnum+1);  56:    for(int i=0; i<N; i++)
27:    test(phnum);                           57:      pthread_join(thread_id[i], NULL);
28:    sem_post(&mutex);                      58:  }
29:  }
```

第 6～8 行定义了哲学家的三种状态，即 THINKING、HUNGRY 和 EATING。第 12 行定义了一个信号量 mutex。mutex 的使用保证不会有两个哲学家同时拿起或放下筷子。

执行以下命令编译源代码文件，生成可执行程序 philosopher。

```
gcc philosopher.c -o philosopher
```

执行 philosopher 命令,结果如图 8-10 所示。请读者结合运行结果以及本章中相关函数的介绍,分析上面的源代码。

```
1 [root@ztg 第8章]# ./philosopher
2 哲学家1正在思考
3 哲学家2正在思考
4 哲学家3正在思考
5 哲学家4正在思考
6 哲学家5正在思考
7 哲学家1感到饥饿
8 哲学家1放下筷子5和1
9 哲学家1正在思考
10 哲学家2感到饥饿
11 哲学家2放下筷子1和2
12 哲学家2正在思考
13 哲学家3感到饥饿
14 哲学家3放下筷子2和3
15 哲学家3正在思考
16 哲学家4感到饥饿
```
```
17 哲学家4放下筷子3和4
18 哲学家4正在思考
19 哲学家5感到饥饿
20 哲学家5拿起筷子4和5
21 哲学家5正在就餐
22 哲学家1感到饥饿
23 哲学家1放下筷子5和1
24 哲学家1正在思考
25 哲学家2感到饥饿
26 哲学家2拿起筷子1和2
27 哲学家2正在就餐
28 哲学家2放下筷子1和2
29 哲学家2正在思考
30 哲学家4感到饥饿
31 哲学家4放下筷子3和4
32 哲学家4正在思考
```
```
33 哲学家3感到饥饿
34 哲学家3拿起筷子2和3
35 哲学家3正在就餐
36 哲学家3放下筷子2和3
37 哲学家3正在思考
38 哲学家1感到饥饿
39 哲学家1放下筷子5和1
40 哲学家1正在思考
41 哲学家4感到饥饿
42 哲学家4放下筷子3和4
43 哲学家4正在思考
44 哲学家2感到饥饿
45 哲学家2拿起筷子1和2
46 哲学家2正在就餐
47 ^C
48 #
```

图 8-10　执行 philosopher 命令的结果

sleep 函数的作用是让线程进入睡眠状态,让出 CPU 的执行时间给其他线程,该线程睡眠后进入就绪队列和其他线程一起竞争 CPU 的执行时间。

# 8.4　习题

**1. 填空题**

(1) 线程是进程的一个_____,是操作系统进行调度的_____。

(2) 线程有 3 种模型,即_____用户线程模型、_____核心线程模型和_____混合线程模型。

(3) Linux 上的两个线程库是_____和_____,都采用 1∶1 内核线程模型实现的。

(4) 现在 Linux 上默认使用的线程库是_____,也就是本章主要介绍的_____。

(5) _____标准定义了创建和操纵线程的一整套 API。

(6) Linux 多线程开发涉及三个基本概念,即_____、_____、条件。

(7) Pthreads 线程库中创建线程的函数是_____。

(8) 有时希望异常终止一个线程,可通过_____函数实现。

(9) 在任何一个时间点上,线程是_____或者是_____。

(10) 调用_____函数的线程(主线程)以阻塞的方式等待目标线程或子线程结束。

(11) _____函数使得主线程与子线程分离,子线程结束后由系统_____。

**2. 简答题**

(1) 多线程的含义是什么?

(2) 内核线程和用户线程的区别是什么?

（3）终止线程的三种方法分别是什么？

（4）pthread_detach 和 pthread_join 的作用和不同之处是什么？

（5）线程同步与互斥的区别是什么？

**3. 上机题**

本章所有源代码文件都在本书配套资源的"src/第 8 章"目录中，请读者运行每个示例，理解所有的源代码。

# 第 9 章　GTK 图形界面编程

 **本章学习目标**

- 了解 GTK 和 GLib 的作用；
- 理解信号和回调函数的工作原理；
- 了解 GTK 控件的作用；
- 掌握 GTK 图形界面编程方法。

## 9.1　GTK 简介

　　GTK(GIMP toolkit)是一款免费开源、面向多平台、用于设计和创建图形用户界面(GUI)的工具箱，最初是由 Peter Mattis 和 Spencer Kimball 为 GIMP(GNU image manipulation program)编写，用来替代付费的 Motif。从其他资料上可以看到 GTK＋的写法，因为 GTK(原名为 GTK＋)从 GIMP 独立出来之后，加入了一些对 GLib 和 GTK 类型系统的支持，为了和 GIMP 代码树中的版本区分，所以带上加号，这一名称使用了多年。2019 年 2 月 6 日，GTK 官方决定把加号去掉，GTK＋改名为 GTK。GTK 基于 LGPL 协议(不同于 GPL 协议)，这可以保证私有软件使用 GTK 而不公开软件源代码，对商业应用友好。在后续的发展中，GTK 已经成为通用的 GUI 库，用于越来越多的应用程序。

　　自 1998 年 GTK 1.0 发布以来，GTK 发行了多个版本。2002 年发布了 GTK 2.0。2011 年发布了 GTK 3.0，提供了许多新功能，比如由层叠样式表(CSS)支持的新的可定制设计以及使用诸如 cairo 库来绘制图形元素和使用 pango 库来呈现字体。2020 年 12 月 16 日，GTK 4.0 正式发布，部分亮点包括数据传输、事件控制器、布局管理器、新的控件和对现有元素的重新设计、集成媒体播放支持、可伸缩列表、对着色器的重大改动、改进的应用程序编程接口(API)、支持 OpenGL 和 Vulkan 硬件绘图以及对 Windows 和 MacOS 的更好支持等。

　　GNOME 开发者在 GTK 会议上讨论了新的 GTK 发布方案，针对 GTK 3.x 系列中的问题，开发者提议加快大版本的发布速度，每两年发布一个大版本，如 GTK 4、GTK 5 和 GTK 6，每 6 个月发布一个与旧版本不兼容的小版本，如 GTK 4.2、GTK 4.4 和 GTK 4.6。这项计划意味着 GTK 4.0 不是 GTK 4 的最终稳定 API，即 GTK 4.0 和 GTK 4 含义不同。新的大版本能与旧的版本并行安装，如 GTK 4 和 GTK 3 能安装在一个系统中，但不兼容的小版本不能，因为它们使用了相同的 pkg-config 名字和头文件目录。每一个连续小版本的 API 将逐渐成熟稳定，也就是说 GTK 4.6 发布时 API 将最终稳定下来，GTK 4.6 可以称为

GTK 4。使用 GTK 的开发者最好选择稳定的大版本而不是小版本。

GTK 使用 C 语言写，其原生 API 都是面向 C 语言的。另外，GTK 在 C 语言层面实现了面向对象的特性。如果用 C++ 语言作为开发语言调用 GTK 的 C 接口会稍显烦琐。为了避免不同语言调用 C 的烦琐，GTK 提供了多种语言的绑定，为不同语言提供同等抽象级别的语言调用，这样 C++ 程序就可以直接调用 C++ 的语言绑定，使用方式友好。

GTK 是用于创建图形用户界面的包含一套控件（Widget 小部件）的工具包。GTK 是由面向对象的 C 语言框架 GObject 实现的。GObject 模块为使用 C 语言进行面向对象编程提供了 API。使用 GTK 创建的每个用户界面都包含控件。控件按层次结构进行组织。window 控件为主容器，然后通过添加按钮、菜单、输入框和其他控件来构建用户界面。如果要创建复杂的用户界面，可以使用 GtkBuilder，它是 GTK 制定的用来替代手动组装控件的 XML 标记语言。另外，还可以使用更为直观的图形用户界面设计工具 Cambalache。

## 9.2　GLib 简介

GLib 是一种底层库，为创建 GDK 和 GTK 应用程序提供了基础的数据结构和实用函数。它们包括基本类型及限制的定义、标准宏、类型转换、字节序、存储分配、警告和断言、消息记录、计时器、字符串工具、钩子函数、句法扫描器、动态加载模块以及自动字符串补全等。Glib 也定义了许多数据结构及其相应的操作，包括存储块、双向链表、单向链表、哈希表、串、数组、平衡二叉树和 N 叉树等。

GLib 为代码一致性和易读性规范了命名规则。函数名一般都是小写，在每部分名字之间加下画线，并且所有函数名都以 g_ 开头，如 g_signal_connect()。类型名不包含下画线，并且 GLib 里面的所有类型组件都是以大写字母 G 开头，如 GList。若某个函数主要是操作某个特定类型，则该函数的前缀就与相应类型相匹配，如 g_list_ * 函数就是操作 GList 类型。

因为 GLib 对基本类型进行了抽象，所以使用 GLib 的基本类型可以提高程序的可移植性。GLib 的基本类型分为 4 组：①不属于标准 C 的新类型，有 gboolean、gsize、gssize；②可以在任何平台使用的整数，有 gint8、guint8、gint16、guint16、gint32、guint32、gint64、guint64；③与标准 C 相似但更好用的类型，有 gpointer、gconstpointer、guchar、guint、gushort、gulong；④与标准 C 基本一致的类型，有 gchar、gint、gshort、glong、gfloat、gdouble。要使用 GLib 类型，要先在源代码中包含头文件 glib.h。

有关 Glib 库的完整信息请参考 Glib 文档（链接见本书末尾的"资源及学习网站"）。

## 9.3　信号和回调函数

GTK 是一个基于事件驱动的框架，GTK 程序会一直循环在 GTK 程序对象中，当一个事件发生时会调用对应的事件处理函数，执行完毕后再次回到 GTK 程序对象的循环中。GTK 采用信号与回调函数（消息处理函数）来处理窗口外部传来的事件、消息或信号。利用 GTK 可以为信号绑定专门的回调函数，当信号发生时，程序自动调用提前为信号绑定的回调函数。

信号系统的基本概念是信号发射。信号是按类型引入的,并通过字符串进行标识。为父类型引入的信号也可用于派生类型。信号发射主要涉及以精确定义的方式调用特定的回调函数集。回调函数有两大类,即每个控件对象的回调函数(默认回调函数)和用户提供的回调函数(用户回调函数)。默认回调函数在信号创建时提供,而用户回调函数经常与某些对象实例上的某个信号连接和断开。除非程序停止,否则信号发射包括五个阶段:①为 G_SIGNAL_RUN_FIRST 信号调用默认回调函数;②调用用户回调函数(未设置 after 标志);③为 G_SIGNAL_RUN_LAST 信号调用默认回调函数;④调用用户回调函数(设置了 after 标志);⑤为 G_SIGNAL_RUN_CLEANUP 信号调用默认回调函数。如果对同一个控件对象的同一个信号连接了多个用户回调函数,则按照它们连接的顺序调用。

从 GTK 2.0 版开始,信号系统已从 GTK 移到 GLib,因此在函数名中使用前缀 g_而不是 gtk_。GTK 中采用回调机制来处理信号。GTK 中都是通过同一个函数 g_signal_connect_data 为信号绑定回调函数,其原型定义如下。

```
gulong g_signal_connect_data (
   GObject * instance,              //发送信号的对象
   const gchar * detailed_signal,   //信号名称
   GCallback c_handler,             //回调函数
   gpointer data,                   //传递给回调函数的参数
   GClosureNotify destroy_data,     //销毁数据的函数
   GConnectFlags connect_flags      //信号连接的选项
);
```

但是更加常用的是对 g_signal_connect_data 函数进行封装的三个宏函数,定义如下。

```
#define g_signal_connect(instance, detailed_signal, c_handler, data) \
   g_signal_connect_data((instance),(detailed_signal),(c_handler),(data),NULL,
                  (GConnectFlags) 0)
#define g_signal_connect_after(instance, detailed_signal, c_handler, data) \
   g_signal_connect_data((instance),(detailed_signal),(c_handler),(data),NULL,
                  G_CONNECT_AFTER)
#define g_signal_connect_swapped(instance, detailed_signal, c_handler, data) \
   g_signal_connect_data((instance),(detailed_signal),(c_handler),(data),NULL,
                  G_CONNECT_SWAPPED)
```

为了便于描述,本书将 g_signal_connect、g_signal_connect_after、g_signal_connect_swapped 这三个宏函数根据上面的宏定义写成等价的函数定义形式,函数原型如下。

```
gulong g_signal_connect(gpointer * object, const gchar * name, GCallback func,
gpointer func_data);
gulong g_signal_connect_after(gpointer * object, const gchar * name, GCallback
func, gpointer func_data);
gulong g_signal_connect_swapped(gpointer * object, const gchar * name,
                     GCallback func, gpointer * slot_object);
```

**1. 函数 g_signal_connect**

信号的作用是为控件添加用户交互功能。函数 g_signal_connect 可以把一个信号处理函数（回调函数）添加到一个控件上，在控件和消息处理函数间建立关联。

第一个参数 object 是一个控件指针，指向要发出信号的控件。

第二个参数 name 表示消息或事件的类型，使用事件的不同名称来区分不同的事件，如按钮事件类型有 activate（激活的时候发生）、clicked（单击以后发生）、enter（鼠标指针进入这个按钮以后发生）、leave（鼠标指针离开这个按钮以后发生）、pressed（按下鼠标以后发生）、released（释放鼠标以后发生）

第三个参数 func 表示信号产生后将要执行的回调函数，一般为下面的形式：

```
void callback_func(GtkWidget * widget, gpointer callback_data);
```

参数 widget 是指向发出信号的控件的指针，参数 callback_data 是一个指向数据的指针，指向消息产生时传递给该函数的数据，就是上面 g_signal_connect 函数的第四个参数传进来的数据。

第四个参数 func_data 是传递给回调函数的数据。

**2. 函数 g_signal_connect_after**

g_signal_connect_after 函数和 g_singal_connect 函数类似，但是该函数为信号绑定的回调函数将在该信号默认回调函数之后执行。而 g_signal_connect 函数为信号绑定的回调函数将在该信号默认回调函数之前执行。

**3. 函数 g_signal_connect_swapped**

函数 g_signal_connect_swapped 也可以把一个信号处理函数添加到一个控件上，在控件和消息处理函数间建立关联。

g_signal_connect_swapped 函数和 g_signal_connect 函数相同，区别是回调函数只用一个参数，即一个指向 GTK 对象的指针（通过 slot_object 传递）。所以当使用该函数连接信号时，函数 g_signal_connect_swapped 的回调函数形式如下：

```
void callback_func(GtkObject * object);
```

该回调函数只有一个参数，即一个指向 GTK 对象的指针，这个对象通常是一个控件。

提供 g_signal_connect_swapped 和 g_signal_connect 两个函数来绑定信号的目的是因为回调函数有不同数目的参数。GTK 库中许多函数仅接受一个单独的控件指针作为其参数，所以对于这些函数要用 g_signal_connect_swapped 函数，然而对于自己定义函数，可能需要更多的数据提供给回调函数，此时可以使用 g_signal_connect 函数。

**4. 回调函数的多参数传递**

如果要给 g_signal_connect() 的回调函数传递多个用户参数，可以定义包含多个参数的结构体变量，然后将指向这个结构体变量的指针进行传递。注意，该结构体变量的生存周期一定要覆盖回调函数的生存周期，否则当回调函数被调用时该结构体变量已经失效了。所以传递给回调函数的参数可以是全局变量、静态局部变量或 main 函数中的局部变量。

# 9.4　GTK 控件

控件是对数据和方法的封装,每个控件有自己的属性和方法。属性是指控件的特征,方法是指控件的一些相关功能。比如,按钮就是一个控件,长和宽是按钮的外观属性,按钮被按下时所触发的功能是按钮的方法。GTK 中控件主要分为两类,即容器控件和非容器控件。

## 9.4.1　容器控件

容器控件可以容纳别的控件,可分为两类:一类是只能容纳一个控件的容器,如窗口、按钮;另一类是能容纳多个控件的容器,如布局控件。

在 GTK 中除了非容器控件外,其他多数控件均属于容器控件,容器控件可以容纳别的控件,所有容器都基于 GtkContainer 对象。

只能容纳一个控件的容器是基于 GtkBin 对象的,其中包括:① 窗口类控件(GtkWindow、GtkDialog、GtkMessageDialog,主要是窗口和各种对话框);② 各种按钮(GtkButton、GtkToggleButton);③ 滚动窗口(GtkScrolledWindow);④ 框架类控件(GtkFrame、GtkAspectFrame);⑤ 视口(GtkViewport);⑥ 浮动窗口(GtkHandleBox);⑦ 事件盒(GtkEventBox)等。这些控件的特色是只能容纳一个子控件,要想容纳多个子控件,必须向其中添加一个能容纳多个控件的容器,然后向此容器中添加控件。

能容纳多个控件的容器从功能上又可分为两种:一种是只能设定子控件的排放次序而不能设定子控件几何位置的容器,另一种是可以设定子控件几何位置的容器。

只能设定子控件的排放次序、不能设定子控件几何位置的容器,是 GTK＋中最常用的容器控件,它包括:①盒状容器(GtkBox),即只能容纳一行或一列子控件的容器,它又分成两种,即横向盒状容器(GtkHBox)和纵向盒状容器(GtkVBox);②按钮盒(GtkButtonBox),即盒状容器的子类,分为横向按钮盒(GtkHButtonBox)和纵向按钮盒(GtkVButtonBox);③格状容器(GtkTable),即能容纳多行多列子控件的容器;④分隔面板(GtkPaned),即能控制子控件的尺寸的容器,它分成横向分隔面板(GtkHPaned)和纵向分隔面板(GtkVPaned);⑤多页显示控件(GtkNotebook),即能分页显示多个子控件的容器。此外还包括菜单条、工具条、列表控件等,它们实际上是上述容器控件的灵活运用。

可以设定子控件几何位置的容器主要包括两种:①自由布局控件(GtkFixed),可以按固定坐标放置子控件的容器;②布局控件(GtkLayout),是一个无穷大的滚动区域,可以包含子控件,也可以定制绘图。

## 9.4.2　非容器控件

非容器控件不可以容纳别的控件,如标签、单行输入、图像等图形界面编程中的最基本元素。下面为简单的示例代码:

```
GtkWidget * label =gtk_label_new("test label");            //创建文字标签控件
```

```
GtkWidget * image =gtk_image_new_from_file("image.png");
                                        //创建图像控件,指定要显示的图像名
GtkWidget * entry =gtk_entry_new();     //创建单行输入控件
```

# 9.5 GTK 图形界面编程

本章所有源代码文件都在本书配套资源的"src/第 9 章"目录中。

## 9.5.1 Hello World

创建源代码文件,文件名为 gtk4-1.c,内容如下。

视频 9-1
Hello
World

```
1: #include <gtk/gtk.h>
2: static void print_hello (GtkWidget * widget, gpointer data){
3:   g_print ("Hello World 1\n"); sleep(3);
4: }
5: static void activate (GtkApplication * app, gpointer user_data){
6:   GtkWidget * window =gtk_application_window_new (app);
7:   gtk_window_set_title (GTK_WINDOW (window), "org.gtk4.ex1");
8:   gtk_window_set_default_size (GTK_WINDOW (window), 200, 80);
9:   GtkWidget * box =gtk_box_new (GTK_ORIENTATION_VERTICAL, 0);
10:  gtk_widget_set_halign (box, GTK_ALIGN_CENTER);
11:  gtk_widget_set_valign (box, GTK_ALIGN_CENTER);
12:  gtk_window_set_child (GTK_WINDOW (window), box);
13:  GtkWidget * button =gtk_button_new_with_label ("Hello World");
14:  g_signal_connect (button, "clicked", G_CALLBACK (print_hello), NULL);
15:  g_signal_connect_swapped (button," clicked", G_CALLBACK (gtk_window_
     destroy),window);
16:  gtk_box_append (GTK_BOX (box), button);
17:  gtk_widget_show (window);
18: }
19: int main(int argc, char * * argv){
20:  GtkApplication * app=gtk_application_new("org.gtk4.ex1",G_APPLICATION_
     FLAGS_NONE);
21:  g_signal_connect (app, "activate", G_CALLBACK (activate), NULL);
22:  int status =g_application_run (G_APPLICATION (app), argc, argv);
23:  g_print ("Hello World 2\n"); sleep(3);
24:  g_object_unref (app); g_print ("status =%d\n", status); return status;
25: }
```

所有 GTK 应用程序都要包含 gtk.h 头文件。在 main 函数中,通过 gtk_application_
new 函数创建一个 GtkApplication,它的两个参数分别是 GTK 应用程序的名字和标识。
main 函数中调用 g_signal_connect 函数将 activate 信号连接到 activate 函数。
g_application_run 函数的执行表示 GTK 应用程序正式启动,此时 activate 信号将被发送,
随后 activate 函数被调用执行。

在 activate 函数中,调用 gtk_application_window_new 函数创建 GTK 窗口,用来在程

序启动时显示。GTK 窗口的指针赋值给指针变量 window。gtk_window_set_title 函数为 GTK 窗口设置标题,该函数的两个参数分别为 GtkWindow * 和 char * 类型,而 window 是 GtkWidget * 类型,所以要用 GTK_WINDOW 宏进行类型转换。调用 gtk_window_set_ default_size 函数设置 GTK 窗口的尺寸。调用 gtk_box_new 函数创建 GtkBox 控件,由 box 指针变量指向。GtkBox 控件是 GTK 控制按钮大小和布局的方式(水平或垂直布局)。 gtk_widget_set_halign 和 gtk_widget_set_valign 函数设置按钮在 GtkBox 控件中的对齐方式。调用 gtk_window_set_child 函数将 GtkBox 控件添加到 GTK 窗口。调用 gtk_button_ new_with_label 函数在 GTK 窗口中添加一个带有标签为"Hello World"的按钮,由 button 指针变量指向。

在 activate 函数中,调用 g_signal_connect 函数连接 clicked 信号和 print_hello 回调函数。该函数的第一个参数是发出信号的对象,也就是按钮控件 button,因为本例中并没有向回调函数传递任何参数,所以第四个参数为 NULL。

在 activate 函数中,调用 g_signal_connect_swapped 函数连接 clicked 信号和 gtk_ window_destroy 回调函数。该函数的第一个参数是发出信号的控件,也就是按钮 button。 第四个参数为被传递给 gtk_window_destroy 回调函数的 GTK 窗口指针 window。

在 activate 函数中,调用 gtk_box_append 函数将按钮 button 添加到 GtkBox 控件 box 中。调用 gtk_widget_show 函数显示 GTK 窗口以及窗口内的所有控件。

当 GTK 应用程序正在运行时,GTK 也一直在等待接收信号。输入事件一般是由用户交互产生的,也有一些是由窗口管理器或其他应用产生。GTK 处理这些事件时会将信号发送到相关控件,进而调用信号关联的回调函数对用户输入做出响应。

(1) 本例中的 g_signal_connect 和 g_signal_connect_swapped 函数都为 button 按钮的 clicked 信号连接了回调函数,分别关联到了 print_hello 和 gtk_window_destroy 回调函数, 所以在程序正在运行时,单击按钮后,先执行 print_hello 函数,向终端输出"Hello World 1" 字符串,睡眠 3s。再执行 gtk_window_destroy 函数销毁 GTK 窗口,此时 g_application_run 函数执行结束,将返回值赋值给 status 变量。接着执行 g_print 函数向终端输出"Hello World 2"字符串,睡眠 3s。执行 g_object_unref 函数释放 GtkApplication 对象 app 占用的存储空间。调用 g_print 函数向终端输出"status = 0"字符串。运行结果如图 9-1 左侧所示。

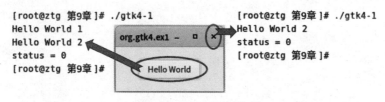

图 9-1　gtk4-1 运行结果

(2) 当 GTK 应用程序正在运行时,不是单击 button 按钮,而是单击窗口右上角的×关闭按钮或者按 Atl+F4 组合键,此时会发出 destroy 信号,窗口管理器会销毁 GTK 窗口,此时 g_application_run 函数执行结束,接着执行 g_print 函数向终端输出"Hello World 2"字符串,睡眠 3s,然后释放 GtkApplication 对象 app 占用的存储空间,向终端输出"status =

0"字符串。运行结果如图 9-1 右侧所示。

执行以下命令安装 GTK4 开发包，编译源代码，生成可执行程序 gtk4-1。运行结果如图 9-1 所示。

```
apt install libgtk-4-dev
gcc 'pkg-config --cflags gtk4' -0 gtk4-1 gtk4-1 .c 'pkg-config --libs gtk4'
```

### 9.5.2  GtkGrid

视频 9-2
GtkGrid

当创建一个 GTK 应用程序时，GTK 窗口内通常会放多个控件，此时控制每个控件的位置和大小就变得很重要。GTK 提供了多种布局容器，用来控制添加到其中的控件的布局。本例使用 GtkGrid 容器控制三个按钮控件的布局。

创建源代码文件，文件名为 gtk4-2.c，内容如下。

```
 1: #include <gtk/gtk.h>
 2: static void print_hello (GtkWidget * widget, gpointer data){
 3:     g_print ("Hello World\n");
 4: }
 5: static void activate (GtkApplication * app, gpointer user_data){
 6:     GtkWidget * window =gtk_application_window_new (app);
 7:     gtk_window_set_title (GTK_WINDOW (window), "gtk4.ex2");
 8:     GtkWidget * grid =gtk_grid_new ();
 9:     gtk_window_set_child (GTK_WINDOW (window), grid);
10:     GtkWidget * button =gtk_button_new_with_label ("Button 1");
11:     g_signal_connect (button, "clicked", G_CALLBACK (print_hello), NULL);
12:     gtk_grid_attach (GTK_GRID (grid), button, 0, 0, 1, 1);
13:     button =gtk_button_new_with_label ("Button 2");
14:     g_signal_connect (button, "clicked", G_CALLBACK (print_hello), NULL);
15:     gtk_grid_attach (GTK_GRID (grid), button, 1, 0, 1, 1);
16:     button =gtk_button_new_with_label ("Quit");
17:     g_signal_connect_swapped (button, "clicked",
18:                                 G_CALLBACK (gtk_window_destroy), window);
19:     gtk_grid_attach (GTK_GRID (grid), button, 0, 1, 2, 1);
20:     gtk_widget_show (window);
21: }
22: int main(int argc, char * * argv){
23:     GtkApplication * app =gtk_application_new ("gtk4.ex2", G_APPLICATION_
    FLAGS_NONE);
24:     g_signal_connect (app, "activate", G_CALLBACK (activate), NULL);
25:     int status =g_application_run (G_APPLICATION (app), argc, argv);
26:     g_object_unref (app); return status;
27: }
```

调用 gtk_grid_new 函数创建 GtkGrid 控件，由 grid 指针变量指向。调用 gtk_button_new_with_label 函数在 GTK 窗口中添加 Button 1 按钮，调用 g_signal_connect 函数为 Button 1 按钮连接 clicked 信号和 print_hello 回调函数。该函数的第一个参数是发出信号

的对象,也就是 Button 1 按钮控件,因为本例中并没有向回调函数传递任何参数,所以第四个参数为 NULL。调用 gtk_grid_attach 函数将 Button 1 按钮放在网格中 0 行 0 列的单元格(0,0)中,并使其在水平和垂直方向的跨度均为 1 个单元格。再次调用 gtk_button_new_with_label 函数在 GTK 窗口中添加 Button 2 按钮,调用 g_signal_connect 函数为 Button 2 按钮连接 clicked 信号和 print_hello 回调函数。调用 gtk_grid_attach 函数将 Button 2 按钮放在网格中 0 行 1 列的单元格(1,0)中,并使其在水平和垂直方向的跨度均为 1 个单元格。再次调用 gtk_button_new_with_label 函数在 GTK 窗口中添加 Quit 按钮,调用 g_signal_connect_swapped 函数为 Quit 按钮连接 clicked 信号和 gtk_window_destroy 回调函数。该函数的第一个参数是发出信号的控件,也就是 button 按钮。第四个参数为被传递给 gtk_window_destroy 回调函数的 GTK 窗口指针 window。调用 gtk_grid_attach 函数将 Quit 按钮放在网格中 1 行 0 列的单元格(0,1)中,并使其在水平方向的跨度为两个单元格,在垂直方向的跨度为 1 个单元格。调用 gtk_widget_show 函数显示 GTK 窗口以及窗口内的所有控件。

单击 Button 1 按钮后,会执行 print_hello 回调函数,向终端输出 Hello World 字符串。单击 Button 2 按钮后,也会执行 print_hello 回调函数,向终端输出 Hello World 字符串。单击 Quit 按钮后,执行 gtk_window_destroy 回调函数销毁 GTK 窗口,此时 g_application_run 函数执行结束,将返回值赋值给 status 变量。执行 g_object_unref 函数释放 GtkApplication 对象 app 占用的存储空间。

当 GTK 应用程序正在运行时,不是单击 button 按钮,而是单击窗口右上角的关闭按钮或者按 Atl+F4 组合键,此时会发出 destroy 信号,窗口管理器会销毁 GTK 窗口,此时 g_application_run 函数执行结束,终端没有字符串输出。

执行以下命令编译源代码,生成可执行程序 gtk4-2。运行结果如图 9-2 所示。

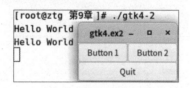

图 9-2　gtk4-2 运行结果

### 9.5.3　Custom Drawing

cairo 是一个免费的矢量绘图软件库,它可以绘制多种输出格式。cairo 是用 C 语言编写的,但是为多数常用的编程语言提供了绑定。选用 C 语言有助于创建新的绑定,同时在进行 C 语言调用时可以提供高性能。cairo 正在成为 Linux 图形领域的重要软件。本例设计了一个用于简单绘图的程序,通过 GTK 使用 cairo 在窗口或控件上绘图。

视频 9-3 Custom Drawing

创建源代码文件,文件名为 gtk4-3.c,内容如下。

```
1: #include <gtk/gtk.h>
2: static double start_x, start_y;
3: static cairo_surface_t * surface =NULL;
```

```
 4: static void clear_surface(void){
 5:     cairo_t * cr =cairo_create(surface);
 6:     cairo_set_source_rgb(cr, 1, 1, 1); cairo_paint(cr); cairo_destroy(cr);
 7: }
 8: static void resize_cb(GtkWidget * widget,int width,int height,gpointer data){
 9:     if(surface){cairo_surface_destroy(surface); surface =NULL;}
10:     if(gtk_native_get_surface(gtk_widget_get_native(widget))){
11:         surface =gdk_surface_create_similar_surface(
12:             gtk_native_get_surface(gtk_widget_get_native(widget)),
13:             CAIRO_CONTENT_COLOR, gtk_widget_get_width(widget),
14:             gtk_widget_get_height(widget));
15:         clear_surface();
16:     }
17: }
18: static void draw_cb(GtkDrawingArea * drawing_area, cairo_t * cr,
19:                     int width, int height, gpointer data){
20:     cairo_set_source_surface(cr,surface,0,0); cairo_paint(cr);
21: }
22: static void draw_brush(GtkWidget * widget, double x, double y){
23:     cairo_t * cr =cairo_create(surface);
24:     cairo_rectangle(cr, x-3, y-3, 6, 6); cairo_fill(cr);
25:     cairo_destroy(cr); gtk_widget_queue_draw(widget);
26: }
27: static void drag_begin(GtkGestureDrag * gesture,double x,double y,GtkWidget * area){
28:     start_x =x; start_y =y; draw_brush(area, x, y);
29: }
30: static void drag_update(GtkGestureDrag * gesture,double x,double y,GtkWidget * area){
31:     draw_brush(area, start_x+x, start_y+y);
32: }
33: static void drag_end(GtkGestureDrag * gesture,double x,double y,GtkWidget * area){
34:     draw_brush (area, start_x +x, start_y +y);
35: }
36: static void pressed(GtkGestureClick * gesture, int n_press,
37:             double x, double y, GtkWidget * area){
38:     clear_surface (); gtk_widget_queue_draw (area);
39: }
40: static void close_window(void){if(surface) cairo_surface_destroy (surface);}
41: static void activate (GtkApplication * app, gpointer user_data){
42:     GtkWidget * window =gtk_application_window_new(app);
43:     gtk_window_set_title (GTK_WINDOW (window), "gtk4.ex3");
44:     g_signal_connect (window, "destroy", G_CALLBACK (close_window), NULL);
45:     GtkWidget * frame =gtk_frame_new (NULL);
46:     gtk_window_set_child (GTK_WINDOW (window), frame);
47:     GtkWidget * drawing_area =gtk_drawing_area_new ();
48:     gtk_widget_set_size_request (drawing_area, 100, 100);
49:     gtk_frame_set_child (GTK_FRAME (frame), drawing_area);
50:     gtk_drawing_area_set_draw_func(GTK_DRAWING_AREA(drawing_area),draw_cb,NULL,
        NULL);
51:     g_signal_connect_after (drawing_area, "resize", G_CALLBACK (resize_cb), NULL);
52:     GtkGesture * drag =gtk_gesture_drag_new ();
```

```
53:     gtk_gesture_single_set_button (GTK_GESTURE_SINGLE (drag), GDK_BUTTON_PRIMARY);
54:     gtk_widget_add_controller (drawing_area, GTK_EVENT_CONTROLLER (drag));
55:     g_signal_connect (drag, "drag-begin", G_CALLBACK (drag_begin), drawing_area);
56:     g_signal_connect (drag, "drag-update", G_CALLBACK (drag_update), drawing_area);
57:     g_signal_connect (drag, "drag-end", G_CALLBACK (drag_end), drawing_area);
58:     GtkGesture * press =gtk_gesture_click_new ();
59:      gtk_gesture_single_set_button (GTK_GESTURE_SINGLE (press), GDK_BUTTON_
        SECONDARY);
60:     gtk_widget_add_controller (drawing_area, GTK_EVENT_CONTROLLER (press));
61:     g_signal_connect (press, "pressed", G_CALLBACK (pressed), drawing_area);
62:     gtk_widget_show (window);
63: }
64: int main(int argc, char * * argv){
65:     GtkApplication * app=gtk_application_new("gtk4.ex3",G_APPLICATION_FLAGS_NONE);
66:     g_signal_connect (app, "activate", G_CALLBACK (activate), NULL);
67:     int status =g_application_run (G_APPLICATION (app), argc, argv);
68:     g_object_unref (app); return status;
69: }
```

调用 g_signal_connect 函数为 GTK 窗口 window 连接 destroy 信号和 close_window 回调函数。当 GTK 应用程序正在运行时,单击窗口右上角的×关闭按钮或者按 Atl＋F4 组合键,此时会发出 destroy 信号,进而执行 close_window 回调函数,其中调用 cairo_surface_destroy 函数销毁画布 surface;之后,窗口管理器也会收到 destroy 信号,随后销毁 GTK 窗口,此时 g_application_run 函数执行结束,将返回值赋值给 status 变量。执行 g_object_unref 函数释放 GtkApplication 对象 app 占用的存储空间。调用 gtk_frame_new 函数创建 GtkFrame 框架控件,由 frame 指针变量指向。框架可以用于封装一个或多个控件。调用 gtk_window_set_child 函数将 GtkFrame 控件 frame 添加到 GTK 窗口。调用 gtk_drawing_area_new 函数创建一个新的绘图区域(画布),由 drawing_area 指针变量指向。调用 gtk_widget_set_size_request 函数设置画布宽、高的最小值。调用 gtk_frame_set_child 函数将 GtkDrawingArea 画布控件 drawing_area 添加到 GtkFrame 框架控件 frame 中。

设置绘图函数是使用画布时要做的主要事情,调用 gtk_drawing_area_set_draw_func 函数设置画布 drawing_area 的绘图函数 draw_cb。只要 GTK 需要将画布内容绘制到屏幕上,就会调用 draw_cb 函数。调用 g_signal_connect_after 函数为画布控件 drawing_area 连接 resize 信号和 resize_cb 回调函数。resize_cb 函数创建一个合适大小的新画布来存储用户的笔迹。调用 gtk_gesture_drag_new 函数创建用来识别鼠标拖拽事件的 GtkGesture 控件,由 drag 指针变量指向。调用 gtk_gesture_single_set_button 函数为 GtkGesture 控件 drag 设置其监听的按键为鼠标左键。调用 gtk_widget_add_controller 函数将 GtkGesture 控件 drag 作为画布控件 drawing_area 的控制器,使其能够接收鼠标信号。

接下来连续三次调用 g_signal_connect 函数为 GtkGesture 控件 drag 连接 drag-begin、drag-update、drag-end 信号和对应的回调函数,这三个回调函数都对画布 drawing_area 进行操作,即在 GTK 应用程序运行时,可以按住鼠标左键进行作画。调用 gtk_gesture_click_new 函数创建用来识别鼠标单击或双击事件的 GtkGesture 控件,由 press 指针变量指向。调用 gtk_gesture_single_set_button 函数为 GtkGesture 控件 press 设置其监听的按键为鼠标右键。调用 gtk_widget_add_controller 函数将 GtkGesture 控件 press 作为画布控件 drawing_area 的控制器，使其能够接收鼠标信号。调用 g_signal_connect 函数为 GtkGesture 控件 press 连接 pressed 信号和 pressed 回调函数。pressed 函数中调用 clear_surface 函数和 gtk_widget_queue_draw 函数。clear_surface 函数将画布初始化为白色，gtk_widget_queue_draw 函数再次调用画布 drawing_area 为后续作画做准备。调用 gtk_widget_show 函数显示 GTK 窗口以及窗口内的所有控件。

当 GTK 应用程序正在运行时，单击窗口右上角的×关闭按钮或者按 Atl＋F4 组合键，此时会发出 destroy 信号，窗口管理器会销毁 GTK 窗口，此时 g_application_run 函数执行结束，将返回值赋值给 status 变量。执行 g_object_unref 函数释放 GtkApplication 对象 app 占用的存储空间。

执行以下命令编译源代码，生成可执行程序 gtk4-3，运行结果如图 9-3 所示。

```
gcc 'pkg-config --cflags gtk4' -o gtk4-3 gtk4-3c 'pkg-config --libs gtk4'
```

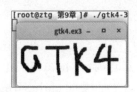

图 9-3　gtk4-3 运行结果

### 9.5.4　用 GtkBuilder 创建界面

视频 9-4
Gtk-
Builder

当一个 GTK 应用程序的用户界面包含几十或几百个控件时，在 C 语言代码中纯粹利用 GTK 函数完成所有控件的设置工作是很麻烦的，并且后续如果需要进行用户界面的调整，工作量也是很大的。此时 GTK 通过使用 XML 格式的 UI 描述来支持将用户界面布局与业务逻辑分离，XML 格式的 UI 描述可以由 GtkBuilder 类进行解析。

本例中首先创建一个描述用户界面布局的 XML 文件，然后编写 GTK 代码文件，其中使用 GtkBuilder 读取 XML 文件，并按照 XML 文件中的 UI 描述来创建用户界面。

为 UI 布局创建 XML 源代码文件，文件名为 gtk4-4.ui，内容如下。

```
 1: <?xml version="1.0" encoding="UTF-8"?>
 2: <interface>
 3:   <object id="window" class="GtkWindow">
 4:     <property name="title">gtk4.ex4</property>
 5:     <child>
 6:     <object id="grid" class="GtkGrid">
 7:      <child>
 8:      <object id="TextBox" class="GtkEntry">
 9:        <property name="visible">True</property>
10:        <layout>
11:         <property name="column">0</property>
12:         <property name="row">0</property>
```

274

```
13:            <property name="column-span">2</property>
14:          </layout>
15:       </object>
16:    </child>
17:    <child>
18:      <object id="Button_hell" class="GtkButton">
19:        <property name="label">Hello</property>
20:        <layout>
21:          <property name="column">0</property>
22:          <property name="row">1</property>
23:        </layout>
24:      </object>
25:    </child>
26:    <child>
27:      <object id="Button_msg" class="GtkButton">
28:        <property name="label">Message</property>
29:        <layout>
30:          <property name="column">1</property>
31:          <property name="row">1</property>
32:        </layout>
33:      </object>
34:    </child>
35:    <child>
36:      <object id="Button_quit" class="GtkButton">
37:        <property name="label">Quit</property>
38:        <layout>
39:          <property name="column">0</property>
40:          <property name="row">2</property>
41:          <property name="column-span">2</property>
42:        </layout>
43:      </object>
44:    </child>
45:    </object>
46:  </child>
47: </object>
48: </interface>
```

创建 GTK 源代码文件，文件名为 gtk4-4.c，内容如下。

```
1: #include <gtk/gtk.h>
2: GtkEntryBuffer * buffer_textbox;
3: static void hello(GtkWidget * w, gpointer d){g_print("Hello World\n");}
4: static void message(GtkWidget * button, gpointer user_data){
5:     const gchar * buf=gtk_entry_buffer_get_text(buffer_textbox);
6:     if(buf[0]) printf("%s\n",buf);
7: }
```

```
 8: static void quit_cb(GtkWindow * window){ gtk_window_close (window); }
 9: static void activate(GtkApplication * app, gpointer user_data){
10:     GtkBuilder * builder =gtk_builder_new ();
11:     gtk_builder_add_from_file (builder, "gtk4-4.ui", NULL);
12:     GObject * window =gtk_builder_get_object (builder, "window");
13:     gtk_window_set_application (GTK_WINDOW (window), app);
14:     GObject * button =gtk_builder_get_object (builder, "Button_hell");
15:     g_signal_connect (button, "clicked", G_CALLBACK (hello), NULL);
16:     GObject * textbox =gtk_builder_get_object (builder, "TextBox");
17:     buffer_textbox =gtk_entry_get_buffer(GTK_ENTRY(textbox));
18:     button =gtk_builder_get_object (builder, "Button_msg");
19:     g_signal_connect (button, "clicked", G_CALLBACK (message), NULL);
20:     button =gtk_builder_get_object (builder, "Button_quit");
21:     g_signal_connect_swapped (button, "clicked", G_CALLBACK (quit_cb),
        window);
22:     gtk_widget_show (GTK_WIDGET (window));
23:     g_object_unref (builder);
24: }
25: int main(int argc, char * * argv){
26:     GtkApplication * app= gtk_application_new ("gtk4.ex4",G_APPLICATION_
        FLAGS_NONE);
27:     g_signal_connect (app, "activate", G_CALLBACK (activate), NULL);
28:     int status =g_application_run (G_APPLICATION (app), argc, argv);
29:     g_object_unref (app); return status;
30: }
```

在 activate 函数中，调用 gtk_builder_new 函数创建一个 GtkBuilder 实例（类对象），由 builder 指针变量指向。调用 gtk_builder_add_from_file 函数为 GtkBuilder 实例 builder 在 GTK 应用程序运行时指定要读取的 UI 文件，该文件是一个描述用户界面布局的 XML 文件。调用 gtk_builder_get_object 函数根据 gtk4-4.ui 文件中设置的 object id 来获取 GtkBuilder 实例创建的 window 对象，由 GObject * 类型的指针变量 window 指向。注意，GtkBuilder 用于构造类对象而不是控件对象，因此 gtk_builder_get_object 函数返回 GObject * 类型而不是 GtkWidget * 类型。调用 gtk_window_set_application 函数设置与 window 对象关联的 GtkApplication。调用 gtk_builder_get_object 函数根据 gtk4-4.ui 文件中设置的 object id 来获取 GtkBuilder 实例创建的 Button_hell 按钮，然后调用 g_signal_connect 函数为 Button_hell 按钮连接 clicked 信号和 hello 回调函数。调用 gtk_builder_get_object 函数根据 gtk4-4.ui 文件中设置的 object id 来获取 GtkBuilder 实例创建的 TextBox 输入框对象，然后调用 gtk_entry_get_buffer 函数获取 TextBox 输入框中的文本缓冲区对象，由 GtkEntryBuffer * 类型的全局指针变量 buffer_textbox 指向。调用 gtk_builder_get_object 函数根据 gtk4-4.ui 文件中设置的 object id 来获取 GtkBuilder 实例创建的 Button_msg 按钮，然后调用 g_signal_connect 函数为 Button_msg 按钮连接 clicked 信号和 message 回调函数。调用 gtk_builder_get_object 函数根据 gtk4-4.ui 文件中设置的 object id 来获取

GtkBuilder 实例创建的 Button_quit 按钮,然后调用 g_signal_connect_swapped 函数为 Button_quit 按钮连接 clicked 信号和 quit_cb 回调函数,并且向该回调函数传递 window 对象,quit_cb 函数中调用 gtk_window_close 函数关闭窗口。调用 gtk_widget_show 函数显示 GTK 窗口以及窗口内的所有控件。g_object_unref 函数释放 builder 对象占用的存储空间。

当 GTK 应用程序正在运行时,单击窗口右上角的关闭按钮或者按 Atl+F4 组合键,此时会发出 destroy 信号,窗口管理器会销毁 GTK 窗口,此时 g_application_run 函数执行结束,将返回值赋值给 status 变量。执行 g_object_unref 函数释放 GtkApplication 对象 app 占用的存储空间。

执行以下命令编译源代码,生成可执行程序 gtk4-4。运行结果如图 9-4 所示。

```
gcc `pkg-config --cflags gtk4` -o gtk4-4 gtk4-4.c `pkg-config --libs gtk4`
```

图 9-4　gtk4-4 运行结果

## 9.5.5　Cambalache

视频 9-5
Cambal-
ache

Cambalache 是一款免费开源的可以用来为 GTK 3 和 GTK 4 应用程序创建图形用户界面的设计工具。Cambalache 不依赖 Gobject 和 GTkBuilder,但是提供了与 Gobject 类型系统相匹配的数据模型,该模型支持 GTKBuilder 对象、属性和信号。执行以下两条命令在 Ubuntu 22.04 中安装 flatpak、flathub 和 Cambalache。

```
apt install flatpak
flatpak install flathub ar.xjuan.Cambalache
```

卸载 Cambalache 的命令如下:

```
flatpak uninstall ar.xjuan.Cambalache
```

运行 Cambalache 的执行命令如下:

```
flatpak run ar.xjuan.Cambalache
```

Cambalache 的窗口如图 9-5 所示,单击左上角的"+"按钮,开始新建项目,目标对象选择 Gtk4,含义是最后生成的 ui 文件可以被 Gtk4 程序读取。

如图 9-6 所示,依次选择 Toplevel→GtkWindow 命令,添加主窗口。依次选择 Layout→GtkGrid 命令,添加网格。依次选择 Control→GtkButton 命令,添加按钮。依次选择 Control→GtkEntry 命令,添加单行输入框。依次选择 Display→GtkLabel 命令,添加标签。

图 9-5　Cambalache 的窗口

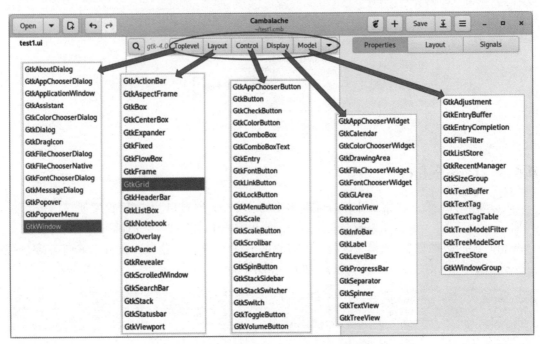

图 9-6　Cambalache 中的 GTK 控件菜单

依次选择 Display→GtkTextView 命令，添加多行文件框。初步设计的图形界面如图 9-7 所示，选择图形界面中的一个界面元素，如按钮控件，可以在 Properties 选项卡中设置它的修改属性值，在 Layout 选项卡中设置它的布局属性，在 Signals 选项卡中设置它的信号处理方式，为其指定信号处理函数名。

如图 9-7 所示，如果单击右上角的 Save 按钮，只会保存 test1.cmb 文件，不会生成 test1.ui 文件。而 ui 文件是 GTK 程序在执行时所需要的。选择 Export all 菜单项，会导出 test1.cmb 和 test1.ui 两个文件。test1.ui 文件的内容如下，请读者结合图 9-7 中设计的图形界面分析 test1.ui 文件中的 XML 代码。

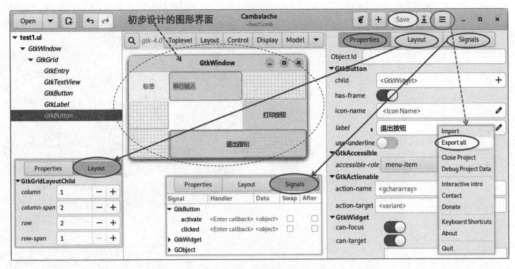

图 9-7　初步设计的图形界面

```
 1: <?xml version='1.0' encoding='UTF-8'?>
 2: <!--Created with Cambalache 0.10.3 -->
 3: <interface>
 4:     <!--interface-name test1.ui -->
 5:     <requires lib="gtk" version="4.6"/>
 6:     <object class="GtkWindow">
 7:       <child>
 8:         <object class="GtkGrid">
 9:           <property name="height-request">8</property>
10:           <property name="opacity">0.7</property>
11:           <child>
12:             <object class="GtkLabel">
13:               <property name="label">标签</property>
14:               <property name="width-chars">2</property>
15:               <property name="wrap-mode">char</property>
16:               <layout>
17:                 <property name="column">0</property>
18:                 <property name="column-span">1</property>
19:                 <property name="row">0</property>
20:                 <property name="row-span">1</property>
21:               </layout>
22:             </object>
23:           </child>
24:           <child>
25:             <object class="GtkEntry">
26:               <property name="text">单行输入</property>
27:               <layout>
28:                 <property name="column">1</property>
29:                 <property name="column-span">1</property>
```

```
30:                    <property name="row">0</property>
31:                    <property name="row-span">1</property>
32:                 </layout>
33:               </object>
34:            </child>
35:            <child>
36:               <object class="GtkTextView">
37:                 <layout>
38:                    <property name="column">1</property>
39:                    <property name="row">1</property>
40:                 </layout>
41:               </object>
42:            </child>
43:            <child>
44:               <object class="GtkButton">
45:                 <property name="label">退出按钮</property>
46:                 <layout>
47:                    <property name="column">1</property>
48:                    <property name="column-span">2</property>
49:                    <property name="row">2</property>
50:                    <property name="row-span">1</property>
51:                 </layout>
52:               </object>
53:            </child>
54:            <child>
55:               <object class="GtkButton">
56:                 <property name="label">打印按钮</property>
57:                 <layout>
58:                    <property name="column">2</property>
59:                    <property name="column-span">1</property>
60:                    <property name="row">1</property>
61:                    <property name="row-span">1</property>
62:                 </layout>
63:               </object>
64:            </child>
65:          </object>
66:        </child>
67:     </object>
68: </interface>
```

# 9.6　GTK 图形界面聊天室

视频 9-6
GTK 图形
界面聊
天室

　　聊天室分为服务器端和客户端两部分,采用 GTK 编程,通过使用信号和回调函数机制实现用户登录和聊天信息的发送、接收等功能。

## 9.6.1　聊天室服务器端

聊天室服务器端主要记录所有进入聊天室用户的昵称、IP 地址和端口号,并接收所有用户的信息,将用户发来的信息转发给相关用户,同时显示当前聊天室中用户的登录信息。

创建聊天室服务器端源代码文件,文件名为 server.c,内容如下。

```
 1: #include<stdio.h>
 2: #include<stdlib.h>
 3: #include<unistd.h>
 4: #include<string.h>
 5: #include<signal.h>
 6: #include<sys/sem.h>
 7: #include<arpa/inet.h>
 8: #include<pthread.h>
 9: #define MAX 200
10: #define PORT 9999
11: #define BS 1024
12: #define SENDSIZE 1380
13: int sem_id;
14: struct sockaddr_in c_addr,s_addr;
15: struct users{
16:     char name[48];
17:     pthread_t thread;
18:     char buf[BS];
19:     int cfd;
20:     char addr[20];
21:     int login;
22: }u[MAX];
23: union semun{
24:     int val; unsigned short * array;
25:     struct semid_ds * buf;
26:     struct seminfo * __buf;
27: };
28: int sem_init(int sem_id, int val){
29:     union semun sem_u; sem_u.val=val;
30:     if(semctl(sem_id, 0, SETVAL, sem_u)==-1) {perror("初始化信号量失败");
        return -1;}
31:     return 0;
32: }
33: int sem_p(int sem_id){
34:     struct sembuf sem_b; sem_b.sem_num=0;
35:     sem_b.sem_op=-1; sem_b.sem_flg=SEM_UNDO;
36:     if(semop(sem_id, &sem_b, 1)==-1) {perror("P操作失败");return -1;}
37:     return 0;
38: }
39: int sem_v(int sem_id){
40:     struct sembuf sem_b; sem_b.sem_num=0;
41:     sem_b.sem_op=1;sem_b.sem_flg=SEM_UNDO;
```

```
42:     if(semop(sem_id, &sem_b, 1) ==-1) {perror("V 操作失败");return -1;}
43:     return 0;
44: }
45: void broadcast(char * c){
46:     for(int i=0;i<MAX;i++)
47:         if(u[i].login==1) send(u[i].cfd,c,strlen(c),0);
48: }
49: void unicast(char n[50],char c[BS]){
50:     for(int i=0;i<MAX;i++)
51:         if((u[i].login==1)&&(strcmp(u[i].name,n)==0)) send(u[i].cfd,c,strlen
            (c),0);
52: }
53: void currenttime(char * ct){
54:     time_t t; time(&t);
55:     struct tm * tp=localtime(&t);
56:     sprintf(ct,"%d:%d:%d", tp->tm_hour, tp->tm_min, tp->tm_sec);
57: }
```

第 9～13 行中，MAX 表示聊天室能够容纳的最大用户数，PORT 表示服务器监听端口号，BS 表示缓冲区大小，SENDSIZE 表示能够发送的最大长度，sem_id 表示信号量描述符。第 14 行中定义两个结构体变量，分别为客户端地址信息和服务器端地址信息。第 15～22 行定义结构体 users 类型的同时定义了结构体数组 u[MAX]，其用来保存所有登录到服务器的用户的相关信息。其中 name 表示用户昵称，thread 表示对应于一个客户端的服务器进程中的一个线程 ID，buf 表示消息缓冲区，cfd 表示和客户端连接的 socket 文件描述符，addr 保存客户端点分十进制 IP 地址，login 表示用户登录标志。第 28 行的函数 sem_init 用来初始化信号量。第 33 行的函数 sem_p 作为 P 操作函数。第 39 行的函数 sem_v 作为 V 操作函数。第 45 行的函数 broadcast 用来协助实现客户端的"群发"功能，遍历用户结构体数组 u[]，将 c 表示的消息通过和客户端连接的 socket 文件描述符 cfd 发送给所有用户。第 49 行的函数 unicast 用来协助实现客户端的"发送给用户"功能，遍历用户结构体数组 u[]，将 c 表示的消息通过和客户端连接的 socket 文件描述符 cfd 发送给登录标志位 login 为 1 且名称为 n 的用户。第 53 行的函数 currenttime 用来获得当前时间并存储在 ct 内。

```
58: void processing(char s[],char guest[]);
59: void * guests(void * arg){
60:     long i=(long)arg; int n; char str[INET_ADDRSTRLEN], ct[10];
61:     while(1){
62:         memset(u[i].buf,0,sizeof(u[i].buf));
63:         if((recv(u[i].cfd,u[i].buf,BS,0))<=0){
64:             char end[256]; memset(end, 0, 256);
65:             currenttime(ct);
66:             sprintf(end,"%s%s\n%s%s\n\n", "Inform:", ct,u[i].name,"退出聊天
                室");
67:             broadcast(end);
68:             u[i].login=0;
69:             sem_v(sem_id);
```

```
70:        close(u[i].cfd);
71:        int n=0;
72:        for(int j=0;j<MAX;j++) if(u[j].login==0) n++;
73:        printf("用户%s(%s:%d)%s%d%s,%d%s\n", u[i].name, inet_ntop(AF_
           INET,
74:         &c_addr.sin_addr,str,sizeof(str)), ntohs(c_addr.sin_port),
75:         "退出聊天室,目前有", MAX-n,"个用户",n,"个空位");
76:        pthread_exit(0);
77:     }
78:     processing(u[i].buf,u[i].name);
79:  }
80: }
81: void processing(char s[],char guest[]){
82:   char sign[8], name[56], buf[BS], ct[10]; char sbuf[SENDSIZE], sbuf2
      [SENDSIZE];
83:   memset(sign, 0, strlen(sign)); memset(name, 0, strlen(name));
84:   memset(buf, 0, strlen(buf)); memset(sbuf, 0, strlen(sbuf));
85:   memset(sbuf2, 0, strlen(sbuf2));
86:   int len, j=0, n=0;
87:   for(int i=0;i<=strlen(s);i++){
88:     if(n>2){buf[j]=s[i]; j++;}
89:     else if(n==2){
90:         if(len==0) {n++; name[j]='\0'; j=0; i--; continue;}
91:         name[j]=s[i]; j++; len--;
92:     }else if(n==1){
93:         if(s[i]==':') {n++; name[j]='\0'; len=atoi(name); j=0; continue;}
94:         name[j]=s[i]; j++;
95:     }else{
96:         if(s[i]==':') {n++; sign[j]='\0'; j=0; continue;}
97:         sign[j]=s[i]; j++;
98:     }
99:   }
100:  if(strcmp(sign,"All")==0){
101:    currenttime(ct);
102:    sprintf(sbuf,"%s%s\n%s 群发消息=>%s\n", "User:", ct, guest, buf);
103:    broadcast(sbuf);
104:  }else{
105:    currenttime(ct);
106:    sprintf(sbuf,"%s%s\n%s 发来消息<=%s\n", "User:", ct, guest, buf);
107:    unicast(name,sbuf);
108:    sprintf(sbuf2,"%s%s\n 发给%s=>%s\n", "User:", ct, name, buf);
109:    unicast(guest,sbuf2);
110:  }
111: }
```

第 59～80 行的函数 guests 是线程函数,通过 while(1)循环来处理所有用户发来的消息。其中,第 63～77 行处理用户退出聊天室的情况。第 63 行接收用户发来的字节数≤0,说明该用户退出聊天室。第 67 行通知所有用户 u[i].name 退出聊天室。第 73～75 行在服务器终端窗口输出用户的退出信息。第 76 行结束该用户对应的线程。

第 100～103 行字符串比较 sign 与 ALL，若相同，说明是用户群发的消息，调用 broadcast 函数进行群发。第 105 行将当前时间保存在 ct 内。第 106 行对用户消息进行组装并放入 sbuf。第 107 行将 sbuf 通过 unicast 函数发送给指定用户。第 108 行对用户消息进行组装并放入 sbuf2。第 109 行将 sbuf2 通过 unicast 函数发送给消息的发送者。

```
112: int socketbind(unsigned short int port){
113:     int s, i=1;
114:     if((s=socket(AF_INET,SOCK_STREAM,0))==-1) perror("创建套接字失败");
115:     bzero(&s_addr, sizeof(s_addr));
116:     s_addr.sin_family=AF_INET;
117:     s_addr.sin_port=htons(port);
118:     s_addr.sin_addr.s_addr=INADDR_ANY;
119:     memset(&(s_addr.sin_zero),0,8);
120:     setsockopt(s, SOL_SOCKET, SO_REUSEADDR, &i, sizeof(i));
121:     if(bind(s, (struct sockaddr *)&s_addr, sizeof(struct sockaddr))==-1)
122:       perror("绑定套接字失败");
123:     return s;
124: }
125: void quit(int sign_no){
126:     char c[SENDSIZE];
127:     sprintf(c,"%s%s","Inform:","over"); broadcast(c);
128:     printf("\n退出服务器\n"); fflush(stdout); exit(0);
129: }
130: int main(int argc, char * argv[]){
131:     char str[INET_ADDRSTRLEN],c[SENDSIZE]; char ct[10];
132:     long i=0; int ss,repeat,j,n,sockfd;
133:     sockfd=socketbind(PORT);
134:     for(i=0;i<MAX;i++) u[i].login=0;
135:     if(listen(sockfd, MAX)==-1) perror("监听套接字失败");
136:     sem_id=semget(ftok("/", 1), 1, 0666|IPC_CREAT);
137:     sem_init(sem_id, MAX);
138:     signal(SIGINT,quit); signal(SIGQUIT,quit); signal(SIGTSTP,quit); i=0;
139:     while(1){
140:       sem_p(sem_id);
141:       while(i<MAX) {if(u[i].login==0)break; i++; if(i==MAX) i=0;}
142:       j=0; n=0;
143:       for(j;j<MAX;j++) if(u[j].login==1) n++;
144:       if(u[i].login==0){
145:         if((u[i].cfd=accept(sockfd, (struct sockaddr *)&c_addr,&ss))==-1)
146:           perror("建立连接失败");
147:         inet_ntop(AF_INET, &c_addr.sin_addr, u[i].addr, sizeof(u[i].addr));
148:         if((recv(u[i].cfd,u[i].name,BS,0))<=0) {sem_v(sem_id); continue;}
149:         j=0; repeat=0;
150:         for(j=0;j<MAX;j++)
151:           if(u[j].login==1 && strcmp(u[i].name,u[j].name)==0) repeat=1;
152:         if(repeat==1){
153:           send(u[i].cfd,"g",strlen("g"),0);
154:           sem_v(sem_id); continue;
155:         }else{u[i].login=1; send(u[i].cfd, "Welcome", strlen("Welcome"), 0);}
156:       memset(c, 0, SENDSIZE);
157:       currenttime(ct);
```

```
158:        printf("用户%s(%s:%d)%s%d%s,%d%s\n", u[i].name, inet_ntop(AF_
            INET,
159:          &c_addr.sin_addr,str,sizeof(str)), ntohs(c_addr.sin_port),
160:          "加入聊天室,目前有", n+1,"个用户",MAX-n-1,"个空位");
161:        sprintf(c,"%s%s\n%s%s\n\n", "Inform:", ct,u[i].name,"进入聊天室");
162:        broadcast(c);
163:        int t=pthread_create(&u[i].thread, NULL, guests, (void*)i);
164:        if(t!=0) {perror("创建线程失败"); u[i].login=0; sem_v(sem_id);}
165:      }
166:    }
167:    close(sockfd); return 0;
168: }
```

第 112～124 行,socketbind 函数调用 socket 函数创建 socket 套接字,套接字文件描述符保存在变量 s 中,s_addr 结构体变量中保存服务器的 IP 地址和端口等信息,然后调用 bind 函数将 s_addr 绑定到套接字 s 上,最后将 s 作为函数 socketbind 的返回值。

第 125～129 行为服务器进程退出信号的处理函数,向所有用户群发一个字符串信息。

第 130～168 行为主函数。数组 c 用来存放发送的内容,ct 用来存放当前时间。第 134 行将用户结构体数组 u[] 中的登录标志设置为 0,表示目前没有客户端登录。第 135 行调用 listen 函数设置监听套接字,等待客户端的连接请求。第 136、137 行创建一个信号量集标识符 sem_id,并且设置信号量初值为 MAX。第 138 行设置退出信号的处理函数。第 139～166 行是服务器程序的主循环。第 143 行遍历用户结构体数组 u[],如果用户 u[j] 已登录(登录标志位 login 为 1),则变量 n 增 1。第 144～165 行处理客户端的连接请求。第 145 行调用 accept 函数等待并接受客户端的连接请求,为第一个未处理的连接请求创建一个新的套接字,套接字描述符保存在 cfd 中。第 148 行将客户端登录时发来的昵称保存在 name 中。第 158～160 行在服务器终端窗口输出用户的登录信息。第 161、162 行向所有用户群发客户端登录信息。第 163 行为新登录的客户端创建线程,线程函数为 guests 函数,该线程处理所有与该用户有关的具体聊天消息。main 函数为主线程,此时专门负责处理客户端的连接请求。

## 9.6.2　聊天室客户端

聊天室客户端可以发送聊天信息给服务器,同时可以接收服务器发来的信息,并显示到聊天窗口中。

创建聊天室客户端源代码文件,文件名为 client.c,内容如下。

```
1: #include<gtk/gtk.h>
2: #include<fcntl.h>
3: #include<uuid.h>
4: #include<sys/sem.h>
5: #include<arpa/inet.h>
6: int cfd, fd, sem_id;
7: struct sockaddr_in caddr;
8: char uname[48], tname[20];
9: char fname[]="/var/tmp/";
```

```
10: GtkWidget * login_window;
11: GtkTextBuffer * buffer_ltnr;
12: GtkTextBuffer * buffer_xtxx, * buffer_lsjl;
13: GtkEntryBuffer * buffer_fsnr;
14: GtkEntryBuffer * buffer_toname;
15: GtkEntryBuffer * buffer_nicheng;
16: GtkEntryBuffer * buffer_IP, * buffer_PORT;
17: union semun{
18:     int val;unsigned short * array;
19:     struct semid_ds * buf;
20:     struct seminfo * __buf;
21: };
22: int sem_init(int sem_id, int val){
23:     union semun sem_u; sem_u.val=val;
24:     if(semctl(sem_id,0,SETVAL,sem_u)==-1)
25:       {perror("初始化信号量失败");return -1;}
26:     return 0;
27: }
28: int sem_p(int sem_id){
29:     struct sembuf sem_b; sem_b.sem_num=0;
30:     sem_b.sem_op=-1;sem_b.sem_flg=SEM_UNDO;
31:     if(semop(sem_id, &sem_b, 1)==-1)
32:       {perror("P操作失败");return -1;}
33:     return 0;
34: }
35: int sem_v(int sem_id){
36:     struct sembuf sem_b; sem_b.sem_num=0;
37:     sem_b.sem_op=1;sem_b.sem_flg=SEM_UNDO;
38:     if(semop(sem_id, &sem_b, 1)==-1)
39:       {perror("V操作失败");return -1;}
40:     return 0;
41: }
42: void logging(GtkWidget * button, gpointer user_data){
43:     char * buff=(char *)malloc(9), wel[]="Welcome";
44:     const gchar * name=gtk_entry_buffer_get_text(buffer_nicheng);
45:     const gchar * serip=gtk_entry_buffer_get_text(buffer_IP);
46:     const gchar * port=gtk_entry_buffer_get_text(buffer_PORT);
47:     sprintf(tname,"%s",name);
48:     if(strlen(name)==0) printf("请输入昵称\n");
49:     else{
50:       if((cfd=socket(AF_INET, SOCK_STREAM, 0))==-1){perror("创建套接字失
          败");exit(1);}
51:       bzero(&caddr, sizeof(caddr)); caddr.sin_family=AF_INET;
52:       caddr.sin_port=htons(atoi(port)); caddr.sin_addr.s_addr=inet_addr
          (serip);
53:       if(connect(cfd, (struct sockaddr *)&caddr, sizeof(struct sockaddr))
          ==-1)
54:         {perror("连接服务器失败"); exit(1);}
```

```
55:        if((send(cfd, name, strlen(name), 0))==-1){perror("发送数据失败");
           exit(1);}
56:        if(recv(cfd, buff, 7, 0)==-1){perror("接收数据失败");exit(1);}
57:        if(strcmp(buff,wel)==0){strcpy(uname,name); printf("%s 已经连接服务
           器\n", name);
58:          gtk_window_destroy(GTK_WINDOW(login_window));
59:        }else{
60:          GtkWidget * dialog=gtk_message_dialog_new((gpointer)login_window,
61: GTK_DIALOG_DESTROY_WITH_PARENT, GTK_MESSAGE_ERROR, GTK_BUTTONS_OK,
62:              "该用户已登录,请勿重复登录,拒绝登录!");
63:          gtk_window_set_title(GTK_WINDOW(dialog), "拒绝");
64:          gtk_dialog_new();
65:          gtk_window_destroy(GTK_WINDOW(dialog));
66:          close(cfd);
67:        }
68:    }
69: }
70: void login(GtkApplication * app, gpointer user_data){
71:    login_window=gtk_application_window_new(app);
72:    GtkWidget * grid=gtk_grid_new();
73:    gtk_grid_set_column_spacing(GTK_GRID(grid), 16);
74:    gtk_grid_set_row_spacing(GTK_GRID(grid), 16);
75:    gtk_window_set_title(GTK_WINDOW(login_window), "登录");
76:    gtk_widget_set_size_request(login_window, 220, 120);
77:    gtk_window_set_resizable(GTK_WINDOW(login_window), FALSE);
78:    gtk_window_set_child(GTK_WINDOW(login_window), grid);
79:    GtkWidget * label_name=gtk_label_new("请输入昵称");
80:    gtk_grid_attach(GTK_GRID(grid), label_name, 0, 0, 1, 1);
81:    GtkWidget * loginname=gtk_entry_new();
82:    gtk_entry_set_max_length(GTK_ENTRY(loginname),50);
83:    gtk_editable_set_editable(GTK_EDITABLE(loginname), TRUE);
84:    gtk_grid_attach(GTK_GRID(grid), loginname, 1, 0, 1, 1);
85:    buffer_nicheng=gtk_entry_get_buffer(GTK_ENTRY(loginname));
86:    GtkWidget * label_IP=gtk_label_new("请输入服务器 IP");
87:    gtk_grid_attach(GTK_GRID(grid), label_IP, 0, 1, 1, 1);
88:    GtkWidget * loginIP=gtk_entry_new();
89:    gtk_entry_set_max_length(GTK_ENTRY(loginIP),50);
90:    gtk_editable_set_editable(GTK_EDITABLE(loginIP), TRUE);
91:    gtk_grid_attach(GTK_GRID(grid), loginIP, 1, 1, 1, 1);
92:    buffer_IP=gtk_entry_get_buffer(GTK_ENTRY(loginIP));
93:    gtk_entry_buffer_set_text(buffer_IP, "192.168.1.111", -1);
94:    GtkWidget * label_PORT=gtk_label_new("请输入服务器 PORT");
95:    gtk_grid_attach(GTK_GRID(grid), label_PORT, 0, 2, 1, 1);
96:    GtkWidget * loginPORT=gtk_entry_new();
97:    gtk_entry_set_max_length(GTK_ENTRY(loginPORT),50);
98:    gtk_editable_set_editable(GTK_EDITABLE(loginPORT), TRUE);
99:    gtk_grid_attach(GTK_GRID(grid), loginPORT, 1, 2, 1, 1);
100:   buffer_PORT=gtk_entry_get_buffer(GTK_ENTRY(loginPORT));
```

```
101:     gtk_entry_buffer_set_text(buffer_PORT, "9999", -1);
102:     GtkWidget * button_dl=gtk_button_new_with_label("登录");
103:     g_signal_connect(button_dl, "clicked", G_CALLBACK(logging), NULL);
104:     gtk_grid_attach(GTK_GRID(grid), button_dl, 0, 3, 2, 1);
105:     //下面一段(7行)设置"登录"按钮颜色
106:     GtkStyleContext * c;
107:     GtkCssProvider * p=gtk_css_provider_new();
108:     c=gtk_widget_get_style_context(button_dl);
109:     gtk_css_provider_load_from_data(p, ".someClass{background:#99ccff}",
         -1);
110:     gtk_style_context_add_provider(c, GTK_STYLE_PROVIDER(p),
111:                                    GTK_STYLE_PROVIDER_PRIORITY_APPLICATION);
112:     gtk_style_context_add_class(c, "someClass");
113:     gtk_widget_show(login_window);
114: }
115: void sending(GtkButton * button, gpointer user_data){
116:     char * buf=(char *)malloc(1024); memset(buf,0,1024);
117:     const gchar * text=gtk_entry_buffer_get_text(buffer_fsnr);
118:     const char * butt=gtk_button_get_label(button);
119:     if(strlen(text)==0){printf("请输入要发送的内容\n"); return;}
120:     else{
121:       if(strcmp(butt,"发送给用户")==0){
122:         const gchar * name=gtk_entry_buffer_get_text(buffer_toname);
123:         if(strlen(name)==0){printf("请输入接收消息的用户名\n");return;}
124:         sprintf(buf,"User:%ld:%s%s\n",strlen(name),name,text);
125:         if((send(cfd, buf, strlen(buf), 0))==-1) perror("发送失败");
126:       }else{ sprintf(buf,"%s%s\n","All::",text);
127:         if((send(cfd, buf, strlen(buf), 0))==-1) perror("发送失败");
128:       }
129:     }
130: }
131: void savemsg(GtkButton * button, gpointer user_data){
132:     int n; unsigned char buff[1024]; char filename[60];
133:     struct flock lock1, lock2;
134:     lock1.l_whence=SEEK_SET; lock1.l_start=0; lock1.l_len=0;
135:     lock1.l_type=F_WRLCK; lock1.l_pid=-1;
136:     lock2.l_whence=SEEK_SET; lock2.l_start=0; lock2.l_len=0;
137:     lock2.l_type=F_RDLCK; lock2.l_pid=-1;
138:     sprintf(filename,"%s%s","./msgsave_",uname);
139:     int src=open(fname, O_RDONLY);
140:     int dest=open(filename, O_WRONLY|O_CREAT, S_IRUSR|S_IWUSR|S_IRGRP|S_
         IROTH);
141:     if(src<0 || dest<0) return;
142:     fcntl(dest, F_SETLKW, &lock1); fcntl(src, F_SETLKW, &lock2);
143:     while((n=read(src,buff,sizeof(buff)))>0) write(dest,buff,n);
144:     fcntl(dest, F_UNLCK, &lock1); fcntl(src, F_UNLCK, &lock2);
145:     close(dest); close(src);
146: }
```

```
147: void history(GtkButton * button, gpointer user_data){
148:     char filename[60]; sprintf(filename,"%s%s","./msgsave_",uname);
149:     char str[1024]; FILE * dest; GtkTextIter start, end;
150:     if((dest=fopen(filename,"r"))==NULL) return;
151:     while(!feof(dest)){ memset(str,0,1024); fgets(str,1024,dest);
152:      gtk_text_buffer_get_bounds(GTK_TEXT_BUFFER(buffer_lsjl), &start,
         &end);
153:      gtk_text_buffer_insert(GTK_TEXT_BUFFER(buffer_lsjl),&end,str,strlen
         (str));
154:     } fclose(dest);
155: }
156: void * processing(void * arg){
157:     int i,j,n; char sign[10],buf[1024],s[1024]; struct flock lock;
158:     lock.l_whence=SEEK_SET; lock.l_start=0; lock.l_len=0;
159:     lock.l_type=F_WRLCK; lock.l_pid=-2;
160:     while(1){
161:      memset(s,0,strlen(s)); memset(sign,0,strlen(sign)); memset(buf,0,
         strlen(buf));
162:      if(recv(cfd,s,1024,0)<=0){perror("接收失败");close(cfd);close(cfd);
         exit(1);}
163:      i=j=n=0;
164:      for(i;i<strlen(s);i++)
165:        if(n==1){buf[j]=s[i]; j++;}
166:        else{ if(s[i]==':'){n++; sign[j]='\0'; j=0; continue;}
167:          sign[j]=s[i]; j++; }
168:      GtkTextIter start,end;
169:      if(strcmp(sign,"User")==0){
170: fd=open(fname,O_WRONLY|O_CREAT|O_APPEND,S_IRUSR|S_IWUSR|S_IRGRP|S_
     IROTH);
171:        fcntl(fd, F_SETLKW, &lock); write(fd, buf, strlen(buf));
172:        fcntl(fd, F_UNLCK, &lock); close(fd);
173:        sem_p(sem_id);
174:        gtk_text_buffer_get_bounds(GTK_TEXT_BUFFER(buffer_ltnr),&start,
          &end);
175:        gtk_text_buffer_insert(GTK_TEXT_BUFFER(buffer_ltnr),&start,buf,
          strlen(buf));
176:        sem_v(sem_id);
177:      }else{
178:        gtk_text_buffer_get_bounds(GTK_TEXT_BUFFER(buffer_xtxx),&start,
          &end);
179:        if(strcmp(buf,"over")==0){ strcpy(buf,"服务器停止,客户端退出\n");
180:         sem_p(sem_id);
181:         gtk_text_buffer_insert(GTK_TEXT_BUFFER(buffer_xtxx),&start,buf,
          strlen(buf));
182:         sem_v(sem_id); close(cfd); unlink(fname); exit(0);
183:        }else{ sem_p(sem_id);
184:         gtk_text_buffer_insert(GTK_TEXT_BUFFER(buffer_xtxx),&start,buf,
          strlen(buf));
185:         sem_v(sem_id);
186:        }
187:      }
```

```
188:        }
189: }
190: void chat_room(GtkApplication * app, gpointer user_data){
191:        char * buf=(char *)malloc(128);memset(buf,0,128);sprintf(buf,"聊天客户
        端(%s)",tname);
192:        GtkWidget * chatroom=gtk_application_window_new(app);
193:        gtk_window_set_title(GTK_WINDOW(chatroom), buf);
194:        gtk_widget_set_size_request(chatroom, 600, 400);
195:        gtk_window_set_resizable(GTK_WINDOW(chatroom), FALSE);
196:        GtkWidget * grid=gtk_grid_new();
197:        gtk_window_set_child(GTK_WINDOW(chatroom), grid);
198:        gtk_grid_set_column_homogeneous((GtkGrid *)grid, FALSE);
199:        //下面一段为聊天窗口的第 0 行
200:        GtkWidget * button_bc=gtk_button_new_with_label("保存");
201:        gtk_grid_attach(GTK_GRID(grid), button_bc, 0, 0, 1, 1);
202:        GtkWidget * label_ltnr=gtk_label_new("当前聊天内容");
203:        gtk_grid_attach(GTK_GRID(grid), label_ltnr, 1, 0, 1, 1);
204:        GtkWidget * label_xtxx=gtk_label_new("系统消息");
205:        gtk_grid_attach(GTK_GRID(grid), label_xtxx, 3, 0, 1, 1);
206:        GtkWidget * button_jz=gtk_button_new_with_label("加载");
207:        gtk_grid_attach(GTK_GRID(grid), button_jz, 5, 0, 1, 1);
208:        GtkWidget * label_lsjl=gtk_label_new("历史聊天记录");
209:        gtk_grid_attach(GTK_GRID(grid), label_lsjl, 6, 0, 1, 1);
210:        //下面一段为聊天窗口的第 2 行
211:        //下面一段为"当前聊天内容"文本框
212:        GtkWidget * scrolled_ltnr=gtk_scrolled_window_new();
213:        gtk_widget_set_hexpand (scrolled_ltnr, TRUE);
214:        gtk_widget_set_vexpand (scrolled_ltnr, TRUE);
215:        GtkWidget * view_ltnr=gtk_text_view_new();
216:        gtk_text_view_set_editable (GTK_TEXT_VIEW (view_ltnr), false);
217:        gtk_text_view_set_cursor_visible (GTK_TEXT_VIEW (view_ltnr), TRUE);
218:        gtk_scrolled_window_set_child(GTK_SCROLLED_WINDOW(scrolled_ltnr),
        view_ltnr);
219:        gtk_grid_attach(GTK_GRID(grid), scrolled_ltnr, 0, 2, 2, 1);
220:        buffer_ltnr=gtk_text_view_get_buffer(GTK_TEXT_VIEW (view_ltnr));
221:        //下面一段为"系统消息"文本框
222:        GtkWidget * scrolled_xtxx=gtk_scrolled_window_new();
223:        gtk_widget_set_hexpand (scrolled_xtxx, TRUE);
224:        gtk_widget_set_vexpand (scrolled_xtxx, TRUE);
225:        GtkWidget * view_xtxx=gtk_text_view_new();
226:        gtk_text_view_set_editable (GTK_TEXT_VIEW (view_xtxx), false);
227:        gtk_text_view_set_cursor_visible (GTK_TEXT_VIEW (view_xtxx), TRUE);
228:        gtk_scrolled_window_set_child(GTK_SCROLLED_WINDOW(scrolled_xtxx),
        view_xtxx);
229:        gtk_grid_attach(GTK_GRID(grid), scrolled_xtxx, 3, 2, 1, 1);
230:        buffer_xtxx=gtk_text_view_get_buffer(GTK_TEXT_VIEW (view_xtxx));
231:        //下面一段为"历史聊天记录"文本框
232:        GtkWidget * scrolled_lsjl=gtk_scrolled_window_new();
233:        gtk_widget_set_hexpand (scrolled_lsjl, TRUE);
```

```
234:    gtk_widget_set_vexpand (scrolled_lsjl, TRUE);
235:    GtkWidget * view_lsjl=gtk_text_view_new();
236:    gtk_text_view_set_editable (GTK_TEXT_VIEW (view_lsjl), false);
237:    gtk_text_view_set_cursor_visible (GTK_TEXT_VIEW (view_lsjl), TRUE);
238:    gtk_scrolled_window_set_child(GTK_SCROLLED_WINDOW(scrolled_lsjl),
        view_lsjl);
239:    gtk_grid_attach(GTK_GRID(grid), scrolled_lsjl, 5, 2, 2, 1);
240:    buffer_lsjl=gtk_text_view_get_buffer(GTK_TEXT_VIEW (view_lsjl));
241:    //下面一段为聊天窗口的第 1 行和第 3 行
242:    GtkStyleContext * context; GtkCssProvider * provider=gtk_css_provider_
        new();
243:    gchar * text=
244:      "<b>< span font = '2' background = '#009966' foreground = '#009966'>a
        </span></b>";
245:    GtkWidget * label_0_1=gtk_label_new("");  //下面 9 行设置第 1 行为绿色
246:    gtk_grid_attach(GTK_GRID(grid), label_0_1, 0, 1, 7, 1);
247:    context=gtk_widget_get_style_context(label_0_1);
248:    gtk_css_provider_load_from_data(provider,".someClass{background:
        #009966}",-1);
249:    gtk_style_context_add_provider(context, GTK_STYLE_PROVIDER(provider),
250:                             GTK_STYLE_PROVIDER_PRIORITY_APPLICATION);
251:    gtk_style_context_add_class(context, "someClass");
252:    gtk_label_set_text(GTK_LABEL(label_0_1), text);
253:    gtk_label_set_use_markup(GTK_LABEL(label_0_1), TRUE);
254:    GtkWidget * label_0_3=gtk_label_new("");  //下面 9 行设置第 3 行为绿色
255:    gtk_grid_attach(GTK_GRID(grid), label_0_3, 0, 3, 7, 1);
256:    context=gtk_widget_get_style_context(label_0_3);
257:    gtk_css_provider_load_from_data (provider,".someClass{background:
        #009966}",-1);
258:    gtk_style_context_add_provider(context, GTK_STYLE_PROVIDER(provider),
259:                             GTK_STYLE_PROVIDER_PRIORITY_APPLICATION);
260:    gtk_style_context_add_class(context, "someClass");
261:    gtk_label_set_text(GTK_LABEL(label_0_3), text);
262:    gtk_label_set_use_markup(GTK_LABEL(label_0_3), TRUE);
263:    //下面一段为聊天窗口的第 2 列和第 4 列
264:    GtkWidget * label_2_0=gtk_label_new(" ");
                                        //下面 7 行设置第 0 行第 2 列为绿色
265:    gtk_grid_attach(GTK_GRID(grid), label_2_0, 2, 0, 1, 1);
266:    context=gtk_widget_get_style_context(label_2_0);
267:    gtk_css_provider_load_from_data (provider,".someClass{background:
        #009966}",-1);
268:    gtk_style_context_add_provider(context, GTK_STYLE_PROVIDER(provider),
269:                             GTK_STYLE_PROVIDER_PRIORITY_APPLICATION);
270:    gtk_style_context_add_class(context, "someClass");
271:    GtkWidget * label_4_0=gtk_label_new(" ");  //下面 7 行设置第 0 行第 4 列为绿色
272:    gtk_grid_attach(GTK_GRID(grid), label_4_0, 4, 0, 1, 1);
273:    context=gtk_widget_get_style_context(label_4_0);
274:    gtk_css_provider_load_from_data (provider,".someClass{background:
        #009966}",-1);
```

```
275:    gtk_style_context_add_provider(context, GTK_STYLE_PROVIDER(provider),
276:                         GTK_STYLE_PROVIDER_PRIORITY_APPLICATION);
277:    gtk_style_context_add_class(context, "someClass");
278:    GtkWidget * label_2_2=gtk_label_new("");
                                              //下面 7 行设置第 2 行第 2 列为绿色
279:    gtk_grid_attach(GTK_GRID(grid), label_2_2, 2, 2, 1, 1);
280:    context=gtk_widget_get_style_context(label_2_2);
281:    gtk_css_provider_load_from_data(provider,".someClass{background:
        #009966}",-1);
282:    gtk_style_context_add_provider(context, GTK_STYLE_PROVIDER(provider),
283:                         GTK_STYLE_PROVIDER_PRIORITY_APPLICATION);
284:    gtk_style_context_add_class(context, "someClass");
285:    GtkWidget * label_4_2=gtk_label_new("");//下面 7 行设置第 2 行第 4 列为绿色
286:    gtk_grid_attach(GTK_GRID(grid), label_4_2, 4, 2, 1, 1);
287:    context=gtk_widget_get_style_context(label_4_2);
288:    gtk_css_provider_load_from_data(provider,".someClass{background:
        #009966}",-1);
289:    gtk_style_context_add_provider(context, GTK_STYLE_PROVIDER(provider),
290:                         GTK_STYLE_PROVIDER_PRIORITY_APPLICATION);
291:    gtk_style_context_add_class(context, "someClass");
292:    //下面一段为聊天窗口的第 4 行
293:    GtkWidget * label_fsnr=gtk_label_new("发送内容");
294:    gtk_grid_attach(GTK_GRID(grid), label_fsnr, 0, 4, 1, 1);
295:    GtkWidget * entry_fsnr=gtk_entry_new();
296:    gtk_entry_set_max_length(GTK_ENTRY(entry_fsnr),50);
297:    gtk_editable_set_editable(GTK_EDITABLE(entry_fsnr), TRUE);
298:    gtk_grid_attach(GTK_GRID(grid), entry_fsnr, 1, 4, 6, 1);
299:    buffer_fsnr=gtk_entry_get_buffer(GTK_ENTRY(entry_fsnr));
300:    //下面一段为聊天窗口的第 5 行
301:    GtkWidget * button_qf=gtk_button_new_with_label("群发");
302:    gtk_grid_attach(GTK_GRID(grid), button_qf, 0, 5, 1, 1);
303:    GtkWidget * button_fsg=gtk_button_new_with_label("发送给用户");
304:    gtk_grid_attach(GTK_GRID(grid), button_fsg, 3, 5, 2, 1);
305:    GtkWidget * toname=gtk_entry_new();
306:    gtk_entry_set_max_length(GTK_ENTRY(toname),50);
307:    gtk_editable_set_editable(GTK_EDITABLE(toname), TRUE);
308:    gtk_grid_attach(GTK_GRID(grid), toname, 5, 5, 1, 1);
309:    buffer_toname=gtk_entry_get_buffer(GTK_ENTRY(toname));
310:    //下面一段设置聊天窗口中按钮颜色为蓝色
311:    GtkStyleContext * c; GtkCssProvider * p=gtk_css_provider_new();
312:    c=gtk_widget_get_style_context(button_bc);       //下面 5 行设置"保存"按钮
313:    gtk_css_provider_load_from_data(p,".someClass{background:#99ccff}",
        -1);
314:    gtk_style_context_add_provider(c, GTK_STYLE_PROVIDER(p),
315:                         GTK_STYLE_PROVIDER_PRIORITY_APPLICATION);
316:    gtk_style_context_add_class(c, "someClass");
```

```
317:    c=gtk_widget_get_style_context(button_jz);        //下面 5 行设置"加载"按钮
318:    gtk_css_provider_load_from_data(p,".someClass{background:#99ccff}",
        -1);
319:    gtk_style_context_add_provider(c, GTK_STYLE_PROVIDER(p),
320:                                GTK_STYLE_PROVIDER_PRIORITY_APPLICATION);
321:    gtk_style_context_add_class(c, "someClass");
322:    c=gtk_widget_get_style_context(button_qf);        //下面 5 行设置"群发"按钮
323:    gtk_css_provider_load_from_data(p,".someClass{background:#99ccff}",
        -1);
324:    gtk_style_context_add_provider(c, GTK_STYLE_PROVIDER(p),
325:                                GTK_STYLE_PROVIDER_PRIORITY_APPLICATION);
326:    gtk_style_context_add_class(c, "someClass");
327:    c=gtk_widget_get_style_context(button_fsg);
                                        //下面 5 行设置"发送给用户"按钮
328:    gtk_css_provider_load_from_data(p,".someClass{background:#99ccff}",
        -1);
329:    gtk_style_context_add_provider(c, GTK_STYLE_PROVIDER(p),
330:                                GTK_STYLE_PROVIDER_PRIORITY_APPLICATION);
331:    gtk_style_context_add_class(c, "someClass");
332:    //下面 4 行绑定回调函数
333:    g_signal_connect(button_bc, "clicked", G_CALLBACK(savemsg), NULL);
334:    g_signal_connect(button_jz, "clicked", G_CALLBACK(history), NULL);
335:    g_signal_connect(button_qf, "clicked", G_CALLBACK(sending), NULL);
336:    g_signal_connect(button_fsg, "clicked", G_CALLBACK(sending), NULL);
337:    //
338:    gtk_widget_show(chatroom);
339:    pthread_t thread; int res=pthread_create(&thread, NULL, processing,
        NULL);
340:    if(res !=0) exit(res);
341: }
342: int main(int argc, char * * argv){
343:    int status; char str[36]; uuid_t uuid;
344:    uuid_generate(uuid); uuid_unparse(uuid, str); strcat(fname,str);
345:    sem_id=semget(ftok("/", 'a'),1,0666|IPC_CREAT); sem_init(sem_id, 1);
346:    //下面 4 行创建登录窗口
347:    GtkApplication * loginapp=gtk_application_new(NULL, G_APPLICATION_
        FLAGS_NONE);
348:    g_signal_connect(loginapp, "activate", G_CALLBACK(login), NULL);
349:    status=g_application_run(G_APPLICATION(loginapp), argc, argv);
350:    g_object_unref(loginapp);
351:    //下面 4 行创建聊天窗口
352:    GtkApplication * chatroomapp=gtk_application_new(NULL,G_APPLICATION_
        FLAGS_NONE);
353:    g_signal_connect(chatroomapp, "activate", G_CALLBACK(chat_room),
        NULL);
354:    status=g_application_run(G_APPLICATION(chatroomapp), argc, argv);
355:    g_object_unref(chatroomapp);
356:    unlink(fname);
357: }
```

　　主函数中，第 348 行调用 g_signal_connect 函数为 GtkApplication 对象 loginapp 连接 activate 信号和 login 回调函数。第 349 行 g_application_run 函数的执行表示 GTK 应用程序对象 loginapp 正式启动，此时 activate 信号将被发送，随后 login 函数被调用执行。第 70～114 行的 login 函数创建、显示登录界面，用户成功登录后，主函数接着往下执行代码。

　　login 函数中，第 103 行调用 g_signal_connect 函数为登录按钮 button_dl 连接 clicked 信号和 logging 回调函数。第 42～69 行的 logging 函数处理具体的登录过程。

　　主函数中，第 353 行调用 g_signal_connect 函数为 GtkApplication 对象 chatroomapp 连接 activate 信号和 chat_room 回调函数。第 354 行 g_application_run 函数的执行表示 GTK 应用程序对象 chatroomapp 正式启动，此时 activate 信号将被发送，随后 chat_room 函数被调用执行。第 190～341 行的 chat_room 函数创建、显示聊天窗口，随后用户在该窗口和其他用户进行聊天。

　　chat_room 函数中，第 333 行调用 g_signal_connect 函数为"保存"按钮 button_bc 连接 clicked 信号和 savemsg 回调函数。第 131～146 行的 savemsg 函数保存消息记录。第 334 行调用 g_signal_connect 函数为"加载"按钮 button_jz 连接 clicked 信号和 history 回调函数。第 147～155 行的 history 函数读取消息记录。第 335 行调用 g_signal_connect 函数为"群发"按钮 button_qf 连接 clicked 信号和 sending 回调函数。第 336 行调用 g_signal_connect 函数为"发送给用户"按钮 button_fsg 连接 clicked 信号和 sending 回调函数。第 115～130 行的 sending 函数根据按钮标签值判断是群发还是发送给指定用户。第 339 行为客户端创建线程，线程函数为 processing 函数（第 156～189 行），该函数专门处理接收到的消息。

### 9.6.3　测试

　　执行以下命令编译服务器端源代码，生成可执行程序 server，然后运行 server 等待客户端连接。服务器的主要任务是对客户端聊天信息的转发，同时显示当前聊天室中客户端的登录信息。

```
[root@ztg chatroom-gtk4]# gcc server.c -o server
[root@ztg chatroom-gtk4]# ./server
用户 aa(192.168.1.111:54458)加入聊天室，目前有 1 个用户，199 个空位
用户 bb(192.168.1.111:54462)加入聊天室，目前有 2 个用户，198 个空位
用户 cc(192.168.1.111:54464)加入聊天室，目前有 3 个用户，197 个空位
用户 bb(192.168.1.111:54464)退出聊天室，目前有 2 个用户，198 个空位
```

　　执行以下命令编译客户端源代码，生成可执行程序 client，然后在三个终端窗口分别运行 client，分别通过图 9-8 所示的客户端登录窗口连接聊天服务器，成功加入聊天室后会弹出聊天窗口。三个用户（aa、bb、cc）的聊天窗口以及聊天内容如图 9-9 所示。

图 9-8　客户端登录窗口

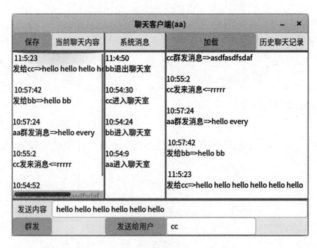

(a) 用户aa

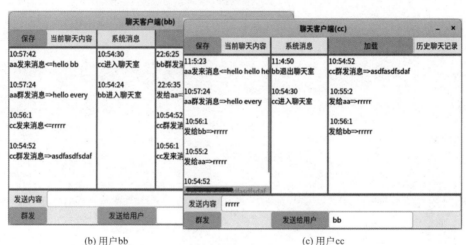

(b) 用户bb　　　　　　　　　　　　　(c) 用户cc

图 9-9　三个用户(aa、bb、cc)的聊天窗口以及聊天内容

## 9.7　习题

**1. 填空题**

(1) _____是一款免费开源、面向多平台、用于设计和创建图形用户界面的工具箱。

(2) GTK 是用于创建_____的包含一套控件(Widget 小部件)的_____。

(3) GTK 是由面向对象的_____ GObject 实现。

(4) 使用 GTK 创建的每个用户界面都包含_____。控件按_____进行组织。

(5) _____是一种底层库,为创建 GDK 和 GTK 应用程序提供基础数据结构和函数。

(6) _____可以容纳别的控件,分为两类:一类是只能容纳一个控件的容器,如窗口、按钮;另一类是能容纳多个控件的容器,如_____。

（7）Cambalache 是一款免费开源的、可以用来为＿＿＿＿＿＿＿和＿＿＿＿＿＿＿应用程序创建图形用户界面的设计工具。

**2. 简答题**

（1）信号和回调函数的关系是什么？

（2）GtkBuilder 创建界面的优点是什么？

**3. 上机题**

本章所有源代码文件在本书配套资源的"src/第 9 章"目录中，请读者运行每个示例，理解所有源代码。

# 附录 ASCII 码表

| 低四位 | 高四位 0000 (ASCII 非打印控制字符) | | | | | 高四位 0001 (ASCII 非打印控制字符) | | | | | 0010 | | 0011 | | 0100 | | 0101 | | 0110 | | 0111 | |
|---|---|---|---|---|---|---|---|---|---|---|---|---|---|---|---|---|---|---|---|---|---|---|
| | 字符 | Ctrl | 代码 | 字符解释 | 十进制 | 字符 | Ctrl | 代码 | 字符解释 | 十进制 | 十进制 | 字符 | 十进制 | 字符 | 十进制 | 字符 | 十进制 | 字符 | 十进制 | 字符 | 十进制 | 字符 |
| 0000 (0) | BLANK NULL | ^@ | NUL | 空 | 0 | ▲ | ^P | DLE | 数据链路转意 | 16 | 32 | | 48 | 0 | 64 | @ | 80 | P | 96 | ` | 112 | p |
| 0001 (1) | ☺ | ^A | SOH | 头标开始 | 1 | ▼ | ^Q | DC1 | 设备控制 1 | 17 | 33 | ! | 49 | 1 | 65 | A | 81 | Q | 97 | a | 113 | q |
| 0010 (2) | ☻ | ^B | STX | 正文开始 | 2 | ↕ | ^R | DC2 | 设备控制 2 | 18 | 34 | " | 50 | 2 | 66 | B | 82 | R | 98 | b | 114 | r |
| 0011 (3) | ♥ | ^C | ETX | 正文结束 | 3 | ‼ | ^S | DC3 | 设备控制 3 | 19 | 35 | # | 51 | 3 | 67 | C | 83 | S | 99 | c | 115 | s |
| 0100 (4) | ♦ | ^D | EOT | 传输结束 | 4 | ¶ | ^T | DC4 | 设备控制 4 | 20 | 36 | $ | 52 | 4 | 68 | D | 84 | T | 100 | d | 116 | t |
| 0101 (5) | ♣ | ^E | ENQ | 查询 | 5 | § | ^U | NAK | 反确认 | 21 | 37 | % | 53 | 5 | 69 | E | 85 | U | 101 | e | 117 | u |
| 0110 (6) | ♠ | ^F | ACK | 确认 | 6 | ▬ | ^V | SYN | 同步空闲 | 22 | 38 | & | 54 | 6 | 70 | F | 86 | V | 102 | f | 118 | v |
| 0111 (7) | ● | ^G | BEL | 震铃 | 7 | ↨ | ^W | ETB | 传输块结束 | 23 | 39 | ' | 55 | 7 | 71 | G | 87 | W | 103 | g | 119 | w |
| 1000 (8) | ◘ | ^H | BS | 退格 | 8 | ↑ | ^X | CAN | 取消 | 24 | 40 | ( | 56 | 8 | 72 | H | 88 | X | 104 | h | 120 | x |
| 1001 (9) | ○ | ^I | HT | 水平制表符 | 9 | ↓ | ^Y | EM | 媒体结束 | 25 | 41 | ) | 57 | 9 | 73 | I | 89 | Y | 105 | i | 121 | y |
| 1010 (A) | ◙ | ^J | LF | 换行/新行 | 10 | → | ^Z | SUB | 替换 | 26 | 42 | * | 58 | : | 74 | J | 90 | Z | 106 | j | 122 | z |
| 1011 (B) | ♂ | ^K | VT | 竖直制表符 | 11 | ← | ^[ | ESC | 转意 | 27 | 43 | + | 59 | ; | 75 | K | 91 | [ | 107 | k | 123 | { |
| 1100 (C) | ♀ | ^L | FF | 换页/新页 | 12 | ∟ | ^\ | FS | 文件分隔符 | 28 | 44 | , | 60 | < | 76 | L | 92 | \ | 108 | l | 124 | \| |
| 1101 (D) | ♪ | ^M | CR | 回车 | 13 | ↔ | ^] | GS | 组分隔符 | 29 | 45 | - | 61 | = | 77 | M | 93 | ] | 109 | m | 125 | } |
| 1110 (E) | ♫ | ^N | SO | 移出 | 14 | ▲ | ^6 | RS | 记录分隔符 | 30 | 46 | . | 62 | > | 78 | N | 94 | ^ | 110 | n | 126 | ~ |
| 1111 (F) | ☼ | ^O | SI | 移入 | 15 | ▼ | ^- | US | 单元分隔符 | 31 | 47 | / | 63 | ? | 79 | O | 95 | _ | 111 | o | 127 | △ (^Back space) |

注：①前 32 个字符为控制字符；②编码值为 32 的字符是空格字符 SP；③编码值为 127 的字符是删除控制码 DEL；④其余 94 个字符称为可打印字符，如果把空格计入可打印字符，则有 95 个可打印字符。

# 参 考 文 献

[1] 张同光. Ubuntu Linux 操作系统[M]. 北京：清华大学出版社,2022.

[2] 于延,等. C 语言程序设计与实践[M]. 北京：清华大学出版社,2018.

[3] 谭浩强. C 程序设计[M]. 5 版. 北京：清华大学出版社,2017.

[4] 宋劲杉. Linux C 编程一站式学习[M]. 北京：电子工业出版社,2009.

[5] 李春葆,等. 数据结构教程(第 6 版·微课视频·题库版)[M]. 北京：清华大学出版社,2022.

[6] 宋宝华. Linux 设备驱动开发详解：基于最新的 Linux 4.0 内核[M]. 北京：电子工业出版社,2015.

## 资源及学习网站

[1] https://elixir.bootlin.com/linux/latest/source     Linux 内核源代码

[2] https://blog.csdn.net     CSDN 博客

[3] https://docs.gtk.org/glib/     Glib API 参考

[4] https://docs.gtk.org/gobject/     GObject API 参考

[5] https://docs.gtk.org/gtk4/     GTK API 参考

[6] https://www.ibm.com/docs     IBM 文档

[7] https://zhuanlan.zhihu.com     知乎专栏

[8] https://baike.baidu.com/     百度百科